Stahlgelenkketten und Kettentriebe

Konstruktionsbücher

Herausgeber Professor Dr.-Ing. K. Kollmann, Karlsruhe

20

Stahlgelenkketten und Kettentriebe

Von

Dr.-Ing. Hans-Günther Rachner

Essen

Mit 231 Abbildungen

Springer-Verlag

Berlin / Göttingen / Heidelberg

1962

ISBN 978-3-642-50983-4   ISBN 978-3-642-50982-7 (eBook)
DOI 10.1007/978-3-642-50982-7

Vorwort

Mit dem vorliegenden Buch habe ich versucht, den Konstrukteuren und Studierenden einen möglichst umfassenden Überblick über die vielseitigen Fragen zu geben, welche sich bei der Auslegung eines Kettentriebs ergeben können.

In allen Abschnitten, in denen dies geraten erschien, sind die behandelten Berechnungsmethoden durch Zahlenbeispiele ergänzt. Die an den Abschnitt IV angeschlossenen Zahlenbeispiele können als Anhalt für die praktische Auslegung eines Kettentriebs dienen. Für den Praktiker dürften außerdem das zusammengestellte Zahlenmaterial und die im Abschnitt V gezeigten Fotografien ausgeführter Kettentriebe von Interesse sein.

Aus der Vieleckwirkung der Kettenräder ergeben sich einige für Kettentriebe charakteristische Eigenschaften. So wird die Kinematik und Dynamik eines Kettentriebs durch die mit dem Ausdruck Vieleckwirkung umschriebenen Vorgänge maßgeblich bestimmt. Es war daher unvermeidlich, in einigen Abschnitten auf diese Fragen näher einzugehen. Da jedoch bei der Wahl einer genügend großen Zähnezahl der Kettenräder die durch die Vieleckwirkung beeinflußten Probleme in den meisten Fällen ohne weiteres beherrscht werden können, wird dem eiligen Leser empfohlen, die Abschnitte III. B. 2–7 zu überschlagen.

Es ist mir bekannt, daß insbesondere in der Frage der für Kettentriebe wichtigen Verschleißberechnung heute noch verschiedene Ansichten bestehen. Da aber keiner der bisherigen Vorschläge für eine Verschleißberechnung für sich in Anspruch nehmen kann, diese schwierige Frage abschließend gelöst zu haben, und zudem zur Zeit noch umfangreiche Untersuchungen auf diesem Gebiet durchgeführt werden, habe ich mich entschlossen, die in DIN 8195 angegebene Methode der Verschleißberechnung im wesentlichen zu übernehmen.

Ich habe dieses Buch als Assistent am Institut für Maschinengestaltung der Technischen Hochschule in Aachen geschrieben. Daher standen mir vorwiegend die Erfahrungen aus dem Versuchsbetrieb mit Kettentrieben zur Verfügung. Weitere Anregungen für die Darstellung in diesem Buch erhielt ich bei den regelmäßigen Treffen mit den Vertretern der Kettenindustrie, welche die Arbeiten des Instituts seit einigen Jahren fördern.

Mein Dank gilt insbesondere der tatkräftigen Unterstützung, die der Leiter des Instituts, Herr Professor Dr.-Ing K. Lürenbaum dem Entstehen dieses Buches gewidmet hat. Ich danke den Herren Dr.-Ing. Fichtner und Dipl-Ing. v. d. Linde, die mir bei der Durchsicht der Fahnenabzüge geholfen haben. Weiter möchte ich den Mitarbeitern des Instituts, an erster Stelle Herrn Dipl-Ing. Schotte danken, der mir insbesondere für die Bearbeitung der Festigkeitsfragen wertvolle Unterlagen zur Verfügung gestellt hat. Schließlich möchte ich den Herren der Kettenindustrie meinen Dank sagen, die mich bei einer Vielzahl von Einzelfragen beraten und mir einen großen Teil der Abbildungen überlassen haben.

Aachen, im Juni 1962   **Hans-Günther Rachner**

Inhaltsverzeichnis

I. Einführung

Die Stahlgelenkketten gehören zu den Maschinenelementen, die in einfacher Ausführung schon im Altertum Verwendung fanden. Die wohl älteste zeichnerische Darstellung eines Kettentriebs ist in der Abb. 1 wiedergegeben. Der Kettentrieb wurde von dem Römer MARCUS VITRUVIUS POLLIO im Jahre 16 v. Chr. als Schöpfwerk eingesetzt. Ein genauerer Entwurf von Stahlgelenkketten ist unter den Skizzen von LEONARDO DA VINCI nach Abb. 2 zu finden. Wirtschaftliche Bedeutung in größerem Umfang erhielten die Stahlgelenkketten aber erst, als nach der Erfindung der Dampfmaschine der französische Münzstecher und Medailleur

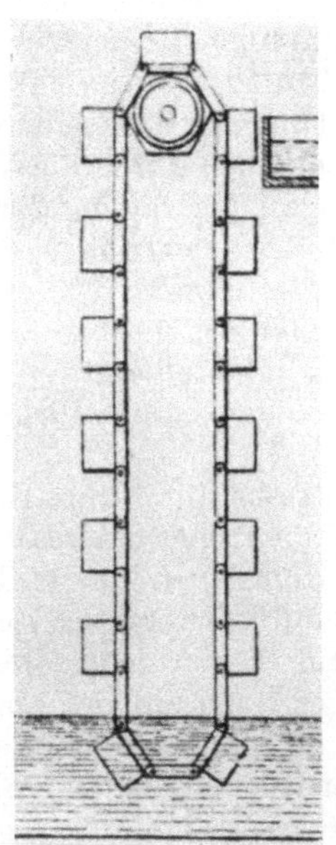

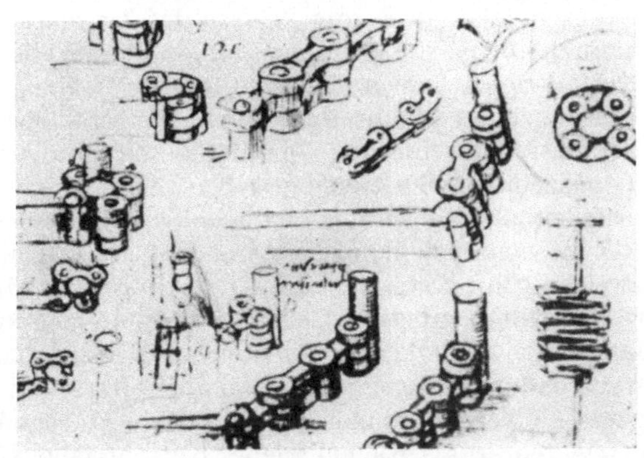

Abb. 1. Schöpfwerk aus dem Jahre 16. v. Chr. (nach Siemag)

Abb. 2. Skizzen von LEONARDO DA VINCI (nach Siemag)

ANDRÉ GALLE am 29. Juli 1829 ein Patent auf die nach ihm benannte GALLsche Kette anmeldete. Die heute üblichen Stahlgelenkketten sind konstruktive Weiterentwicklungen dieses alten Maschinenelementes, die durch die zur Verfügung stehenden besseren Werkstoffe, durch verbesserte Werkstoffbehandlung und durch die Genauigkeit und Gleichmäßigkeit der Fertigung auf den Stand der jetzigen Technik gebracht sind.

Die Stahlgelenkketten werden in Normausführung mit Teilungen zwischen 6 und 1000 mm hergestellt. Ihre Bruchlasten schwanken etwa zwischen 300 und 500 000 kp. Die Stahlgelenkketten werden zur Übernahme von ruhenden oder schwellenden Lasten, als Transport- oder Förderketten bei kleinen Kettengeschwindigkeiten und mittlerer Belastung und als Getriebeketten bei hohen Kettengeschwindigkeiten zur Leistungsübertragung zwischen achsparallelen Wellen eingesetzt.

Ihr Anwendungsbereich ist abzugrenzen gegenüber dem Einsatz von Seilen, Gliederketten, Zahnrad- und Riementrieben. Mit den Zahnradgetrieben und den Gliederketten haben sie die Möglichkeit schlupfloser Leistungsübertragung gemeinsam. Sie bilden ebenso wie die Riemen oder Seile einen Hülltrieb, bei dem das Treibmittel die Treibräder umschlingt.

Sie haben zusammen mit den Rundgliederketten den Vorteil der Gelenkigkeit und vermeiden damit die Biegebeanspruchungen, denen die Seile beim Zusammenwirken mit Rädern ausgesetzt sind. Sie sind teurer als die Gliederketten und haben dafür den Vorzug einer größeren Verschleißfestigkeit.

Sie sind insbesondere bei größeren Achsabständen billiger als Zahnradgetriebe und vermeiden den Einsatz von Zwischenrädern mit den zugehörigen Lagerstellen. Zahnradtriebe bedeuten eine Drehrichtungsumkehr. Kettentriebe ergeben eine gleichsinnige Übertragung der Drehrichtung. Sie stellen eine elastische Verbindung zwischen den Wellen dar, während der Einsatz eines Zahnradgetriebes einer nahezu starren Wellenkupplung entspricht. Zahnradtriebe ergeben theoretisch eine gleichförmige Übertragung der Drehbewegungen von Wellen. Fehler in der Gleichförmigkeit sind Folgen von Herstellungsfehlern. Kettentriebe ergeben durch die Vieleckwirkung der Kettenräder theoretisch eine ungleichförmige Übertragung der Drehbewegungen. Die Fehler können aber bei richtiger Dimensionierung in kleinen Grenzen gehalten werden. Durch das Zwischenschalten verstellbarer Umlenkräder kann die Phase der Drehbewegung zweier Wellen zueinander gesteuert werden. Mit Kettentrieben lassen sich nur kleinere Umfangsgeschwindigkeiten erzielen, als bei Einsatz eines Zahnradgetriebes. Kettentriebe sind weniger empfindlich gegen Schmutz und schlechte Wartung als Zahnradgetriebe.

Gegenüber den Riementrieben zeichnen sich Kettentriebe durch ihre Schlupflosigkeit aus. Sie vermeiden die hohen Lagerbelastungen, die insbesondere für einen Flachriementrieb kennzeichnend sind. Im Gegensatz zu Keilriemen können Ketten zweiseitig mit Kettenrädern kämmen, wie dies für Triebe mit Verwendung von mehreren Rädern oft gewünscht ist. Kettentriebe können nur bis zu niedrigeren Umfangsgeschwindigkeiten arbeiten als Riementriebe. Dieser Nachteil wird aber teilweise dadurch ausgeglichen, daß die Teilkreisdurchmesser der Kettenräder geringer gehalten werden können als die Teilkreisdurchmesser der Riemenscheiben. Sie sind etwas teurer als Riementriebe. Kettentriebe können auch bei höheren Betriebstemperaturen, z.B. im Ofenbau, eingesetzt werden, während sich in diesen Fällen die Verwendung von Riemen verbietet.

Stahlgelenkketten finden im allgemeinen Maschinenbau Verwendung. Sie werden eingesetzt im Werkzeugmaschinenbau, im Kraftfahrzeug- und Motorenbau, in der Textil- und Verpackungsindustrie, in der Transport- und Fördertechnik, in der Landmaschinen- und Bautechnik und im Wasserbau, im Bergbau und in Hüttenbetrieben.

Der Bruttoproduktionswert der Stahlgelenkketten betrug im Jahre 1959 in der Bundesrepublik Deutschland 65,3 Millionen DM. In der Tab. 1 sind die Produktionswerte in DM und die Produktionswerte je kg erzeugten Kettengewichtes für einzelne Gruppen von Stahlgelenkketten angegeben.

Tabelle 1. *Produktionswerte der im Jahre 1959 in der Bundesrepublik Deutschland erzeugten Stahlgelenkketten*

Kettenart	Produktionswert P	P/kg
Rollenketten bis $^3/_4$″ Teilung	21 000 000 DM	7 DM/kg
Rollenketten über $^3/_4$″ Teilung	20 200 000 DM	5,3 DM/kg
Buchsen und Förderketten	19 300 000 DM	3,3 DM/kg
Gall- und Fleyerketten	2 500 000 DM	2,5 DM/kg
Zahnketten	2 300 000 DM	7,7 DM/kg

II. Die Bauteile eines Stahlgelenkketten-Triebs

A. Die Stahlgelenkketten

1. Der grundsätzliche Aufbau der Stahlgelenkketten

Die Stahlgelenkketten bestehen aus einer Anordnung von einzelnen Gliedern. Jedes Glied setzt sich aus Konstruktionsteilen zusammen, die der Übertragung von Zugkräften dienen und solchen Teilen, die die relative Drehung zweier Glieder zueinander ermöglichen. Bei den Stahlgelenkketten ist ein besonderer Wert auf die konstruktive Gestaltung des Gelenkes gelegt. Sie sind im allgemeinen nur in einer Ebene beweglich. Damit unterscheiden sie sich von den Rundgliederketten, bei denen die konstruktive Gestaltung des Gelenkes einfacher ist und die im allgemeinen räumlich beweglich sind.

Die Vielzahl der genormten und nicht genormten Stahlgelenkketten kann in vier Hauptgruppen eingeteilt werden: Die Bolzenketten, Buchsenketten, Rollenketten und Zahnketten. Die Abb. 3 zeigt den grundsätzlichen Aufbau der vier

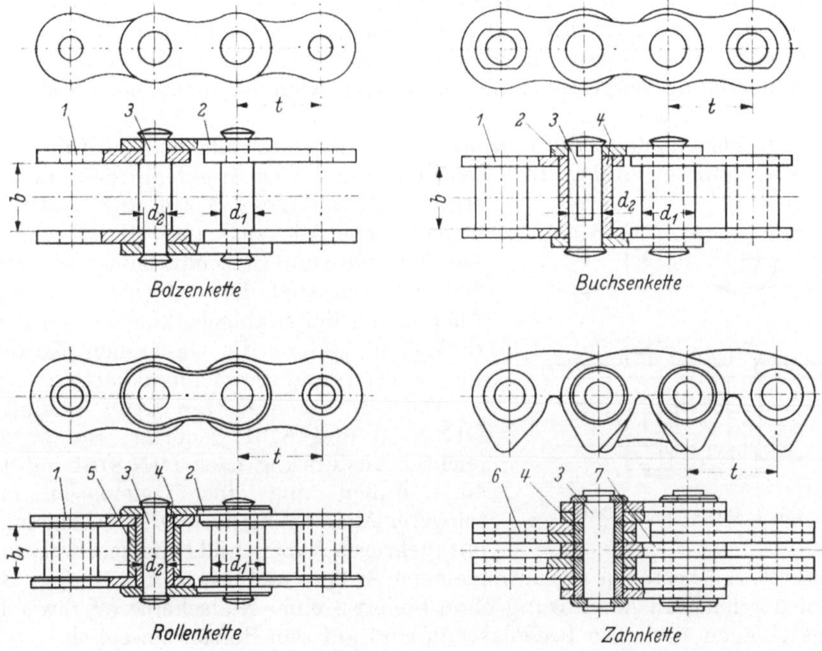

Abb. 3. Die vier Hauptgruppen der Stahlgelenkketten

Hauptgruppen der Stahlgelenkketten. Die Bezeichnung der wesentlichen Bauteile und Abmessungen der Ketten geht aus den in Abb. 3 angegebenen Ziffern und der folgenden Zusammenstellung hervor:

1 Innenlasche	*5* Rolle
2 Außenlasche	*6* Zahnlasche
3 Bolzen	*7* Führungslasche
4 Buchse	

t = Kettenteilung.

d_1 = größter Durchmesser der zylindrischen Teile. Je nach Kettenart wird der Bolzen-, Buchsen- oder Rollendurchmesser mit d_1 bezeichnet.

d_2 = Bolzendurchmesser bei den Buchsen- bzw. Rollenketten.

b = Innere Breite bei Bolzen- und Buchsenketten.

b_1 = Innere Breite bei Rollenketten.

Das Innenglied wird auch Buchsenglied genannt und besteht aus den Innenlaschen und je nach der Kettenart aus den Buchsen bzw. den Buchsen und Rollen. Das Außenglied wird auch Bolzenglied genannt und besteht aus den Außenlaschen und Bolzen. Eine Unterscheidung zwischen Außen- und Innengliedern kann bei den Zahnketten, den Rotaryketten und bei einigen gegossenen Ketten nicht gemacht werden. Bei der zeichnerischen Darstellung der Ketten in Abb. 3 wurden die Spiele zwischen den Außen- und Innengliedern und zwischen Bolzen, Buchse und Rolle nicht gezeichnet.

Von den vier Hauptgruppen der Stahlgelenkketten werden eine Vielzahl von genormten und nicht genormten Kettenarten hergestellt.

2. Die verschiedenen Ausführungsarten der Stahlgelenkketten

In dem folgenden Abschnitt sollen diejenigen Stahlgelenkketten genannt werden, die nach DIN genormt sind. Es werden ihre besonderen konstruktiven Merkmale und die daraus resultierende, vorwiegende Verwendung erklärt. Außer den genormten Ketten werden eine Reihe von Sonderausführungen serienmäßig und in Einzelfertigung hergestellt, die in diesem Rahmen nicht behandelt werden sollen.

2.1 Die Bolzenketten. Die Bolzenketten stellen die einfachste Ausführungsform von Stahlgelenkketten dar. Ihre Laschen drehen sich direkt auf dem Bolzen. Es ergibt sich auf diese Weise eine relativ kleine Gelenkfläche, die sich aus dem Produkt von Laschenbreite und Bolzendurchmesser errechnet. Bolzenketten sind die einfachste und billigste Ausführung der Stahlgelenkketten. Zu den Bolzenketten zählen: die GALLschen Ketten, die Fleyerketten und die Ziehbankketten.

Die GALLschen Ketten (Abb. 4) sind nach DIN 8150 und 8151 genormt. Sie werden in leichter Ausführung nach DIN 8151 mit jeweils einer Außen- und einer Innenlasche und in schwerer Ausführung nach DIN 8150 in der Regel mit mehreren Außen- und Innenlaschen pro Glied

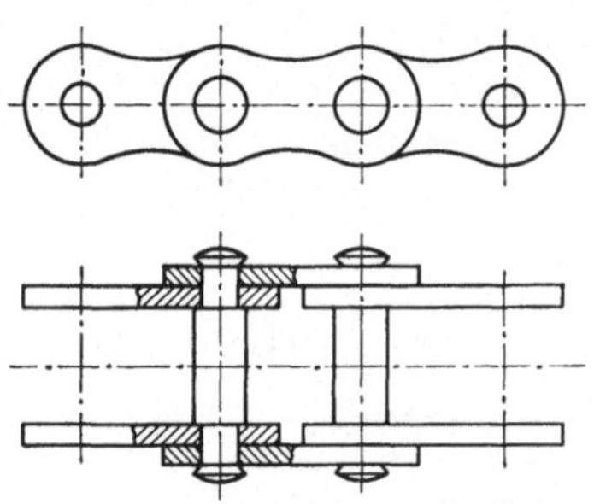

Abb. 4. Die GALLsche Kette

hergestellt. Sie bestehen aus formgleichen Außen- und Innenlaschen und Bolzen, die bei der leichten Ausführung ohne Beilegen einer Nietscheibe an ihren Enden flachgeschlagen sind. Die Innenlaschen sind auf den Bolzen beweglich.

Als Werkstoff ist für die Laschen St 60 und für die Bolzen St 50 in der Norm vorgesehen. Ebenso werden von den Herstellern Laschen aus vergütetem Material und Bolzen aus im Einsatz gehärtetem Stahl gefertigt.

Die besonderen konstruktiven Merkmale der GALLschen Ketten sind ein kräftiger die Zuglast aufnehmender Verband bei einer anspruchslosen, robusten, aber auch wenig verschleißfesten Ausbildung der Gelenke. Damit stellt die GALLsche Kette eine konstruktive Mittellösung zwischen den Rollenketten auf der einen Seite und der Rundgliederkette auf der anderen Seite dar. Sie haben die robuste und relativ billige Ausführung mit den Rundgliederketten gemeinsam und die sorgfältige

Konstruktion zur Aufnahme der Zuglasten durch die Verbindung von Laschen und Bolzen und die Möglichkeit der guten Übertragbarkeit der Zugkraft auf Kettenräder mit den Rollenketten gemeinsam.

Daraus ergibt sich der Anwendungsbereich als Last- und Transportkette oder für Stelltriebe bei kleinen Umfangsgeschwindigkeiten bis etwa 0,3 m/sek, wenn ein Kraftschluß mit Kettenrädern gefordert ist.

Die *Fleyerketten* (Abb. 5) sind nach DIN 8152 genormt. Sie sind aus Laschen und Bolzen zusammengesetzt. Die Laschen werden mit einem leichten Laufsitz auf die Bolzen gesteckt und sind untereinander gleich. Die Bolzen sind an den Enden vernietet. Fleyerketten sind für die Breite von $2 + 2 \div 8 + 8$ Laschen genormt.

Die Laschen werden in der Normausführung aus St 60, die Bolzen aus St 50 hergestellt. Neben dieser Normausführung gibt es auch Fleyerketten, deren Laschen

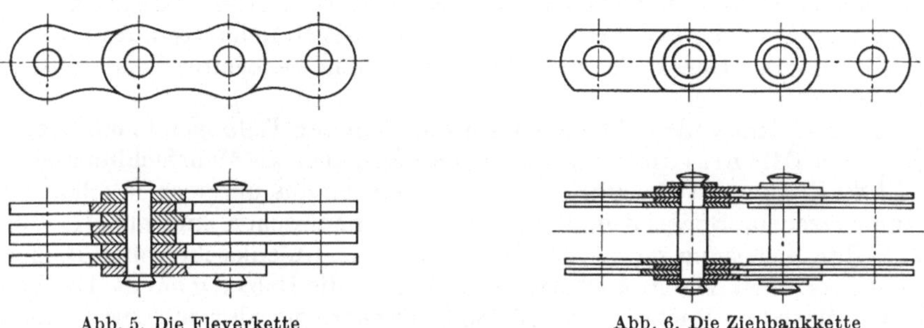

<table>
<tr><td>Abb. 5. Die Fleyerkette</td><td>Abb. 6. Die Ziehbankkette</td></tr>
</table>

aus vergütetem Material und deren Bolzen aus verschleißfestem legiertem Stahl gefertigt werden. Für die letztere Ausführung ergeben sich erheblich höhere Mindestbruchlasten, als nach DIN 8152 angegeben sind.

Fleyerketten sind nicht geeignet, über Kettenräder zu laufen und auf diese ein Drehmoment auszuüben. Allerdings kann die Kraftrichtung beim Lauf über Rollen umgelenkt werden. Ihre Verschleißfestigkeit ist in bezug auf den Gelenkverschleiß größer als die der Rundgliederketten, aber wesentlich kleiner, als die der anderen Stahlgelenkketten. Sie haben bei kleiner Baubreite eine verhältnismäßig hohe Bruchlast, da die Laschen so eng wie möglich angeordnet und die Bolzen nur auf Scherung beansprucht sind.

Fleyerketten werden als Lastketten z.B. im Kranbau und für Hebezeuge, als Gegengewichtsketten im Ofenbau und bei großen Werkzeugmaschinen, als Spanngewichtsketten bei Seilförderanlagen, als Bindeketten für den Transport von Blöcken oder Brammen im Hüttenwerk usw. eingesetzt.

Die *Ziehbankketten* (Abb. 6) sind nach DIN 8156 und 8157 genormt. Sie werden in zwei Ausführungsarten für die spezielle Anwendung an Ziebhänken hergestellt. Es sind dem Aufbau nach GALLsche Ketten mit je zwei Außen- und Innenlaschen pro Kettenglied.

Dabei sind die Ziehbankketten nach DIN 8156 in der Regelausführung der GALLschen Ketten entworfen, wohingegen die Ketten nach DIN 8157 an der Lagerstelle der Laschen eine kleine Buchse haben.

Die letzteren stellen damit eine Konstruktion dar, die zwischen den GALLschen und den Buchsenketten liegt. Die Mindestbruchlast erhöht sich bei Verwendung von Ziehbankketten mit Buchsen nicht. Die Verschleißfestigkeit nimmt allerdings wesentlich zu.

Die Laschen werden in beiden Fällen aus St 60 oder C 45 nach Wahl des Herstellers angefertigt. Die Bolzen sind aus St 50 bzw. C 45 für die Ketten nach DIN

8156 und C 45 nach DIN 8157 hergestellt. Die Buchsen der Ketten nach DIN 8157 sind aus C 15 gedreht und im Einsatz gehärtet.

Daraus ergibt sich der Vorteil der Ziehbankketten nach DIN 8157 mit Buchsen. Für diese Ketten ist die Werkstoffpaarung in der Gelenkfläche günstiger, woraus die größere Verschleißfestigkeit resultiert.

Ziehbankketten ohne Buchsen dürfen dementsprechend nur bis zu Kettengeschwindigkeiten von 0,5 m/sek betrieben werden, während die Ketten nach DIN 8157 bis 1 m/sek laufen können.

2.2 Die Buchsenketten. Buchsenketten unterscheiden sich von den Bolzenketten durch eine vergrößerte Gelenkfläche, die dadurch entsteht, daß die Innenlaschen auf eine Buchse gepreßt sind, die mit einem Laufsitz auf den Bolzen geschoben ist. Die Gelenkfläche entspricht dem Produkt aus Buchsenlänge und Bolzendurchmesser. Buchsenketten werden in Normalausführung nach DIN 8164 und 8171 hergestellt. Sie sind teurer als die Bolzenketten und billiger als Rollenketten. Außer der Normalausführung der Buchsenketten gibt es eine Reihe genormter Sonderausführungen für spezielle Zwecke.

Die *Buchsenketten* (Abb. 7) werden für die kleineren Teilungen in einfacher Ausführung nach DIN 8164 und für größere Teilungen auch als Mehrfachbuchsenketten nach DIN 8171 hergestellt. Buchsenketten bestehen aus unterschiedlichen Außen- und Innenlaschen, Buchsen und Bolzen. Die Innenlaschen sind auf die Buchsen gepreßt. Zur Sicherung gegen Verdrehen sind die Innenlaschen und Bolzen mit einer Fase versehen. Die Außenlaschen werden auf die Bolzen gepreßt. Die Passung zwischen Bolzen und Buchse wird von den Herstellern gewählt und entspricht einem leichten Laufsitz. Außenlaschen und Bolzen sind ebenfalls im allgemeinen durch eine Fase gegen gegenseitiges Verdrehen gesichert.

Die Laschen der Buchsenketten werden nach Norm aus St. 60, die Bolzen und Buchsen aus C 15 gefertigt. Bolzen und Buchsen sind im Einsatz gehärtet.

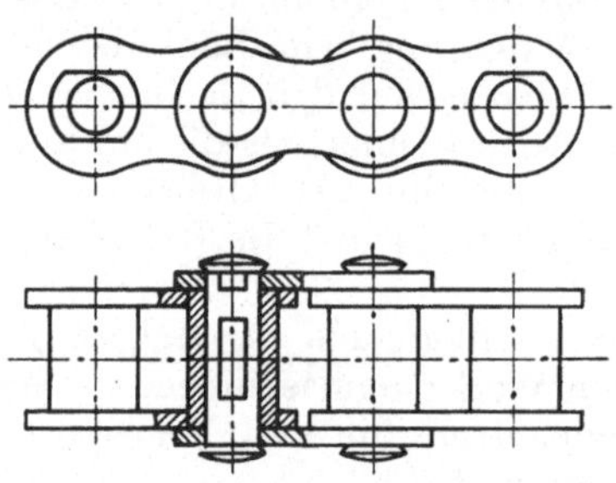

Abb. 7. Die Buchsenkette

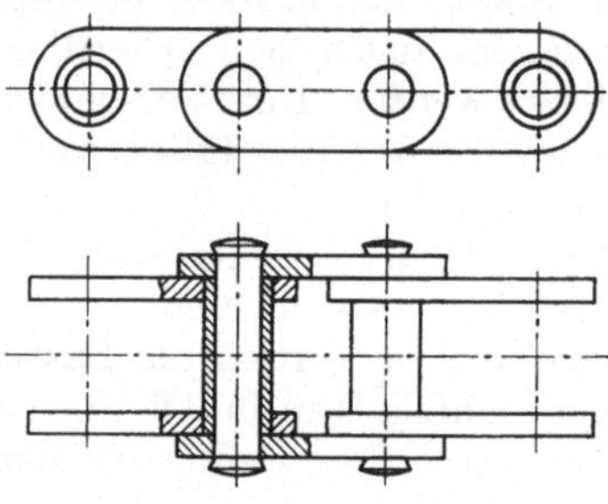

Abb. 8. Die Hülsenkette

Die Buchsenketten ergeben eine größere Verschleißfestigkeit, als die Bolzenketten; denn einerseits ist die Gelenkfläche größer, woraus eine geringere Pressung im Gelenk resultiert, andererseits sind die Bolzen und Buchsen gehärtet, woraus ein geringerer Verschleiß folgt. Trotzdem sind die Buchsenketten für schnell laufende Triebe nicht geeignet, weil bei jedem Umlauf der Kette die gleiche Stelle der Buchse mit dem Kettenradzahn in Berührung kommt. Daraus resultiert ein einseitiger Verschleiß der Buchsen, der bei schnell laufenden Trieben das zulässige Maß übersteigt.

Da Buchsenketten billiger in der Herstellung sind als die Rollenketten, ergibt sich ein großer Anwendungsbereich bei Umfangsgeschwindigkeiten bis etwa 4 m/sek als Treibkette oder Förderkette auch bei rauhem Betrieb und starker Verschmutzung. Für extreme Belastungen werden die Mehrfachbuchsenketten mit größerer Teilung eingesetzt.

Die *Hülsenketten* (Abb. 8) nach DIN 73232 und DIN 8188 haben im Prinzip den gleichen Aufbau wie die Buchsenketten. In DIN 73232 sind drei Hülsenketten mit 9,525 mm Teilung und in DIN 8188 zwei amerikanische Ketten mit 6,35 mm und 9,525 mm Teilung genormt. Daraus geht schon ihre geringe Bedeutung hervor. Hülsenketten haben eine meist gewickelte Hülse statt der gedrehten Buchse der Buchsenkette. Der Bolzendurchmesser ist im Verhältnis zur Teilung etwas kleiner als bei den Buchsenketten und etwas größer, als bei den Rollenketten. Hülsenketten haben den Rollenketten gegenüber den Vorteil des geringeren Gewichtes und den Nachteil des größeren Verschleißes an den Hülsen und den Kettenradzähnen aus den gleichen Gründen, die auch für die Buchsenketten galten.

Trotzdem werden Hülsenketten bei günstigen Schmierungsverhältnissen auch bis zu hohen Umfangsgeschwindigkeiten von etwa 12 m/sek eingesetzt. Das geschieht insbesondere dann, wenn der zur Verfügung stehende Raum klein ist. In diesem Fall ist die Hülsenkette der Rollenkette überlegen, weil sie bei gleicher Teilung eine größere Gelenkfläche hat und durch ihr geringeres Metergewicht eine kleinere Fliehkraft ergibt. Dabei ist allerdings zu beachten, daß für die Hülsenketten mit einer größeren Geräuschbildung zu rechnen ist, weil ihnen das den Stoß zwischen Kettenradzahn und Kettenglied dämpfende Ölpolster zwischen Buchse und Rolle fehlt.

Die *genormten Buchsenketten für Sonderzwecke* dienen ausnahmslos als Last- und Förderketten bei geringen Kettengeschwindigkeiten bis etwa 0,8 ÷ 1 m/sek. Ihre Abmessungen sind in Zusammenarbeit mit den Fachnormenausschüssen der die Ketten verwendenden Industrie in den folgenden Blättern festgelegt:

DIN 8165, Blatt 1: Buchsenketten, Doppelbuchsenketten für stetige Förderer.
DIN 8165, Blatt 2: Buchsenketten, Doppelbuchsenketten mit Befestigungsgliedern für stetige Förderer.
DIN 8175: Laschenketten für Stahlgliederbänder.
DIN 8176: Laschenketten für Kettenbahnen.
DIN 8177: Kratzerketten.

Die Laschen werden nach der Norm aus St 60 oder St 70, die Bolzen aus C 15, im Einsatz gehärtet, hergestellt.

2.3 Die Rollenketten. Die Rollenketten unterscheiden sich von den Buchsenketten durch eine Schonrolle, die über die Buchsen gesteckt ist und im wesentlichen dazu dient, den Verschleiß zwischen den Buchsen und den Kettenradzähnen zu verringern. Die Gelenkfläche ist etwas kleiner als bei den Buchsenketten, weil der Platz zum Unterbringen eines Bolzens mit größerem Durchmesser für die Anordnung der Rolle benötigt wird. Die Rollenkette ist eine relativ teure Ausführungsform der Stahlgelenkketten.

Die *Rollenketten* (Abb. 9) werden in Normalausführung nach DIN 8180 und mit erhöhten Leistungen nach DIN 8187 hergestellt. Rollenketten amerikanischer Bauart sind in DIN 8188 zusammengestellt und werden auch in Deutschland geliefert. Rollenketten der Normalausführung sind im allgemeinen aus unlegierten Stählen

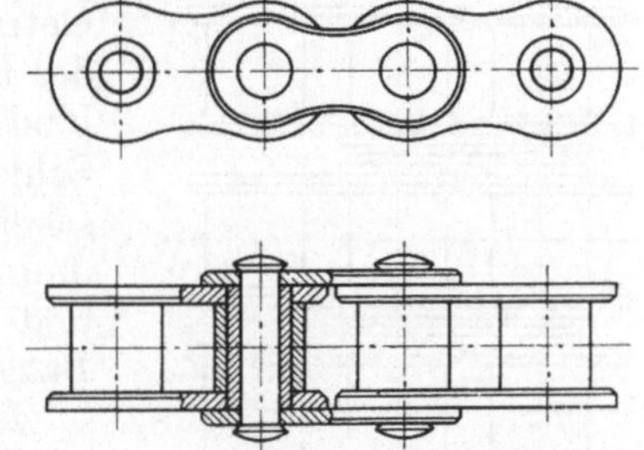

Abb. 9. Die Einfachrollenkette

gefertigt, während die Rollenketten mit erhöhter Leistung aus legierten Stählen gefertigt werden. Entsprechend können für diese Ketten höhere Mindestbruchlasten angegeben werden. Die große Nachfrage nach Ketten mit erhöhter Leistung hat die Preisdifferenz zwischen den beiden Ausführungsarten verringert. Daher sind heute fast nur noch die Ketten nach DIN 8187 üblich.

Abb. 9 zeigt den Aufbau der Rollenkette. In die Innenlasche ist je ein Buchsenende eingepreßt. Vor dem Zusammenbau der Innenglieder werden die Rollen über die Buchsen geschoben. In die Buchsen werden die Bolzen gesteckt. Buchsen und Bolzen bilden das Gelenk der Kette. Die Preßpassung zwischen Innenlasche und Buchse und die Passung zwischen Bolzen und Außenlasche entspricht den höchsten, nach ISA angegebenen Werten. Auf diese Weise wird der feste Verband der einzelnen Kettenteile erreicht, der bei den insbesondere auch stoßartig auftretenden Belastungen der Kette notwendig ist. Die Passungen zwischen der Rolle und der Buchse und zwischen der Buchse und dem Bolzen entsprechen Laufsitzen und werden nicht zu klein gewählt, um auch bei verschmutztem Öl und rauhem Betrieb die Kette einsatzfähig zu halten. Die genauen Passungen sind nicht genormt; sie stellen ein Qualitätszeichen des Herstellers dar.

Für die verschleißenden Teile der Rollenketten werden legierte Einsatzstähle und für die tragenden Teile vergütete Stähle eingesetzt. Die Wahl der Werkstoffe ist den Herstellern überlassen.

Das besondere Merkmal der Rollenkette ist die auf der Buchse angeordnete Schonrolle, die einerseits den Verschleiß der Kette und andererseits den Verschleiß des Kettenrades mindert. Die Rolle vermeidet die gleitende Reibung zwischen Kette und Kettenradzahn. Dazu kommt, daß nach statistischer Verteilung jeder Teil des Rollenumfanges mit dem Radzahn in Berührung kommt, wohingegen bei Ketten ohne Rolle immer der gleiche Bereich des Buchsenumfanges den Radzahn berührt. Dieser Vorteil wird allerdings durch einen etwas verringerten Bolzendurchmesser erkauft, wodurch die Verschleißfestigkeit der Kette vermindert wird. Der Einfluß ist aber gering und kann dadurch kompensiert werden, daß die Buchse bei Rollenketten härter ausgeführt werden kann, als bei Hülsenketten, da sie der Stoß des eingreifenden Zahnes nicht selbst trifft.

Außerdem zeichnen sich die Rollenketten durch einen geräuscharmen Lauf aus, weil das zwischen Rolle und Buchse und zwischen Buchse und Bolzen befindliche Ölpolster die geräuschbestimmenden Stöße dämpft.

Der Anwendungsbereich der Rollenkette ist fast unbeschränkt. Sie wird als Last-, Steuer und Getriebekette in gleicher Weise eingesetzt, beispielsweise als Steuerkette in Viertaktmotoren zum Antrieb der Nockenwelle, als Hinterradantrieb der Zweiräder, als Getriebekette in Kraftfahrzeugen zur Verwirklichung des Rückwärtsganges, in Werkzeugmaschinen als Verbindung zwischen Getriebe- und Spindelwelle, in Schleifmaschinen zum direkten Antrieb der Schleifscheiben, in Textilmaschinen als Bindeglied zwischen Jaquardmaschine und Webstuhl und zwischen Motor und Webstuhl, als Lastkette und Getriebekette in Baggern oder als Lastkette in Gabelstaplern usw.

Die *Mehrfachrollenketten* (Abb. 10) nach DIN 8180, 8187 und 8188 sind eine konstruktive Parallelschaltung mehrerer einfacher Rollenketten. Die einzelnen Bauteile der Mehrfachketten unterscheiden sich nicht von denen der Einfachkette. Nur die Bolzen haben eine größere Länge, die den Abmessungen der Mehrfachkette entspricht. Die Fertigung von Mehrfachketten erfordert eine sehr hohe Präzision, damit die einzelnen

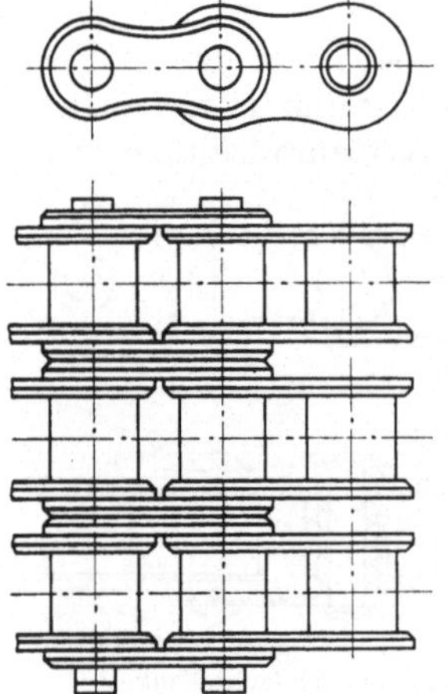

Abb. 10. Die Mehrfachrollenkette

Kettenstränge möglichst gleichmäßig tragen. Mehrfachketten werden bis zur Vierfachausführung häufig, bis zur Sechsfachausführung weniger häufig und bis zur 24fachen Ausführung in seltenen Fällen eingesetzt.

Die Mehrfachketten erweitern den Anwendungsbereich von Rollenketten auf das Gebiet großer Leistungen bei hohen Drehzahlen. Da aus besonderen Gründen die Höchstdrehzahlen der Ritzel begrenzt sind und dieselben bei größeren Teilungen abnehmen, ist es nicht möglich, Ketten größerer Teilungen bei hohen Drehzahlen arbeiten zu lassen. In solchen Fällen haben die Mehrfachketten den Vorzug einer relativ hohen Bruchlast bei kleiner Teilung. Die Kombination einer hohen Bruchlast bei kleiner Teilung bietet außerdem die Möglichkeit, Platz zu sparen. Wenn beispielsweise bei relativ niedriger Drehzahl der Einsatz einer Kette mit 1'' Teilung notwendig wäre, um die erforderliche Last aufzunehmen, dann könnten bei gleichwertigem Einsatz einer Zweifachkette mit $^1/_2''$ Teilung bei etwa gleicher Baubreite die Durchmesser der Kettenräder auf die Hälfte reduziert werden.

Ein Nachteil der Mehrfachketten ist der hohe Anspruch an die genaue Ausrichtung der Wellen, der notwendig ist, um ein genügend gleichmäßiges Tragen aller Kettenstränge zu erreichen.

Die *Rotaryketten* (Abb. 11) sind in der DIN 8182 für den Bereich der Teilungen von 3–4'' aufge-

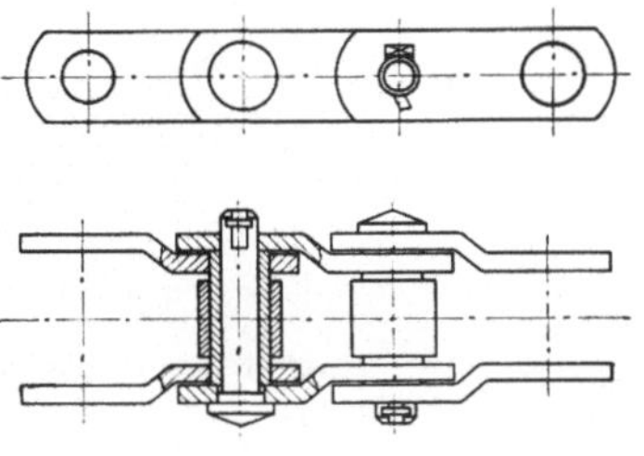

Abb. 11. Die Rotarykette

nommen. Sie werden in Einfach- und Zweifachausführung hergestellt. Der Aufbau der Rotarykette unterscheidet sich wenig von dem der Rollenkette. Ebenso wie die Rollenkette setzt sie sich aus Bolzen, Buchsen, Laschen und Rollen zusammen. Der Unterschied besteht in der Anordnung und Ausführung der Laschen.

Die Laschen sind gekröpft und mit der einen Bohrung auf die Buchsen, mit der zweiten Bohrung auf die Bolzen gepreßt. Auf diese Weise kann weder zwischen Innen- und Außenlaschen, noch zwischen Innen- und Außengliedern unterschieden werden. Bolzen und Buchsen werden in den Laschen gegen Verdrehen gesichert.

Aus der konstruktiven Besonderheit der gekröpften Laschen bei Rotaryketten ergibt sich eine größere Elastizität der Konstruktion gegenüber Rollenketten und eine gleichmäßige Verschleißlängung der Teilung der einzelnen Glieder.

Aus den genannten Vorzügen folgt der Anwendungsbereich der Rotaryketten. Sie werden benutzt als Antriebsketten bei schweren Getrieben, die vorwiegend stoßartigen Beanspruchungen ausgesetzt sind, wie z. B. zum Antrieb von Baggern, Abbaumaschinen oder als Antrieb für Erdölbohrmaschinen.

Die genormten *Rollenketten für Sonderzwecke* sind Förderketten für erhöhte Ansprüche, die eine Schonrolle tragen. Es handelt sich um die Ketten:

DIN 8181: Rollenketten, langgliedrig.
DIN 8184: Rollenketten für Umlaufaufzüge.
DIN 8185: Rollenketten für Stützkettenaufzüge.

2.4 Die Zahnketten. Die Zahnketten haben einen grundsätzlich anderen Aufbau, als die bisher genannten Ketten. Während bei den seither beschriebenen Ketten die Bolzen, Buchsen bzw. Rollen die Verbindung mit dem Kettenrad bewirken, sind die Laschen der Zahnketten so ausgebildet, daß sie die Kraftübertragung zwischen Kettenrad und Kette übernehmen können.

Zur Führung der Zahnketten quer zur Kettenlängsrichtung werden in die Mitte oder an die Seite des Kettenstranges Führungslaschen eingelegt. Dementsprechend wird zwischen Zahnketten mit Innen- bzw. Außenführung unterschieden (Abb. 12). Die Kettenräder für Zahnketten mit Innenführung erhalten einen Einstich, in den die Führungslaschen eingreifen. Trotz der teuren Bearbeitung der Kettenräder für Zahnketten mit Innenführung ist das System „Innenführung" stärker verbreitet, da diese Ausführung weniger empfindlich ist gegen ungenaues

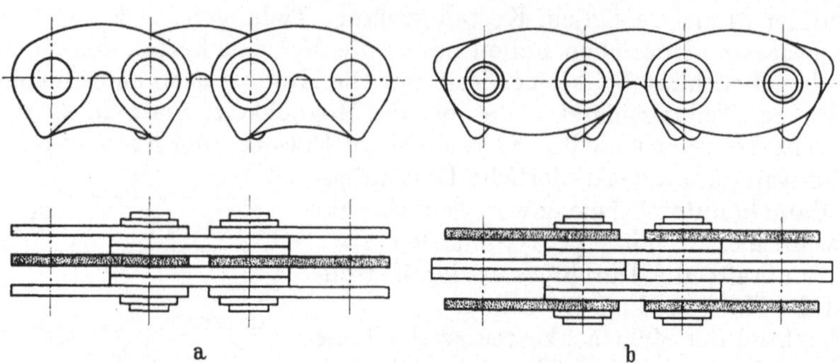

Abb. 12a u. b. Die Zahnkette. a mit Innenführung; b mit Außenführung

Ausrichten der Kettenräder und weil Ketten verschiedener Breite auf einem Kettenrad mit Innenführung laufen können. Dieser Vorteil ist wesentlich weil die Zahnketten verschiedener Hersteller abweichend von DIN 8190 sich in der Baubreite unterscheiden. Die Austauschbarkeit von Zahnketten verschiedener Hersteller ist daher bei dem System „Innenführung" häufiger möglich als bei Ketten mit Außenführung.

Die Zahnketten zeichnen sich durch einen starken, die Zuglast aufnehmenden Verband aus bei relativ schmaler Bauweise. Die Laschen sind so geformt, daß sie außer der beabsichtigten Zugbeanspruchung auch auf Biegung belastet werden. Hierdurch geht der Vorzug der gedrängten Bauweise wieder verloren. Zahnketten sind teurer als die Rollenketten. Vorteilhaft bei der Verwendung von Zahnketten ist die von Glied zu Glied gleichmäßige verschleißbedingte Teilungsvergrößerung. Hieraus folgt eine Verringerung der dynamischen Blindlasten des belasteten Kettentrumms und damit eine Verringerung des Verschleißes. Die Frage, ob Zahnketten leiser als Rollenketten laufen, ist heute umstritten.

Die Zahnketten deutscher Fabrikation sind nur teilweise an DIN 8190 angeglichen. Die Schwierigkeit der Normung liegt in der grundsätzlichen Verschiedenheit der einzelnen Konstruktionen begründet. Zur Zeit werden vier verschiedene Bauformen der Zahnketten hergestellt.

Die *Buchsenzahnkette* (alte Bezeichnung: normale Zahnkette) der Bauart Wippermann (Abb. 13) setzt sich aus Zahnlaschen (*1*), Buchsen (*2*), Bolzen (*3*), Führungslaschen (*4*) und kleinen Nietscheiben (*5*) zusammen. Die Zahnlaschen sind einander gleich und werden jeweils paarweise durch eine Buchse miteinander verbunden. Die Laschenpaare werden mit einer ihrer Bohrungen auf einen Bolzen gesteckt und mit ihrer zweiten Bohrung abwechselnd auf den vorhergehenden bzw. nachfolgenden Bolzen gesteckt. Die Bolzen sind unter Beilegen der Nietscheibe an ihren Enden flachgeschlagen.

Die *Zahnketten mit Lagerschale* (alte Bezeichnung: Büchsenzahnkette) der Bauart Wippermann (Abb. 14) bestehen ebenfalls aus paarweise gelegten Laschen, von denen die in einer Richtung gelegten Laschen eines Gelenkes direkt auf dem Bolzen gleiten, während die in der zweiten Richtung gelegten Laschen des gleichen Gelenkes sich auf eine etwa halbzylinderförmige Lagerschale stützen. Die Länge der Lagerschale ist gleich der Kettenbreite. Die Zahnlaschen haben abwechselnd auf ihren Innen- und Außenseiten eine Freinehmung für die Durchführung der Lager-

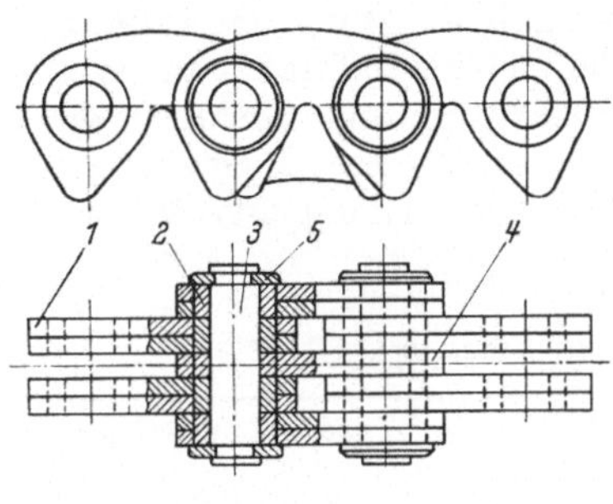

Abb. 13. Die Buchsenzahnkette
(Bauart Wippermann)

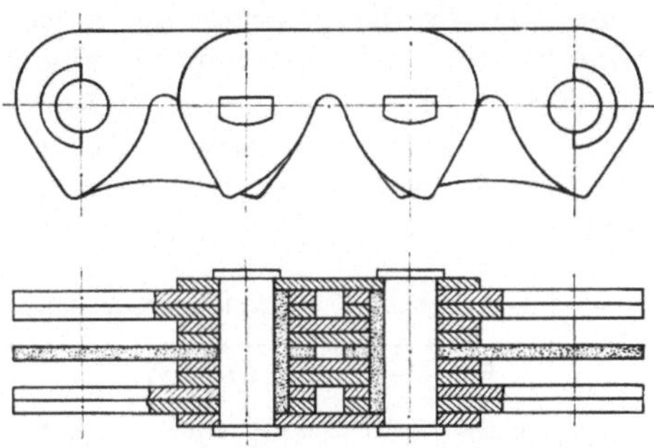

Abb. 14. Die Zahnkette mit Lagerschale
(Bauart Wippermann)

schale. Zahnketten mit Lagerschalen werden vorwiegend für die kleinen Teilungen von $^3/_8$–$^1/_2''$ gefertigt.

Die *Zahnketten mit Wiegegelenkzapfen* Bauart Westinghouse nach Abb. 15, vermeiden die bei allen anderen Kettenarten auftretende gleitende Reibung im Gelenk. Der Wiegezapfen (*1*) wälzt sich auf dem Lagerzapfen (*2*) ab. Die Länge des Wiegezapfens entspricht der Arbeitsbreite der Kette. Der Lagerzapfen ist etwas länger als die Arbeitsbreite der Kette. Er wird an seinen beiden Enden unter Beilegen einer Nietscheibe flachgeschlagen oder versplintet und ergibt auf diese Weise den Zusammenhalt der Kette. Aus der Dimensionierung des Wiegegelenkes ergibt sich eine sogenannte Rückensteifigkeit der Kette, die der Ausbildung von transversalen Schwingungen des Kettentrumms entgegenwirkt. Als Vorteil des Wiegegelenkzapfens wird geringer Verschleiß und ein guter Wirkungsgrad angegeben.

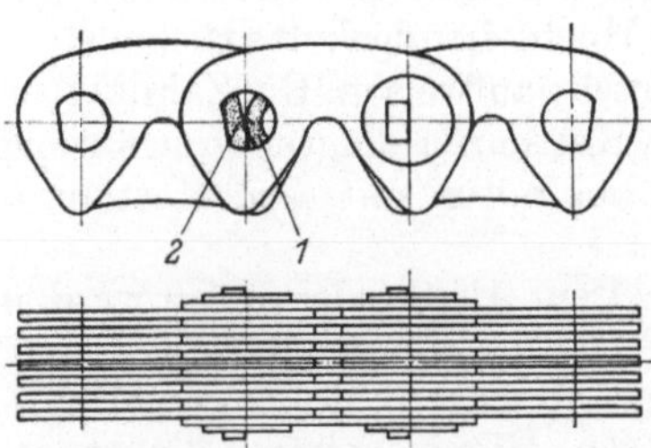

Abb. 15. Die Zahnkette mit Wiegegelenk
(Bauart Westinghouse)

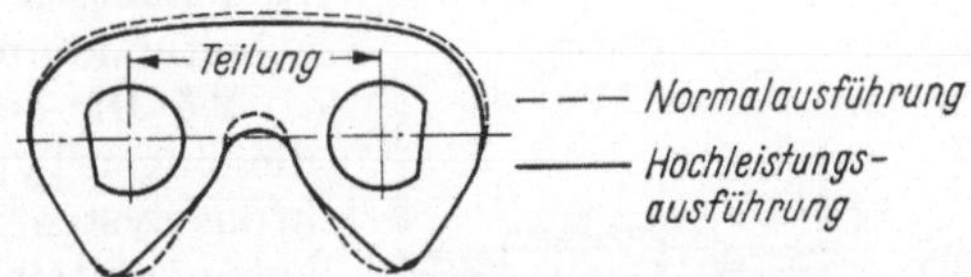

Abb. 16. Die verbesserte Laschenform für die Hochleistungszahnkette mit Wiegegelenk (Bauart Westinghouse)

Die *Hochleistungskette mit Wiegegelenkzapfen* ist eine Weiterentwicklung der Zahnketten mit Wiegegelenkzapfen, bei der die Laschenform verändert ist (Abb. 16). Die Änderung der Laschenform bringt bei etwa 12% Gewichtsersparnis nach Angabe des Herstellers eine etwa 30% höhere Bruchlast, verglichen mit der Normalausführung. Allerdings können die Hochleistungsketten als Folge der veränderten Laschenform nicht mehr ohne weiteres mit den Kettenrädern nach DIN 8191 zusammen arbeiten.

Ein abschließender *Vergleich zwischen Zahnketten und Rollenketten* ist heute noch nicht möglich. Die Konstruktionsmerkmale sind so verschieden, daß nur Experimente einen endgültigen Aufschluß ergeben könnten. Eventuell vergleichbar sind die Buchsenzahnketten und Rollenketten, da die Lagerstelle im Gelenk bei beiden Kettenarten ähnlich gestaltet ist. In der Tab. 2 sind etwa gleichartige Rollenketten nach DIN 8187 und Buchsenzahnketten miteinander verglichen. Die Verhältnisse von Gelenkfläche und Metergewicht bzw. von Bruchlast und Metergewicht ergeben Kennziffern der Kettenarten, die im wesentlichen unabhängig von der Teilung sind. Hohe Werte von f/q sprechen für eine große Gelenkfläche und damit für eine gute Verschleißfestigkeit bei geringem Metergewicht und für geringe Fliehkraftwirkung oder auch Materialaufwendung. Hohe Werte des Verhältnisses P_B/q sprechen für eine gute Festigkeit der Kette bei geringer Fliehkraftwirkung und Materialaufwendung.

Tabelle 2. *Vergleich von Rollenketten und Buchsenzahnketten*

Rollenketten nach DIN 8187							Buchsen-Zahnketten (Wippermann)						
Teilung	innere Breite	f cm²	q kg/m	P_B kp	f/q cm³/kg	P_B/q m	Teilung	Lege-Kombination	f cm²	q kg/m	P_B kp	f/q cm³/kg	P_B/q m
12,7	7,75	0,5	0,7	1800	71	2570	12,7	2×3	0,34	1,20	1900	28	1580
15,875	9,65	0,67	0,95	2500	71	2630	15,875	2×3	0,56	2,25	4300	25	1910
19,05	11,68	0,89	1,25	3000	71	2400	19,05	2×3	0,84	3,30	6500	25	1970
25,4	17,02	2,10	2,70	6500	78	2410	25,4	3×3	1,90	5,60	11500	34	2060
			Mittelwerte		73	2503				Mittelwerte		28	1880

Beide Kennwerte, f/q und P_B/q, liegen günstiger bei Verwendung von Rollenketten anstelle von Buchsen-Zahnketten. Die Gegenüberstellung breiterer Zahnketten mit Mehrfachrollenketten verschiebt die angegebenen Zahlenwerte nur unwesentlich zu Gunsten der Zahnketten. Zusammenfassend kann demnach gesagt werden, daß die Rollenketten eine größere Gelenkfläche und höhere Bruchlast haben als gleichschwere Zahnketten. Die Zahnketten mit Wiegegelenkzapfen haben vermutlich einen besseren Wirkungsgrad als die Rollenketten. Die Zahnketten mit Wiegegelenkzapfen sind in der Normalausführung und als Hochleistungskette rückensteif, während die normalen Rollenketten diesen Vorteil nicht aufweisen. Die Zahnketten können in der Regelausführung nur einseitig in das Kettenrad eingreifen, während

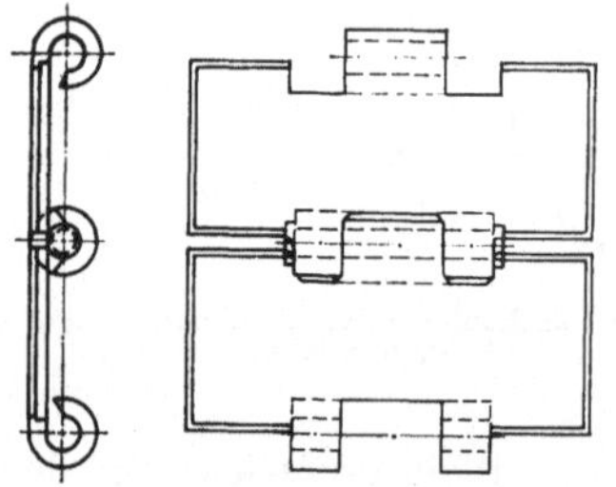

Abb. 17. Die Scharnierbandkette

Rollenketten von zwei Seiten mit dem Kettenrad arbeiten können.

2.5 Die Sonderketten. Als Sonderketten werden diejenigen Typen bezeichnet, die sich nur mit Zwang in das System: Bolzen-, Buchsen-, Rollen- und Zahnketten einreihen lassen. Hierzu gehören die gegossenen Ketten und die Scharnierbandketten.

Die *Scharnierbandkette* (Abb. 17) nach DIN 8153 hat als Förderkette besonders in der mit Flaschen arbeitenden Industrie eine zunehmende Bedeutung. Der Normentwurf DIN 8153 legt die Abmessungen einer Kette mit 38,1 mm Teilung und 82,5 mm Bandbreite fest. Scharnierbandketten können über Kettenräder getrieben werden. Die Zahnlücken der Kettenräder bestehen aus zwei Viertelkreisen mit einem Kreismittenversatz und greifen über die Gelenke der Kette.

Die *zerlegbaren Gelenkketten* (Abb. 18) nach DIN 686 sind aus einzelnen, untereinander gleichen Gliedern zusammengesetzt, die in einem Stück gegossen werden. Die Glieder sind an ihrem einen Ende als Bolzen, am anderen Ende als Gelenk ausgebildet. Das Gelenk ist nicht vollkommen geschlossen, so daß die Ketten aus den einzelnen Gliedern zusammengesteckt werden können. Als Werkstoff wird Temperguß und Sphäroguß verwendet. Die zerlegbaren Gelenkketten zeichnen sich durch

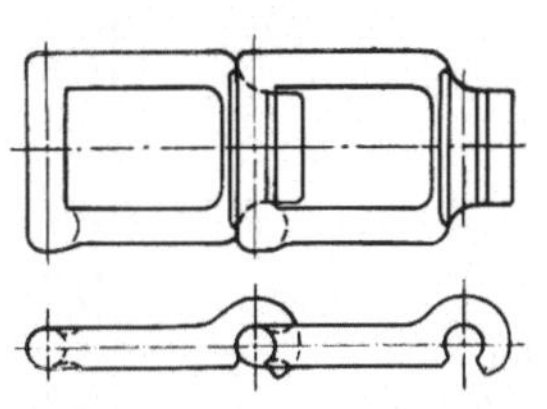

Abb. 18. Die zerlegbare Gelenkkette

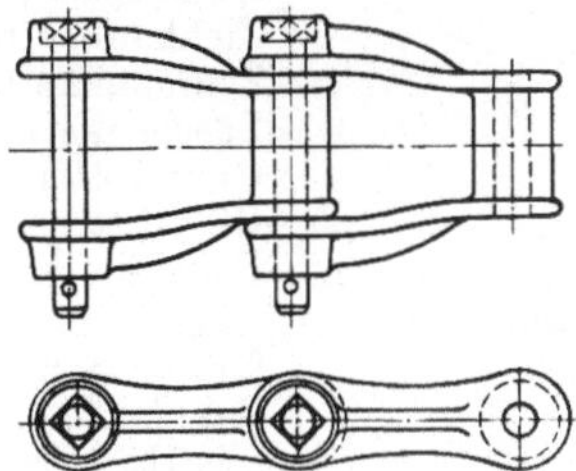

Abb. 19. Die Stahlbolzenkette

ihren einfachen Aufbau, die leichte Montierbarkeit, einen guten Verschleißwiderstand und relativ hohen Korrosionswiderstand aus. Sie werden als Antriebs- und Förderketten bei niedrigen Ansprüchen eingesetzt.

Die *Stahlbolzenkette* (Abb. 19) nach DIN 654 besteht ebenfalls aus untereinander gleichen gegossenen Gliedern, die durch Stahlbolzen miteinander verbunden werden. Die Stahlbolzenkette ist demnach eine gegenüber der zerlegbaren Gelenkkette verbesserte Ausführung der gegossenen Ketten. Die Stahlbolzenkette hat eine höhere Tragfähigkeit und besseren Verschleißwiderstand als die Gelenkkette. Die Glieder sind aus Temperguß oder Sphäroguß hergestellt, die Bolzen werden aus Einsatzstahl C 15 E gefertigt. Die Gelenkkette und die Stahlbolzenkette gleichen im Aufbau den Rotaryketten. Die verschleißbedingte Teilungsvergrößerung der einzelnen Glieder ist daher auch für die Gelenk- und Stahlbolzenkette von Glied zu Glied im wesentlichen gleich.

Für die Stahlbolzen- und Gelenkketten gibt es eine große Vielzahl von Befestigungsgliedern zur Aufnahme von Kratzern, Behältern oder anderen Aufnahmen von Lasten.

2.6 Normblattverzeichnis der Stahlgelenkketten. Um das große Gebiet der genormten Stahlgelenkketten übersichtlich zu machen, ist im folgenden eine Zusammenstellung der wichtigsten Kettenarten mit Angabe der Normblattnummer gegeben.

Kettenart	Bezeichnung	DIN
Rollenketten	Rollenketten	8180
	Rollenketten mit erhöhter Leistung	8187
	Rollenketten amerikanischer Bauart	8188
	Rollenketten, langgliedrig	8181
	Rotaryketten	8182
	Rollenketten für Stetigförderer	8165
	Rollenketten für Umlaufaufzüge	8184
	Rollenketten für Stützkettenaufzüge	8185
	Rollenketten für Spinnereimaschinen	64035
Buchsenketten	Buchsenketten	8164
	Buchsenketten für Stetigförderer	8165
	Doppelbuchsenketten für Stetigförderer	8165
	Mehrfachbuchsenketten	8171
	Laschenketten für Stahlgliederbänder	8175
	Laschenketten für Kettenbahnen	8176
	Kratzerketten	8177
	Hülsenketten	73232
	Hülsenketten amerikanischer Bauart	8188

Kettenart	Bezeichnung	DIN
Bolzenketten	GALLketten, schwer	8150
	GALLketten, leicht	8151
	Ziehbankketten	8156
	Ziehbankketten mit Buchsen	8157
	Laschenketten	15263
	Gabelketten	15263
	Blockketten	15263
	Fleyerketten	8152
Zahnketten	Buchsenzahnketten	8190
	Zahnketten mit Lagerschale	8190
	Zahnketten mit Wiegegelenkzapfen	8190
	(als Hochleistungskette abweichend von	8190)
Sonderketten	Scharnierbandketten	8153
	Zerlegbare Gelenkketten (gegossen)	686
	Stahlbolzenketten (gegossen)	654

Für eine kleine Auswahl genormter Stahlgelenkketten sind im Abschn. IV. D.
Maßblätter zusammengestellt, aus denen die Abmessungen, Gelenkflächen, Mindestbruchlasten und Metergewichte entnommen werden können. Die Normblätter sind
nicht vollständig abgedruckt. Zur genaueren Information wird auf die Original-
blätter hingewiesen.

3. Zubehörteile zu den Stahlgelenkketten

Zum Verbinden eines offenen Kettenstranges zu einer endlosen Kette, zum Ver-
längern bzw. Verkürzen einer vorhandenen Kette, zur Reparatur eines gebrochenen
Kettenstranges, zum Anschluß eines endlichen Kettenstranges an andere Bauteile
(Lastkette) und zur Ausführung von Stahlgelenkketten für Sonderzwecke sind eine
Reihe von Zubehörteilen üblich, die im folgenden beschrieben werden sollen.

3.1 Das Verbinden eines offenen Kettenstranges. Endlose Stahlgelenkketten, die
über zwei oder mehr Kettenräder laufen sollen, werden im allgemeinen in den Ge-
brauchslängen bestellt und geliefert. Dabei sollen gerade Gliederzahlen bevorzugt
werden für alle Kettenarten, bei denen zwischen Außen- und Innengliedern unterschieden wird. Der Kettenstrang endet dann jeweils mit Innengliedern. Die Verbindung des Stranges zur endlosen Kette wird durch ein Außenglied erreicht. Dieses Verbindungsglied wird in verschiedenen Ausführungsformen von den Herstellern geliefert. Abb. 20 zeigt die häufigsten Ausführungsarten als Nietglied oder
mit Feder-, Splint-, Draht- oder Schraubverschluß. Nach DIN 8187 ist für
Rollenketten bis 19,05 mm Teilung ein Steckglied mit Federverschluß und für die

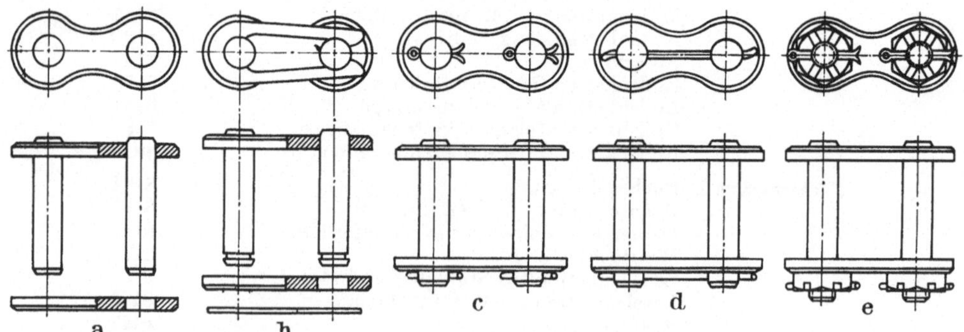

Abb. 20a—e. Verbindungsglieder. a Nietglied; b Steckglied mit Federverschluß; c Steckglied mit Splint;
d Steckglied mit Draht; e Steckglied mit Schraubverschluß

Ketten mit 25,4 mm Teilung und mehr das Steckglied mit Schraub-, Splint- oder Drahtverschluß vorgesehen.

Um endlose Zahnketten mit geraden Gliederzahlen zu erhalten, wird ein Kettenstrang geliefert, dessen Endlaschen ineinandergreifen. Die Verbindung wird durch einen Verschlußbolzen erreicht bei den normalen Zahnketten oder durch Einstecken eines Lager- und Wiegezapfens bei den Zahnketten mit Wiegegelenk.

Wenn aus konstruktiven Gründen eine ungerade Gliederzahl der Kette nicht vermieden werden kann, müssen gekröpfte Glieder eingefügt werden. Abb. 21 zeigt ein gekröpftes Glied, ein gekröpftes Doppelglied und ein gekröpftes Glied für Zahnketten. Nach DIN 8187 wird das gekröpfte Doppelglied für Ketten bis 19,05 mm

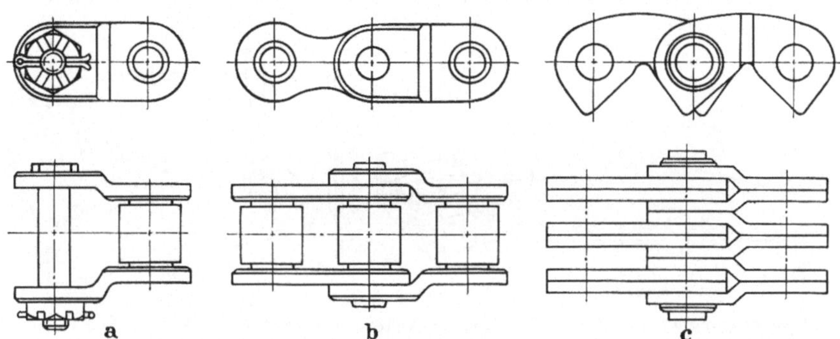

Abb. 21 a—c. Gekröpfte Glieder. a gekröpftes Einzelglied; b gekröpftes Doppelglied; c gekröpftes Glied für Zahnketten

Teilung und das einfache gekröpfte Glied für die Ketten mit größerer Teilung vorgeschlagen. Eine Kette von beispielsweise 12,7 mm Teilung und 101 Gliedern besteht demnach aus einem Strang von 97 Gliedern, (endend jeweils mit Innengliedern), einem gekröpften Doppelglied und zwei Steckgliedern, mit denen das gekröpfte Doppelglied in dem Kettenstrang befestigt wird.

Zahnketten mit ungerader Gliederzahl erhalten ebenfalls ein gekröpftes Endglied nach Abb. 21, dessen Ausführungsart von der Legekombination der Kette abhängt. In diesem Fall ist in dem gekröpften Glied und in den beiden benachbarten Gliedern keine Führungslasche vorhanden. Gekröpfte Glieder für die Bolzenketten und Buchsenketten entsprechen den in Abb. 21 gezeigten. Die Bolzen- und Buchsenketten werden durch einen Steckbolzen verbunden.

Bei stark verschlissenen Ketten kann es erforderlich werden, die Kette um ein Glied zu verkürzen. In diesem Fall wird nach DIN 8187 für Rollenketten empfohlen:

Bei gerader Gliederzahl und $t \leq 19,05$ mm
das Steckglied zu lösen, zwei Innen- und zwei Außenglieder abzutrennen und durch ein gekröpftes Doppelglied und ein Steckglied zu ersetzen.

Bei gerader Gliederzahl und $t \geq 25,4$ mm
das Steckglied zu lösen, ein Innen- und ein Außenglied abzutrennen und durch ein gekröpftes Glied zu ersetzen.

Bei ungerader Gliederzahl und $t \leq 19,05$ mm
das Steckglied zu lösen, das gekröpfte Doppelglied und das Außenglied zu entfernen und durch ein Innenglied und ein Steckglied zu ersetzen.

Bei ungerader Gliederzahl und $t \geq 25,4$ mm
das einfache gekröpfte Glied zu entfernen.

Die Festigkeit der gekröpften Glieder beträgt nur etwa 80% von geraden Kettengliedern. Daher sind gekröpfte Glieder bei hoch belasteten Ketten möglichst zu vermeiden.

Beim Bruch eines Innengliedes oder einer Rolle wird das zerstörte Glied mit seinen beiden benachbarten Außengliedern entfernt und durch ein Innenglied und zwei Steckglieder ersetzt. Ein gebrochenes Außenglied wird durch ein Steckglied ersetzt. Sinngemäß werden diese Vorschläge nach DIN 8187 auch auf die anderen Kettenarten übertragen. Die Steckglieder und gekröpfte Glieder der Mehrfachketten entsprechen denen nach Abb. 20 und 21. Bei Verwendung von Mehrfachketten werden die Steckglieder im allgemeinen bestimmten Kettensträngen zugeordnet. Die vorgesehene Markierung der Glieder muß eingehalten werden, damit garantiert ist, daß die einzelnen Stränge gleichmäßig tragen.

Für die Befestigung der Stahlgelenkketten an anderen Bauteilen sind in einzelnen Normen Endglieder angegeben, die der besseren Krafteinleitung in die Kette

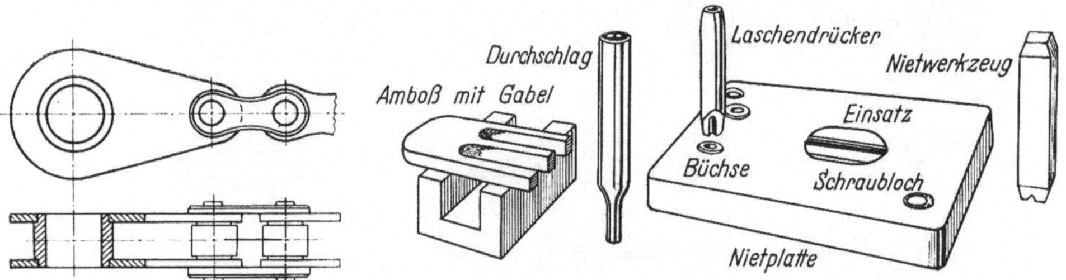

<table>
<tr><td>Abb. 22. Befestigungsglied</td><td>Abb. 23. Nietenziehvorrichtung für Ketten einer Teilung
(nach Winklhofer)</td></tr>
</table>

dienen sollen. Diese werden als Innen- und Außenglieder und auch gekröpft gefertigt. Als Beispiel ist in Abb. 22 ein nicht genormtes Endglied als Innenglied mit Buchse für eine Einfachrollenkette gezeigt.

Zum sachgemäßen Montieren von Stahlgelenkketten werden von den Herstellern Spezialwerkzeuge angeboten. Es gibt Spannvorrichtungen zum Zusammenziehen der Kettenenden vor dem Einstecken des Steckgliedes, Spezialzangen zum Aufschieben der Federverschlüsse auf die Steckglieder und Einrichtungen zum Schlagen und Ziehen der Niete. Nur für Ketten einer Teilung geeignet ist die Nietenziehvorrichtung nach Abb. 23 während die Nietenziehmaschine nach Abb. 24 für Ketten mehrerer Teilungen benutzt werden kann.

Beim Aufsetzen der Steckglieder mit Federverschluß ist darauf zu achten, daß das offene Ende des Federverschlusses nicht in die Umlaufrichtung der Kette weist.

3.2 Anschlußteile zum Aufbau von Sonderketten. Für die verschiedenartigen Aufgaben der Fördertechnik gibt es eine große Zahl von Sonderteilen zum Aufbau von Ketten für spezielle Anwendungsfälle. Es ist daher unmöglich, dieses Gebiet erschöpfend zu behandeln. Andererseits haben derartige Kettentriebe eine ständig wachsende

Abb. 24. Nietenziehvorrichtung für Ketten verschiedener Teilung (nach Winklhofer)

Bedeutung. Aus diesem Grund wird im folgenden versucht, eine repräsentative Auswahl der Möglichkeiten zu zeigen, mit Hilfe von Sonderteilen Ketten für spezielle Verwendungszwecke aufzubauen. Für Ketten, die zum Transport von

Lasten dienen, werden nach Abb. 25 Stützrollen (c) über die Buchsen geschoben, die einen größeren Durchmesser als die Schonrollen der Rollenketten haben und die auftretenden Stützkräfte auf Stützschienen möglichst reibungsarm übertragen. Der

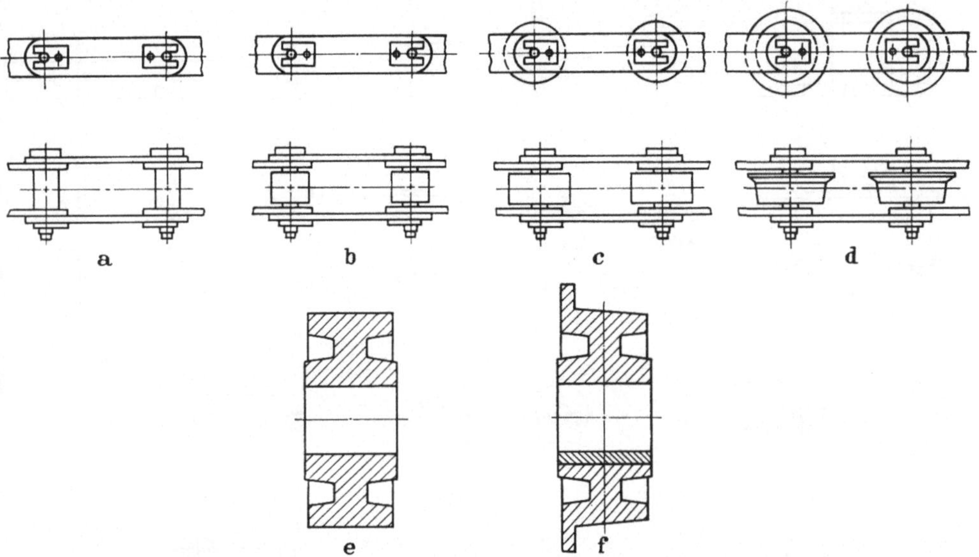

Abb. 25 a—f. Buchsenketten für stetige Förderer (nach DIN 8165). a ohne Rollen; b mit Schonrolle; c mit Stützrolle; d mit Bundrolle; e Stützrolle (DIN 8166); f Bundrolle (DIN 8166)

Durchmesser derartiger Laufrollen ist groß genug zu wählen, damit ein Gleiten der Rollen auf den Stützschienen vermieden wird. Solange die Führung des Kettenstranges in Querrichtung beispielsweise durch die Wirkung der Kettenräder ausreicht, werden einfache Stützrollen verwendet. Bundrollen (d) ergeben anderenfalls eine Querführung des Kettenstranges. Stütz- und Bundrollen nach Abb. 25 sind nach DIN 8166 für die Buchsen- und Doppelbuchsenketten genormt. Laufrollen brauchen nicht an jedem Glied vorgesehen zu werden. Dafür sind einzelne Lücken des Zahnrades zur Aufnahme der Laufrollen vergrößert auszuführen. Es ist darauf zu achten, daß die Zähnezahl des Kettenrades und die Gliederzahl zwischen zwei Laufrollen einen ganzzahligen Quotienten ergeben.

Die Laufrollen können aber auch seitlich von den Laschen oder oberhalb der Kette angeordnet werden. Derartige Ausführungen zeigt die Abb. 26.

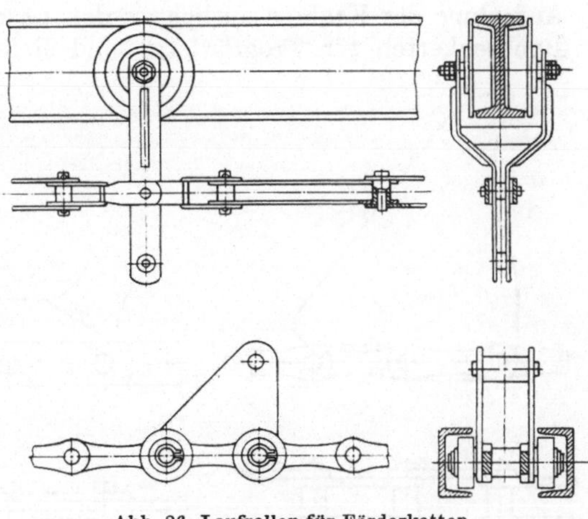

Abb. 26. Laufrollen für Förderketten (nach Arnold & Stolzenberg)

Befestigungsglieder zur Verbindung von Platten oder Behältern für den Transport des Fördergutes gibt es für alle Kettenarten in verschiedenen Ausführungen

2 U Rachner, Kettentriebe

nach Abb. 27. Für die Buchsenketten nach DIN 8165 sind die Befestigungsglieder mit angenieteten Winkellaschen (a) ausgeführt. Die Laschenketten nach DIN 8175 haben abgewinkelte Befestigungslaschen (b), die mit den Kettenlaschen aus einem

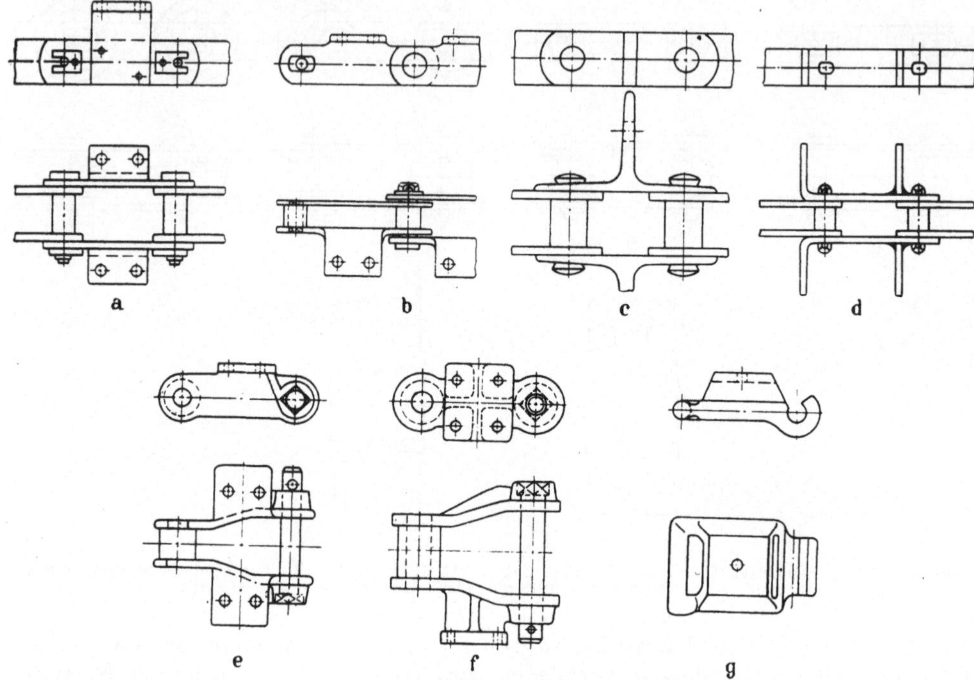

Abb. 27 a—g. Befestigungsglieder für Förderketten

Stück gefertigt sind. Die Befestigungslaschen (c) für die Kratzerketten sind zur Aufnahme der Kratzer seitlich an den Laschen angeordnet. Für den Aufbau von Buchsenketten für Trogförderer sind Befestigungslaschen nach (d) vorgesehen.

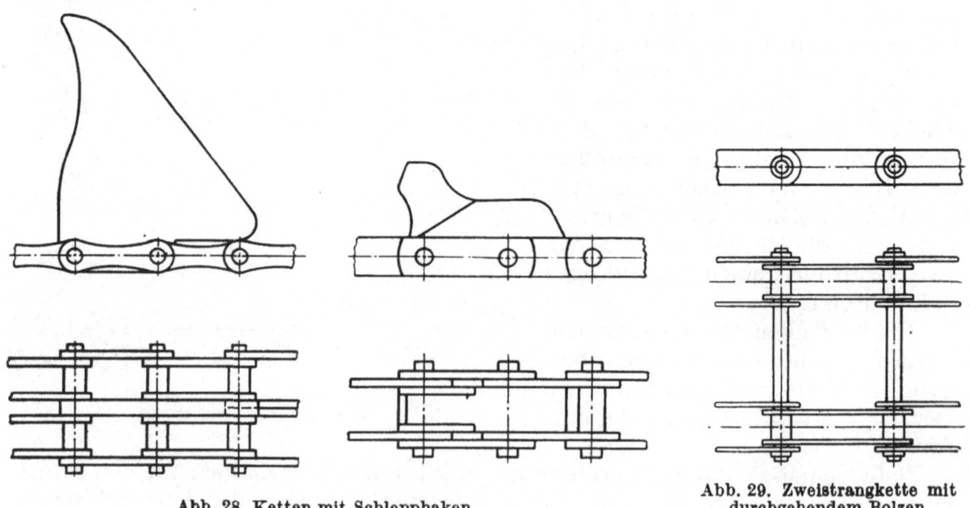

Abb. 28. Ketten mit Schlepphaken

Abb. 29. Zweistrangkette mit durchgehendem Bolzen

Eine besonders reiche Auswahl von Befestigungsgliedern gibt es für die Ketten aus Stahlguß nach DIN 686 und 654, von denen in Abb. 27 (e–g) nur einige Beispiele gezeigt sind. Die Sonderglieder nach Abb. 27 dienen zum Anbringen der Aufbauten der Fördermittel. Zum direkten Transport des Fördergutes werden an die Kette Schlepphaken angebracht, die in der Abb. 28 zu erkennen sind.

Bei gleichzeitigem Betrieb zweier paralleler Kettenstränge werden durchgehende Bolzen nach Abb. 29 verwendet. Die Spurweiten und Abmessungen derartiger Buchsenketten für stetige Förderer sind in DIN 8165 zusammengestellt. Abb. 30

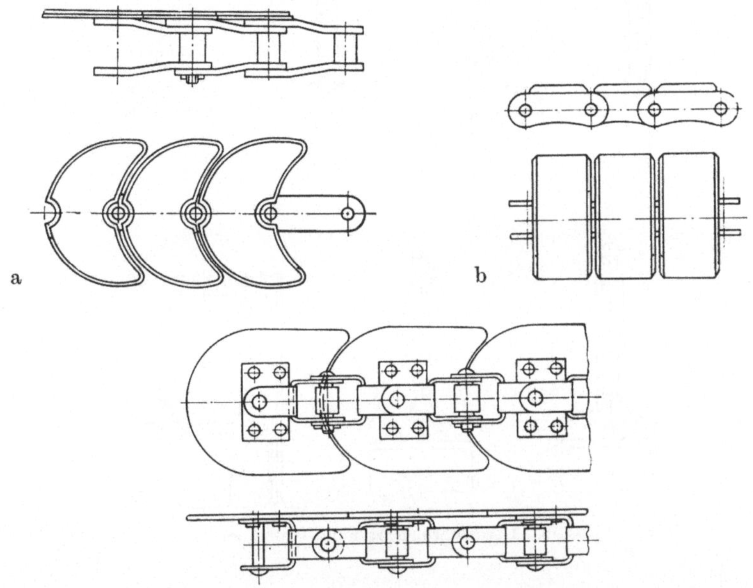

Abb. 30 a–c. Förderketten für a ebene Bahn; b gerade Bahn; c räumliche Bahn

zeigt drei Möglichkeiten, den Transport des Fördergutes in einer Richtung (b), auf einer ebenen Kurvenbahn (a) und auf einer räumlichen Kurvenbahn durchzuführen. Für den Betrieb einer Förderkette auf einer räumlichen Kurve werden Kardanketten in verschiedener Ausführung hergestellt.

B. Die Kettenräder

Kettenräder sind Konstruktionselemente, die wie ein Hebelarm das mechanische Bindeglied zwischen Kraft und Drehmoment darstellen. Sie bestehen in ihren wesentlichen Teilen aus der die Verzahnung tragenden Radscheibe und der Nabe, die die Verbindung mit der Welle herstellt. Die Kettenräder für die verschiedenen Arten der Stahlgelenkketten unterscheiden sich in ihrem grundsätzlichen Aufbau nicht. Es verändert sich allerdings die Kettenradverzahnung für die verschiedenen Ausführungen der Stahlgelenkketten.

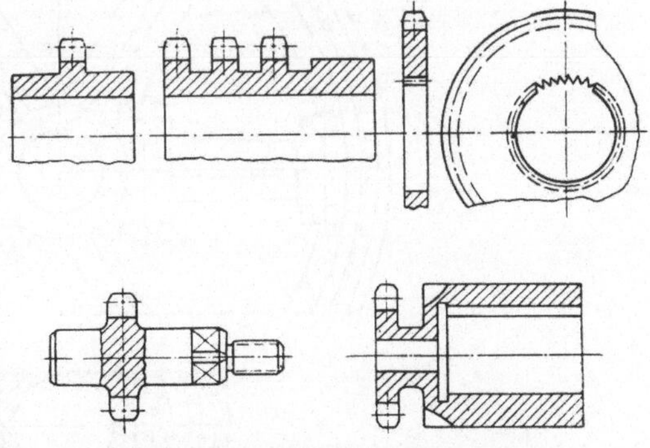

Abb. 31. Ausführungsarten der Kleinräder

1. Die normalen Ausführungsarten der Kettenräder

In dem folgenden Abschnitt werden die üblichen Ausführungsarten der Kettenräder gezeigt, ohne dabei auf die Frage der optimalen Zähnezahlen und die Aus-

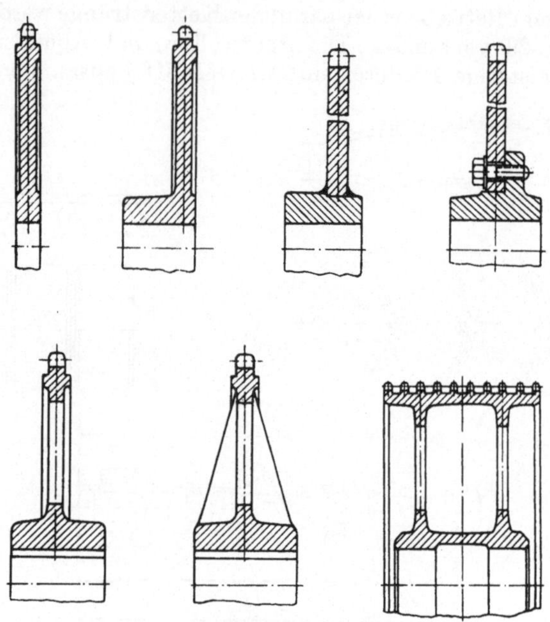

Abb. 32. Ausführungsarten der Großräder

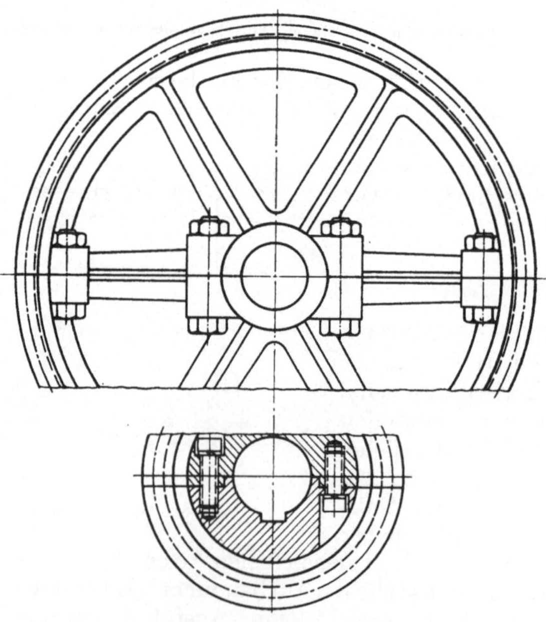

Abb. 33. Geteilte Kettenräder

legung der Kettenräder bei bestimmten Betriebsverhältnissen einzugehen. Dies geschieht im Abschn. III. D.

Die äußere Form der Kettenräder wird durch die gewählte Zähnezahl und das zu übertragende Moment bestimmt. Bei kleinen Zähnezahlen und Momenten werden die Kettenräder im allgemeinen nach Abb. 31 ausgeführt.

Die Auswahl zwischen den Ausführungsarten der in der Abb. 31 angegebenen Kleinräder erfolgt nach den konstruktiven Gegebenheiten des Triebs. Extrem kleine Zähnezahlen bei gegebenem Wellendurchmesser lassen sich mit den Schafträdern erreichen. Allerdings erfordern Schafträder ein Auswechseln der Welle, wenn das Kettenrad verschlissen ist. Demgegenüber sind die Naben- und Scheibenräder selbst auswechselbar. Die Nabenräder gestatten die Übertragung eines größeren Drehmomentes auf die Welle, während Scheibenräder nur eingesetzt werden können, wenn kleine Momente zu übertragen sind. Die Grenze der Anwendungsmöglichkeit von Scheibenrädern liegt bei solchen Momenten, deren Übertragung durch das Bohrungsprofil auf die Welle nicht mehr möglich ist.

Bei großen Zähnezahlen und großen Momenten werden je nach den vorgesehenen Stückzahlen und der Verwendung Ausführungsarten nach Abb. 32 benutzt. Dabei sind die gegossenen Räder bei großen Stückzahlen und die geschweißten Räder bei kleineren Stückzahlen vorzuziehen. Wenn die Radscheiben ausgewechselt werden sollen, ist die Ausführung mit verschraubter Nabe möglich. Kettenräder für Mehrfachketten werden mit einer

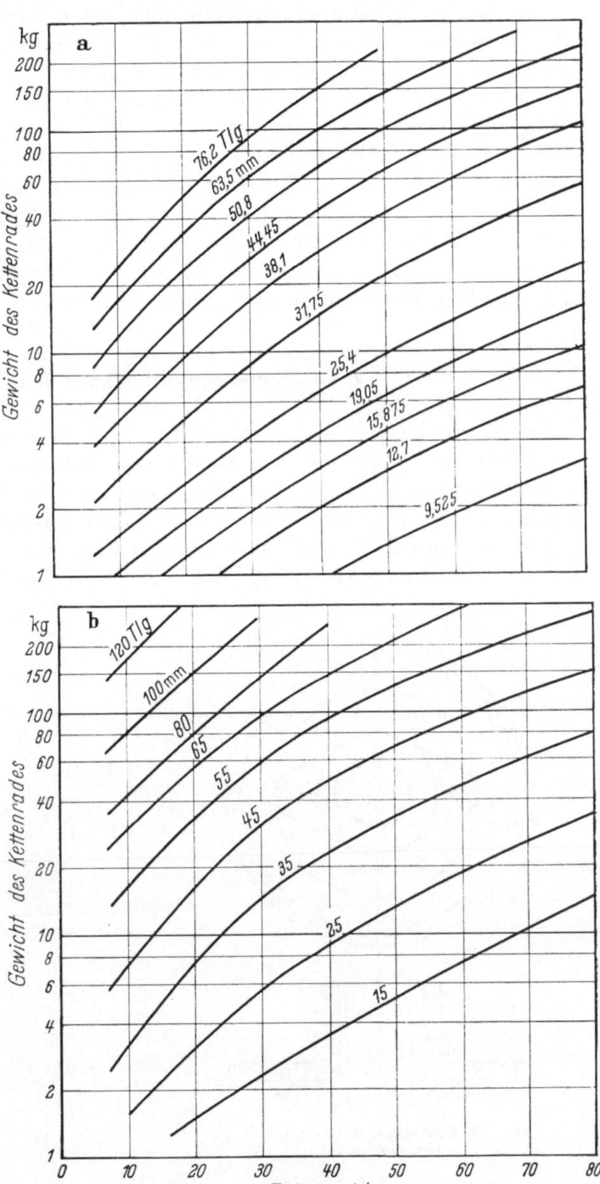

Abb. 34a u. b. Annäherungsgewichte für Kettenräder der Rollen bzw. Buchsenketten (nach Kötter)

oder zwei Radscheiben in gegossener und geschweißter Ausführung hergestellt. Bei besonders hohen Zähnezahlen und bei großen Kettenteilungen werden Erleichterungsöffnungen in den Radscheiben und axiale Rippen vorgesehen. Räder mit extremen Abmessungen werden als Speichenräder hergestellt.

Zur leichteren Montage werden die Kettenräder in besonderen Fällen auch in geteilter Ausführung eingesetzt. Abb. 33 zeigt zwei konstruktive Lösungen geteilter Kettenräder für kleine und große Zähnezahlen.

Als Werkstoff für Kleinräder mit weniger als 30 Zähnen wird Stahl höherer Festigkeit (St. 60) bei mittleren Kettengeschwindigkeiten bis etwa 7 m/sek, bei höheren Kettengeschwindigkeiten vergüterter, im Einsatz gehärteter oder flammgehärteter Stahl verwendet. Für die Herstellung von Großrädern mit mehr als 30 Zähnen ist Grauguß oder Stahlguß bei mittleren Geschwindigkeiten und vergüteter Stahl für die größeren Kettengeschwindigkeiten üblich.

Die in Abb. 34 angegebenen Annäherungsgewichte von Kettenrädern in normaler Ausführung können als Richtwerte für die Konstruktion dienen.

2. Die Sonderausführungen der Kettenräder

Zur Begrenzung eines übertragbaren Drehmomentes und damit zum Schutz der Kette bzw. des angetriebenen Maschinensatzes sind Kettenräder mit Scherbolzen vorgesehen, wie sie in der Abb. 35 gezeigt werden. Der durch Überlast gebrochene Bolzen kann leicht gegen einen neuen Bolzen ausgetauscht werden.

Der gleiche Effekt kann ohne Scherbolzen erreicht werden mit Hilfe eines Kettenrades mit Rutschkupplung. Diese Art der Überlastsicherung ist zu empfehlen,

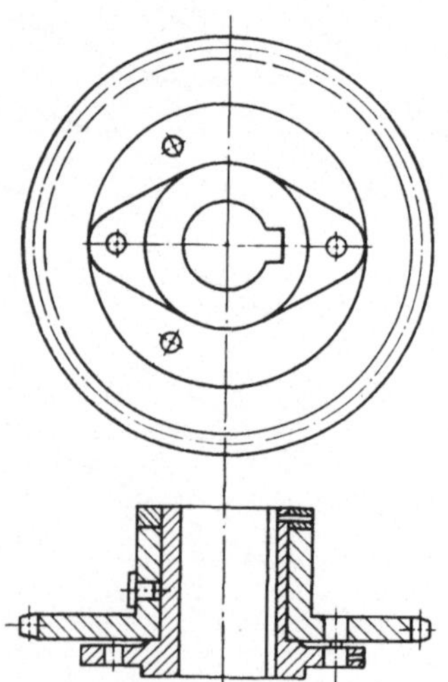

Abb. 35. Kettenrad mit Scherbolzen
(nach Siemag)

Abb. 36. Kettenrad mit Rutschkupplung
(nach Arnold & Stolzenberg)

wenn kurzzeitige Überlastungen von vornherein erwartet werden können. Eine Möglichkeit der konstruktiven Gestaltung eines Kettenrades mit Rutschkupplung ist in Abb. 36 gezeigt.

Wenn periodische Schwankungen in der Kettenbelastung erwartet werden, kann eine drehelastische Auslegung des Kettenrades nach Abb. 37 empfohlen werden.

Sie ermöglicht bei richtiger Dimensionierung das Vermeiden einer dynamischen Vergrößerung der äußeren Erregung in Resonanznähe. Die elastische Ausführung

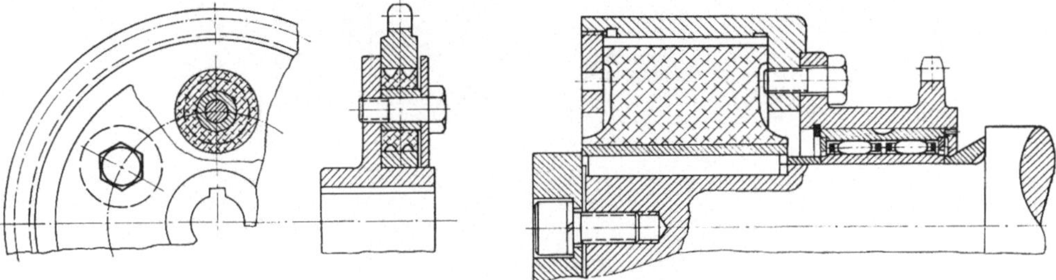

Abb. 37. Drehelastische Kettenräder

des Kettenrades wirkt wie eine zu der Kette und der Welle in Reihe geschaltete Feder und Dämpfung.

Zur elastischen Verbindung zweier koaxialer Wellen werden Kettenräder mit einer Zweifachkette als Kettenkupplung nach Abb. 38 verwendet. Die Kupplung ist leicht lösbar auch ohne Demontage der beiden Wellen. Die Kettenräder werden für den Einsatz als Kettenkupplung mit möglichst geringem Zahnlückenspiel ausgeführt. Eine geringe Schrägstellung der Wellen kann durch axiales Spiel der Kette in der Verzahnung aufgenommen werden.

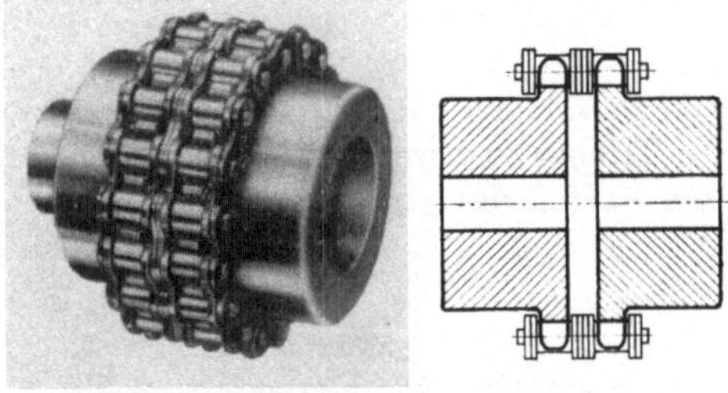

Abb. 38. Kettenkupplung (nach Wippermann)

3. Die Verbindung der Kettenräder mit der Welle

Die Verbindung der Kettenräder mit der Welle kann nach den folgenden skizzierten Ausführungen erfolgen. Dabei wird zwischen den:

reibschlüssigen Verbindungen nach Abb. 39,
formschlüssigen Verbindungen nach Abb. 40,
vorgespannten formschlüssigen Verbindungen nach Abb. 41

unterschieden.

Die reibschlüssigen Verbindungen werden vorteilhaft benutzt, wenn die Belastung der Welle so hoch ist, daß man die Kerbwirkung der formschlüssigen Verbindungen nicht in Kauf nehmen möchte. Das ist insbesondere der Fall, wenn der Wellendurchmesser aus konstruktiven Gründen nach oben begrenzt ist. Die Verbindung mit dem Kegelsitz ist am leichtesten lösbar.

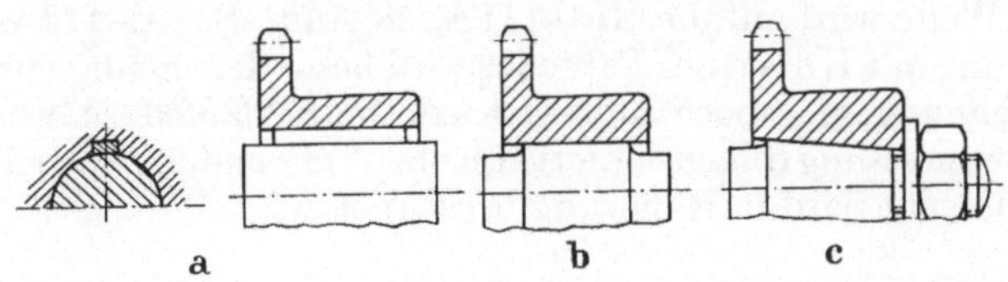

Abb. 39 a—c. Reibschlüssige Verbindungen. a Hohlkeile (DIN 6881); b Preßverbindung (DIN 7190); c Kegelverbindung (DIN 749, 750)

Die rein formschlüssigen Verbindungen werden bevorzugt, wenn eine einfache Lösbarkeit des Kettenrades von der Welle verlangt ist. Dabei ist die Verwendung

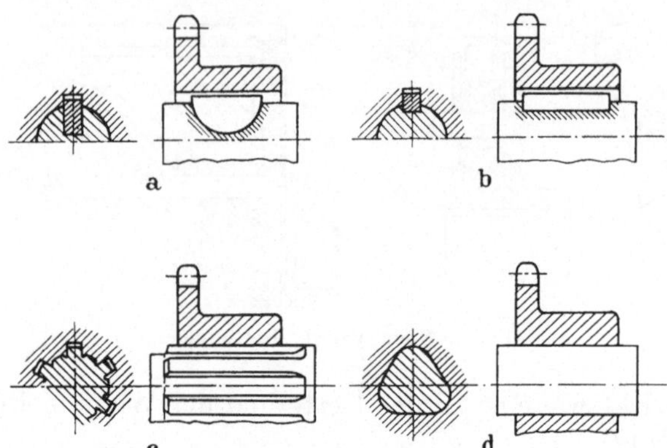

Abb. 40 a–d. Formschlüssige Verbindungen. a Scheibenfedern (DIN 6888); b Paßfedern (DIN 6885); c Keil-wellen (DIN 5461); d K-Profil

von Paßfedern oder Scheibenfedern zu vermeiden, wenn eine stoßartige Belastung des Triebes zu erwarten ist. Die vorgespannten formschlüssigen Verbindungen haben den Vorteil der genauen Festlegung der Lage des Kettenrades zur Welle mit den

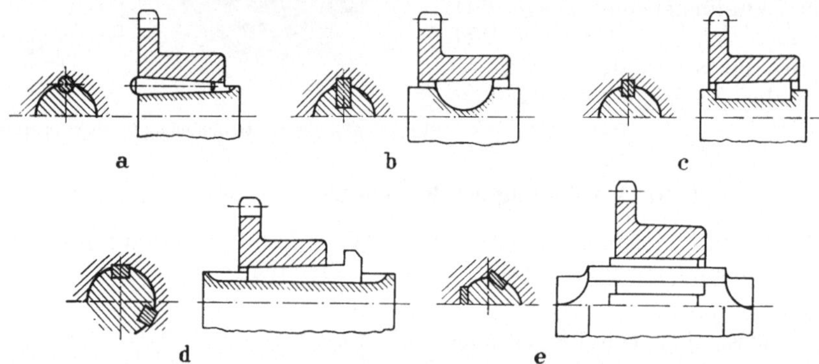

Abb. 41 a–e. Vorgespannte formschlüssige Verbindungen. a Rundkeil; b Scheibenkeil; c Einlegekeil (DIN 6886); d Nasenkeil (DIN 6887); e Tangentkeil (DIN 268, 271)

formschlüssigen Verbindungen gemein und besitzen dabei keinen Totgang bei Überholstößen. Sie sind daher bei stoßartigem Betrieb besser geeignet als die rein form-schlüssigen Verbindungen.

Für die Berechnung der aufgezählten Verbindungsmöglichkeiten zwischen Kettenrad und Welle wird auf die Hütte II A, 28. Aufl., S. 102–112 verwiesen.

Die Verbindung mit Hilfe einer Paßfeder wird besonders häufig verwandt. Daher wird ihre Berechnung hier noch einmal wiederholt. Paßfedern werden auf aus-reichende Flächenpressung dimensioniert. Das bei Verwendung einer Paßfeder über-tragbare Drehmoment wird in Näherung berechnet zu:

$$M_{t\,\mathrm{zul}} \approx p_{\mathrm{zul}}\, l\, \frac{h\,d}{4}\,. \tag{1}$$

Daraus folgt umgekehrt bei vorgegebenem Drehmoment eine notwendige tragende Paßfederlänge von:

$$l = \frac{4\,M_t}{p_{zul}\,h\,d}\,.\tag{2}$$

Das übertragbare Drehmoment M_{10} für eine zulässige Flächenpressung von 10 kp/mm² und eine Federlänge von $l = 1$ mm und die Abmessungen einer Auswahl der Paßfedern nach DIN 6885 sind in der Tab. 3 zusammengestellt. Nach

Tabelle 3. *Abmessungen, Bauformen und M_{10}-Werte für Paßfedern*
(nach DIN 6885 und G. NIEMANN)

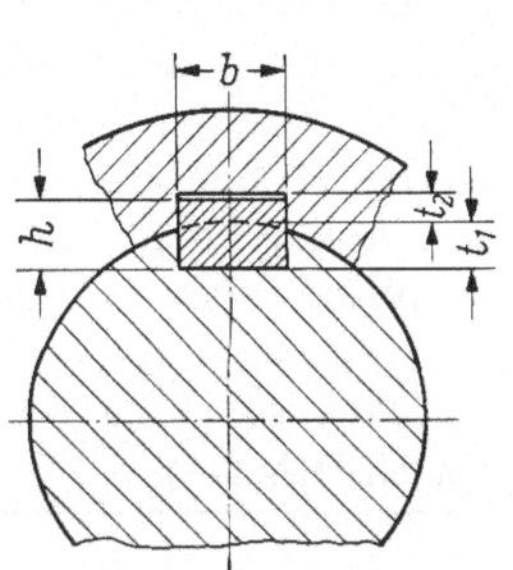

Paßfedern

Auszug aus DIN 6885 (Febr. 1956)
M_{10}-Werte nach G. NIEMANN.

Bezeichnung einer Paßfeder:
Form A, Breite $b = 12$ mm, Höhe $h = 8$ mm und Länge $l_1 = 56$ mm:
Paßfeder A 12×8×56 DIN 6885.

Empfohlene Längen:
6, 8, 10, 12, 14, 16, 18, 20, 22, 25, 28, 32, 36, 40, 45, 50, 56, 63, 70, 80, 90, 100, 110, 125, 140, 160, 180, 200.

Normaler Werkstoff: St 60

	Wellen-⌀ über / bis	b	h	l_1	t_2	M_{10} [kpcm/mm] von	bis
DIN 6885, Blatt 1 (hohe Form)	10– 12	4	4	2,4	1,7	10	12
	12– 17	5	5	2,9	2,2	12,6	21,5
	17– 22	6	6	3,5	2,6	25,5	33
	22– 30	8	7	4,1	3,0	38	52
	30– 38	10	8	4,7	3,4	60	76
	38– 44	12	8	4,9	3,2	76	88
	44– 50	14	9	5,5	3,6	98	112
	50– 58	16	10	6,2	3,9	125	145
	58– 65	18	11	6,8	4,3	160	180
	65– 75	20	12	7,4	4,7	195	225
	75– 85	22	14	8,5	5,6	260	300
	85– 95	25	14	8,7	5,4	300	330
	95–110	28	16	9,9	6,2	380	440
	110–130	32	18	11,1	7,1	495	585
	130–150	36	20	12,3	7,9	650	750
	150–170	40	22	13,5	8,7	825	935
	170–200	45	25	15,3	9,9	1060	1240
DIN 6885, Blatt 3 (niedrige Form)	12– 17	5	3	1,9	1,2	7,5	12,9
	17– 22	6	4	2,5	1,6	17,0	22
	22– 30	8	5	3,1	2,0	27	37
	30– 38	10	6	3,7	2,4	45	57
	38– 44	12	6	3,9	2,2	57	66
	44– 50	14	6	4,0	2,1	65	75
	50– 58	16	7	4,7	2,4	88	100
	58– 65	18	7	4,8	2,3	100	115
	65– 75	20	8	5,4	2,7	130	150
	75– 85	22	9	6,0	3,1	165	195
	85– 95	25	9	6,2	2,9	195	210
	95–110	28	10	6,9	3,2	240	275
	110–130	32	11	7,6	3,5	300	360
	130–150	36	12	8,3	3,8	390	450

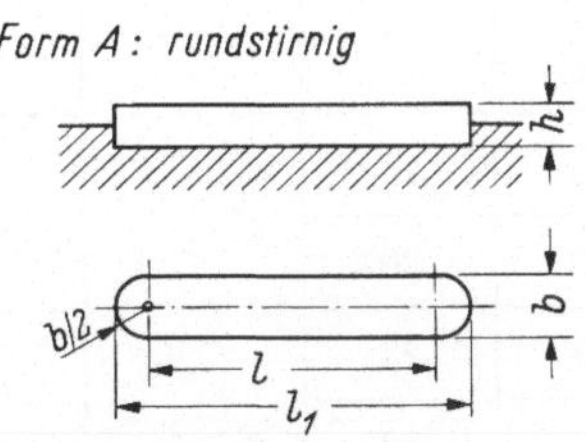

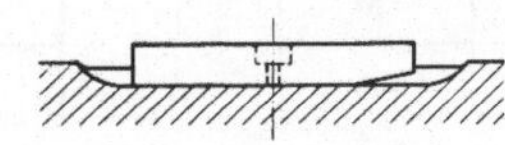

Maße in mm; M_{10}-Werte gelten auch für Keile nach DIN 6886.

G. Niemann [10] wird für Stahlnaben eine zulässige Flächenpressung von 9 kp/mm² und für Naben aus GG von 5 kp/mm² angegeben. Bei Benutzung der M_{10}-Werte errechnet sich demnach die Paßfederlänge

Für Naben aus St zu:
$$l_{\mathrm{St}} = \frac{M_t}{0{,}9\,M_{10}} \quad |\mathrm{mm}|,$$

Für Naben aus GG zu:
$$l_{\mathrm{GG}} = \frac{M_t}{0{,}5\,M_{10}} \quad |\mathrm{mm}|.$$

Die Nabenlänge der Kettenräder hängt von der Größe des zu übertragenden Drehmomentes und der Verbindungsart zwischen Kettenrad und Welle ab. Bei Verwendung von Paßfedern ist die Nabenlänge des Kettenrades etwas größer auszuführen als die Paßfederlänge. In vielen Fällen können Kettenräder in Standardausführung nach Werksnormen bezogen werden. Die Nabenlänge ist dann den Standardmaßen der Lieferfirma anzupassen. Wenn keine Richtlinien dieser Art bestehen, wird auf die genormten Abmessungen für zylindrische Wellenenden nach DIN 748 (Tab. 4) verwiesen.

Tabelle 4. *Zylindrische Wellenenden* (nach DIN 748)

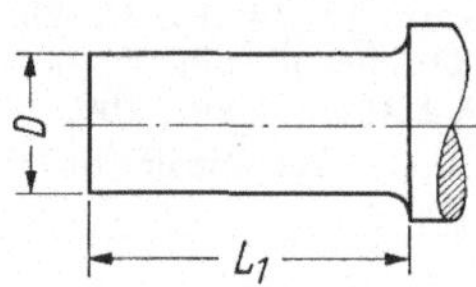

Zylindrische Wellenenden
Auszug aus DIN 748, Juli 1936.

Bezeichnung eines Wellenendes mit $D = 250\,\mathrm{mm}$, Passung m 6 und $L_1 = 440\,\mathrm{mm}$.
Wellenende 250 m 6 × 440 DIN 748.
Fettgedruckte Durchmesser bevorzugen.

D mm	L_1 mm	Abmaß für D	D mm	L_1 mm	Abmaß für D	D mm	L_1 mm	Abmaß für D
6	16	j 6	32	80		75	140	
8	20		**35**	80		**80**	170	
10	23		38	80		85	170	
12	30		**40**	110	k 6	**90**	170	
14	30		42	110		95	170	
16	40	k 6	**45**	110		**100**	210	m 6
18	40		48	110		110	210	
20	50		**50**	110		**120**	210	
22	50		55	110		130	250	
25	60		**60**	140	m 6	140	250	
28	60		65	140		**150**	250	
30	80		70	140		Weitere s. DIN 748		

In jedem Fall sollten die Nabenbohrungen der DIN 748 angepaßt werden. Die Kettenräder in Standardausführung, wie sie von den Herstellern angeboten werden, sind meist nur vorgebohrt, so daß eine Festlegung der endgültigen Nabenbohrung nach DIN 748 möglich ist. Die Bohrung der Kettenradnabe wird in der Regel mit der ISA-Passung H7 ausgeführt. Die Abmaße der Wellendurchmesser sind in Tab. 4 zusammengestellt. Die maximal möglichen Nabenbohrungen für Kettenräder der GALL-, Buchsen- und Rollenketten sind in Abb. 42 angegeben.

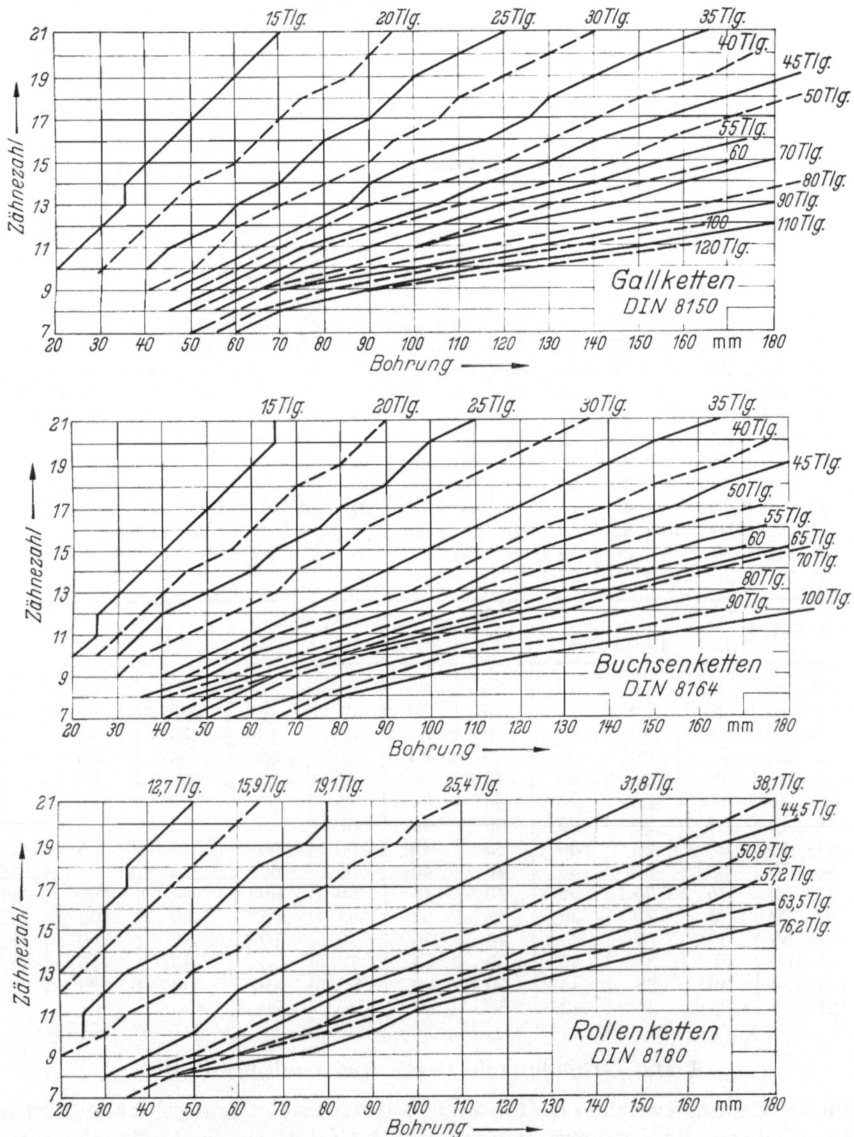

Abb. 42. Richtwerte der größtmöglichen Nabenbohrungen (nach Kötter)

Der Nabenaußendurchmesser liegt bei den Standardausführungen der Kettenräder fest. Richtwerte für die Wahl der Nabenwandstärke sind für Kettenräder der Buchsen- und Rollenketten in der Tab. 5 zusammengestellt.

Tabelle 5. *Nabenwandstärken der Kettenräder* (nach Kötter)

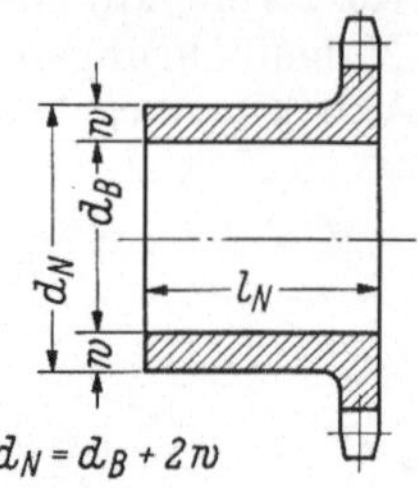

Doppelte Nabenwandstärken
der Kettenräder für Buchsenketten
(DIN 8164) und Rollenketten (DIN 8180).

Richtwerte der Otto Kötter GmbH.
$2w$-Werte in mm.

	Zähnezahl	Kettenteilung in mm													
		15	20	25	30	35	40	45	50	55	60	65	70	80	90	100
Für Buchsenketten nach DIN 8164	8– 10	15	18	23	25	25	35	35	40	40	45	45	55	60	70	80
	11– 15	15	25	25	25	30	35	35	40	45	50	50	60	70	80	85
	16– 20	15	25	30	30	30	40	40	45	50	55	55	70	75	90	90
	21– 25	20	25	30	30	30	40	40	45	55	60	60	70	80	90	100
	26– 30	20	30	35	35	35	40	45	50	60	70	70	70	85	100	110
	31– 35	20	30	35	35	35	40	50	50	60	70	70	80	90	105	110
	36– 40	20	30	35	35	35	40	50	55	60	75	75	85	95	110	120
	41– 45	20	30	35	40	40	45	55	55	60	75	80	85	100	115	130
	46– 50	25	35	40	40	40	50	55	60	70	80	80	90	105	120	130
	51– 60	25	35	40	40	45	50	60	60	70	80	85	100	110	120	130
	61– 70	25	35	40	45	50	55	60	65	80	85	90	105	115	125	150
	71– 80	25	40	40	45	55	60	65	70	80	90	100	110	120	130	–
	81–100	30	40	45	50	55	60	65	75	85	95	105	110	–	–	–
	101–120	30	45	50	50	60	60	70	80	85	100	110	–	–	–	–
	121–150	30	45	50	55	60	65	80	85	–	–	–	–	–	–	–

	Zähnezahl	Kettenteilung in mm									
		12,7	15,875	19,05	25,4	31,75	38,1	44,45	50,8	63,5	76,2
Für Rollenketten nach DIN 8180	8– 10	12	15	15	25	25	30	35	40	55	70
	11– 15	15	20	20	25	30	35	40	45	60	80
	16– 20	20	20	20	30	30	35	45	50	65	80
	21– 25	20	20	25	30	35	40	50	55	70	80
	26– 30	20	20	25	35	35	45	55	60	80	90
	31– 35	20	20	25	35	35	45	55	60	80	90
	36– 40	20	20	25	35	40	50	60	65	85	100
	41– 45	25	25	30	35	40	55	60	70	85	110
	46– 50	25	25	30	40	45	55	60	75	95	110
	51– 60	25	25	30	40	45	60	60	80	100	110
	61– 70	25	30	30	45	50	65	65	80	105	120
	71– 80	30	30	35	45	50	70	70	85	110	120
	81–100	30	35	35	50	55	75	75	85	115	140
	101–120	30	35	35	50	60	80	80	90	120	–
	121–150	35	35	40	55	60	80	90	100	–	–

4. Die Verbindung der Kettenräder mit der Kette

Die Verbindung zwischen Kettenrad und Kette erfolgt kraftschlüssig (Abschnitt III. B. 10.) durch die Kettenradverzahnung. Die Zahnform der Kettenräder ist nur für die Rollenketten, Hülsenketten, Zahnketten und Scharnierbandketten genormt. Für die anderen Kettentypen wird die Zahnform je nach der Größe der Räder, der gewünschten Zähnezahl und der erforderlichen Stückzahl mit Hilfe von Zahnform-, Zahnlücken- oder Wälzfräsern, oder mit Hilfe von Fingerfräsern im Kopierverfahren nach Werkszeichnung hergestellt. Richtlinien für die Auslegung einer günstigen Zahnform für derartige Sonderausführungen werden im Abschn. III. D.

gegeben. Weitere Informationen können auch dem Bericht [11] des Verfassers entnommen werden. In diesem Abschnitt wird die grundsätzliche Frage der richtigen Auslegung einer Kettenradverzahnung nicht angeschnitten. Vielmehr wird die in den Normblättern DIN 8196, 8197 und 8198 festgelegte Verzahnung für Rollenketten und Hülsenketten und die Norm DIN 8191 für die Verzahnung der Zahnketten beschrieben.

Immerhin sei schon hier darauf hingewiesen, daß auch diese genormte Verzahnung nur einen Kompromiß darstellt, der es ermöglichen soll, mit einem erträglichen Aufwand an Werkzeugen eine möglichst große Zahl von Kettenrädern herzustellen.

Das Grundsatzblatt DIN 8196 gibt die für die Verzahnung des Kettenrades maßgebenden Größen an. Dabei ist zunächst nicht an eine bestimmte Art der Herstellung gedacht. Aus diesem Grund konnte die Verzahnung im Blatt 8196 nicht eindeutig festgelegt werden; denn beispielsweise bleibt die Form der Zahnlücke unabhängig von der Zähnezahl, wenn für die Herstellung der Verzahnung ein Zahnlückenfräser eingesetzt wird, während die Form der Zahnlücke sich bei verschiedenen Zähnezahlen ändert, wenn zu ihrer Herstellung ein Abwälzfräser verwendet wird.

So sind in DIN 8196 alle Größen, die nicht von der Bearbeitungsart abhängen, festgelegt worden, während für die von der Verzahnungsmethode abhängigen Größen nur in bestimmten Grenzen schwankende Werte eingesetzt werden konnten. Erst mit der Normung der Abmessungen der Fräswerkzeuge in den Blättern DIN 8197 und 8198 ist eine für die jeweilige Fräsart gültige Zahnform definiert. Immerhin gibt die DIN 8196 eine Richtlinie für die Ausführung der Zahnform, wenn keine Fräswerkzeuge zur Verfügung stehen oder die Kettenräder beispielsweise mit gegossenen Zahnlücken angefertigt werden.

Das Zahnprofil nach DIN 8196, Abb. 43 besteht aus dem Zahnfuß, dem Arbeitsteil der Zahnflanke und dem Zahnkopf. Der Zahnfuß entspricht etwa einem Viertelkreis mit dem Zahnfußhalbmesser r_1. Der Zahnfußhalbmesser ist nur wenig größer als der Rollenhalbmesser. So wird eine möglichst gute Anlage der Kettenrolle im Zahnfuß und eine optimale Zahnfußfestigkeit erreicht. Bei zunehmendem Verschleiß der Kette vergrößert sich die mittlere Kettenteilung und die Kette steigt in der Verzahnung auf. Der Kontaktpunkt zwischen Kettenrolle und Kettenrad wandert dabei von dem oberen Teil des Zahnfußes zu dem geraden Arbeitsteil der Zahnflanke. Hier soll ein Flankenwinkel von etwa 15° für Triebe mit Umfangsgeschwindigkeiten bis 12 m/sek und der Flankenwinkel von etwa 19° bei Umfangsgeschwindigkeiten ab 8 m/sek eingehalten werden.

Der Flankenwinkel ist das für die Funktion der Verzahnung entscheidende Maß. Er ist definiert als der Winkel zwischen der Symmetrieachse des Zahnes und einer Tangente an den Zahn im Berührungspunkt zwischen Kettenrolle und Radzahn. Für den Arbeitsbereich der Zahnflanke ist demnach der Flankenwinkel konstant, während er sich am Zahnfuß und Zahnkopf mit der Lage der Kette in der Verzahnung ändert. Der Flankenwinkel bestimmt den Kraftabbau in der Kette beim Lauf über das treibende Rad und den Kraftaufbau am getriebenen Rad. Außerdem bestimmt der Flankenwinkel die Größe der Stoßkraft zwischen einlaufender Kettenrolle und dem Radzahn.

Oberhalb des Arbeitsteiles ist die Zahnflanke zum Zahnkopf hin abgerundet. Der Zahnkopfhalbmesser hängt von der Zähnezahl des Rades ab und soll einen ungehinderten Einlauf der Kettenrolle ermöglichen.

Um bei Fehlern in der Einzelteilung der Kette ein Verklemmen der Kette in der Verzahnung zu verhindern, ist die Zahnlücke gegenüber den Abmessungen der

Kette vergrößert. Auf diese Weise ergibt sich das sogenannte Zahnlückenspiel. Dieses ist im wesentlichen bestimmt durch den Versatz u der Mittelpunkte der Zahnfußradien und die Vergrößerung des Fußkreises der Verzahnung gegenüber dem Rollenradius.

Der Fußkreisdurchmesser ist bei vorgegebenem Fräser das von der Werkstatt zu beachtende und für die Genauigkeit der Verzahnung entscheidende Maß. Für

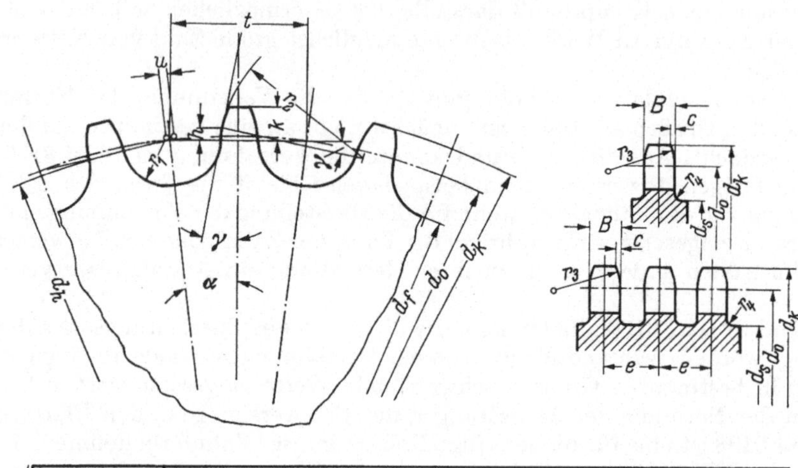

Oberflächengüte	Toleranzfeld		für Kettenbetrieb mit
	bis 250 Durchmesser	über 250 bis 500 Durchmesser	
A (▽▽)	h 10		hoher Beanspruchung
B (▽)	h 11	h 10	normaler Beanspruchung
C (∿)	h 16		geringer Beanspruchung

Abb. 43. Die Zahnform für Rollen- und Hülsenketten (nach DIN 8196)

den Fußkreisdurchmesser sind nur negative Istmaße zugelassen, entsprechend der ISA-Passungsangabe h. Der größtmögliche Fußkreisdurchmesser ist demnach gleich dem Nennmaß. Für die Kettenlänge ist ein positives Abmaß vorgesehen. Die kleinste zugelassene Kettenteilung ist die Nennteilung. Durch die Kombination von negativem Abmaß des Fußkreisdurchmessers und positivem Abmaß der mittleren Kettenteilung wird ein Klemmen der Kette in der Verzahnung verhindert. Das Abmaß des Fußkreisdurchmessers ist in DIN 8196 mit der Oberflächengüte der Verzahnung verknüpft worden. Für Kettentriebe mit hoher Beanspruchung, d.h., mit hoher Kettengeschwindigkeit und Belastung ist die Oberflächengüte A vorgesehen. Dem entspricht etwa eine Oberflächenbeschaffenheit entsprechend dem Bearbeitungszeichen ▽ und eine Toleranz nach der ISA-Angabe h 10. Bei geringeren Anforderungen an den Trieb ist die Toleranz weiter und die Oberfläche von geringerer Güte (s. Abb. 43). Die zugehörigen Kettenräder können mit Hilfe billiger Verfahren für die Massenproduktion beispielsweise durch Stanzen oder Gießen hergestellt werden.

Das Abmaß des Fußkreisdurchmessers gibt in Verbindung mit der Längentoleranz der Kette die Anfangslage der Kette in der Verzahnung an. Bei einem zu groß gewählten negativen Abmaß des Fußkreisdurchmessers liegt die Kette bereits zu Beginn des Laufs relativ hoch in der Verzahnung und die Aufnahmefähigkeit der Verzahnung für verschlissene Ketten ist vermindert (s. Abschn. III. C). Daher ist die genaue Herstellung des Fußkreisdurchmessers von Bedeutung. In einfachen

Fällen, insbesondere bei der Fertigung von Kettenrädern kleiner Zähnezahl kann die Genauigkeit des Fußkreisdurchmessers durch das Auflegen einer Kette auf die fertig gefräste Verzahnung geprüft werden. Der Fußkreisdurchmesser ist richtig, wenn sich die Kette leicht um das Kettenrad legen läßt. Der Fußkreisdurchmesser ist zu klein, wenn sich einzelne Kettenglieder der auf das Kettenrad aufgelegten Kette aus der Verzahnung heben lassen. Die so beschriebene Kontrolle ist aber nur ein Behelf für geringe Ansprüche. Eine genauere Bestimmung des Fußkreisdurchmessers kann mit Hilfe von Meßzylindern erfolgen, wie Abb. 44 zeigt.

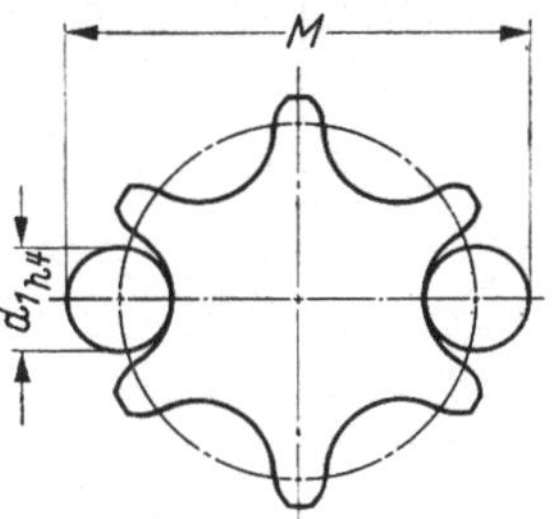

Die Meßzylinder sollten etwa in ihrem Durchmesser mit dem Rollendurchmesser übereinstimmen. Der Durchmesser der Meßbolzen ist daher mit d_1 bezeichnet worden. Bei der Vermessung von Kettenrädern mit geraden Zähnezahlen ist die Messung des Fußkreisdurchmessers mit zwei Meßbolzen möglich. Das Maß M nach Abb. 44 kann in diesem Fall berechnet werden zu:

$$M = d_f + 2d_1 = t\,n_0 + d_1 \quad \text{(s. Tab. 21).} \quad (3)$$

Für Kettenräder mit ungeraden Zähnezahlen sind drei Meßbolzen erforderlich. Mit Verwendung der in diesem Abschnitt folgenden Bezeichnungen und Gleichungen läßt sich das Maß M nach Abb. 44 berechnen zu:

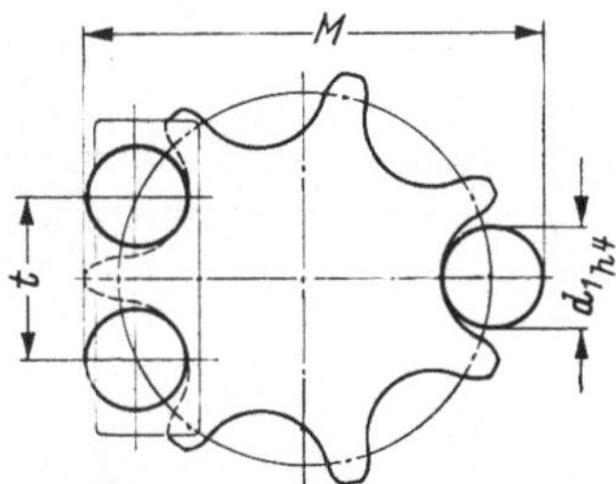

Abb. 44. Die Messung des Fußkreisdurchmessers der Kettenradverzahnung

$$M = \frac{d_0 + d_h}{2} + d_1 = \frac{t}{2}\,(n_0 + \cot\alpha) + d_1 \quad \text{(s. Tab. 21).} \quad (4)$$

Für die zulässigen Abweichungen des Prüfmaßes M von dem Sollmaß gelten die gleichen ISA-Toleranzfelder, wie in Abb. 43 angegeben.

Der Teilkreisdurchmesser bestimmt die Lage einer Kette auf dem Kettenrad bei genau eingehaltener mittlerer Einzelteilung. Er dient als Rechengröße zur Bestimmung der Zugkraft in der Kette aus dem Drehmoment oder zur Berechnung der Kettengeschwindigkeit aus der Drehzahl der Kettenräder. Um die Berechnung des Teilkreisdurchmessers zu vereinfachen, ist der Zähnezahlfaktor n_0 definiert worden. Das Produkt aus Zähnezahlfaktor und Teilung ergibt in einfacher Weise den Teilkreisdurchmesser des Rades.

Der Kopfkreisdurchmesser begrenzt die Höhe des Zahnes. Er darf nur so groß sein, daß die Rollen den Zahnkopf beim Einlaufen nicht berühren und soll so groß wie möglich ausgelegt werden, damit auch stark verschlissene Ketten von der Verzahnung noch aufgenommen werden können. Für die Berechnung des Kopfkreisdurchmessers wird das Hilfsmaß d_h und die Zahnkopfhöhe k eingesetzt. Dabei ist d_h der Durchmesser des einbeschriebenen Kreises in das Polygon, das von den Rollenmitten einer auf dem Teilkreis des Rades liegenden Kette gebildet wird.

Der Durchmesser der Freidrehung unter dem Fußkreis bestimmt den kleinsten Durchmesser, auf dem die dem Kettenradzentrum zugewandten Stirnseiten der Kettenlaschen sich befinden. Er ist maßgebend für die Konstruktion der Kettenradscheibe und legt beispielsweise bei Kleinrädern den größtmöglichen Nabendurchmesser fest.

Um ein sicheres Einlaufen der Kettenlaschen auf das Kettenrad zu erreichen, erhalten die Zähne am Zahnkopf eine Fase, die durch den Zahnfasenhalbmesser r_3

Tabelle 6. *Zahnformabmessungen*

DIN	Teilung t	Innere Breite b_1 Kleinstmaß	Rollen-Hülsendurchmesser d_1 h 10	e	e	r_1 Größtmaß	r_2 $z<40$	u^1	h	k
	Kette					Kettenrad			$\gamma = 19°\,^{+3°30'}_{-3°}$ für $v>8$ m/sek; $z=9$ bis 12	
8180	6	2,8	4	–		2,05	4,8	0,12	0,53	1,3
8188	6,35	3,18	3,3	6,4		1,7	5,1	0,13	0,45	1,3
8180	8	3	5	5,64		2,6	6,4	0,16	0,66	1,75
8187		3,2	6	–		3,1			0,79	2,1
8187		(3,94)	6,35	–		3,3			0,83	2,1
73 232		4,505	5	9,725		2,6			0,66	2
8188	9,525	4,77	5,08	10,13		2,6	7,6	0,19		
8187		5,72	6,35	10,24		3,3			0,83	2,1
73 232		7,5	5	–		2,6			0,66	2
73 232		9,52	6	–		3,1			0,79	2,1
8180		3,3		–						
8180		4,88	7,75	–		4			1	2,8
8187		6,4		–			10	0,25		
8187	12,7	5,21		–						
8187		(6,4)	8,51	–		4,4			1,15	2,7
8187		7,75		13,92						
8188		7,94	7,94	14,38		4,1			1,05	2,8
8187		6,48		–						
8188	15,875	9,52	10,16	18,11		5,2	12,7	0,32	1,3	3,5
8187		9,65		16,59						
8187	19,05	11,68	12,07	19,46		6,2	15,2	0,38	1,55	4,1
8188		12,7	11,9	22,78	26,11				1,65	4
8188	25,4	15,88	15,88	29,29	32,59	8,2	20	0,51	2,1	5,4
8180 und 8187		17,02	15,88	31,88	–					5,6
8180	(30)	17,02	15,88	–	–	8,2	24	0,6	2,1	6,4
8188	31,75	19,05	19,05	35,76	39,09	9,8	25,5	0,64	2,5	6,9
8180 und 8187		19,56	19,05	36,45₁	–					
8188	38,1	25,4	22,22	45,44	48,87	11,4	31	0,76	3	8,2
8180 und 8187		25,4	25,4	48,36	–	13,1			3,4	
8188	44,45	25,4	25,4	48,87	52,20	13,1	36	0,89	3,4	9,5
8180 nd 8187		30,99	27,94	59,56	–	14,4			3,7	
8180 und 8187	50,8	30,99	29,21	58,55	–	15	41	1	3,9	11
8188		31,75	28,57		61,87				3,8	10,8
8188	57,15	35,72	35,71	65,84	75,92	18,4	46	1,2	4,7	12
8180 und 8187	63,5	38,1	39,37	72,29	–	20,3	51	1,3	5,2	13,8
8188		38,1	39,68	71,55	78,31				5,1	13,3
8180 und 8187	76,2	45,75	48,26	91,21	–	24,7	61	1,5	6,4	16,5
8188		47,63	47,62	87,83	101,22				6,3	16

[1] In Sonderfällen können die Werte für u vergrößert werden. Hierdurch kann sich die Zahnkopfhöhe verringern.

(nach DIN 8196)

Kettenrad

$\gamma=19°{}^{+3°30'}_{-3°}$ für $v>8$ m/sek $z>12$		$\gamma=15°\pm2°$ für $v<12$ m/sek $z=9$ bis 12		$z=13$ bis 40		allgemein $z>40$			B h 14	c	r_3	r_4[3]
h	k	h	k	h	k	h[2]	k	r_2				
0,52	1,48	0,69	1,6	0,68	1,6	0,87	1,6	2	2,5	0,5	6	0,2
0,44	1,3	0,58	1,3	0,57	1,3	0,76	1,3	1,7	2,9	0,43	5	
0,65	1,9	0,86	2	0,85	2	1,15	2	2,5	2,7	0,65	7,5	
0,78	2,3	1,05	2,4	1	2,4	1,4	2,4	3	2,9	0,8	9	
0,82	2,35	1,1	2,5	1,05	2,5	1,45	2,5	3,2	3,6		10	
0,65	2	0,86	2	0,85	2	1,15	2	2,5	4,1 / 4,3	0,65	7,5	
0,82	2,35	1,1	2,5	1,05	2.5	1,45	2,5	3,2	5,2	0,8	10	
0,65	2	0,86	2	0,85	2	1,15	2	2,5	6,8	0,65	7,5	
0,78	2,3	1,05	2,4	1	2,4	1,4	2,4	3	8,6			
0,98	2,95	1,3	3,1	1,3	3,1	1,75	3,1	3,9	3 / 4,4 / 5,8	1	12	0,3
1,15	3,15	1,5	3,4	1,5	3,4	1,95	3,4	4,3	4,7 / 5,8 / 7	1,1	13	
1,05	3	1,4	3,2	1,35	3,2	1,85	3,2	4	7,2	1	12	
1,25	3,8	1,7	4,1	1,7	4,1	2,3	4,1	5,1	5,8 / 8,6 / 8,7	1,3	15	
1,55	4,55	2	4,8	2	4,8	2,7	4,8	6	10,5	1,5	18	
1,6	4,5	2,1		2,1		2,8			11,5	1,6		
2,1	6	2,8	6,4	2,7	6,4	3,6	6,4	8	14,3	2,1	24	0,4
2,1	6,35	2,8		2,7		3,6			15,3	2		
2,5	7,3	3,3	7,6	3,2	7,6	4,4	7,6	9,5	17,2 / 18	2,5	29	
2,9	8,7	3,8	8,9	3,8	8,9	4,8	8,9	11	22,9	2,9	33	
3,3	9,4	4,4	10,2	4,3	10,2	5,8	10,2	12,7	23	3,5	38	
3,3	10	4,4		4,3		5,8		13	22,9	3,3		
3,7	10,5	4,9	11,2	4,8	11,2	6,3	11,2	14	28	3,5	42	0,5
3,8	11,4	5,1	11,7	5	11,7	6,6	11,7	14,5	28,6	3,8	44	
3,8	11	5	11,4	4,9	11,4	6,5	11,4			3,7	43	
4,6	13,5	6,1	14,3	6,1	14,3	8,1	14,3	18	32,2	4,6	54	0,6
5,1	15	6,8	15,7	6,7	15,7	9	15,7	19,5	34	5	60	0,5
5,0		6,6	15,9	6,6	15,9	8,8	15,9	20	34,3	5,2		0,6
6,3	18,2	8,3	19,3	8,2	19,3	11	19,3	24	41	6	72	0,5
6,2	18	8,2	19	8,1	19	10,9	19		43	6,2		0,7

[2] Die evolventenförmige Krümmung des geradlinigen Teiles der Flanke bei Verwendung eines Wälzwerkzeuges ist zulässig.

[3] Größtmaß bei 9 Zähnen.

und die Abfassung der Zahnbreite c bestimmt ist. Außerdem beträgt die Zahnbreite nur 90% der inneren Kettenbreite. Das Kettenmaß e gibt den Abstand der einzelnen Kettenstränge für den Aufbau der Mehrfachketten an und ist auch beim Entwurf der Kettenräder für Mehrfachketten zu beachten.

Die maßgebenden Abmessungen, Bezeichnungen und Zusammenhänge für die Konstruktion der Kettenräder und der Verzahnung lauten zusammengefaßt:

Teilkreisdurchmesser
$$d_0 = t\,n_0 = \frac{t}{\sin\alpha} = \frac{t}{\sin\dfrac{180°}{z}} \quad \text{(Werte für } n_0 \text{ s. Tab.21)} \tag{5}$$

Fußkreisdurchmesser
$$d_f = d_0 - d_1 \tag{6}$$

Kopfkreisdurchmesser
$$d_k = t \cot\alpha + 2k = d_h + 2k \tag{7}$$

Durchmesser der Freidrehung unter dem Fußkreis
$$d_s = d_h - g - 2r_4 \ (\text{Größtmaß}); \ g = \text{Laschenbreite} \tag{8}$$

Hilfsmaß
$$d_h = d_0 \cos\alpha = t \cot\alpha \ (\text{Werte für } \cot\alpha \text{ s. Tab. 21}) \tag{9}$$

Zahnfußhalbmesser
$$r_1 = (0{,}51 \pm 0{,}005)\,d_1$$

Zahnkopfhalbmesser
$$r_2 = (0{,}8 \pm 0{,}2)\,t \text{ bei } z < 50,\ \approx 0{,}5d_1 \text{ bei } z > 40$$

Zahnkopfhöhe
$$k = \text{s. Tab. 6}$$

Zähnezahl
$$z$$

Zähnezahlfaktor
$$n_0 = \frac{1}{\sin\alpha} = \frac{1}{\sin\dfrac{180°}{z}} \tag{10}$$

Teilungswinkel
$$2\alpha = \frac{360°}{z} \tag{11}$$

Zahnflankenwinkel
$$\gamma = 15° \pm 2° \text{ bei } v < 12 \text{ m/sek},\ 19°\,{}^{+3°}_{-3°}\,30' \text{ bei } v > 8 \text{ m/sek}$$

Zahnlückenspiel
$$u = 0{,}02 \cdot t$$

Zahnbreite
$$B = 0{,}9\,b_1$$

Abfassung der Zahnbreite
$$C = 0{,}13\,d_1$$

Zahnfasenhalbmesser
$$r_3 = 1{,}5\,d_1$$

Radphasenhalbmesser
$$r_4$$

Kettengeschwindigkeit [m/sek]
$$v$$

Für einige Zähnezahlen sind die Zähnezahlfaktoren und die Werte für $\cot\alpha$ in der Tab. 21 enthalten. Eine Zusammenstellung der genormten Zahnformabmessungen für Rollenketten ist in der Tab. 6 gegeben (Tab. 21 s. Abschn. IV. D.). Die Normbezeichnung der Kettenradverzahnung eines Rades mit 26 Zähnen (z) für die Zweifachrollenkette $15{,}875 \times 9{,}65$ mit dem Zahnflankenwinkel $\gamma = 15°$ und einer Oberflächengüte B lautet:

Kettenradverzahnung 26z $2 \times 15{,}875 \times 9{,}65 \times 15°$ B DIN 8196.

Die Herstellung der Kettenradverzahnung nach dem Abwälzverfahren ist besonders häufig. Die Bezugsprofile der Wälzfräser für Kettenräder der Rollenketten und Hülsenketten sind in DIN 8197 genormt. Die Zahnform der entstehenden Kettenräder entspricht den Angaben des Grundsatzblattes DIN 8196. Zum Fräsen der Zähne für die Kettenräder einer Kettenteilung sind drei Wälzfräser vorgesehen. Diese unterscheiden sich in der Form der Bezugsprofile. Die Bezugsprofile sind mit den römischen Ziffern I, II und III bezeichnet. Die Abmessungen der verschiedenen Bezugsprofile und die Zuordnung von Zähnezahl, Umfangsgeschwindigkeit und Bezugsprofil ist der Tab. 7 zu entnehmen.

Die Normbezeichnung eines Bezugsprofils I für ein Kettenrad mit der Teilung $t = 12,7$ mm und einem Rollendurchmesser $d_1 = 8,51$ mm lautet:

Bezugsprofil I – 12,7 × 8,51 DIN 8197.

Das Bezugsprofil I für die Zähnezahlen von 9–12 Zähne bei Kettengeschwindigkeiten von mehr als 8 m/sek dürfte nur selten gebraucht werden, da die Zähnezahlen von 9–12 Zähne insbesondere bei den relativ hohen Kettengeschwindigkeiten vermieden werden. Man wird also im allgemeinen mit einem zweiteiligen Wälzfräsersatz für die Herstellung der Kettenräder einer Teilung bei Rollen- und Hülsenketten auskommen. Die äußeren Abmessungen der Wälzfräser für Kettenräder sind in dem Entwurf DIN 2315 festgelegt. Ein Auszug dieses Normblattes ist in der Tab. 8 wiedergegeben. Bei der Konstruktion von Kettenrädern ist insbesondere der dort angegebene Kopfkreisdurchmesser des Fräsers zu beachten, damit bei Kettenrädern mit abgesetzten Naben der Fräser nicht in das Kettenrad einschneidet.

Die Anordnung von Fräser und Werkstück gleicht während des Verzahnungsvorganges einem Schneckentrieb, wobei der Fräser als Schnecke arbeitet und das herzustellende Kettenrad mit dem Schneckenrad verglichen werden kann. Bei eingängiger Anordnung des Bezugsprofils wird während einer Umdrehung des Fräsers der Radkörper um den 1/zten Teil einer Umdrehung weitergedreht, wenn z die zu schneidende Zähnezahl ist. Der Fräser wird allmählich axial und radial zugestellt, bis schließlich der vorgeschriebene Fußkreisdurchmesser erreicht und die Zahnform vollständig ausgearbeitet ist. Dabei tritt zwischen dem Kopfkreis des Fräsers und dem Fußkreis der Verzahnung eine teils gleitende und teils wälzende Bewegung auf.

Bei der Festlegung des Bezugsprofils der Wälzfräser wurde davon ausgegangen, daß die beste Angleichung der wälzgefrästen Zahnform an die beabsichtigte Zahnform des Grundsatzblattes erreicht wird, wenn die Verbindungslinie der Mittelpunkte der Kopfradien des Bezugsprofils sich abwälzt auf dem Kreis, der durch die Mittelpunkte der Zahnfußradien des Kettenrades läuft (Abb. 45). Die Verbindungs-

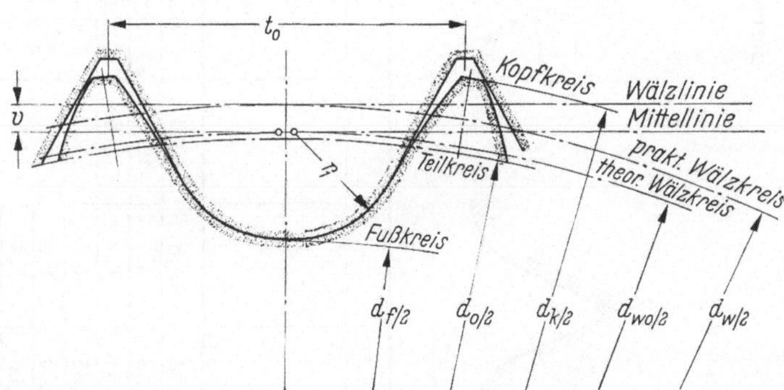

Abb. 45. Das Wälzfräsen von Kettenrädern

linie der Mittelpunkte der Kopfradien im Bezugsprofil wird als Mittellinie und der Kreis durch die Mittelpunkte der Zahnfußradien des Kettenrades als theoretischer Wälzkreis bezeichnet. Um zu erreichen, daß sich die Mittellinie des Bezugsprofils auf dem theoretischen Wälzkreis abwälzt, muß die Teilung des Bezugsprofils dem Bogenmaß zwischen den Zahnlückenmitten auf dem theoretischen Wälzkreis entsprechen. Dieses Bogenmaß ändert sich mit der Zähnezahl des Kettenrades. Strenggenommen müßte also je ein Abwälzfräser für die Bearbeitung der Kettenräder einer

Bezugsprofile der Walzfräser

(Auszug aus DIN 8197, 1960).

Bezeichnung eines Bezugsprofils I für Kettenrad mit Teilung $t = 12{,}7$ mm; Rollendurchmesser $d_1 = 8{,}51$ mm.

Bezugsprofil I-12,7×8,51 DIN 8197.

Bezugsprofil I und II

Bezugsprofil III

Anwendung

Bezugsprofil	Zähnezahlbereich	
	bei $v < 12$m/sek	bei $v > 8$ m/sek
I	–	9 bis 12
II	9 bis 12	über 12
III	über 12	–

Kette					Bezugsprofil							
	Rollen-durch-messer				I $2\alpha_0 = 58°$ $\delta = 40°$		II $2\alpha_0 = 48°$ $\delta = 35°$		III $2\alpha_0 = 38°$ $\delta = 30°$			
Teilung t	d_1	r_1	r_5	u	t_0	h_1 Kleinstmaß	t_0	h_1 Kleinstmaß	t_0	h_1 Kleinstmaß	h_2	r_6
6	4	2,04	4,8	0,12	6,15	3	6,09	3,5	6,09	3,6	1	2
6,35	3,3	1,68	4	0,13	6,51	3	6,45	3	6,45	3	0,82	1,7
8	5	2,55	6	0,16	8,2	4,2	8,12	4,6	8,12	4,55	1,25	2,5
9,525	5	2,55	6			4,6		4,6		4,6	1,25	2,5
	5,08	2,55	6	0,19	9,763	4,6	9,668	4,6	9,668	4,6	1,25	2,5
	6	3,06	7,2			5		5,5		5,45	1,5	3
	6,35	3,24	7,6			4,9		5,5		5,8	1,6	3,2
12,7	7,75[1]	4,05	9,5			6,7		7,3		7,2	2	4
	7,94			0,25	13,018		12,891		12,891			
	8,51	4,34	10			6,4		7,2		7,75	2,1	4,3

15,875	10,16	5,18	12,2	0,32	16,272	8,3	16,113	9,3	16,113	9,25	2,5	5,1
19,05	11,9[1]	6,16	14,5	0,38	19,526	9,7	19,336	11	19,336	11	3	6
	12,07											
25,4	15,88	8,1	19	0,51	26,035	13,4	25,781	14,5	25,781	14,5	4	8
(30)				0,6	30,75	14,6	30,45	14,6	30,45	14,5	4	8
31,75	19,05	9,7	23	0,64	32,544	16,6	32,226	17,6	32,226	17,4	4,8	9,5
38,1	22,22	11,3	27	0,76	39,053	20	38,672	20,5	38,672	20,2	5,6	11
	25,4	13,0	30,5			19,6		22		23,2	6,4	12,7
44,45	25,4	13,0	30,5	0,89	45,561	22,9	45,117	23,4	45,117	23,1	6,4	12,7
	27,94	14,3	33,5			23,4		25,6		25,4	7	14
50,8	28,57[1]	14,9	35	1	52,07	26,2	51,562	26,9	51,562	26,6	7,5	14,5
	29,21											
57,15	35,71	18,3	43	1,2	58,579	30	58,007	32,8	58,007	32,5	9	18
63,5	39,37[1]	20,2	47	1,3	65,088	33,2	64,453	35,9	64,453	35,8	10	19,5
	39,68											
76,2	47,62[1]	24,6	58	1,5	78,105	38,6	77,343	44	77,343	44	12	24
	48,26											

Eingeklammerte Größe möglichst vermeiden. Maße in mm.

[1] Für diese Rollendurchmesser gelten die Profile des nächst größeren Rollendurchmessers gleicher Teilung.

Tabelle 8. *Abmessungen der Wälzfräser für Kettenräder* (nach DIN 2315)

Walzfräser für Kettenräder

Auszug aus Entwurf DIN 2315, Okt. 1956.

Bezeichnung eines Wälzfräsers mit Bezugsprofil III für Kettenteilung $t = 12,7$ mm. und Rollendurchmesser $d_1 = 7,75$ mm aus Schnellarbeitsstahl, Legierungsgruppe[1].

Wälzfräser III – $12,7 \times 7,75$ DIN 2315[1].

Kette		Wälzfräser					
t	d_1	b_1	b_2	d_k	d H 7	e	Spannutenzahl
6	4	38	32	56	22	3	
6,35	3,3						
8	5	38	32	63	27	3	
	5						
9,525	6	46	40	70	27	3	12
	6,35						
12,7	7,75	56	50	80	32	3	
	7,93						
	8,51						
15,875	10,16	69	63	90	32	3	
19,05	11,9	88	80	100	32	4	10
	12,07						
25,4	15,88	108	100	110	40	4	

Kette		Wälzfräser					
t	d_1	b_1	b_2	d_k	d H 7	e	Spannutenzahl
30	15,88	118	110	110	40	4	
31,75	19,05	133	125	125	40	4	
38,1	22,22	150	140	140	40	5	10
	25,4						
44,45	25,4	170	160	160	50	5	
	27,94						
50,8	28,57	190	180	170	50	5	
	29,21						
57,15	35,71	225	215	180	50	5	9
63,5	39,37	235	225	190	50	5	
	39,68						
76,2	47,62	290	280	225	50	5	
	48,26						

Maße in mm. [1] Legierungsgruppe bei Bestellung angeben.

Zähnezahl und Teilung vorgesehen werden. Um aber die notwendige Lagerhaltung einzuschränken und die Anschaffung von teueren Fräsern zu sparen, gelten die Wälzfräser für einen Zähnezahlbereich.

Die gewählte Teilung des Bezugsprofils entspricht dem größten auftretenden Bogenmaß zwischen zwei Zahnlückenmitten auf dem theoretischen Wälzkreis. Das größte Bogenmaß auf dem theoretischen Wälzkreis tritt auf bei dem Kettenrad mit kleinster Zähnezahl innerhalb des Zähnezahlbereiches, für den der Fräser ausgelegt ist. Die Teilungen der Bezugsprofile für die Zähnezahlbereiche mit den kleinsten Zähnezahlen 9 bzw. 12 Zähne können demnach wie folgt errechnet werden:

$$t_0 = \frac{d_{w_0}\,\pi}{z_{\min}}\,. \tag{12}$$

Der theoretische Wälzkreisdurchmesser beträgt:

$$d_{w_0} = d_f + 2r_1 = d_0 - d_1 + 2r_1 = d_0 - d_1 + 1{,}02\,d_1 = t\,n_0 + 0{,}02\,d_1 \tag{13}$$

Berücksichtigt man das mittlere Verhältnis von Rollendurchmesser zu Teilung

$$d_1/t = 0{,}633,$$

so erhält man für $z_{\min} = 12$ Zähne: $t_{0;12} = \dfrac{t\,\pi}{12}\,(3{,}8637 + 0{,}02 \cdot 0{,}633) \approx 1{,}015\,t,$

für $z_{\min} = 9$ Zähne: $t_{0;9} = \dfrac{t\,\pi}{9}\,(2{,}9238 + 0{,}02 \cdot 0{,}633) \approx 1{,}025\,t\,.$

Werden nun mit diesen Wälzfräsern Kettenräder mit größeren Zähnezahlen angefertigt, dann sind die Teilungen der Bezugsprofile zu groß und die Mittellinie des Bezugsprofils kann nicht mehr auf dem theoretischen Wälzkreis abgewälzt werden. Man erhält also einen neuen praktischen Wälzkreis, auf dem sich die Wälzlinie des Bezugsprofils abwälzt. Der Durchmesser des praktischen Wälzkreises ist immer größer als der Durchmesser des theoretischen Wälzkreises. Die Wälzlinie liegt im Bezugsprofil parallel zu der Mittellinie und ist zum Zahngrund des Fräswerkzeuges hin verschoben. Der praktische Wälzkreis und die Wälzlinie fallen mit dem theoretischen Wälzkreis und der Mittellinie zusammen, wenn mit dem Fräser ein Kettenrad hergestellt wird, dessen Zähnezahl der kleinsten entspricht, für die der Fräser gerade noch vorgesehen ist. Die Mittellinie des Bezugsprofils ist als Mittellinie bezeichnet worden, obwohl sie eigentlich keine Symmetrielinie ist. Die Bezeichnung ist in Anlehnung an die Verzahnung der Zahnräder gewählt worden. Der praktische Wälzkreis hat einen Durchmesser von:

$$d_w = \frac{t_0\,z}{\pi}\,. \tag{14}$$

Der Abstand zwischen Wälzlinie und Mittellinie im Bezugsprofil beträgt:

$$v = \frac{d_w - d_f}{2} - r_1\,. \tag{15}$$

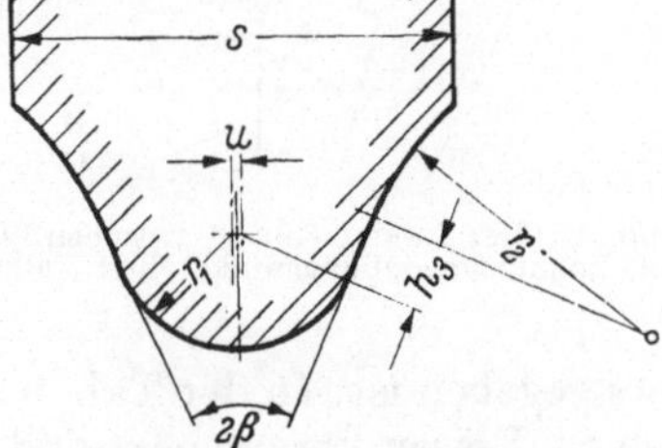

Abb. 46. Das Bezugsprofil der Zahnlückenfräser (nach DIN 8198)

Das Profil der Zahnlückenfräser (Abb. 46) zur Herstellung der Kettenradverzahnung nach dem Teilverfahren ist in DIN 8198 genormt. Zahnlückenfräser sind Scheibenfräser, die an ihrem Umfang das Profil der Zahnlücke tragen. Bei axialer Zustellung, bezogen auf die Kettenradachse, fräsen sie je eine Zahnlücke. Die Teilung erfolgt mit Hilfe des Teilkopfes der Fräsmaschine.

Bei Verwendung eines einzigen Zahnlückenfräsers zur Herstellung von Kettenrädern für Ketten einer Teilung hängt die Zahnform von der Zähnezahl des Rades ab, während die Zahnlückenform unabhängig von der Zähnezahl bleibt. Um die in dem Grundsatzblatt festgelegte Zahnform zu erreichen, wird ein fünf-, vier-, drei- und zweiteiliger Satz von Zahnlückenfräsern mit verschiedenen Bezugsprofilen vorgeschlagen (Tab. 9). Der fünfteilige Satz enthält auch einen Fräser für die kleinen

Tabelle 9. *Die Anwendung der Zahnlückenfräser und die entstehenden Flankenwinkel der Verzahnung*

5teiliger Satz bei $v < 12$ m/sek						4teiliger Satz bei $v > 8$ m/sek					
Profil	2β	z_{min}	γ_{min}	z_{max}	γ_{max}	Profil	2β	z_{min}	γ_{min}	z_{max}	γ_{max}
I	74	6	7	8	14,5	I	74	9	17	11	20,5
II	66	9	13	11	16,5	II	66	12	18	16	22
III	56	12	13	16	17,0	III	56	17	17,5	29	22
IV	47	17	13	29	17,5	IV	47	30	17,5	120	22
V	38	30	13	120	17,5						

3teiliger Satz						2teiliger Satz					
Profil	2β	z_{min}	γ_{min}	z_{max}	γ_{max}	Profil	2β	z_{min}	γ_{min}	z_{max}	γ_{max}
I	74	6	7	11	20,5	II	66	9	13	16	22
III	56	12	13	29	22	IV	47	17	13	120	22
V	38	30	13	120	17,5						

Winkelangaben in Grad. γ-Werte auf 0,5° gerundet.

Zähnezahlen von 6–8 Zähnen, die nur bei sehr kleinen Kettengeschwindigkeiten angewendet werden. Der fünfteilige Satz ist für die kleinen Kettengeschwindigkeiten bis zu 12 m/sek vorgesehen, während der vierteilige Satz für große Kettengeschwindigkeiten gedacht ist. Der vierteilige Satz besteht aus den gleichen Fräsern, die den fünfteiligen Satz bilden. Allerdings wird das Profil I jetzt für die kleinen Zähnezahlen von 9–12 Zähnen angewendet und die Profile höherer Nummer sind

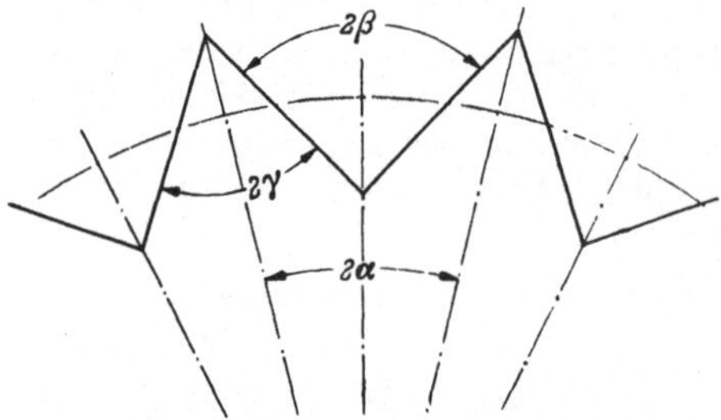

Abb. 47. Der Zusammenhang zwischen Flankenwinkel, Zahnlückenöffnungswinkel und Teilungswinkel

ebenfalls größeren Zähnezahlen zugeordnet. Profil V findet in dem vierteiligen Satz keine Verwendung.

Der Zusammenhang zwischen dem Zahnlückenöffnungswinkel 2β, dem Teilungswinkel 2α und dem Flankenwinkel der Verzahnung γ ist nach Abb. 47:

$$\gamma = \beta - \alpha. \qquad (16)$$

Man kann also den einzelnen Zähnezahlen zu fräsender Kettenräder einen definierten Flankenwinkel zuordnen, wenn der Zahnlückenöffnungswinkel des Fräsers gegeben ist. In der Tab. 9 sind außer den Zähnezahlbereichen, für die die einzelnen Fräser vorgesehen sind, auch die Flankenwinkel der Verzahnung für die Grenzzähnezahlen der Bereiche angegeben. Die höchste angegebene Zähnezahl von 120 Zähnen ist nicht gleich der höchstmöglichen Zähnezahl von Kettenrädern. Die Fräser sind auch geeignet, Kettenräder größerer Zähnezahl zu verzahnen. Der Wert von 120 Zähnen ist nur eingesetzt worden, um für eine große Zähnezahl den zugehörigen Wert des Flankenwinkels zu nennen.

Die Bezeichnung eines Profils I für ein Kettenrad mit der Teilung $t = 12,7$ mm und dem Rollendurchmesser $d_1 = 8,51$ mm lautet:

$$\text{Profil I} - 12,7 \times 8,51 \quad \text{DIN 8198}$$

Die *Zahnkettenräder* werden nach Werksnormen mit geraden und evolventenförmigen Zahnflanken ausgeführt. Die Buchsenzahnketten und die Zahnketten mit Wiegegelenk in Normalausführung erhalten eine gerade Zahnflanke. Die Zahnlaschen und die Verzahnung sind an DIN 8190 und DIN 8191 angeglichen.

Zahnketten mit Wiegegelenk werden auch mit einer evolventenförmigen Zahnflanke gepaart. Die Hochleistungskette mit Wiegegelenk ist nur für die evolventenförmige Zahnflanke vorgesehen. Die Zahnlasche der Hochleistungskette ist den Angaben von DIN 8190 nicht angepaßt.

Die Zahnflankenform der Kettenräder mit geraden Zahnflanken ist so ausgelegt, daß eine Kette mit exakter Teilung mit der Vorder- und Rückflanke des Radzahnes Kontakt hat (Abb. 48). Die gerade Flanke der Zahnlasche überträgt auf

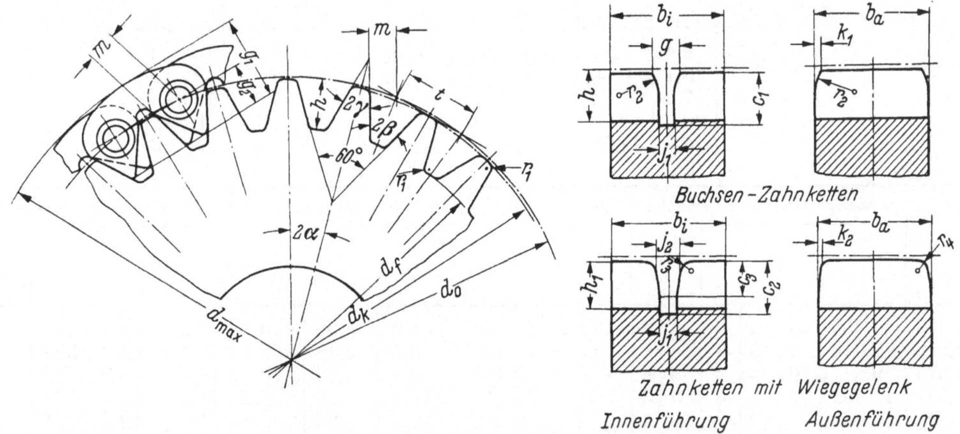

Abb. 48. Die Zahnform der Zahnkettenräder

einer relativ großen Kontaktfläche die Zugkraft in der Kette auf die Zähne des Kettenrades. Zahnkopf und Zahnfuß werden nach Ermessen des Herstellers abgerundet. Der Öffnungswinkel der beiden tragenden Flanken einer Zahnlasche ist zu 60° genormt. Dementsprechend beträgt auch der Öffnungswinkel der Gegenflanken zweier benachbarter Zähne des Kettenrades 60°. Der Öffnungswinkel einer Zahnlücke 2β und der Flankenwinkel der Verzahnung 2α hängen damit nur noch von der Zähnezahl des Rades ab.

Der Teilkreisdurchmesser ist die für die Berechnung der Kettengeschwindigkeit und der Zugkraft in der Kette maßgebende Rechengröße. Der Kopfkreisdurchmesser kann dem Teilkreisdurchmesser entsprechen. Er kann aber auch kleiner oder größer als der Teilkreisdurchmesser ausgelegt werden. Der Kopfkreisdurchmesser soll so bemessen werden, daß die Zahnlasche nicht gegen den Zahn des Kettenrades stoßen kann. Von den Kettenherstellern wird der Kopfkreisdurchmesser im allgemeinen so ausgelegt, daß er an das Polygon tangiert, das von den Verbindungslinien der Bolzenmitten der Kette mit exakter Teilung gebildet wird. Der Fußkreisdurchmesser ist so festgelegt, daß die in den Zahngrund hineinragenden Spitzen der Zahnlaschen ein genügendes Spiel haben.

Kettenräder für Zahnketten mit Innenführung erhalten einen Einstich am Umfang des Kettenrades nach Abb. 48. Der Fußkreisdurchmesser der Nut ist etwas kleiner als der Fußkreisdurchmesser der Verzahnung und bestimmt die größtmögliche Nabenbohrung. Die Breite der Nut soll ein reichliches Spiel für die einlaufende Führungslasche ergeben. Die Rundungsradien r_1, r_2, r_3 und r_4 sorgen für ein sicheres Einlaufen der Führungslaschen bei Trieben mit Innen- bzw. Außenführung. Die Ausführung der Nutabmessungen unterscheidet sich bei Verwendung von Buchsenzahnketten bzw. von Zahnketten mit Wiegegelenk (s. Abb. 48 und Tab. 10). Die Kettenräder mit Innenführung sind etwas breiter, die Kettenräder mit Außenführung etwas schmaler als die Arbeitsbreite der Zahnkette. Die Zahnketten mit Innenführung werden bevorzugt verwendet.

Tabelle 10. *Zahnformabmessungen für Zahnkettenräder*

Buchsen-Zahnketten

t	g_1	g_2	m zul. Abw.	h	c_1	j_1	g	r_2	k_1
9,525	9,4	5,25	3,5	−0,1	5,5	7,5	2,5	3,3	10	2,0
12,7	13,7	6,50	4,7	−0,1	8	9	3	4	12	1,0
15,875	17,2	8,75	5,9	−0,2	10	11,5	4,5	6	16	1,0
19,05	20,5	10,60	7,0	−0,2	12	14	5	7	20	1,0
25,4	26,3	13,90	9,4	−0,3	16	18	7	9	25	1,5

Zahnketten mit Wiegegelenk								Normalausführung				Hochleistungsausführung			
t	h_1	c_2	c_3	j_1	j_2	r_3	k_2	r_4	g_1	g_2	m zul. Abw.	g_1	g_2	m zul. Abw.
9,525	5,656	6	4	4	5	2	0,5	1−2	10	4,9	3,65 / −0,1	9,2	5,2	3,65 / −0,1
12,7	7,548	8	5	4	5	2	0,5	1−2	12,75	6,4	4,48 / −0,1	12,3	6,7	4,48 / −0,1
15,875	9,7	10	6	4	5	2	−	−	17	8,4	5,72 / −0,2	15,4	8,4	5,72 / −0,2
19,05	11,592	12	8	4	5	3	−	−	20,5	10,1	6,96 / −0,2	18,5	10,1	6,96 / −0,2
25,4	15,436	16	10	7	10	3	−	−	27,25	13,5	8,95 / −0,3	25	13,1	8,95 / −0,3
38,1	22,783	23	16	7	10	3	−	−	41,0	20,2	13,48 / −0,4	37	20,2	13,48 / −0,4
50,8	30,111	31	20	9	12	5	−	−	54,5	26,8	18,1 / −0,5	49,2	26,8	18,1 / −0,5

Die wichtigsten Abmessungen, Bezeichnungen und Zusammenhänge für die Konstruktion der Zahnkettenräder und deren Verzahnung lauten:

1. Teilkreisdurchmesser $d_0 = t\,n_0 = t/\sin\alpha$ s. Tab. 21
2. Kopfkreisdurchmesser $d_k = t\cot\alpha$ (nicht festgelegt)   s. Tab. 21
3. Fußkreisdurchmesser $d_f = d_0 - h = d_k - h_1$
4. Maximaler Durchmesser $d_{max} = 1{,}03\,d_0 + 2\,(g_1 - g_2)$
5. Kettenteilung t
6. Zähnezahl z
7. Teilungswinkel $2\alpha = 360°/z$
8. Zähnezahlfaktor $n_0 = 1/\sin\alpha$ s. Tab. 21
9. Zahnlückenöffnungswinkel $2\beta = 60° - 2\alpha$
10. Flankenwinkel $\gamma = 30° - 2\alpha$
11. Flankenabstand $m \sim 0{,}37 \cdot t$
12. Gesamte Laschenbreite $g_1 \sim 1{,}1 \cdot t$
13. Innere Laschenbreite $g_2 \sim 0{,}56 \cdot t$
14. Zahnhöhe $h;\ h_1$
15. Innere Nutbreite $j_1 \sim 1{,}5\,i$
16. Äußere Nutbreite $g \sim 2\,i$
17. Halbmesser der Nutausrundung r_2
18. Nuttiefen $c_1;\ c_2;\ c_3$

s. Tab. 10

19. Radbreite (Innenführung)	$b_i \sim b + 5$ mm $(t \leq 1'')$ $b_i \sim b + 10$ mm $(t > 1'')$	
20. Radbreite (Außenführung)	$b_a \sim 0,99 b$	
21. Profilfasenhalbmesser	r_1 (nicht festgelegt)	
22. Fase bei Außenführung	$k_1 \sim 1$ mm; k_2	s. Tab. 10
23. Arbeitsbreite der Kette	b	
24. Dicke der Führungslasche	i	

Die äußeren Abmessungen der Zahnlaschen und die Abmessungen der Verzahnung für Zahnkettenräder sind in der Tab. 10 angegeben.

Die Zahnkettenräder mit geraden Zahnflanken werden mit Zahnlückenfräsern hergestellt, deren Arbeitsweise durch Abb. 49 erläutert wird. Beim ersten Arbeitsgang werden die Flanken der Zähne *1* und *3* fertiggeschnitten, während Zahn *2* nur vorbearbeitet wird. Beim zweiten Arbeitsgang wird je eine Flanke der Zähne *2*

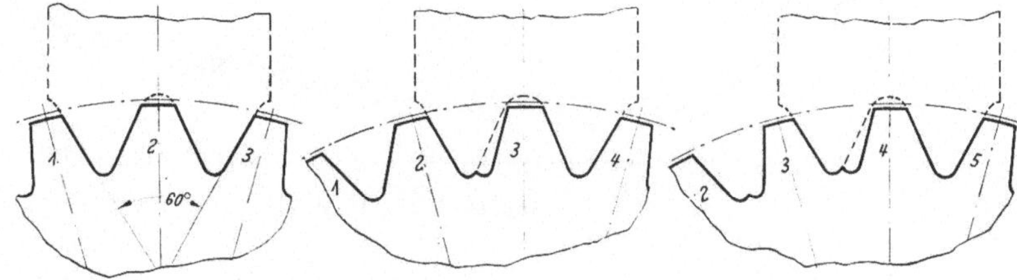

Abb. 49. Das Zahnlückenfräsen der Zahnkettenräder (nach Wippermann)

und *4* fertiggeschnitten und die rechte Flanke des Zahnes *3* vorbearbeitet. Beim dritten Arbeitsgang wird auch die zweite Flanke des Zahnes *3* fertiggestellt. Außerdem wird je eine Flanke der Zähne *4* und *5* gefräst. Zahn *3* ist nach dem dritten Arbeitsgang fertig. Bei jedem weiteren Arbeitsgang wird ein weiterer Zahn hergestellt. Die Zahnlückenfräser werden in axialer Richtung zugestellt. Das Kettenrad wird nach jedem Arbeitsgang um den Teilungswinkel gedreht. Die besondere Konstruktion dieses Fräsers gestattet das Einhalten des genormten Laschenwinkels von 60° beim Fräsen von Rädern verschiedener Zähnezahl mit einem Fräser. Er wird daher insbesondere zum Verzahnen von Rädern mit kleiner Zähnezahl bevorzugt. Zahnkettenräder mit größerer Zähnezahl werden auch mit Wälzfräsern verzahnt. Hierbei läßt sich der Laschenwinkel und die gerade Zahnflanke nur in Näherung erreichen, wenn mit einem Fräser Kettenräder verschiedener Zähnezahl hergestellt werden sollen. Durch eine relativ feine Stufung der Fräsersätze läßt sich aber der Fehler in erträglichen Grenzen halten.

Für die Hochleistungszahnkette mit Wiegegelenk wird eine evolventenförmige Zahnflanke hergestellt. Es ist eine negativ korrigierte Evolventenverzahnung mit einem Eingriffswinkel von 30°. Die Zahnkopfhöhen werden für diese Verzahnung vom Kopfkreisdurchmesser aus bestimmt. Für die evolventenförmige Verzahnung wird ein besseres Einlaufen der Zahnlaschen in die Verzahnung als vorteilhaft angegeben. Nach den Angaben der Hersteller lassen sich bei Verwendung der evolventenförmigen Zahnform größere Kettengeschwindigkeiten erreichen.

C. Der Kettentrieb

Ein Kettentrieb ergibt sich aus dem Zusammenwirken einer Kette mit einem oder mehreren Kettenrädern zur Leistungsübertragung. Nach der Zahl der wirkenden Kettenräder wird zwischen einem Einrad-, einem Zweirad- oder Mehrradkettentrieb unterschieden. An dem Beispiel des häufig vorkommenden Zweiradtriebs werden die üblichen Bezeichnungen der Triebteile und Größen nach Abb. 50 erklärt. Durch das Antriebsdrehmoment M_{d_1} und die Drehzahl n_1 des treibenden Kettenrades (*1*) wird die Leistung auf das belastete Kettentrumm (*3*) und von dort auf das getriebene Kettenrad (*2*) übertragen. Das Verhältnis der Zähnezahlen z_1 des treibenden Rades und z_2 des getriebenen Rades bestimmt die Drehzahl n_2 und

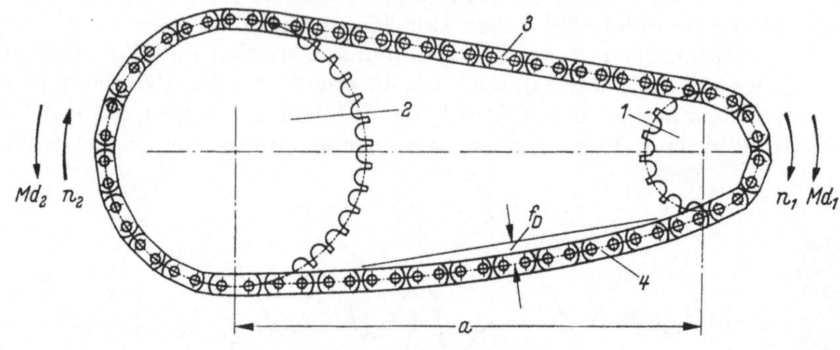

Abb. 50. Der Kettentrieb

das Abtriebsdrehmoment M_{d_2} des getriebenen Rades. Ohne Nutzlast zu übertragen, läuft die Kette vom getriebenen Rad durch das nicht belastete Trumm (*4*) zum treibenden Rad. Der Achsabstand a der Kettenräder wird so eingestellt, daß sich ein definierter Durchhang f_D des nicht belasteten Trumms ergibt.

Der einfache Aufbau eines Kettentriebs aus Kette und Kettenrädern ohne weitere Hilfseinrichtungen ist auch heute noch wegen seiner Anspruchslosigkeit ein Vorzug, der sich bei Verwendung von Ketten ergibt. In sehr vielen Fällen wird man tatsächlich mit einer derart einfachen Anordnung auskommen. Wenn aber höhere Anforderungen an einen Kettentrieb gestellt werden, müssen auch größere Aufwendungen gemacht werden. Diese Tatsache wird heute noch wenig ernst genommen. Während man das genaue Ausrichten, eine ausreichende Schmierung und einen geeigneten Staubschutz einem Zahnradtrieb schon bei mittleren Leistungen als selbstverständliches Attribut zukommen läßt, versucht man derartige Einrichtungen zu vermeiden, wenn Ketten eingesetzt werden. Im folgenden werden daher einige Maßnahmen und Hilfsmittel beschrieben, die geeignet sind, die Lebensdauer und das Betriebsverhalten von Kettentrieben zu verbessern.

1. Die Montage und das Ausrichten eines Kettentriebs

Die Kettenräder werden zunächst auf einen Drehdorn gesteckt und nach Abb. 51 auf Rundlauffehler und Taumelschlag geprüft. Beide Meßergebnisse sind auf die Achse der Nabenbohrung bezogen und geben Aufschluß über die Genauigkeit der Fertigung der Kettenräder. Die Parallelität der Wellen wird mit Hilfe von Wasserwaagen (*1*) und Stichmaßen (*2*) nach Abb. 52 festgestellt. Die Messung mit den Wasserwaagen oder gleichwirkenden Meßeinrichtungen gibt den Achsschränkungsfehler, die Kontrolle mit den Stichmaßen den Achsneigungsfehler an. Der Rundlauffehler der Welle wird zweckmäßig an der Stelle gemessen, an der das Kettenrad läuft. In axialer Richtung werden die Kettenräder so fixiert, daß die Radscheiben fluchten. Zur Kontrolle wird ein Haarlineal (*3*) an die Radscheiben gehalten und gleichzeitig das axiale Spiel der Wellen bestimmt. Die so gemessenen Einzelfehler des Triebs sollen große Abweichungen erkennen lassen. Entscheidend für den guten

Lauf des Kettentriebs ist die Messung des „gesamten Rundlauffehlers der Verzahnung" $- F_r -$ und des „gesamten Fluchtfehlers der Verzahnung" $- F_f -$.

Der gesamte Rundlauffehler der Verzahnung wird mit einer Meßuhr auf dem Fußkreisdurchmesser der Verzahnung nach Abb. 51 gemessen, wenn das Rad auf

a   b

Abb. 51 a u. b. Messung von Rundlauffehler und Taumelschlag der Ket.tenräder

der Welle fest angezogen ist. Der gesamte Rundlauffehler kann sich zusammensetzen aus dem Rundlauffehler der Welle und dem Rundlauffehler der Verzahnung. Ebenso kann eine nicht gerade Welle Ursache für den gesamten Rundlauffehler der Verzahnung sein. Bei langsamlaufenden Kettentrieben führt der gesamte Rundlauffehler der Verzahnung zu periodischen Schwankungen der beiden Trumme in transversaler Richtung und zu Schwankungen des Durchhanges. Bei schnell laufenden Trieben können auf diese Weise transversale Schwingungen der Trumme angeregt werden und dynamische Blindlasten des belasteten Trumms folgen. Näheres zu dieser Frage ist dem Abschn. III. B. zu entnehmen. Dort sind auch Richtwerte für die zulässige Größe des Rundlauffehlers in Abb. 122 zu finden. Genormte Angaben über den zulässigen Rundlauffehler der Verzahnung existieren nicht.

Der gesamte Fluchtfehler der Verzahnung setzt sich aus den Achsneigungsfehlern, den Achsschränkungsfehlern, den axialen Spielen der Wellen und dem Taumelschlag der Kettenräder zusammen. Er wird mit Hilfe von Linealen und Fühllehren nach Abb. 53 gemessen. Bei der Messung sollen die Kettenräder

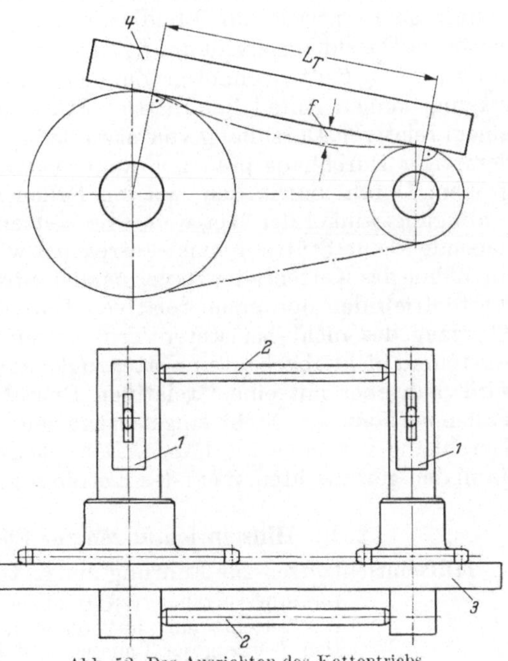

Abb. 52. Das Ausrichten des Kettentriebs

so gedreht werden und das axiale Spiel der Wellen so eingerichtet werden, daß F_f den Größtwert erreicht. Der gesamte Fluchtfehler darf nicht so groß werden, daß die Kettenlaschen auf die seitliche Fase des Kettenradzahnes aufschlagen. Da das Spiel zwischen innerer Kettenbreite und der Breite des Radzahnes etwa 10% der inneren Kettenbreite beträgt, soll auch der gesamte Fluchtfehler der Verzahnung kleiner als $0,1 b_1$ sein. Diese Forderung ist ziemlich hoch und soll nur gelten bei Trieben schnellaufender Ketten mit größerer Leistung.

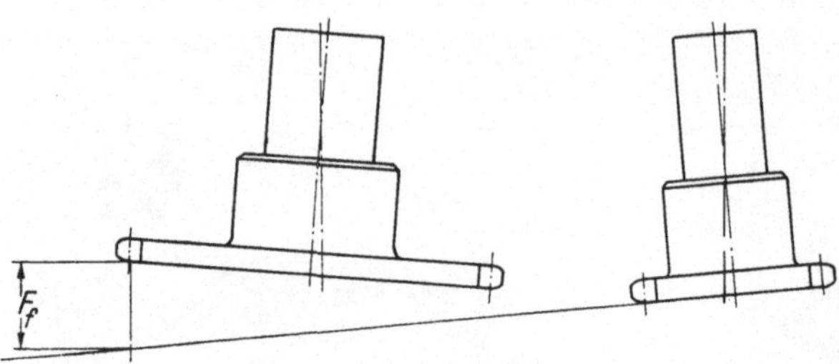

Abb. 53. Der gesamte Fluchtfehler der Kettenradverzahnung

Der Durchhang des nicht belasteten Trumms wird nach Abb. 52 durch Anlegen eines Lineals (4) gemessen. Für die Messung werden die Kettenräder so verdreht, daß das dem Lineal gegenüberliegende Trumm gespannt ist. Der Durchhang soll etwa 2% der Trummlänge betragen. Das Verhältnis von Durchhang und Trummlänge (oder genauer des Abstandes der Aufhängepunkte des nicht belasteten Trumms $\sim L_T$) wird als relativer Durchhang bezeichnet:

$$f_r = \frac{f_D}{L_T} . \tag{17}$$

Das richtige Einstellen des Durchhanges ist von großer Bedeutung für den ruhigen Lauf des Kettentriebs. Eine genauere Beschreibung dieser Tatsache ist dem Abschn. III. B. 8–10. zu entnehmen. Hier seien aber bereits qualitativ die entsprechenden Zusammenhänge erklärt. Bei fehlendem Durchhang des nicht belasteten Trumms werden dem Trieb durch die Vieleckwirkung der Kettenräder mit der Zahnfrequenz periodische Blindlasten aufgeprägt, die vermeidbar sind. Bei sehr geringem Durchhang ergibt der Stützzug des nicht belasteten Trumms insbesondere bei schweren Ketten unnötige Zugbelastungen der Kette, die zur Leistungsübertragung keinen Anteil liefern. Der Stützzug erreicht einen minimalen Wert bei einem relativen Durchhang von etwa 35%. Abgesehen von dem Umstand, daß ein derartiger Durchhang praktisch kaum vertretbar ist, würden Kettentriebe mit so großem Durchhang in den meisten Fällen nicht arbeiten können, weil der Umschlingungswinkel der Kette um die Kettenräder verringert würde und der vorliegende kleine Stützzug nicht ausreichen würde, um das Springen der Kette über die Zähne des Kettenrades zu vermeiden. Strenggenommen ist es möglich, für jeden Kettentrieb den optimalen relativen Durchhang anzugeben, bei dem gerade der Stützzug des nicht belasteten Trumms ausreicht, um der restlichen, über dem Kettenrad nicht abgebauten Kettenzugkraft das Gleichgewicht zu halten. Praktisch wird man aber mit einem relativen Durchhang von etwa 2–3% in den meisten Fällen auskommen. Nicht eingelaufene neue Ketten können auch einen geringeren Durchhang von etwa 1% haben. Der relativ starke anfängliche Verschleiß ergibt dann den gewünschten Wert des Kettendurchhanges.

2. Die Hilfseinrichtungen zur Führung der Kettentrumme

Hilfseinrichtungen zur Führung der Kettentrumme sollen:

Die Stützzüge langer Kettentrumme aufnehmen
Die Kettentrumme in vorgesehenen Bahnen führen
Den Stützzug der Trumme einstellbar machen
Transversale Schwingungen der Trumme verhindern.

Besonders bei Kettentrieben zu Förderzwecken treten oft große freie Trummlängen auf. Um die daraus folgenden beträchtlichen Stützzüge zu vermeiden, werden Stützräder, Stützrollen oder Stützschienen angeordnet, wie sie in Abb. 54
gezeigt sind. Die Mindestzähnezahl der Stützräder soll je nach Qualität des Triebs
zwischen 15 und 19 Zäh-
nen liegen. Stützrollen erfüllen den gleichen Zweck
wie die Stützräder. Sie
tragen keine Verzahnung.
Der Außendurchmesser
der Stützrollen soll etwa
gleich dem Teilkreisdurchmesser der Stützräder mit

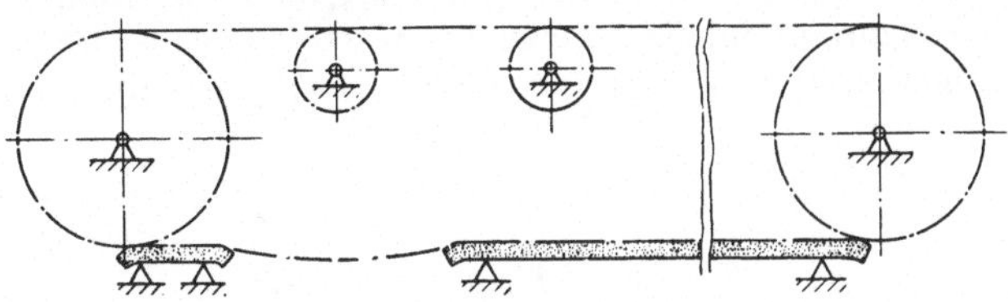

Abb. 54. Stützräder und Stützschienen (nach Arnold & Stolzenberg)

der angegebenen Mindestzähnezahl sein. Die Stützrollen sollen auf die Kettenrollen
oder die Buchsen wirken. Sie haben die gleiche Zahnbreite und Zahnfase wie die
Kettenräder. Sie werden zweckmäßig auf Wälzlagern gelagert, damit die Kettenrollen auf dem Stützrollenumfang nicht gleiten. Stützrollen aus Kunststoffen oder
Hartgeweben wirken geräuschdämpfend. Die Stützschienen erhalten ebenfalls ein
Profil, das bewirkt, daß die Ketten am Rollenumfang getragen und durch die
seitlich überstehenden Laschen quer zur Kettenrichtung geführt werden. Die Stützschienen werden unterbrochen, so daß die verschleißbedingte Kettenlängung durch
vergrößerten Durchhang an der Stelle der Unterbrechung aufgenommen werden
kann.

Leiträder oder Leitrollen nach Abb. 55 werden wie die Stützräder oder Stützrollen ausgeführt. Sie sollen die Bahn der Trumme umlenken, wenn Hindernisse

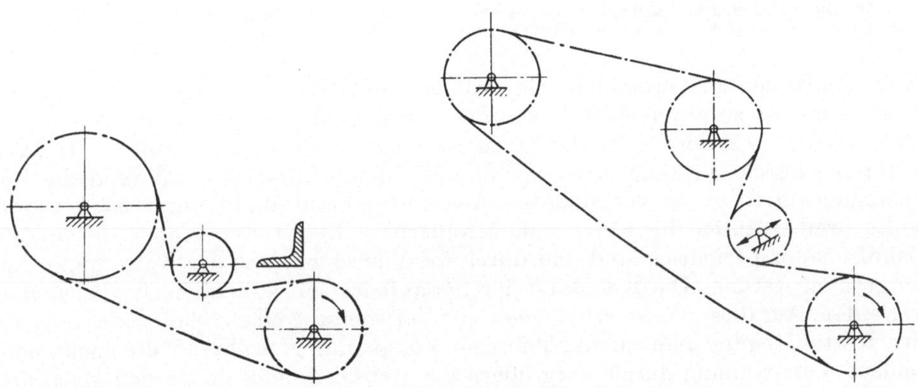

Abb. 55. Leiträder

dem freien Lauf der Trumme im Wege liegen. Sie sollen einen vergrößerten Umschlingungswinkel der Kette um das Kettenrad bewirken, wenn dieser Umschlingungswinkel ohne Leitrad für das einwandfreie Arbeiten des Triebs zu klein ist.
Sie können auch verstellbar angeordnet werden und gestatten dann das Einstellen
des Durchhanges auf den günstigen Wert. Bei Anordnung von zwei verstellbaren
Leiträdern nach Abb. 56 kann die Fasenlage der Drehbewegung des treibenden und
getriebenen Rades stufenlos verstellt werden.

Bei Kettentrieben mit nahezu vertikaler Lage des nicht belasteten Trumms
nimmt der Stützzug am unteren Rad sehr kleine Werte an. Bei derartigen Trieben

empfiehlt es sich immer, durch Anordnung eines Spannrades nach Abb. 57 den Stützzug zu erhöhen, um einen ruhigen Lauf der Kette zu erreichen. Spannräder arbeiten mit Federwirkung und geben auf diese Weise der gesamten Kette eine Vorspannung, die nicht der beabsichtigten Leistungsübertragung dient. Es ist daher wichtig, die Vorspannung nur so groß zu wählen, wie es nötig ist, um die Kraftübertragung vom Kettenrad zur Kette zu ermöglichen, den Lauf der Kette zu beruhigen und das Springen einer durch Verschleiß verlängerten Kette über die

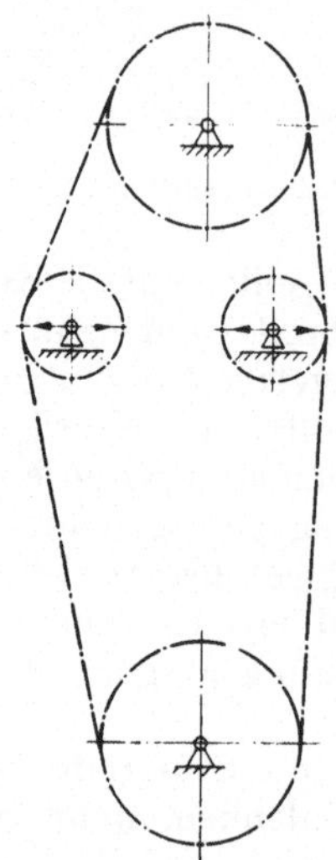

Abb. 56. Die Anordnung von Leiträdern zur Faseneinstellung der Drehbewegung zweier Kettenräder

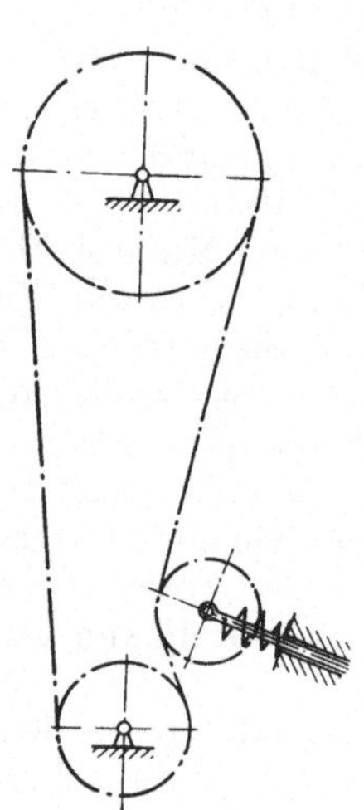

Abb. 57. Vertikaler Trieb mit Spannrad

Kettenradzähne zu vermeiden. Die Vorspannung durch die Federwirkung eines Spannrades ist zu unterscheiden von der Vorspannung der Kette, die sich ergibt, wenn bei einem Zweiradtrieb der Achsabstand etwas zu groß gewählt ist. Die Vorspannung durch Wirkung eines Spannrades ist kontrollierbar, während die Vorspannung durch etwas vergrößerten Achsabstand unbedingt unterlassen werden sollte, weil dadurch die Kette unkontrollierbare Blindlasten erhält, die mit der Zahnfrequenz periodisch sind und durch die Vieleckwirkung der Kettenräder hervorgerufen werden. Die Kennlinie der Spannfeder soll außerdem möglichst flach verlaufen. Auf diese Weise erhält man mit Verwendung eines Spannrades eine von der Kettenlängung nahezu unabhängige Vorspannung, während die nicht empfohlene Vorspannung durch Vergrößern des Achsabstandes neben den genannten Mängeln eine von der Kettenlängung stark abhängige Größe hätte. Zwei verschiedene Ausführungen von Spannrädern mit Schraubenfeder bzw. Spiralfeder sind in der Abb. 58 gezeigt. Das Spannrad mit Spiralfeder hat zwei übereinander angeordnete Naben mit exzentrischen Bohrungen. Durch Wirkung der Spiralfeder werden die Exzenter derart zueinander verschoben, daß sich die Achse des Spannrades verlagert. Auf diese Weise kommt die Spannwirkung des Rades bei flacher Kennlinie zustande. Auch für die Spannräder sind die Mindestzähnezahlen von 15–21 Zähnen je nach den Anforderungen an den Trieb einzuhalten. Es sollen mindestens drei Zähne im Eingriff sein.

Bei Kettentrieben mit stark ungleichförmiger Drehbewegung der Wellen besteht die Gefahr, daß die Trumme zu transversalen Schwingungen angeregt werden. Diese Schwingungsamplituden werden besonders groß, wenn die Erregerfrequenz gleich der Eigenfrequenz des transversalschwingenden Trumms ist. Sie können beeinflußt werden, indem die Eigenfrequenz verlegt wird. Diesem Zweck können

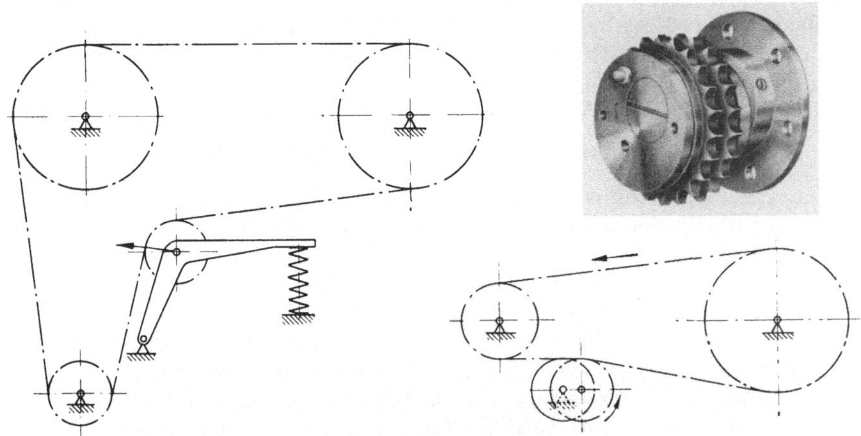

Abb. 58. Ausführung der Spannräder (exzentrisches Spannrad nach Wippermann)

Spannbänder nach Abb. 59 dienen, die über einen weiten Bereich der Trummlänge angreifen und ebenfalls eine Vorspannung des Triebs erzielen. Die Berechnung der Eigenfrequenz des transversalschwingenden Trumms kann nach Abschn. III.B.5. durchgeführt werden. Die richtige Auslegung der Spannbänder ist von besonderer

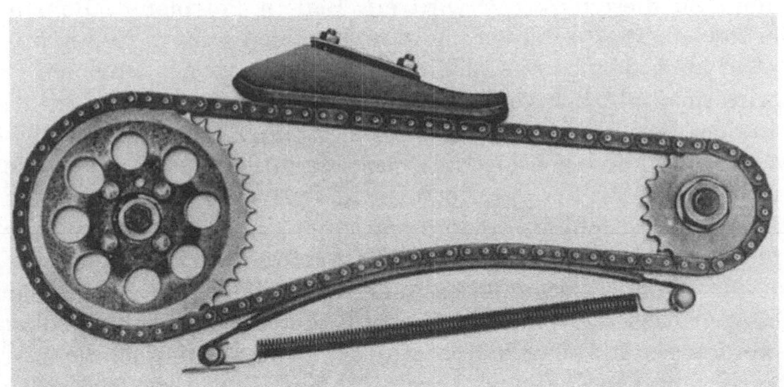

Abb. 59. Kettentrieb mit Leitschiene und Spannband (nach Arnold & Stolzenberg)

Bedeutung. Es besteht nämlich bei Verwendung von Spannbändern die Gefahr, daß die Eigenfrequenz des Trumms in falscher Weise beeinflußt und die Trummschwingungen auf diese Weise sogar verstärkt werden. Jedenfalls sollte auch hier auf eine flache Kennlinie der Feder geachtet werden, damit die Eigenfrequenz des Trumms möglichst unabhängig von der Kettenlängung bleibt. Da die Spannbänder im allgemeinen bei Trieben mit hoher Kettengeschwindigkeit eingesetzt werden, treten verhältnismäßig hohe Reibarbeiten auf. Spannbänder können daher nur verwendet werden, wenn die Schmierung reichlich ausgelegt ist. Die Belege der Spannbänder werden aus Kunststoffen ausgeführt.

Eine andere wirksame Methode zur Vermeidung transversaler Trummschwingungen ergibt sich bei Anwendung von Leitschienen, die einen ähnlichen Aufbau wie die Stützschienen haben, die aber etwa 1 mm von der laufenden Kette entfernt angeordnet werden. Bei ruhigem Lauf des Trumms berühren die Kettenrollen die Leitschienen nicht. Erst bei transversalen Schwingungen des Kettentrumms verhindern die Leitschienen die Ausbildung größerer Amplituden. Abb. 59 zeigt einen ausgeführten Kettentrieb mit Spannband und Leitschiene[1].

3. Die Schmiereinrichtungen und Schmierverfahren

In den meisten Fällen ist die Verschleißfestigkeit der Kette das entscheidende Kriterium für die Auslegung eines Kettentriebs. Da aber der Kettenverschleiß sehr wesentlich durch eine richtige Schmierung beeinflußt werden kann, werden im folgenden Abschnitt einige Schmierverfahren und Schmiereinrichtungen angegeben, die von den Kettenherstellern empfohlen werden.

Nur Ketten zu Stell- oder Steuerzwecken mit lang unterbrochenem Betrieb bei geringer Belastung und Verschmutzung kommen fast ohne Wartung aus. Sie laufen oft jahrelang mit der Schmierung, die sie beim Hersteller erhalten haben. Schon langsamlaufende Ketten mit mäßiger Belastung und durchlaufendem Betrieb bis Kettengeschwindigkeiten von höchstens 1 m/sek erfordern eine periodische Schmierung. Bei geringer Verschmutzung der Ketten ist allerdings das Nachschmieren mit Ölkanne oder Ölbürste ausreichend. Die Häufigkeit der Schmierung hängt von der Belastung der Kette ab und muß von Fall zu Fall festgelegt werden. Wenn aber eine starke Verschmutzung erwartet wird, besteht die Gefahr, daß der der Kette anhaftende Schmutz durch das Schmiermittel in die Gelenkflächen gelangt und dort wie eine Schleifpaste wirkt. Die Kette soll daher vor dem Schmieren gründlich gereinigt werden. Zu diesem Zweck wird ein Bad in Petroleum, Benzin, Trichloräthylen oder kochender P 3 Lauge und eine zunächst äußere Reinigung der Kette empfohlen. Um auch den bereits in die Gelenkfläche eingedrungenen Schmutz zu entfernen, wird die äußerlich gesäuberte Kette einige Stunden in ein frisches Bad gelegt und in dem Bad hin- und hergeschwenkt. Nach dem Bad in stark entfettenden Mitteln hört man deutlich das Klappern der aufeinanderschlagenden Gelenkteile. Wenn aller Schmutz aus der Kette entfernt ist, darf ein kratzendes Geräusch beim Einwinkeln der einzelnen Glieder nicht mehr zu hören sein. Anschließend wird die Kette in das frische Ölbad gelegt. Das Öl sollte eine Zähigkeit von höchstens 10 °E haben, um dann in etwa einer Stunde bis an die Gelenkfläche in ausreichendem Maße eingedrungen zu sein. Öle, die bei Raumtemperatur eine höhere Viskosität haben, werden bis auf eine Temperatur erwärmt, bei der sie die Zähigkeit von etwa 10 °E erreichen. Die Zähigkeit des zu wählenden Öles hängt von den Betriebsdaten und insbesondere von der Betriebstemperatur der Kette ab. Nach dem Herausnehmen der Kette aus dem Ölbad wird sie zum Abtropfen aufgehängt. Bei der Verwendung hochviskoser Öle sollte das Abtropfen bei der Temperatur stattfinden, die das Ölbad hatte; denn Ölreste an den Außenteilen der Kette wirken als unerwünschte Schmutzfänger. Wenn für das etwas aufwendige Verfahren der Reinigung keine Zeit zur Verfügung steht, dann läuft eine geschmierte verschmutzte Kette noch besser als eine trockene verschmutzte Kette.

Bei langsamlaufenden Förderketten größerer Teilung werden konstruktive Maßnahmen zur sicheren Schmierung der Gelenkflächen vorgesehen. Abb. 60 zeigt eine Buchsenförderkette mit Schmierbohrung und Abflachung am Bolzen zur Aufnahme

---

[1] Hierzu siehe auch Konstruktionsbuch Nr. 16 BENSINGER: Die Steuerung des Gaswechsels in schnellaufenden Verbrennungsmotoren, Abb. 70–77.

eines Fettvorrates. Bei den Buchsenketten mit Schon-, Lauf- oder Bundrolle kann die Schmierung zu beiden Lagerstellen Bolzen–Buchse und Buchse–Rolle vorgesehen werden. Die Laufrollen nach DIN 8166 der Buchsenketten werden auch

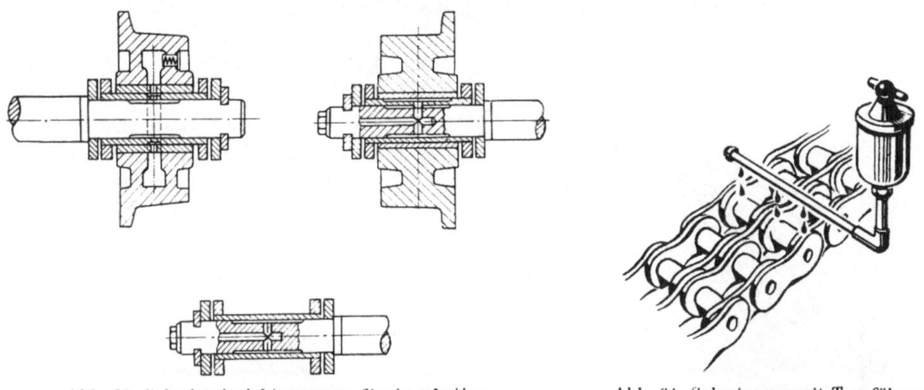

Abb. 60. Schmiereinrichtungen an Buchsenketten (nach Siemag)

Abb. 61. Schmierung mit Tropfölern (nach Arnold & Stolzenberg)

mit Schmierkammer ausgeführt und geben ihren Vorrat bei richtiger Viskosität des Öles oder Fetts allmählich an die Lagerstellen ab.

Die Schmierölzufuhr durch Tropföler wird bei Kettungeschwindigkeiten bis 4 m/sek empfohlen und kann bei geringen Belastungen der Kette bis etwa 50 kg/cm² Gelenkflächenpressung auch bei Kettengeschwindigkeiten bis 7 m/sek angewendet werden. Als Regel für die erforderliche Ölmenge wird von Arnold & Stolzenberg angegeben:

Kettengeschwindigkeit (m/sek) × Teilung (cm) = Anzahl der Tropfen pro Minute und Laschenreihe.

Die erforderliche Ölmenge bei größeren Tropfenzahlen pro Minute kann recht groß werden. So wurde bei einer handelsüblichen Ausführung eines Ölers und etwa 10 Tropfen pro Minute ein Verbrauch von 1,5 Litern Öl in 24 Stunden festgestellt. Es wird also immer lohnend sein, das durch Tropföler gelaufene Öl aufzubereiten und wieder zu verwenden. Aus diesen Gründen und aus Gründen der Sauberkeit ist ein Spritzschutz vorzusehen, der die Rückgewinnung des Öls ermöglicht. Ebenso ist abzuwägen, ob der Ölverbrauch im richtigen Verhältnis zu der gewonnenen Lebensdauer steht. Eine Ausführung der Schmiereinrichtung mit Tropföler ist in Abb. 61 gezeigt. Bei kleinen Kettengeschwindigkeiten wird das Öl auf das obere Trumm aufgegeben, bei größeren Kettengeschwindigkeiten fördert die Fliehkraft die Schmierölzufuhr zu den Gelenkflächen, wenn der Öler auf das untere Trumm tropft. In jedem Fall ist darauf zu achten, daß das Öl zwischen die Innen- und Außenlasche eindringt, um den kürzesten Weg zu dem entscheidenden Gelenk zwischen Buchse und Bolzen zu haben. Das Tropfrohr ist so auszuführen, daß jede Laschenreihe gesondert geschmiert wird. Bei häufig unterbrochenem Betrieb der Kette wird ein Tropföler mit Kugelventil eingesetzt. Durch die Erschütterungen des laufenden Kettentriebs wird das Kugelventil geöffnet und der Öler beginnt zu arbeiten.

Die Tauchschmierung wird durch einfaches Eintauchen der laufenden Kette in einen Ölsumpf erreicht und ist für Kettengeschwindigkeiten bis 7 m/sek vorgesehen Das Ölniveau braucht nur wenige mm höher zu stehen, als die Unterkante der einlaufenden Laschen. Der beste Ölstand ist gegeben, wenn die Rollen oder Buchsen der Kette gerade nicht in das Bad eintauchen. Bei tieferem Eintauchen wird das Öl stark aufgewirbelt, erwärmt sich und oxydiert vorzeitig. Außerdem ergeben sich unnötige Leistungsverluste. Vorteilhaft ist die Tauchschmierung mit direktem Eintauchen der Kette in das Bad, wenn das untere Trumm gegen die Horizontale geneigt ist und somit nur ein kleiner Teil der umlaufenden Kette das Bad berührt. Bei nahezu horizontaler Lage des unteren Trumms kann eine Schleuderscheibe eingesetzt werden (Abb. 62), die anstelle der Kette das

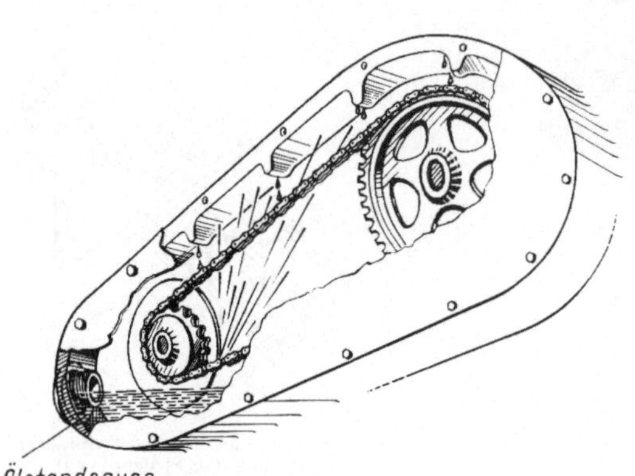

Abb. 62. Schmiereinrichtung mit Schleuderscheibe und Tropfleisten (nach Arnold & Stolzenberg)

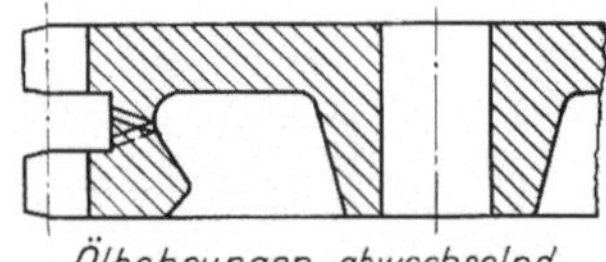

Abb. 63. Ölbohrungen im Radkranz
(nach Winklhofer)

Öl an die Verschleißteile fördert. Mit einer derartigen Schleuderscheibe können unter günstigen Umständen auch Triebe mit Kettengeschwindigkeiten bis 12 m/sek laufen. Bei höheren Ansprüchen an den Trieb werden Tropfleisten an dem oberen Gehäuseteil erforderlich, die das aufgeschleuderte Öl auf die Kette leiten. Außerdem ist eine Vertiefung im Ölsumpf vorteilhaft, in der sich die abgeriebenen Verschleißpartikel absetzen können. Ebenso ist die Anordnung von Permanentmagneten erprobt, die die metallischen Verschleißteile in dem verwirbelten Ölbad festhalten. Ölbohrungen am Radkranz nach Abb. 63 sollen eine gezielte Zuführung des Schmiermittels an die entscheidenden Kettenteile fördern.

Für die schnellaufenden Kettentriebe bis 12 m/sek Kettengeschwindigkeit wird eine Druckumlaufschmierung nach Abb. 64 vorgesehen. Wenn Druckölleitungen an der Maschine ohnehin vorhanden sind, kann die Schmierung der Kette an dieses System angeschlossen werden. Andernfalls muß eine eigene Ölpumpe angebaut werden. Das Öl wird auf das nicht belastete Trumm aufgegeben, damit es in die

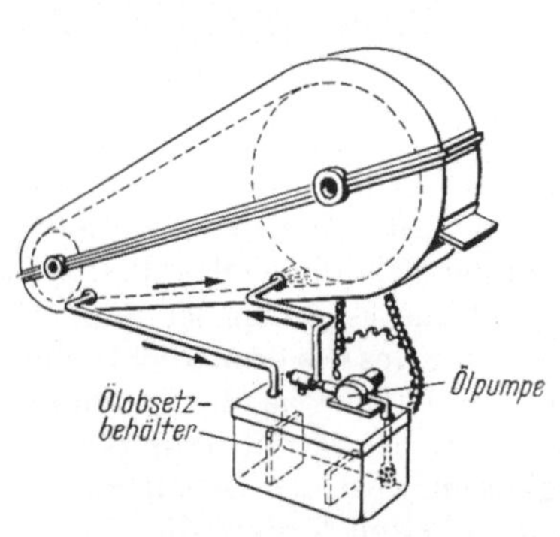

Abb. 64. Druckumlaufschmierung
(nach Arnold & Stolzenberg)

lockeren Spielräume eindringen kann. Der Rücklauf des Öls aus dem Schutzkasten in den Ölbehälter wird an der tiefsten Stelle des Gehäuses angebracht. Der Ölbehälter erhält Überlaufbleche, vor denen sich die Verschleißteile absetzen können. Die Vorratsmenge des Ölbehälters ist so abzustimmen, daß die Wärmeabfuhr von der Kette gesichert ist und die Rücklauftemperatur des Öles unter 60 °C bleibt. Bei höheren Temperaturen müssen warmfeste Öle verwendet oder eine Ölrückkühlung eingerichtet werden. Die Wirkungsweise der Umlaufschmierung kann noch verbessert werden, wenn das Öl durch eine Spritzdüse feinst verteilt auf die Kette gegeben wird.

Als Schmiermittel für die periodische Nachschmierung der gereinigten Kette in erwärmten Bädern kommen meist kalkverseifte Fette mit Tropfpunkten von 50 bis 100 °C oder Öle mit Viskositäten von 10–20 °E/50 in Frage. Die Fette sollen neutral sein, d.h. sie sollen ohne Schwierigkeiten mit anderen Schmiermitteln gemischt werden können. Sie sind im allgemeinen wasserabweisend und können verschleißmindernde Zusätze erhalten. Für die Handschmierung durch Ölkanne oder Ölbürste werden für einfache Ansprüche Öle mit Viskositäten von 5–15 °E bei Betriebstemperatur empfohlen. Bei höheren Ansprüchen erhalten die Öle Zusätze, die die Haftwirkung verbessern und den Verschleiß verringern.

Öle für Tropf-, Tauch- oder Umlaufschmierung haben geringere Viskositäten von 3–5 °E bei Betriebstemperatur. Man kann also als qualitative Richtlinie angeben, daß höher belastete Triebe, die eine größere Betriebstemperatur erwarten lassen, höhere Gradzahlen Engler bezogen auf die übliche Temperatur von 50 °C haben sollen. Von WOROBJEW [3] wird aus einem russischen Handbuch die in Tab. 11

Tabelle 11. *Schmierempfehlungen und empfohlene Ölviskositäten* (nach WOROBJEW)

Schmierverfahren	Ketten-geschwind. v [m/sek]	Ölviskosität in °E/50 bei Gelenkflächenpressungen p [kp/cm²]			
		bis 100	100–200	200–300	über 300
Ölkanne, Ölbürste Tropföler	bis 1	3	4–5	5– 7	7– 9
	1– 5	4–5	5–7	7– 9	10–11
	über 5	5–7	7–9	10–11	15–18
Tauchschmierung	bis 5	3	4–5	5– 7	7– 9
	5–10	4–5	5–7	7– 9	10–11

angegebene Schmierempfehlung übernommen. Es sind dort den Gelenkflächenpressungen und Kettengeschwindigkeiten bestimmte Viskositäten zugeordnet. Diese Tabelle kann natürlich nur als eine etwaige Richtlinie gewertet werden, da so wesentliche Größen, wie die Zähnezahlen und der Achsabstand in ihr nicht berücksichtigt werden, obwohl sie auf die Betriebstemperatur Einfluß haben. In DIN 8195 wird empfohlen, für Tropf-, Tauch- und Umlaufschmierung die Viskosität von 3–5 °E bei Betriebstemperatur einzuhalten. Es kann vermutet werden, daß der Tabelle von WOROBJEW und den Angaben in DIN 8195 der gleiche Gedanke zugrunde liegt; nämlich, bei Betriebstemperatur eine nur noch vom Schmierverfahren, nicht aber von den Betriebsdaten, abhängige Viskosität zu wählen. Die Tabelle hat dabei den Vorteil einer einfachen Handhabung und erfordert nicht das Messen der Betriebstemperatur der Kette und die Kenntnis der Temperaturabhängigkeit des Öles. Die Angabe nach DIN 8195 stellt dafür eine genauere Richtlinie dar.

Für Triebe, bei denen eine flüssige Schmierung unerwünscht ist, kommen trockene Schmierstoffe, wie Kolloidalgraphit, Molybdändisulfid in Pulverform, Kunststoffe mit Notlaufeigenschaften oder getränkte Sinterwerkstoffe zur Anwendung.

4. Die Schutzkästen

Die Kettenschutzkästen sollen den Schmutz und Staub von der laufenden Kette fernhalten. Sie dienen als Ölbehälter bei Tauchschmierung oder Umlaufschmierung und bilden einen Schutz vor unbeabsichtigter Berührung der umlaufenden Teile. Außerdem wirkt ein gut ausgelegter Schutzkasten geräuschdämpfend.

Die einfachste Ausführung eines Kettenschutzes bildet ein u-förmiges Profileisen, das nach Abb. 65 um den laufenden Trieb angeordnet wird. Seine Herstellung ist einfach. Bei einfachen Ansprüchen reicht er für Tropfschmierung aus. Das durch die Fliehkraftwirkung von der Kette abgeschleuderte Öl sammelt sich in dem Schutzring. Bei größeren Ansprüchen wird ein geschlossener Kettenschutzkasten nach Abb. 66 gebaut, der eine Ölstandsanzeige (*1*), eine Ablaßschraube (*2*) und einen Einfüllstutzen (*3*) erhält und an dem die Schmiereinrichtungen befestigt werden.

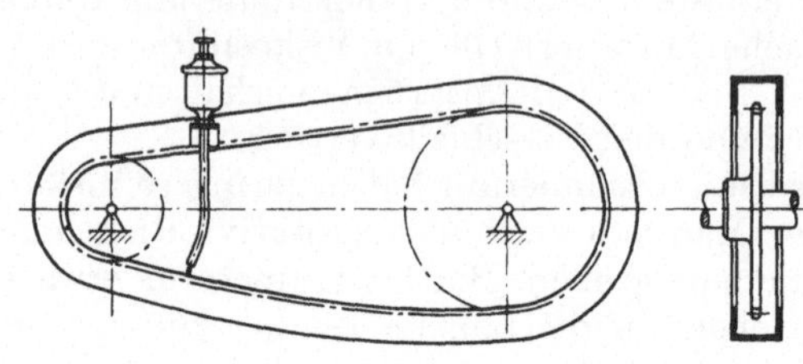

Abb. 65. Kettenschutz aus U-Profil

Ein Handloch (*4*), meist am belasteten Trumm angeordnet, gestattet die Sichtkontrolle der laufenden Kette. Die Trennfuge der einzelnen Kastenteile wird so gelegt, daß beim Öffnen des Kastens das Öl nicht unbedingt abgelassen zu werden braucht. Der Kasten erhält ein Langloch zur Verstellung des Achsabstandes. Die Dichtung erfolgt durch Spritzscheiben (*5*) und Labyrinthe.

Blechkästen können evtl. die von der Kette abgegebenen Geräusche verstärkt wiedergeben. Dies geschieht, wenn die von der Kette bevorzugt abgestrahlte Frequenz mit einer Eigenfrequenz des Schutzkastens zusammenfällt. Er

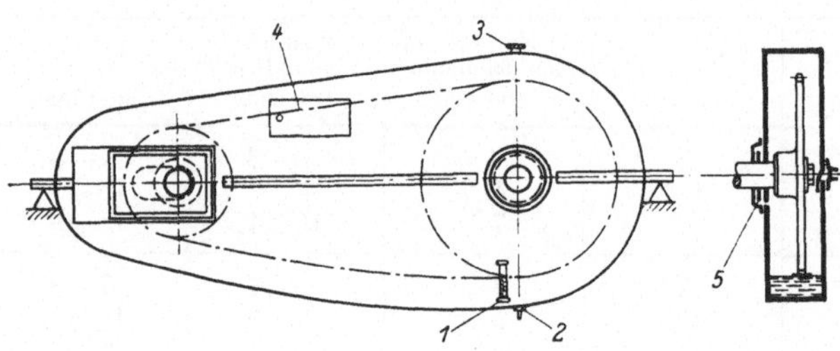

Abb. 66. Kettenschutzkasten (nach Köhler & Bovenkamp)

wirkt dann ähnlich wie der Resonanzboden eines Musikinstrumentes. Verstrebungen an der Kastenwand sollten dann an denjenigen Stellen angebracht werden, an denen die Kastenwand die stärksten Beulschwingungen zeigt. In vielen Fällen können diese Stellen schon durch Abtasten mit einem Bleistift gefunden werden. Der lose auf den Schutzkasten gehaltene Bleistift vibriert in der Hand an den Stellen größerer Beulamplituden. Durch Antidröhnanstriche kann ebenfalls eine Verbesserung erzielt werden. Günstiger ist in bezug auf die Geräuschentwicklung ein Kettenkasten aus Gußeisen.

Die äußeren Abmessungen sollen groß genug gewählt werden, so daß das Ölvolumen bei Tauchbadschmierung ausreicht, ohne daß die Öltemperatur zu hohe Werte annimmt. Außerdem ist darauf zu achten, daß auch die verschlissene Kette nicht gegen das Gehäuse schlägt.

5. Die Stahlgelenkketten für Sonderzwecke

Neben der Verwendung der Stahlgelenkketten als Stell-, Last-, Förder- oder Antriebskette werden Ketten auch für einige Sonderzwecke eingesetzt, die im folgenden beschrieben werden sollen.

Die sogenannten Rollenlagerketten nach Abb. 67 gleichen in ihrem Aufbau den Nadellagern mit Käfig. Die Parallelführung der Nadeln wird durch die Kettenlaschen und Bolzen erreicht. Die Nadeln sind durch die Rollen der Kette ersetzt zu denken. Rollenlagerketten sind insbesondere bei ungewöhnlichen Abmessungen wirtschaftlich. Sie werden beispielsweise für die Lagerung der Säule einer Bohrmaschine verwendet. Rollenlagerketten können als Radiallager und für Parallelführungen eingesetzt werden.

Mit Hilfe von unrunden Kettenrädern können auch definierte ungleichförmige Bewegungen auf eine Welle gebracht werden. Das Übersetzungsverhältnis zwischen

Abb. 67. Rollenlagerketten (nach Wippermann)

gleichförmig laufender treibender Welle und ungleichförmig arbeitender getriebener Welle ändert sich während jeder Umdrehung des getriebenen Rades bei ganzzahligen Übersetzungsverhältnissen. Der Längenausgleich kann durch ein Spannrad erfolgen, wenn das nötig ist. Bei geeigneter Abstimmung der beiden unrunden Kettenräder kommt man auch ohne ein Spannrad aus. Eine Anordnung von unrunden Kettenrädern zeigt die Abb. 68.

Die beiden in entgegengesetzter Richtung laufenden Trumme eines Zweiradkettentriebs werden bei einer Konstruktion nach Abb. 69 für ein Hubgetriebe verwendet. Der Schlitten läuft auf einer Führungsschiene und wird abwechselnd vom

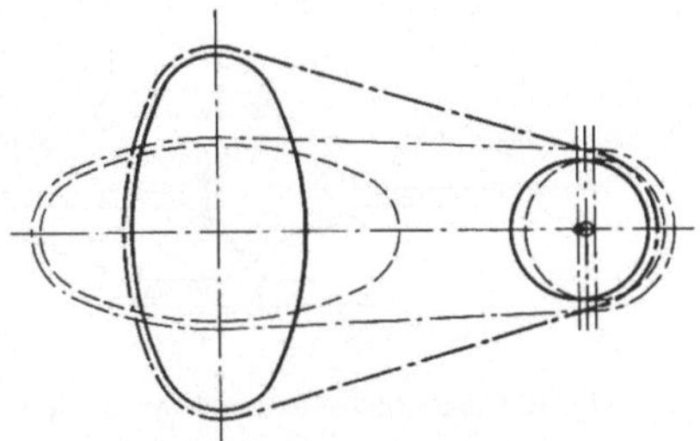

Abb. 68. Unrunde Kettenräder
(nach Arnold & Stolzenberg)

oberen bzw. unteren Trumm mitgenommen. Die Verbindung zwischen Trumm und Schlitten erfolgt durch ein Schaltrad, das von einer Kurvenführung an einstellbaren Anschlägen betätigt wird. Als Vorteile des Hubgetriebes werden genannt: Schlupffreier Antrieb, gleichförmige Geschwindigkeit während des Hubes, Hub-

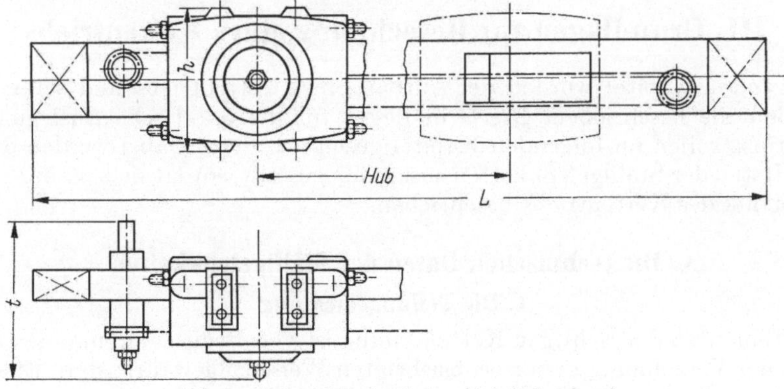

Abb. 69. Hubgetriebe (nach Arnold & Stolzenberg)

länge beliebig und stufenlos einstellbar, kinematisch exakte Bewegungsumkehr, waagerechte bis senkrechte Hubbewegung. Bei der Bewegungsumkehr treten erhebliche Beschleunigungen auf, so daß neben der Berücksichtigung der Nutzlast auf Massenkräfte geachtet werden muß.

Zur Umkehr der Drehrichtung von Wellen in bestimmten periodischen Abständen wird ein Umkehrgetriebe nach Abb. 70 vorgeschlagen. Seine Funktion ist folgende: Eine Rollenkette (*1*) wird von Rad (*2*) getrieben und treibt ihrerseits Rad (*4*). Die über die Hebel (*6*) und die Federn (*7*) arbeitenden Spannräder (*5*) sind für den Längenausgleich bei der Drehrichtungsumkehr vorgesehen. Die in die Kette eingebaute Koppel (*9*) bewirkt bei ihrem Lauf durch die Kurvenführung der Umkehreinrichtung (*3*) den Drehrichtungswechsel. Die Koppel verbindet die beiden Kettenenden durch eine verlängerte und verstärkte Außenlasche. Die Anschlußbolzen sind ebenfalls verstärkt und stehen seitlich über die Kette hinaus. Die

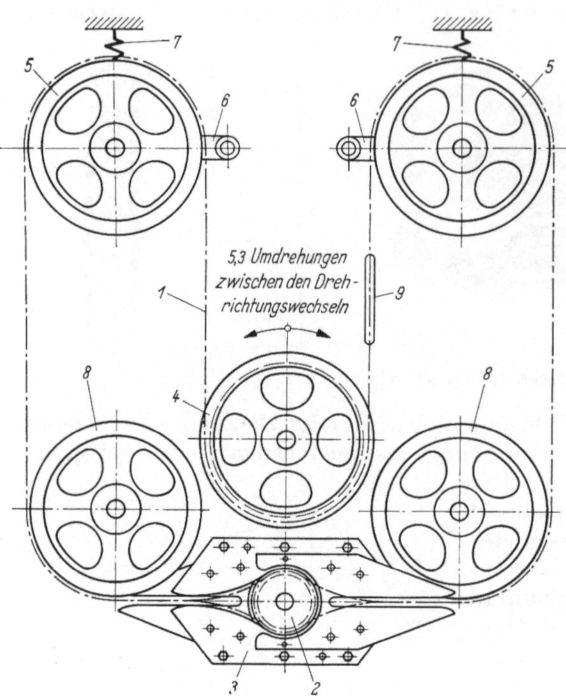

Abb. 70. Umkehrgetriebe (nach Arnold & Stolzenberg)

überstehenden Bolzenenden tragen Rollen, die von den Kurvenbahnen des Umlenkkörpers geleitet werden. Der vordere in das Antriebsrad einlaufende Anschlußbolzen wird durch die Umlenkbahn einmal um das treibende Rad geführt und bewirkt so die Richtungsumkehr des Getriebes. Das Verhältnis zwischen der Gliederzahl der Kette und der Zähnezahl des getriebenen Rades bestimmt die Zahl der Umdrehungen des getriebenen Rades zwischen zwei Drehrichtungswechseln.

III. Grundlagen zur Berechnung eines Kettentriebs

Im zweiten Kapitel wurden der Aufbau eines Kettentriebs und seine wesentlichen Bauteile beschrieben. Die Grundlagen für die praktische Auslegung eines Kettentriebs sollen im folgenden Kapitel gezeigt werden. Dabei werden die technischen Daten der Stahlgelenkketten zusammengestellt, soweit sie bekannt sind und die Mechanik des Kettentriebs beschrieben.

A. Die technischen Daten der Stahlgelenkketten

1. Die Teilungsmessung

Das Einhalten der richtigen Kettenteilung ist von Bedeutung, um die Lage der Kette in der Verzahnung in der beabsichtigten Weise zu gewährleisten. Eine Kette mit zu kleiner Teilung verklemmt sich in der Verzahnung, eine Kette mit zu großer

Anfangsteilung liegt von vornherein auf einem zu großen Laufdurchmesser und die verschlissene Kette erreicht unnötig früh den Kopfkreisdurchmesser des Rades. Ketten mit Fehlern in der Einzelteilung führen zu unnötigen dynamischen Blindlasten und ungleichförmigem Lauf der Wellen. Diese Tatsache wird im Abschn. III. B. 7 näher beschrieben und ist vorwiegend bei Antriebsketten mit größeren Kettengeschwindigkeiten von Bedeutung.

Um die beschriebenen Folgen der Teilungsfehler gering zu halten, wird sowohl der Fehler der mittleren Teilung als auch der Fehler der Einzelteilung gemessen. Die getrennte Messung beider Größen ist empfehlenswert, weil Ketten mit gut eingehaltener mittlerer Teilung einen beträchtlichen Fehler der Teilung einzelner Glieder aufweisen können. Da aber die Messung des Fehlers der Einzelteilung sehr zeitraubend und kostspielig ist und seine Bedeutung auf die schnellaufenden Ketten beschränkt ist, sind Meßverfahren für die Bestimmung des Fehlers der Einzelteilung nicht genormt und die Kontrolle der Einzelteilung ist nur in Stichprobenmessungen üblich.

Für die Messung der mittleren Teilung sind Anweisungen in den Normblättern gegeben. Die Ketten sollen in ungeöltem, trockenem Zustand vermessen werden. Dabei ist eine Meßlast P_M aufzugeben, die sich für die Rollenketten nach der Zahlenwertgleichung bestimmt:

$$P_M \approx 0{,}08\ t^2 \quad \text{für Einfachketten} \quad t\ \text{(mm)}$$
$$P_M \approx 0{,}15\ t^2 \quad \text{für Zweifachketten} \quad P_M\ \text{(kp)} \tag{18}$$
$$P_M \approx 0{,}22\ t^2 \quad \text{für Dreifachketten.}$$

In einzelnen Normblättern ist die vorgesehene Meßlast für Ketten verschiedener Teilung direkt angegeben. Die Meßlänge soll $50\ t$ betragen. Die zulässige Längenabweichung und damit der zulässige Fehler der mittleren Teilung ist den Normblättern zu entnehmen. Für die Rollenketten nach DIN 8187 und 8188 beträgt er beispielsweise $+0{,}13\%$. Der Fehler der mittleren Teilung $\Delta t_0'/t$ wird errechnet nach der Gleichung:

$$\frac{\Delta t_0'}{t} = \frac{l_{50} - 50\,t}{50\,t}\,|100\,\%|. \tag{19}$$

l_{50} = gemessene Kettenlänge für 50 Teilungen.

Das Nennmaß der mittleren Teilung entspricht also gleichzeitig dem kleinsten zulässigen Maß der mittleren Teilung. Diese Festlegung ist getroffen worden, um zu vermeiden, daß Ketten mit zu kleiner mittlerer Teilung durch die Kettenradverzahnung gewaltsam aufgeweitet werden und um einen ruhigen Lauf der Kette zu erreichen.

Zur praktischen Messung des Fehlers der mittleren Kettenteilung werden verschiedene Meßverfahren vorgeschlagen. Im einfachsten Fall wird die Kette nach Abb. 71 mit dem oberen Innenglied auf einen Dorn gesteckt, der eine kegelförmige Spitze hat und dessen Durchmesser dem Bolzendurchmesser entsprechen soll. In das untere

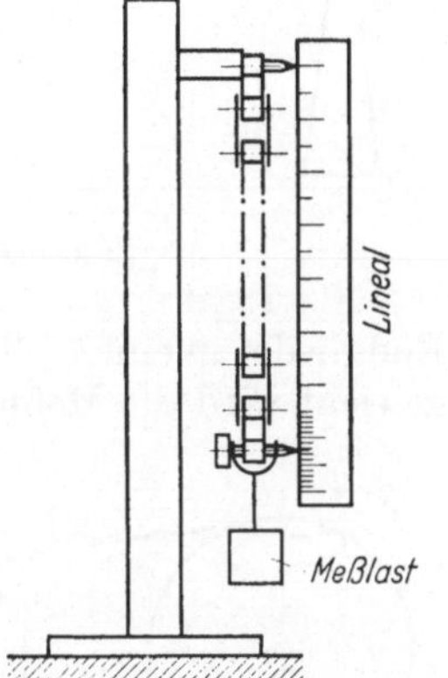

Abb. 71. Längenmeßeinrichtung für hängende Ketten

Innenglied wird ein zweiter Meßdorn gleicher Ausführung gesteckt, an den die Meßlast gehängt wird. Mit Hilfe eines geeichten Stahllineals wird die Kettenlänge als Abstand der beiden Körnerspitzen der Meßdorne bestimmt. Da die äußere Breite der Innenglieder etwas geringer als die innere Breite der Außenglieder ist, kann die Reproduzierbarkeit der Messung von der Lage der Innenglieder abhängen. Für genaue Messungen wird daher empfohlen, die Innenglieder zunächst an die eine

und später an die andere Laschenreihe der Außenglieder zum Anliegen zu bringen
und für beide Lagen der Innenglieder die Kettenlänge zu bestimmen. Die wirkliche
Kettenlänge kann als Mittelwert beider Messungen aufgefaßt werden. Das Anliegen
der Innenglieder an die eine oder andere Laschenreihe der Außenglieder kann durch
seitliches Aufschlagen der Kette erreicht werden. Für diese Meßmethode kann
natürlich nur eine Kette mit ungerader Gliederzahl verwendet werden. Wenn möglich sollen daher etwa 51 Glieder vermessen werden. Die Forderung einer **Meßlänge**
von 50 Teilungen ist als Minimalforderung aufzufassen. Das Abtrennen von 50 Gliedern aus einem vorliegenden Kettenstrang von größerer Länge hat natürlich keinen
Sinn. In diesem Fall wird der zur Verfügung stehende Strang gemessen, auch wenn
er aus mehr als 50 Gliedern besteht. Das gleichmäßige und extrem langsame Aufbringen der Meßlast ist erforderlich, um reproduzierbare Ergebnisse zu erhalten.
Bei einer möglichen Ablesegenauigkeit von etwa $\pm 0,1$ mm ergibt sich der maximale Meßfehler $\Delta t_0'/t_{\mathrm{meß}}$ in Abhängigkeit von der Kettenteilung zu:

$$\frac{\Delta t_0'}{t_{\mathrm{meß}}} = \pm \frac{0,1}{50\,t}\,100\,[\%] = \pm \frac{0,2}{t}\,|\%|\,. \tag{20}$$

Der Fehler kann also für die kleinen Ketten mit $^3/_8''$ Teilung etwa $\pm 0,02\%$
betragen. Im allgemeinen dürfte diese Meßmethode ausreichen. Von den Kettenherstellern sind Meßeinrichtungen entwickelt worden, die insbesondere für die
Kontrolle der mittleren Teilung bei größeren Stückzahlen vorgesehen sind. In
Abb. 72 ist eine liegende Apparatur gezeigt, bei der die Rollen bzw. Buchsen der

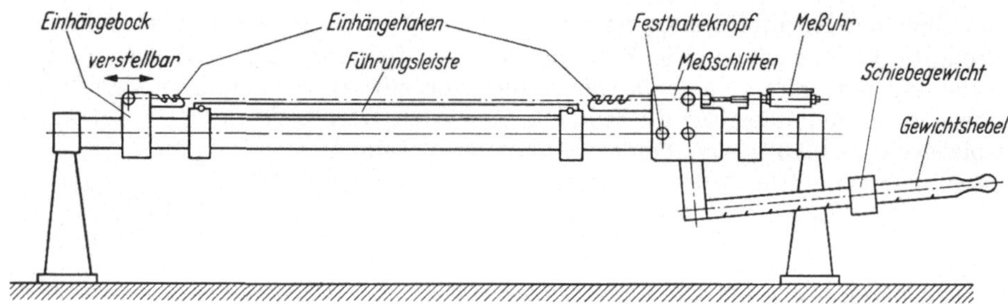

Abb. 72. Längenmeßeinrichtung für liegende Ketten (nach Arnold & Stolzenberg)

Endglieder in einem Einhängehaken gefaßt sind. Über ein Hebelsystem mit Schiebe-
gewicht wird die Meßlast aufgegeben. Eine Führungsleiste soll den Durchhang der
Kette verhindern. Über einen An-
schlag und eine Meßuhr wird die
Kettenlänge bestimmt. Die Meßeinrichtung wird einmalig auf das Sollmaß der Kettenlänge eingestellt. Die
Abweichung der zu messenden Kettenlänge vom Sollmaß wird direkt
an der Meßuhr abgelesen.

Für die Messung der meist endlos
vernieteten schnellaufenden Ketten
zum Antrieb der Getriebewelle und
der Nockenwelle bei Verbrennungs-

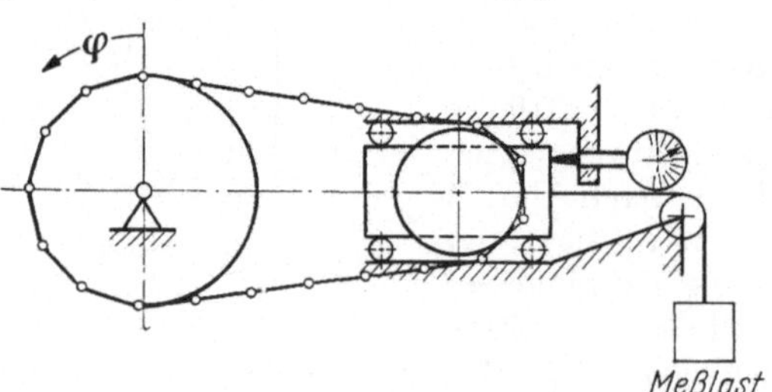

Abb. 73. Längenmeßeinrichtung mit Verwendung von
Kettenrädern (nach Winklhofer)

motoren wird eine weitere Meßmethode angewendet. Statt der direkten Messung
der gestreckten Kettenlänge wird der Achsabstand nach Abb. 73 bestimmt, der sich

beim Lauf der endlosen Kette über zwei Kettenräder ergibt. Zu diesem Zweck ist das eine Kettenrad auf einem Schlitten beweglich angeordnet. Die Meßlast wirkt über eine Umlenkrolle auf das bewegliche Kettenrad und ist so ausgelegt, daß jeder

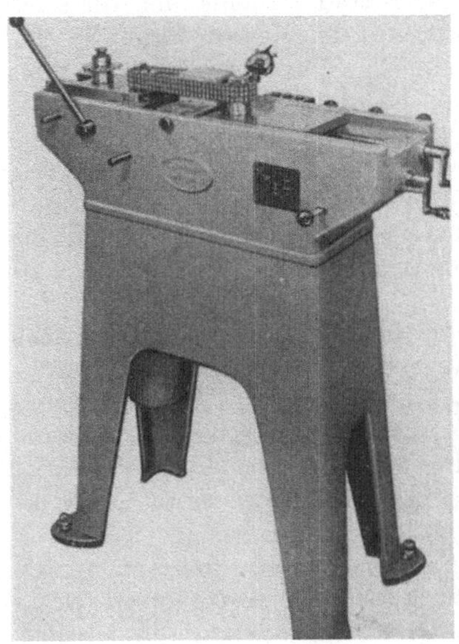

a   b

Abb. 74 a u. b. Meßgerät zur fortlaufenden Kontrolle der Einzelteilung (nach Mahr)

Kettenstrang die in der Norm vorgesehene Meßbelastung erhält. Über einen Anschlag und eine Meßuhr wird der Achsabstand der beiden Kettenräder gemessen. Die Apparatur ermöglicht eine recht genaue Messung, da sie den praktischen Verhältnissen des Kettentriebs entspricht.

Zur Messung des Fehlers der Einzelteilung ist ein Meßgerät von der Firma Mahr gebaut worden, das in der Abb. 74 zu sehen ist. Die Meßkette wird endlos über zwei Führungsräder gelegt. Das eine der beiden Kettenräder ist in Trummrichtung verschiebbar und gibt über ein angelenktes Gewicht die Meßlast auf die zu prüfende Kette. Der Achsabstand der Führungsräder kann in Grenzen zwischen 250 und 520 mm verstellt werden. Die koaxial arbeitenden Meßräder greifen in das eine Trumm wie ein Spannrad ein. Der Antrieb der Führungsräder kann über eine Spindel von Hand erfolgen. Für eine fortlaufende Messung der gesamten Kette kann auch ein elektrischer Antrieb eingeschaltet werden.

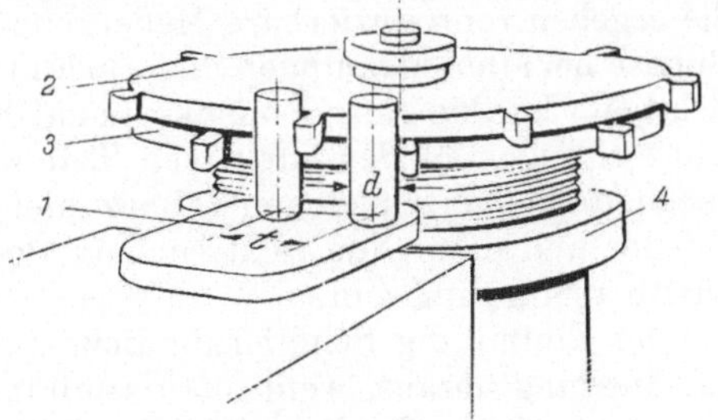

Abb. 75. Die Meßräder des Einzelteilungsprüfgerätes (nach Mahr)

Auf dem Umfang der Meßräder befinden sich besonders ausgelegte Zähne (Abb. 75) mit gehärteten und geschliffenen Meßflächen, die sich an die Rollen der zu prüfenden Kette anlegen. Die beiden Meßräder können um einen bestimmten

Betrag relativ zueinander gedreht werden. Sie werden durch Federwirkung in derjenigen Endstellung gehalten, bei der die Meßflächen an den Zähnen einen geringeren Abstand haben, als der Teilung der Kette entspricht. Das eingreifende Kettenglied drückt die beiden Meßflächen gegen die Federwirkung auseinander und bewirkt damit eine Verdrehung der beiden koaxialen Meßräder zueinander, die über ein Hebelsystem auf eine Meßuhr aufgegeben wird. Auf der Meßuhr kann die Abweichung der Einzelteilung abgelesen werden, wenn die Führungsräder von Hand angetrieben werden. Bei elektrischem Antrieb der Führungsräder läuft der Meßvorgang für das Ablesen zu schnell. In diesem Fall wird durch die Meßuhr ein Kontaktpaar in der Art gesteuert, daß ein rotes bzw. grünes Lämpchen aufleuchtet, wenn ein einzelnes Kettenglied eine Teilungsabweichung nach oben bzw. unten zeigt, die größer ist, als ein zugelassener und einstellbarer Wert. Auf diese Weise können einzelne Kettenglieder mit extremen Teilungsfehlern gefunden und aussortiert werden.

Die Nullstellung der Meßräder wird durch eine Lehre gefunden. Sie besteht aus zwei Zapfen, die im Abstand einer Teilung angeordnet sind und deren Durchmesser gleich dem Rollendurchmesser sind. Die Lehre wird in der in Abb. 75 gezeigten Stellung an die Meßräder gehalten. Der Abstand zweier benachbarter Zähne der Meßräder ist dann gleich der Nennteilung. Die Meßuhr wird auf Nullstellung gebracht und es kann jetzt beim Durchlaufen der Kette die Abweichung der wirklichen Teilung von dem Nennmaß abgelesen werden.

Das Meßverfahren entspricht den praktischen Erfordernissen, da es nicht den Abstand zweier Bolzenmitten feststellt, der für den Betrieb der Kette unbedeutend ist, sondern den Abstand zweier Umfangspunkte der Kettenrollen, die in der gleichen Weise von den arbeitenden Kettenrädern abgetastet werden. Die Meßergebnisse sind nur dann reproduzierbar, wenn die Rollenwandstärke über den Rollenumfang konstant ist. Diese Forderung wird von den Ketten nur in gewissem Umfang erfüllt. Daher ergeben sich im allgemeinen bei mehreren aufeinander folgenden Messungen kleine Abweichungen der Meßergebnisse bei den Gliedern, die Rollen mit nicht konstanter Wandstärke besitzen. Diese Tatsache muß aber hingenommen werden, da auch beim praktischen Betrieb einer Kette die Teilung des einzelnen Gliedes unterschiedlich abgetastet wird, wenn die Rollenwandstärke nicht konstant ist und da eine Teilungsmessung der einzelnen Glieder bei verschiedenen Rollenstellungen einen nicht vertretbaren Aufwand erforderte.

Abweichungen der Kreisform des Bolzens, Durchmesserschwankungen des Bolzens und Schwankungen in der Wandstärke der Buchse gehen in die Messung ein. Sie ergeben reproduzierbare Meßergebnisse, da die relative Lage von Bolzen und Buchse bei allen Messungen und auch im Betrieb die gleiche ist. Allerdings können sich beim Laufen einer Rollenkette auf Kettenrädern mit verschiedener Zähnezahl Abweichungen in der effektiven Teilung von der gemessenen Kettenteilung ergeben, da bei verschiedenen Zähnezahlen sich die Einwinklung zweier benachbarter Glieder und damit die relative Lage des Bolzens zur Buchse ändert. Der Fehler dürfte aber gering sein.

Der Einfluß der Schmierfilmdicke zwischen Bolzen, Buchse und Rolle fällt aus der Messung heraus, wenn man annimmt, daß die Schmierfilmdicke in allen Gelenken gleich ist. Da diese Annahme bei gefetteten Ketten evtl. nicht genau genug zutrifft, werden die Ketten vor der Messung entfettet.

Das auftretende Abmaß der Teilung des einzelnen Kettengliedes dürfte zu einem überwiegenden Anteil durch das Abmaß der Teilung in den Kettenlaschen beeinflußt werden. Da beide Laschen eines Gliedes im allgemeinen nicht das gleiche Abmaß der Teilung haben werden, ergibt sich eine nicht parallele Lage der Kettenbolzen eines Außengliedes. Die Messung nach dem Verfahren von Mahr ergibt einen Mittelwert der Teilung, wie Abb. 76 zeigt.

Das Prüfgerät der Firma Mahr ist so eingerichtet, daß bei einem Durchlauf der Kette entweder die Innen- oder die Außenglieder vermessen werden. Für die Messung aller Glieder einer Kette muß diese also zweimal durch die Apparatur laufen. Durch Auswechseln der Führungsräder und der Meßräder wird das Gerät zur Messung von Ketten verschiedener Teilung umgerüstet. Bei Verwendung einfacher Zusatzeinrichtungen können auch Zweifach- oder Dreifachketten vermessen werden.

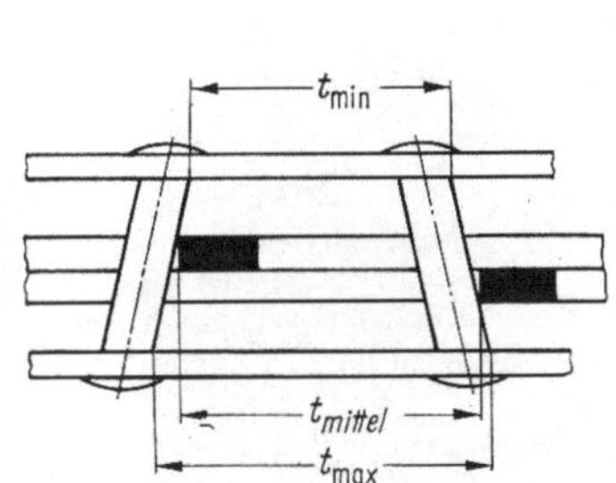

Abb. 76. Lage der Meßräder bei nicht parallelen Kettenbolzen

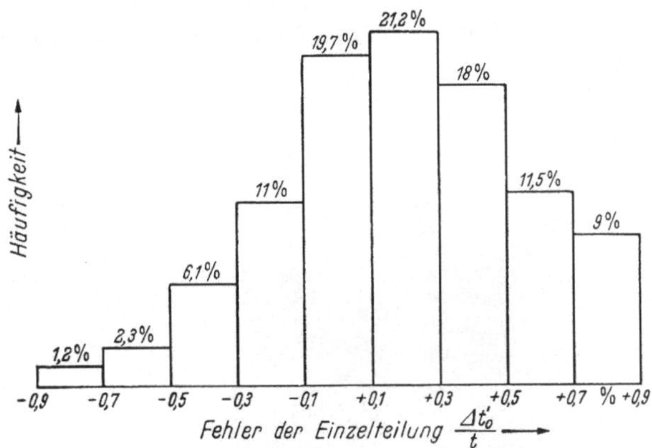

Abb. 77. Statistische Verteilung von Einzelteilungsfehlern

Um eine Vorstellung von den praktisch auftretenden Teilungsfehlern zu vermitteln, sind in Abb. 77 die Meßergebnisse von Einzelteilungsmessungen bei Verwendung des Prüfgerätes der Firma Mahr gezeigt. Dabei wurden Einfachrollenketten mit den Teilungen $t = {}^3/_8$, $^1/_2$ und $^5/_8$″ vermessen. Das Balkendiagramm gibt die statistische Verteilung der Teilungsfehler für je 500 Glieder der einzelnen Teilung wieder. Es standen Ketten von fünf verschiedenen Herstellern zur Verfügung.

2. Die im Zugversuch ermittelten Daten

Im Zugversuch werden die Daten der statischen Festigkeit der Stahlgelenkketten und deren Elastizität festgestellt. Im Vordergrund der Messungen steht die Feststellung der Mindestbruchlast der Ketten. Diese ist für die verschiedenen genormten Kettenarten in den Normblättern angegeben.

Der Zugversuch wird daher in der Regel als Zerreißversuch durchgeführt. Die Kette wird in eine Zugprüfmaschine eingespannt. Zur Verbindung zwischen den Spannbacken der Prüfmaschine und der Kette können Hilfseinrichtungen nach Abb. 78 vorgeschlagen werden, die ihrerseits mit den Endgliedern der Kette verbunden werden. Trotz des fehlenden Preßsitzes zwischen den Hilfslaschen

Abb. 78. Spannvorrichtung für Zugversuche an Ketten (nach Schotte)

und dem in das letzte Glied eingesteckten Bolzen tritt der Bruch im allgemeinen nicht an dem Steckbolzen, sondern an einer beliebigen Stelle des Kettenstranges ein. Gleichgute Resultate werden erzielt, wenn die Laschen des Endgliedes direkt in den Klemmbacken der Prüfmaschine gespannt werden, soweit die Klemmbacken in einem Kugelgelenk der Prüfmaschine gelagert sind.

Der Bruch tritt am häufigsten bei den Kettenlaschen auf. Der charakteristische Bruchvorgang kann in Anlehnung an die Abb. 79 erklärt werden. Hier ist der Bruch einer GALLschen Kette gezeigt. Der Bruch geht aus von der schwächsten Lasche und beginnt auf der einen Laschenseite, die im Bild mit (1) bezeichnet ist. Danach

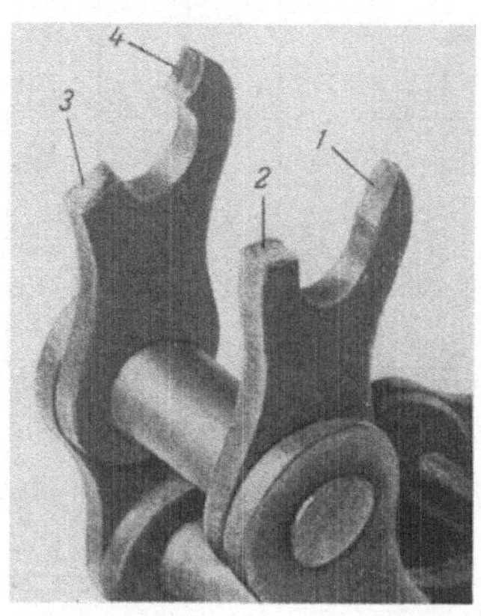

Abb. 79. Bruch einer GALLschen Kette

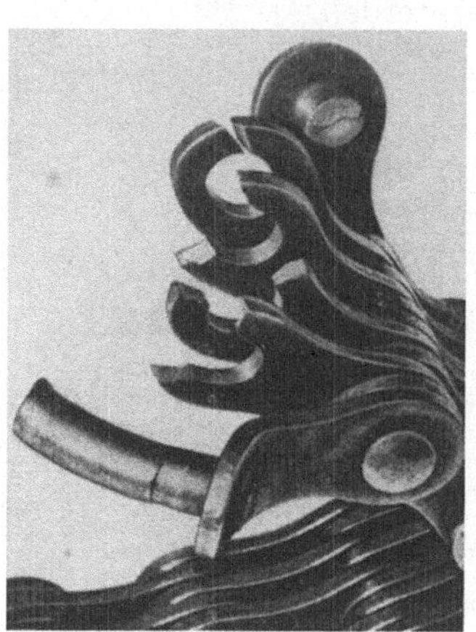

Abb. 80. Bruch einer Fleyerkette

bricht die Laschenseite (2) der gleichen Lasche. Schließlich folgt der Bruch der Laschenseiten (3) und (4) der zweiten Lasche des gleichen Gliedes, die nach dem Bruch der ersten Lasche übermäßig beansprucht sind.

Bolzenbrüche werden seltener beobachtet. Sie sind im allgemeinen eine Folge von Härtefehlern des Bolzens. Bolzenbrüche treten aber auch bei Fleyerketten auf und sind dort eine Folge der Beanspruchung des Bolzens auf Scherung. Die Abb. 80 zeigt einen charakteristischen Bruch einer Fleyerkette, bei dem gleichzeitig der Bolzen und die Laschen zerstört sind.

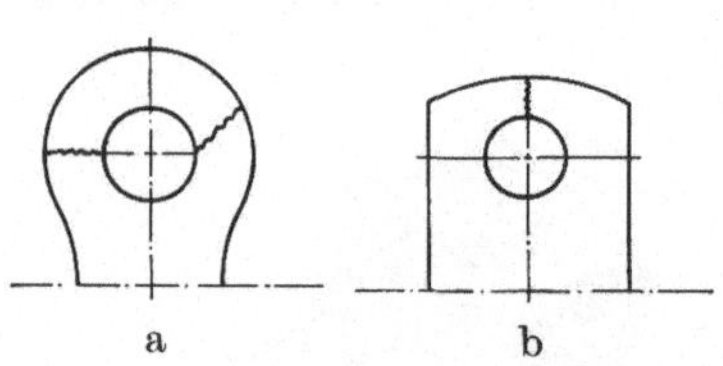

Abb. 81 a u. b. Zusammenhang zwischen Laschenform und Laschenbruch

Die Orientierung des Bruchverlaufs hängt von den geometrischen Abmessungen der Kettenlasche ab. In Abb. 81 sind zwei extreme äußere Laschenformen und die zugehörigen Bruchverläufe angegeben. Die meisten genormten Stahlgelenkketten zeigen einen Bruchverlauf nach Abb. 81 a. Bei schweren Ketten werden auch Laschen gefertigt, die einen Bruchverlauf nach Abb. 81 b ergeben.

Die Beanspruchung der Kettenlaschen setzt sich zusammen aus den Spannungen, die durch die Preßverbindung zwischen Bolzen oder Buchse und den Laschen resultieren und den Spannungen, die durch die Zugbeanspruchung der Kette hervorgerufen werden. Der Spannungsverlauf in der Kettenlasche kann qualitativ der spannungsoptischen Aufnahme nach Abb. 82 entnommen werden. Die höchstbeanspruchte Stelle liegt für die Kettenlaschen in üblicher Ausführung an den mit einem Pfeil gekennzeichneten Stellen am Umfang der Laschenbohrung. Die spannungsoptischen Aufnahmen geben aber nur eine qualitative Vorstellung von der Laschenbeanspruchung, da sie eine rein elastische Verformung der Lasche voraussetzen. Tatsächlich wird das Übermaß zwischen Bolzen oder Buchse und Lasche so gewählt, daß am Umfang der Laschenbohrung plastische Verformungen auftreten.

Die Berechnung der statischen Festigkeit einer Kettenlasche wäre nach den verschiedenen grundsätzlichen Arbeiten [9, 13] über das Augenstabproblem möglich, wenn nicht an der höchstbeanspruchten Stelle der Lasche aus den genannten Gründen plastische Verformungen aufträten. Eine befriedigende Lösung der Vorausberechnung der statischen Festigkeit einer Kettenlasche mit Berücksichtigung der plastischen Verformung am Umfang der Laschenbohrung ist bis heute noch nicht bekannt. Für den Verbraucher ist diese Frage ohnehin von untergeordneter Bedeutung.

Für die Auswahl einer Kette für ruhende Belastung interessiert die Kenntnis der Elastizitätsgrenze $P_{0,01}$ der Ketten. Sie legt die maximale Belastbarkeit fest, bis zu der keine bleibenden Schäden an der Kette auftreten. Als Elastizitätsgrenze wird die Beanspruchung definiert, bei der die blei-

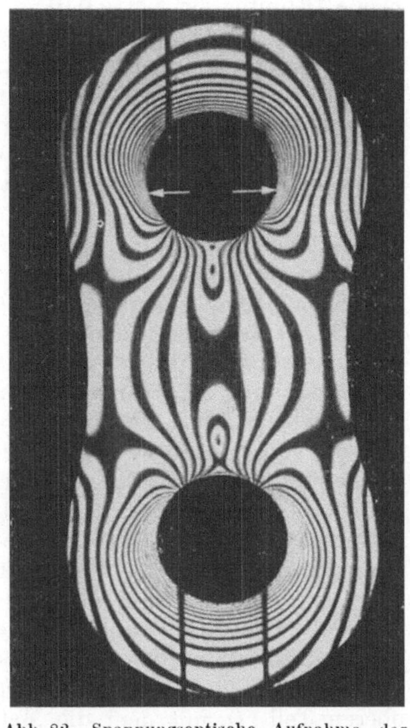

Abb. 82. Spannungsoptische Aufnahme der Laschenbeanspruchung

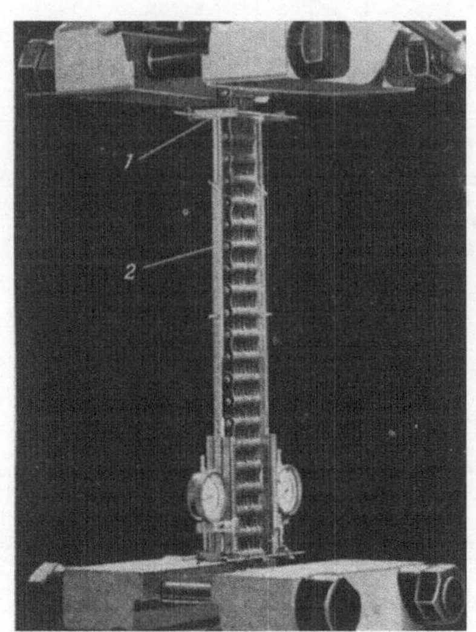

a

b

Abb. 83 a u. b. Dehnungsmeßgerät (nach Schotte)

bende Dehnung der Kette 0,01% erreicht. Die Elastizitätsgrenze ergibt für Ketten einer Bauart und unterschiedlicher Teilung etwa übereinstimmende Werte.

Für die Messung der Elastizitätsgrenze werden Lastdehnungskennlinien aufgenommen. Die Belastung wird in Bruchteilen der Bruchlast angegeben. Die Dehnung ist auf die Kettenlänge in üblicher Weise bezogen und wird in % aufgetragen. Für die Messung der Kettenbelastung können im allgemeinen die Einrichtungen der Prüfmaschinen verwendet werden. Für die Messung der Kettendehnung wird eine Meßeinrichtung nach Abb. 83 vorgeschlagen, die von H. SCHOTTE entwickelt wurde. Die Meßeinrichtung ist den üblichen Spannlängen der Prüfmaschinen angepaßt und gestattet, ein möglichst langes Kettentrumm zu untersuchen. Auf diese Weise werden evtl. Ungleichmäßigkeiten der Kettenfertigung weitgehend erfaßt.

Das Meßgerät besteht aus einem oberen Teil (1), mit dem die Meßlänge durch Körnerspitzen festgelegt wird, die auf die Bolzenköpfe aufgesetzt werden. Teil (1) ist durch

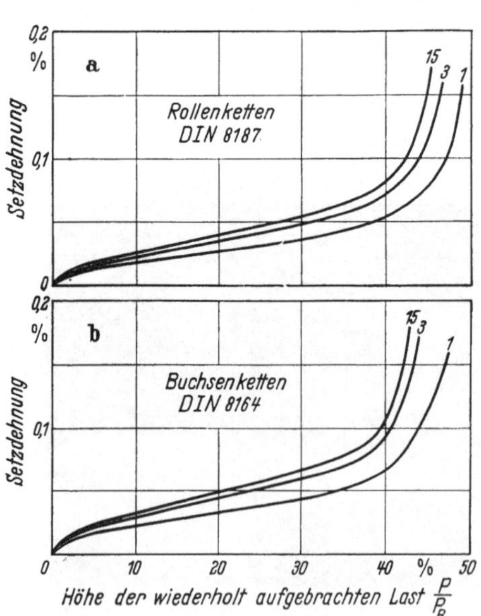

Abb. 84a u. b. Die Setzdehnung (nach SCHOTTE)

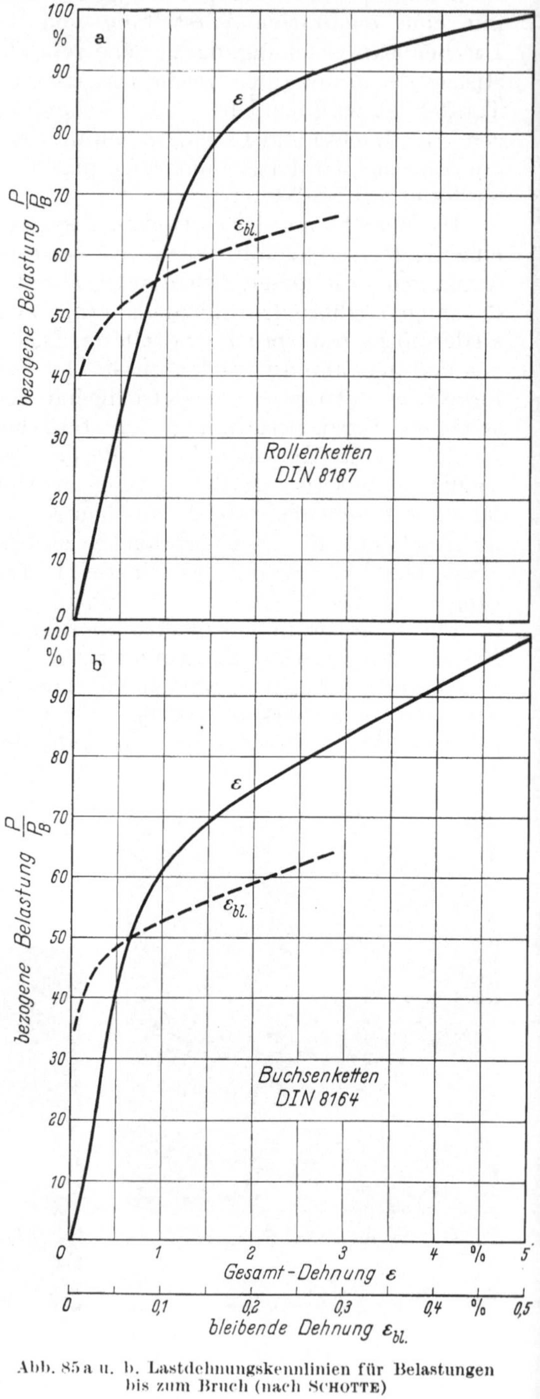

Abb. 85a u. b. Lastdehnungskennlinien für Belastungen bis zum Bruch (nach SCHOTTE)

ein Gestänge (*2*) mit den Schlitten (*3*) einer Parallelführung verbunden, durch die der Taststift der Meßuhren (*4*) betätigt wird. Die Parallelführungen (*5*) werden ebenfalls durch Körnerspitzen mit den Kettenbolzen verbunden. Sie haben eine Klemmvorrichtung, mit der die Meßuhrengehäuse gefaßt werden. Durch Mittelwertbildung zwischen den Ablesungen der linken und rechten Meßuhr wird die Verformung des Kettenstranges richtig bestimmt, auch wenn die Belastung nicht ganz gleichmäßig in die Kette eingeleitet wird. Bezogen auf eine Meßlänge von 500 mm beträgt die Meßgenauigkeit des Gerätes etwa $\pm 0,001\%$, wenn man eine Anzeigegenauigkeit der Meßuhren von $\pm 0,005$ mm zugrunde legt.

Bei der Aufnahme von Lastdehnungskennlinien muß zwischen der Setzdehnung neuer Ketten und den bleibenden Dehnungen unterschieden werden, die auf eine plastische Verformung der tragenden Kettenteile zurückzuführen sind. Die Setzdehnung wird durch das reibungsbehaftete Atmen der Preßverbindung zwischen Bolzen oder Buchse und den Laschen und auf die Glättung der Oberflächenrauhigkeiten zwischen Bolzen und Buchse zurückgeführt. Die Setzdehnung ist nach etwa 10–15 Belastungen einer neuen Kette abgeschlossen. Die Lastdehnungskennlinie ist bei der ersten Belastung einer neuen Kette etwas progressiv. Nach 15 Belastungen ist die Kennlinie nahezu linear. Die Kette ist außerdem etwas steifer geworden.

Für das Beispiel einer Rollenkette ist die gesamte bleibende Dehnung für die erste, dritte und fünfzehnte Belastung in Abb. 84 über der Belastung aufgetragen. Es muß vermutet werden, daß bis zu einer Lasthöhe von etwa $0,37\,P_B$ die bleibende Dehnung vorwiegend durch die Setzdehnung verursacht wird. Bei einer Belastung von mehr als $0,37\,P_B$ beginnt die bleibende Dehnung stark progressiv zuzu-

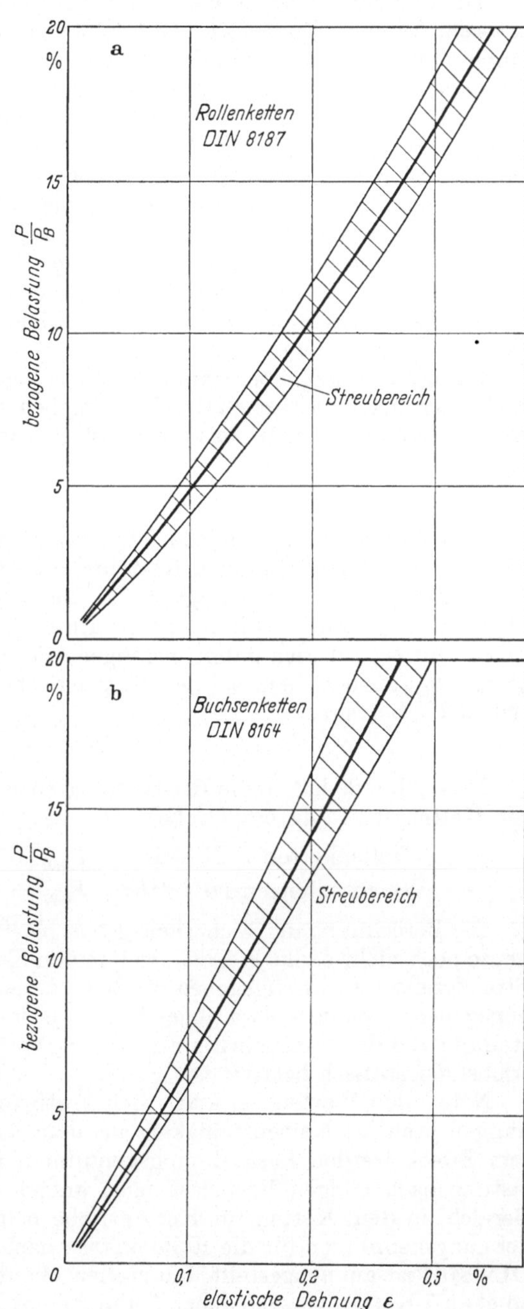

Abb. 86 a u. b. Lastdehnungskennlinien für Belastungen bis $0,2\,P_B$ (nach SCHOTTE)

nehmen. Von dieser Lasthöhe an setzt sich die bleibende Dehnung aus der Setz-dehnung und der plastischen Verformung tragender Teile der Kettenlasche zusammen.

Die Lastdehnungskennlinien von Ketten werden daher auf folgende Weise gemessen. An einer Probekette wird zunächst die Abhängigkeit der bleibenden Dehnung von der Belastung nach Abb. 84 bestimmt. Dann wird die Kette 15mal vorbelastet, wobei die Belastung bis unter die Grenze gebracht wird, an der die bleibende Dehnung nach Abb. 84 progressiv zunimmt. Dann wird erst der eigentliche Zugversuch durchgeführt und die bleibenden Dehnungen bestimmt, die vorwiegend der plastischen Verformung tragender Teile zuzuschreiben sind.

In Abb. 85 sind Lastdehnungskennlinien für einige Rollenketten nach DIN 8187 und Buchsenketten nach DIN 8164 angegeben. Die Messungen sind nach 15 Vorbelastungen durchgeführt worden. Die gezeigten Kennlinien sind Mittelwerte aus Messungen an jeweils etwa 7 Ketten verschiedener Teilung. Sie können verallgemeinert werden, wenn man davon absieht, daß zunächst nur Ketten von jeweils einem Hersteller gemessen wurden.

Für die Festigkeitsberechnung statisch belasteter Ketten wird üblicherweise die Sicherheit gegen statischen Bruch angegeben. Sie wird als S_B bezeichnet und berechnet als Verhältnis der Mindestbruchlast P_B zur gesamten Zugkraft in der Kette P_G:

$$S_B = \frac{P_B}{P_G} \, . \tag{21}$$

Praktisch sollen Ketten jedoch nur soweit belastet werden, daß keine plastischen Verformungen der tragenden Kettenteile auftreten. Strenggenommen ist also die Elastizitätsgrenze als Bezugsgröße für die Berechnung einer Sicherheit anzusehen. Da aber die genaue Bestimmung der Elastizitätsgrenze einige Schwierigkeiten bereitet, dürfte man sich damit begnügen, die Sicherheit auf die sogenannte Streckgrenze $P_{0,2}$ zu beziehen, bei der die plastische Verformung der tragenden Kettenteile 0,2% beträgt:

$$S_{0,2} = \frac{P_{0,2}}{P_G} \, . \tag{22}$$

Nach Abb. 85 haben die Elastizitätsgrenze und die Streckgrenze der ausgewählten Ketten etwa folgende Größe:

$$\left.\begin{array}{lll} \text{Rollenketten DIN 8187} & P_{0,01} = 0,41\,P_B\,; & P_{0,2} = 0,62\,P_B \\ \text{Buchsenketten DIN 8164} & P_{0,01} = 0,38\,P_B\,; & P_{0,2} = 0,59\,P_B \end{array}\right\}, \tag{23}$$

Die Berechnung der Sicherheit gegen plastische Verformung der Ketten ist bis heute noch nicht exakt möglich, weil in den Katalogen der Hersteller die jeweiligen Streckgrenzen nicht angegeben werden. Immerhin kann die Sicherheit $S_{0,2}$ mit den angegebenen Werten etwa abgeschätzt werden und ergibt somit eine bessere Vorstellung von der tatsächlich erreichten Sicherheit bei der Auslegung eines Kettentriebs, der statisch belastet ist.

Neben den Werten der statischen Festigkeit kann die für Schwingungsberechnungen wichtige Kettensteifigkeit aus dem Zugversuch ermittelt werden. Zu diesem Zweck werden Lastdehnungskennlinien in einem Bereich von 0–0,2 P_B Belastung nach einigen Vorbelastungen aufgenommen. Dies ist der interessierende Bereich, in dem Ketten für Kettentriebe belastet werden. In Abb. 86 sind Lastdehnungskennlinien für die Rollenketten nach DIN 8187 und Buchsenketten nach DIN 8164 zusammengestellt. Sie stellen ebenfalls Mittelwerte aus den Messungen an etwa 7 Ketten verschiedener Teilung eines Herstellers dar.

Aus Abb. 86 ist zu ersehen, daß die Kennlinien nicht ganz linear sind. Diese Feststellung wird verständlich, wenn man beachtet, daß die Verformungen an den

Berührungsstellen zwischen Bolzen und Buchse und zwischen Lasche und Bolzen bzw. Buchse den Gesetzen HERTZscher Pressung folgen, die ebenfalls einen nicht-linearen Zusammenhang zwischen Last und Verformung beschreiben. Die Nicht-linearität der Lastdehnungskennlinien wird dadurch berücksichtigt, daß die Stei-figkeit der Ketten in Abhängigkeit von der Belastung angegeben wird (s. Abb. 87).

Für die Angabe der Kettensteifigkeit werden folgende Begriffe definiert. Die Steifig-keit eines Kettenstranges der Länge L_T und bestimmter Ab-messungen wird als Trumm-steifigkeit c bezeichnet. Die Kettensteifigkeit eines Ketten-stranges unbestimmter Länge, aber bestimmter Abmessungen wird als spezifische Ketten-steifigkeit c_spez bezeichnet. Die Steifigkeit eines Kettenstran-ges unbestimmter Länge und unbestimmter Abmessungen von Ketten einer Bauart wird als relative Steifigkeit c_rel be-zeichnet. Die spezifische und die relative Kettensteifigkeit werden berechnet zu:

$$c_\text{spez} = c\,L_T, \qquad (24)$$

$$c_\text{rel} = \frac{c\,L_T}{P_B}. \qquad (25)$$

Die Definition einer relativen Kettensteifigkeit als gemein-same Größe für die Ketten einer Bauart ist möglich, weil die Ketten einer Bauart etwa geo-metrisch ähnlich sind. Immer-hin sei darauf hingewiesen, daß die Werte für c_rel nach Abb. 87

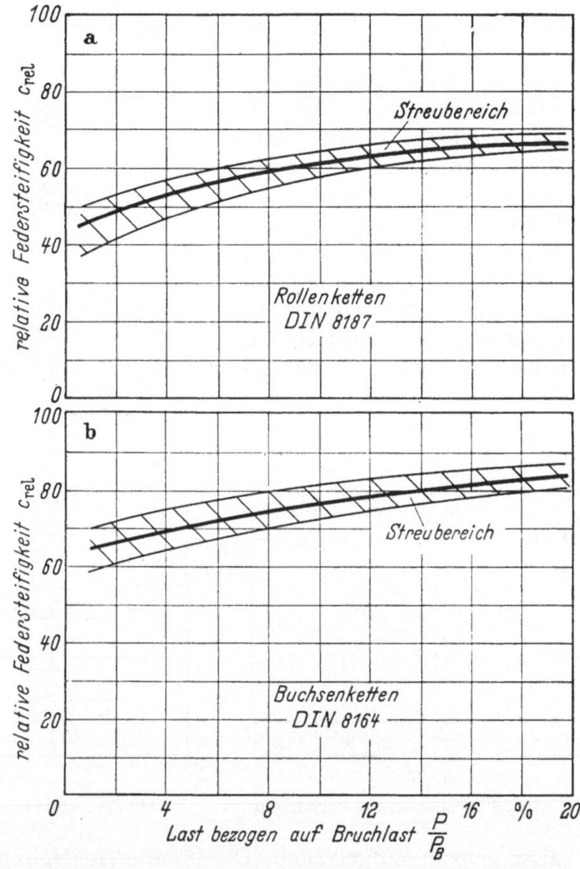

Abb. 87a u. b. Die relative Kettensteifigkeit (nach SCHOTTE)

nur Mittelwerte darstellen und daß für eine genaue Bestimmung der jeweiligen Trummsteifigkeit eine Messung unvermeidlich ist. Die Streubereiche, welche sich für die gemessenen Ketten ergeben, sind in Abb. 87 eingetragen.

Die Werte der Kettensteifigkeit interessieren für die praktische Berechnung der Dynamik eines Kettentriebs. Insbesondere sind sie erforderlich für die Berech-nung der zu erwartenden Resonanzdrehzahlen des Kettentriebs bei auftretenden Drehschwingungen nach Abschn. III. B. 7. Außerdem können die Werte der Kettensteifigkeit herangezogen werden, wenn für eine genaue Berechnung des Achsabstandes auch die Kettendehnung berücksichtigt werden soll.

3. Die Dauerfestigkeit der Ketten

Für die Berechnung der Ketten auf Dauerfestigkeit liegen noch relativ wenig Versuchswerte vor. Um diesen Mangel zu umgehen, wird in DIN 8195 eine fünf-

fache Sicherheit gegenüber der Bruchlast gefordert, wenn die Kette auf Dauerfestigkeit dimensioniert werden soll.

Die genauere Berechnung schwellend belasteter Ketten müßte in Anlehnung an
ein übliches Dauerfestigkeitsschaubild durchgeführt werden. Da Ketten keine
Druckbeanspruchung aufnehmen können, wird für die Darstellung von Versuchs-
werten das Dauerfestigkeitsschaubild nach GOODMANN empfohlen (Abb. 88). Auf
der Abszisse ist hier die untere Last aufgetragen, auf der Ordinate können die
untere Last, die mittlere Last
und die obere Last abgelesen
werden. Die Belastung wird
zweckmäßig in Bruchteilen der
Mindestbruchlast angegeben,
damit Ketten verschiedener
Teilung in einem Diagramm
erfaßt werden können. In der
Darstellung des Dauerfestig-
keitsschaubildes nach GOOD-
MANN wird die Grenzkurve der
Unterlast unter 45° zur Ab-

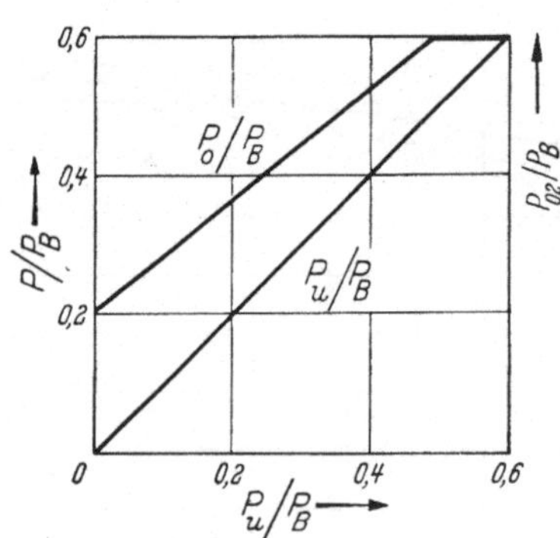

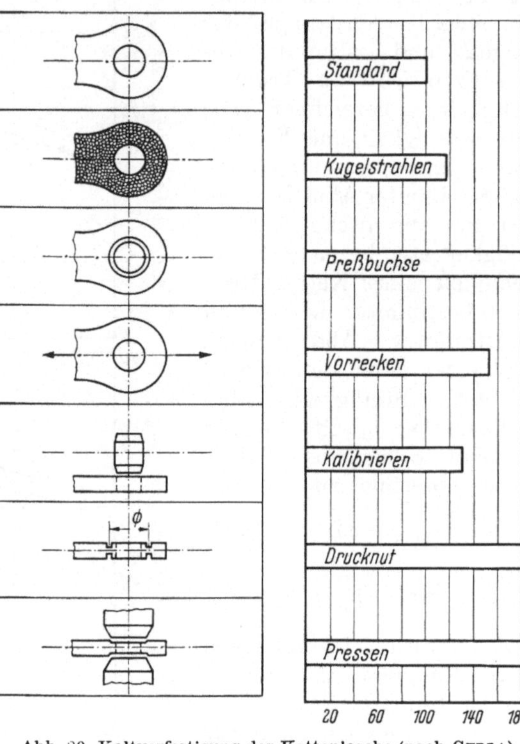

Abb. 88. Dauerfestigkeitsschaubild   Abb. 89. Kaltverfestigung der Kettenlasche (nach GERLA)

szisse geneigt aufgetragen. Die für die Auslegung der Ketten auf Dauerfestigkeit
besonders wichtige Größe der Dauerschwellfestigkeit kann direkt auf der Ordinate abgelesen werden. Um größere plastische Verformungen im Betrieb zu vermeiden, wird das Diagramm im oberen Bereich durch die Streckgrenze abgeschlossen. Nach den verstreut vorliegenden Angaben über Dauerversuche an
Ketten ist das Diagramm der Abb. 88 in seinem vermuteten Verlauf gezeichnet.
Die angegebenen Werte können aber noch keineswegs als allgemein gültig und
verbindlich bezeichnet werden.

So streuen bereits die Angaben über die Dauerschwellfestigkeit von Stahl-
gelenkketten zwischen Werten von 0,15 und 0,25 P_B. Auch der Einfluß der Ket-
tenlänge der Probeketten für Dauerversuche ist noch nicht genügend erfaßt. Die
Kettenlänge der Versuchsketten ist auf die Dauerfestigkeit von Einfluß, weil
längere Ketten mit größerer Wahrscheinlichkeit auch einzelne Glieder geringerer
Festigkeit enthalten, als kürzere Versuchsketten. Außerdem bestehen weitgehende
Möglichkeiten, geometrisch gleiche Ketten in ihrer Dauerfestigkeit zu beeinflussen.
So sind beispielsweise das Übermaß des Bolzens oder der Buchse gegenüber den

Laschenbohrungen oder die Oberflächenbearbeitung und Rauhigkeit der Laschenbohrung von Einfluß auf die Dauerfestigkeit der Kette.

Ebenso kann die Dauerfestigkeit von Ketten durch verschiedene Methoden der Kaltverfestigung der höchstbeanspruchten Laschenstelle positiv beeinflußt werden. 1953 berichtete M. K. Gerla [7] über Messungen, bei denen im einzelnen folgende Methoden der Kaltverfestigung der Kettenlaschen erprobt wurden:

1. Das Kugelstrahlen der Kettenlasche
2. Das Einpressen einer Druckbuchse
3. Das Vorrecken der Laschen
4. Das Kalibrieren der Laschenbohrung
5. Das Einschlagen einer Ringnut konzentrisch zur Laschenbohrung
6. Das Stauchen einer Randzone am Umfang der Laschenbohrung.

In der Abb. 89 sind die einzelnen Maßnahmen durch Skizzen erklärt. Der Erfolg der stattgefundenen Kaltverfestigung ist in Prozent angegeben. Die Dauerfestigkeit der Lasche in Standardausführung ist mit 100% angesetzt worden. Einzelne dieser Verfahren der Kaltverfestigung werden auch von den deutschen Herstellern angewendet.

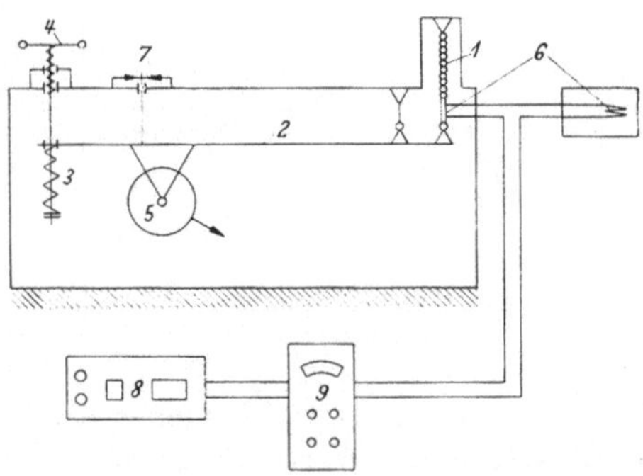

Der Dauerbruch der Stahlgelenkketten geht fast ausschließlich von den höchstbeanspruchten Stellen der Laschen aus. Bei gut konstruierten Ketten brechen im gleichen Maße die

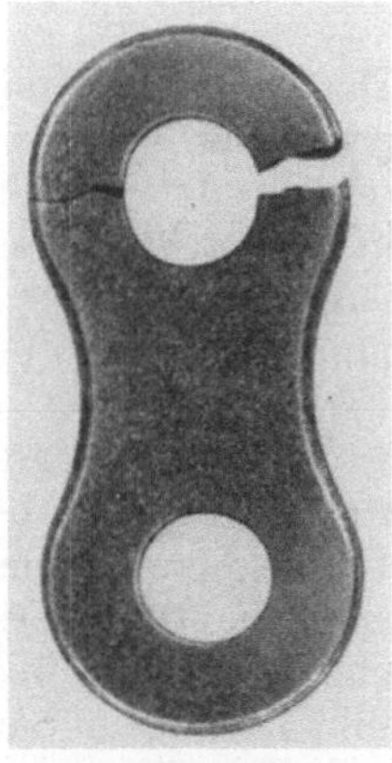

Abb. 90. Dauerbruch einer Kettenlasche

Abb. 91. Pulsatorprüfstand für Ketten

Außen- und Innenlaschen. Der typische Bruchverlauf genormter Rollenketten ist aus der Photographie der Abb. 90 zu ersehen. Er folgt, wie zu erwarten, dem Verlauf der größten Normalspannung.

In allen Fällen, in denen exakte Angaben für die Auslegung einer Kette auf Dauerfestigkeit benötigt werden, sind gesonderte Experimente zur Bestimmung der Dauergestaltfestigkeit der ausgewählten Kette erforderlich. Derartige Versuche können mit Benutzung handelsüblicher Prüfstände durchgeführt werden. Daneben hat sich eine Sonderkonstruktion bewährt, die in Abb. 91 gezeigt wird.

Die untersuchte Kette (*1*) wird über ein Hebelsystem (*2*) unter Zwischenschalten einer Druckfeder (*3*) mit flacher Kennlinie durch ein Handrad (*4*) vorbelastet. Die Mittellast kann demnach über das Handrad aufgebracht werden. Die Ausschlagslast wird durch einen Unwuchterreger (*5*) aufgegeben, der an dem Hebel befestigt ist und über eine Gelenkwelle angetrieben wird. Die Belastungen werden mit Hilfe von Dehnungsmeßstreifen bestimmt, die auf einen Meßstab (*6*) geklebt sind, der in Reihe zur untersuchten Kette geschaltet ist. Der Prüfstand wird mit Vorteil im überkritischen Bereich betrieben. Abb. 92 zeigt die Vergrößerungsfunktion, die für den Prüfstand gilt. Im überkritischen Bereich erhält man demnach eine Ausschlagslast, die nahezu unabhängig von der Drehzahl ist. Auf diese Weise ergeben Spannungsschwankungen des Netzes keine wesentliche Veränderung der gewünschten Ausschlagslast. Um die Resonanzstelle ohne Schädigung der Kette zu durchfahren, ist eine Klemmvorrichtung (*7*) am Prüfstand angebracht, die den Hebel (*2*) arretiert.

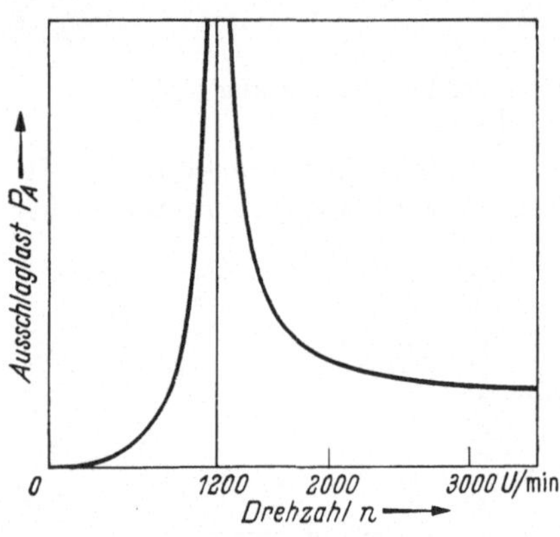

Abb. 92. Lastdrehzahlverhalten des Pulsatorprüfstandes

Sämtliche Angaben über die Dauerfestigkeit, wie sie aus Pulsatorversuchen gewonnen werden, können strenggenommen nur gelten für Betriebsbelastungen, die denen des Pulsatorversuches ähnlich sind. Insbesondere ist die Frage noch ungeklärt, ob die Werte der Dauerfestigkeit auch für schnellaufende Kettentriebe eingesetzt werden können.

Nach der zur Zeit herrschenden Auffassung ist die Dauerfestigkeit unabhängig von dem Belastungsablauf der schwingenden Beanspruchung. Ebenso ist eine Frequenzabhängigkeit der Dauerfestigkeit in dem Bereich der üblichen Lastfrequenzen von einigen Hertz bis etwa 50 Hertz nicht beobachtet worden. Die Dämpfung der Stahlgelenkketten ist überdies klein genug, so daß bis zu Lastfrequenzen von 50 Hz keine merkliche Temperaturerhöhung der Kette beobachtet wird.

Aus diesen Gründen können die im Pulsatorversuch ermittelten Werte der Dauerfestigkeit ohne Zweifel übertragen werden auf langsamlaufende Kettentriebe. Für den einfachen Fall eines Kettentriebs mit zwei Rädern erfährt dann das einzelne Glied bei jedem Umlauf einen Lastwechsel. Beim Lauf durch das nicht belastete Trumm entspricht die Betriebslast der Unterlast des Pulsatorversuchs. Beim Lauf über das getriebene Kettenrad wird die Oberlast aufgebaut und bleibt im allgemeinen nahezu konstant beim Lauf des betrachteten Gliedes durch das belastete Trumm. Die Oberlast wird schließlich wieder abgebaut, wenn das Kettenglied über das treibende Rad läuft. Tatsächlich ist also der Belastungsablauf in den Gliedern einer langsamlaufenden Kette nicht identisch mit der rein sinusförmigen Beanspruchung der Kette im Pulsatorversuch. Trotzdem kann angenommen werden, daß mindestens für langsamlaufende Ketten die Ergebnisse des Schwellastversuchs übernommen werden können.

Die Betriebslast in der Kette beim Lauf durch das belastete Trumm setzt sich aus zügigen Lasten und schwellenden Zusatzlasten zusammen. Die zügigen Lasten werden als P_G bezeichnet. Ihre Berechnung ist im Abschn. III. B. 8 angegeben. Diejenigen schwellenden Zusatzlasten, die durch äußere auf den Kettentrieb wirkende Einflüsse verursacht werden, werden durch einen Stoßbeiwert Y erfaßt, der für verschiedene häufig vorkommende Antriebe in Tab. 18 angegeben ist. Daneben treten noch schwellende Belastungen auf, die durch den Kettentrieb selbst hervorgerufen werden. Ein Vorschlag für deren Berechnung ist im Abschn. III. B. 7 zu finden.

Nach den Angaben in DIN 8195 wird die ausreichende Festigkeit von Ketten nachgewiesen, indem eine Sicherheit gegen statischen Bruch berechnet wird, die größer als 5 sein soll:

$$S_B = \frac{P_B}{P_G Y} > 5 \tag{26}$$

Die tatsächliche Sicherheit gegen Dauerbruch kann aber richtiger beurteilt werden, wenn eine Sicherheit S_D bestimmt wird, die sich auf die Dauerschwellfestigkeit P_D zusammengebauter Ketten bezieht:

$$S_D = \frac{P_D}{P_G Y} > 1 \ . \tag{27}$$

Bei schnellaufenden Kettentrieben kommen zu den schwellenden Belastungen, welche die Kette im umlaufenden Kettentrieb analog zu der langsamlaufenden Kette erfährt, noch stoßartige Belastungen, die aus den Eingriffsstößen zwischen Kettenrolle und Radzahn (s. Abschn. III. B. 11) folgen. Es muß vermutet werden, daß die stoßartige Belastung der schnellaufenden Kette, die der schwellenden Belastung überlagert ist, die Dauerfestigkeit der Kette verringert. Daher erscheint es fraglich, ob die Berechnung eines schnellaufenden Triebs auf Dauerfestigkeit in der gleichen einfachen Weise erfolgen kann wie sie bei langsamlaufenden Trieben durchgeführt wird. Es ist nicht einmal sicher, ob eine Kette, die im Pulsatorversuch günstige Werte zeigt, auch ebenso günstiges Verhalten hat, wenn sie im schnelllaufenden Trieb eingesetzt wird. In diesem Zusammenhang erweist es sich als vorteilhaft, daß die Frage der Dauerfestigkeit bei den schnellaufenden Trieben ohnehin von untergeordneter Bedeutung ist und der Kettenverschleiß im Vordergrund des Interesses steht.

4. Die Dämpfung der Stahlgelenkketten

Die Belastungen einer Kette, die in einem Kettengetriebe arbeitet, setzen sich aus zügigen, schwingenden und stoßartigen Beanspruchungen zusammen. Die zügigen Beanspruchungen sind die sogenannte Zugkraft in der Kette, die Fliehkraft und der Stützzug. Die schwingenden Belastungen sind im wesentlichen eine Folge der Drehschwingungen des Kettentriebes. Sie sind gekennzeichnet durch eine der gleichförmigen Drehbewegung überlagerte Drehschwingung der rotierenden Wellen und eine schwellende Belastung der Kette. Die stoßartigen Belastungen werden durch den Stoß zwischen einlaufender Kettenrolle und Radzahn erregt. Die Größe der schwingenden und stoßartigen Beanspruchungen wird durch die Dämpfung der Kette verringert. Nach den Gesetzen der Dynamik gedämpfter Schwingungen ist der Einfluß der Dämpfung um so größer, je näher sich der Schwinger an einer Resonanzstelle befindet.

Für die Messung der Dämpfung von Stahlgelenkketten hat sich folgendes Verfahren bewährt. Die zu untersuchende Kette wird nach Abb. 93 in ein schweres Querhaupt eingehängt, das möglichst starr sein soll. An die Kette werden Gewichtsstücke gehängt, die die Vorbelastung der Kette bewirken. Mit einem Hammer wird der so aufgebaute Feder-Masse-Schwinger in Kettenlängsrichtung angestoßen. Die durch den Anstoß erregte gedämpfte und damit abklingende Schwingung wird durch Dehnungsmeßstreifen registriert, die auf die Außenlaschen eines Kettengliedes geklebt sind, das sich bei der gewählten Versuchsanordnung in der Nähe des Querhauptes befand. Die Meßstreifen waren so angeordnet, daß geringe Pendelschwingungen des Systems quer zur Kettenlängsrichtung nicht angezeigt wurden. Auf den Innenseiten der beiden Außenlaschen eines Gliedes waren zu diesem Zweck die Meßstreifen in Kettenlängsrichtung geklebt. Auf den Außenseiten der beiden Außenlaschen des Meßgliedes waren die Temperaturkompen-

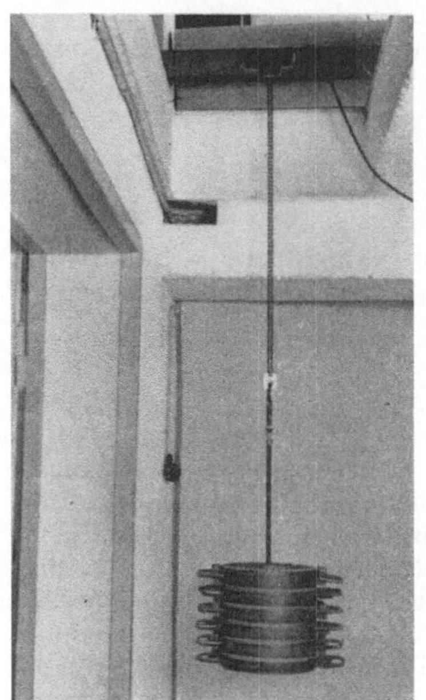

Abb. 93. Meßeinrichtung zur Bestimmung der Dämpfung von Stahlgelenkketten

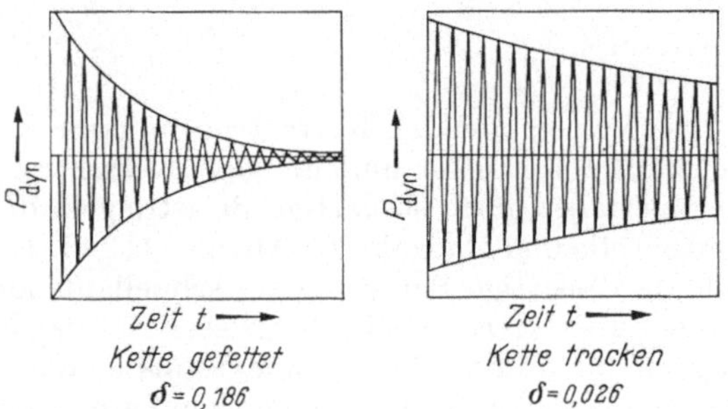

Abb. 94. Musterschriebe der abklingenden gedämpften Schwingung

sationsstreifen quer zur Kettenlängsrichtung geklebt. Die Kompensationsstreifen ergaben daher durch Aufnahme der Querkontraktion eine Verstärkung der Brückenverstimmung. Um Platz für die Dehnmeßstreifen auf den Innenseiten der Meß-

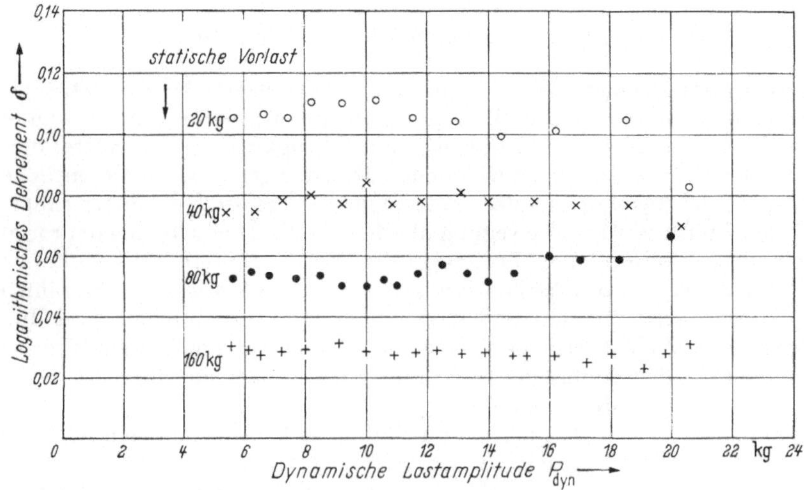

Abb. 95. Die Unabhängigkeit der Dämpfung von der Amplitude der Schwellast

laschen zu schaffen, waren Distanzscheiben zwischen den Außenlaschen des Meßgliedes und den Innenlaschen der benachbarten Glieder angebracht worden.

In der Abb. 94 sind zwei Musterschriebe der gemessenen abklingenden Schwingung bei extrem unterschiedlicher Dämpfung gezeigt. Das logarithmische Dekrement der Dämpfung wurde für jeweils zwei aufeinanderfolgende Amplituden vermessen und über der dynamischen Lastamplitude aufgetragen. Abb. 95 zeigt die Unabhängigkeit des logarithmischen Dekrementes der Dämpfung von der Amplitude der dynamischen Belastung und die Abhängigkeit der Dämpfung von der statischen Vorlast.

Als Ergebnis der verschiedenen Messungen zeigte sich, daß die Dämpfung der Stahlgelenkketten von der Viskosität des Schmiermittels in den Kettengelenken und von der statischen Vorlast abhängt. Ein Einfluß der Kettenlänge und der dynamischen Lastamplitude wurde nicht beobachtet. In der Abb. 96 sind die Meßergebnisse des logarithmischen Dekrementes der Dämpfung über der Vorlast aufgetragen. Die drei eingezeichneten Bereiche kennzeichnen den Schmierzustand der Kette. Den Messungen wurden die drei Einfachrollen-

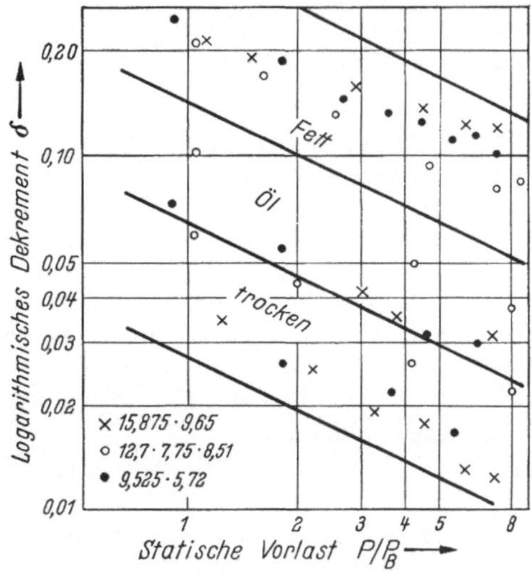

Abb. 96. Das logarithmische Dekrement der Dämpfung für verschiedene Schmiermittel in Abhängigkeit von der statischen Vorlast

a b c

Abb. 97a—c. Das Atmen der Preßverbindung – Kettenlasche und Bolzen

ketten mit den Teilungen $t = 9{,}525$; $12{,}7$ und $15{,}875$ mm zugrunde gelegt. Die statische Vorlast wurde in Bruchteilen der Mindestbruchlast angegeben. Damit ergaben sich etwa gleichliegende Meßpunkte für die drei geometrisch ähnlichen Ketten unterschiedlicher Teilung. Für die Schmierung wurden verwandt:

Das Spindelöl (2,5 °E/50) ohne Haftzusätze (Rheinpreußen R 254);

das Kettenfett für Tauchbad mit Haftzusatz (Rheinpreußen R 266).

Die trockene Kette wurde in einem Trichlor-Äthylenbad entfettet.

Die Abnahme der Dämpfung mit wachsender Vorlast dürfte ihre Ursache in der Preßverbindung zwischen Kettenlasche und Bolzen haben. Die drei spannungsoptischen Aufnahmen der Abb. 97 zeigen eine unbelastete Kettenlasche (a) mit eingepreßtem Bolzen, eine Kettenlasche unter Längsbelastung (b) und dieselbe Lasche nach der ersten Längsbelastung (c). Wenn man die Isochromaten am Umfang der Laschenbohrung betrachtet, dann ist recht gut das reibungsbehaftete Atmen der Preßverbindung zu erkennen. Es erscheint daher möglich, daß die Reibungsarbeit in der Preßverbindung wächst, wenn die Vorlast abnimmt.

Für die Abnahme der Dämpfung mit wachsender Vorlast kann in Näherung ein Potenzgesetz der Form:

$$\delta = c_1 \, (P/P_B)^{c_2}, \quad c_2 = -0{,}47 \tag{28}$$

zugrunde gelegt werden, wie aus den in der Abb. 96 eingezeichneten Geraden ersichtlich wird. Die Konstante c_2 hat in allen Fällen den gleichen Wert von $-0{,}47$. Die Konstante c_1 kann mit folgenden mittleren Werten angesetzt werden:

Schmierung	trocken	Spindelöl	Kettenfett
c_1	0,004	0,01	0,03

Schließlich sei im Zusammenhang der Dämpfung noch darauf hingewiesen, daß die gemessenen Werte nur den Einfluß des Schmierfilms zwischen Bolzen und Buchse berücksichtigen. Sie können damit verwendet werden für die Beurteilung der schwellenden Kettenbelastung bei Drehschwingungen des Triebs. Für die Dämpfung der Stoßwellen beim Eingriff des einlaufenden Kettengliedes muß außerdem bei den Rollenketten der Schmierfilm zwischen Rolle und Buchse berücksichtigt werden.

B. Die Mechanik des Kettentriebs

1. Einführung

Bevor die speziellen Einzelheiten der Mechanik des Kettentriebs behandelt werden, sollen einleitend die grundlegenden Beziehungen zwischen der Zugkraft in der Kette, der Leistung, dem Drehmoment und der Drehzahl angegeben werden.

Zu diesem Zweck werden die Gleichgewichtsbedingungen für die beiden Wellen des Kettentriebs nach Abb. 98 formuliert und man erhält als Zusammenhang zwischen dem Drehmoment M_d, der Zugkraft

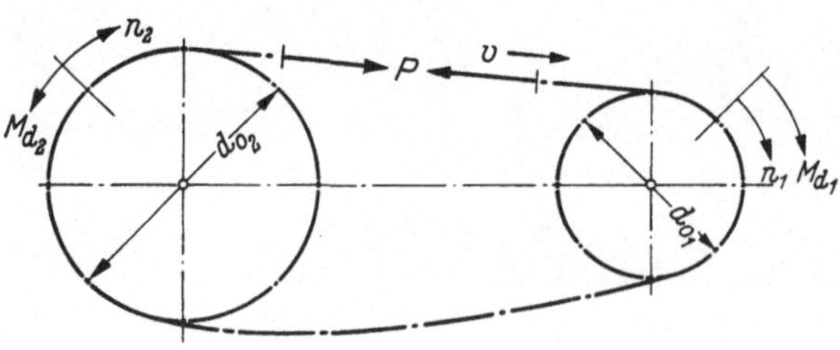

Abb. 98. Die Grundgrößen der Mechanik des Zweiradkettentriebs

in der Kette P und dem Teilkreisdurchmesser d_0

$$M_{d_1} = P\,\frac{d_{01}}{2} \qquad M_{d_2} = P\,\frac{d_{01}}{2}\,. \tag{29}$$

Da die Kraft in der Kette an jeder Stelle gleich groß ist, ergibt sich für beide Kettenräder die gleiche Kraftwirkung. Es folgt:

$$P = \frac{2\,M_{d_1}}{d_{01}} = \frac{2\,M_{d_2}}{d_{02}}\,. \tag{30}$$

Die gleiche Zugkraft in der Kette wird also an verschiedenen Durchmessern der beiden Kettenräder wirksam und es ergibt sich auf diese Weise eine Wandlung des Drehmomentes. Die Beziehung zwischen den Drehmomenten der beiden Wellen lautet:

$$\frac{M_{d_2}}{M_{d_1}} = \frac{d_{02}}{d_{01}}\,. \tag{31}$$

Die Geschwindigkeit eines Punktes auf dem Umfang des Teilkreisdurchmessers wird aus der Drehzahl n errechnet:

$$v = \frac{\pi\,d_0\,n}{60} \qquad n\,[\mathrm{min}^{-1}]\,. \tag{32}$$

Da jedes Glied der Kette die gleiche Geschwindigkeit hat, erhält man für die Kettengeschwindigkeit:

$$v = \frac{\pi\,d_{01}\,n_1}{60} = \frac{\pi\,d_{02}\,n_2}{60}\,. \tag{33}$$

Die gleiche Kettengeschwindigkeit liegt also an verschiedenen Teilkreisdurchmessern der beiden Räder vor. Man erhält somit für das Verhältnis der Drehzahlen der beiden Kettenräder:

$$\frac{n_1}{n_2} = \frac{d_{02}}{d_{01}}\,. \tag{34}$$

Die von der Kette übertragene Leistung N beträgt mit Gl. (30) und Gl. (33)

$$N = P\,v = \frac{2\,M_{d_1}}{d_{01}}\,\frac{\pi\,d_{01}\,n_1}{60} = \frac{M_{d_1}\,\pi\,n_1}{30} = \frac{M_{d_2}\,\pi\,n_2}{30}\,. \tag{35}$$

Das Produkt aus Drehzahl und Drehmoment bleibt für beide Räder konstant. Der Kettentrieb nach Abb. 98 erfüllt zwei Aufgaben. Er ermöglicht die Übertragung einer Leistung zwischen zwei achsparallelen Wellen und er ermöglicht die gleichzeitige Leistungswandlung bei dem Übergang von der einen zur anderen Welle. So kann die Leistung eines E-Motors, welche mit kleinem Moment bei großer Drehzahl abgegeben wird, durch Wirkung des Kettentriebs transformiert werden in eine gleichgroße Leistung, die aber bei großem Moment und kleiner Drehzahl an eine Arbeitsmaschine abgegeben wird.

Das Übersetzungsverhältnis ist definiert als das Verhältnis der Zähnezahlen und damit als das mittlere Verhältnis der Drehzahlen. Berücksichtigt man, daß der Teilkreisdurchmesser in guter Näherung der Zähnezahl des Kettenrades proportional ist, so erhält man für den Zusammenhang aller maßgebenden Größen, welche die Leistungswandlung bestimmen:

$$i = \frac{z_2}{z_1} = \frac{n_1}{n_2} \approx \frac{d_{02}}{d_{01}} \approx \frac{M_{d_2}}{M_{d_1}}\,. \tag{36}$$

In der Abb. 99 ist ein Kettentrieb mit vier Kettenrädern gezeigt. Das Rad 1 ist das treibende Rad, die Räder 2, 3 und 4 werden von der Kette getrieben. Der Motor am treibenden Kettenrad muß eine ebenso große Leistung aufbringen,

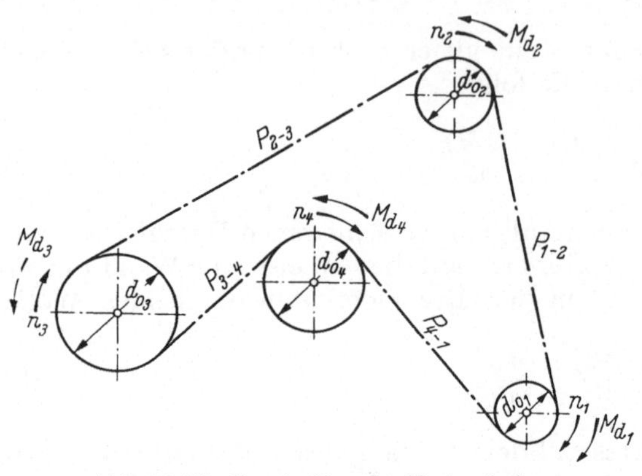

Abb. 99. Die Grundgrößen der Mechanik des Mehrradkettentriebs

wie sie an den verschiedenen getriebenen Wellen von der Kette abgegeben wird. Die Kette erfüllt also hier einen neuen Zweck, indem sie die Leistung eines Antriebsmotors auf verschiedene getriebene Wellen verteilt. Die Leistungsverteilung ist durch folgende Gleichung gekennzeichnet:

$$M_{d_1} n_1 = M_{d_2} n_2 - M_{d_3} n_3 - M_{d_4} n_4 . \tag{37}$$

Formuliert man die Gleichgewichtsbedingungen für die Drehbewegung der einzelnen Wellen

$$M_{d_1} = (P_{1-2} - P_{4-1}) \frac{d_{o1}}{2} \; ; \qquad M_{d_3} = (P_{2-3} - P_{3-4}) \frac{d_{o3}}{2} \; ;$$

$$M_{d_2} = (P_{1-2} - P_{2-3}) \frac{d_{o2}}{2} \; ; \qquad M_{d_4} = (P_{3-4} - P_{4-1}) \frac{d_{o4}}{2} , \tag{38}$$

dann erhält man für die Belastung der einzelnen Trumme mit $P_{4-1} = 0$:

$$P_{1-2} = \frac{2 M_{d_1}}{d_{01}} \; ; \qquad P_{2-3} = \frac{2 M_{d_1}}{d_{01}} - \frac{2 M_{d_2}}{d_{02}} \; ; \qquad P_{3-4} = \frac{2 M_{d_1}}{d_{01}} - \frac{2 M_{d_2}}{d_{02}} - \frac{2 M_{d_3}}{d_{03}} . \tag{39}$$

Da jedes Glied der Kette die gleiche Geschwindigkeit hat, beträgt das Übersetzungsverhältnis zwischen zwei beliebig gewählten Kettenrädern i und k

$$\frac{n_j}{n_k} = \frac{d_{0k}}{d_{0j}} = \frac{z_k}{z_j} . \tag{40}$$

Die Übersetzung der Drehzahlen ist also unabhängig davon, ob weitere Kettenräder zwischen die beiden betrachteten geschaltet sind, oder nicht.

Die Gleichungen dieses Abschnitts gelten unter der Voraussetzung, daß der Kettentrieb verlustlos arbeitet, bzw. der Wirkungsgrad = 100% beträgt. Sie stellen daher nur eine Näherung dar.

Als Zusammenfassung wird festgestellt, daß ein Kettentrieb drei grundsätzliche Aufgaben erfüllen kann.

Die Leistungsübertragung zwischen achsparallelen Wellen.
Die Leistungswandlung, wenn die Übersetzung $i \neq 1$ vorliegt.
Die Leistungsverzweigung, wenn mehr als zwei Kettenräder existieren.

2. Die Kinematik des Einradtriebs

Die folgenden kinematischen Ausführungen gelten nur für Kettentriebe bei quasistatischem Betrieb. Dabei soll der Begriff „quasistatisch" in diesem Zusammenhang so definiert werden, daß der Betrieb weit unterkritisch gegenüber der niedrigsten Resonanzdrehzahl des Triebs erfolgen soll. Damit ist gleichzeitig gesagt, daß eine spezielle Angabe der Drehzahl unmöglich ist, bis zu der die Gesetze der Kinematik gelten. Einige Hinweise, die das Abschätzen dieses Bereiches ermöglichen, sind in dem Abschn. III. B. 7 gegeben. Grundsätzlich kommen wohl nur die Triebe in Frage, bei denen die Drehzahl des Kettenrades wenige Umdrehungen pro Minute beträgt. Damit erscheinen zunächst die Erkenntnisse der Kinematik so sehr in ihrem Gültigkeitsbereich eingeschränkt, daß man zu der Ansicht neigen könnte, sie seien für einen Konstrukteur ohne Bedeutung. Dies ist aber nur bedingt richtig, weil die Kenntnis der Kinematik eines Kettentriebs neben seiner eingeschränkten direkten Bedeutung für das Verständnis der Kinetik des Kettentriebs als Grundlage erforderlich ist.

Mit der Voraussetzung eines quasistatischen Betriebs ist gleichzeitig die Annahme einer starren Kette und eines starren Kettenrades verbunden. Weiter wird noch vorausgesetzt, daß das betrachtete Kettentrumm zu sich selbst parallel bleibt und daß die Teilung der Kette gleich der Teilung des Kettenrades ist.

Die Bewegung eines Kettentrumms wird bestimmt durch die Bewegung des jeweils in das Kettenrad eingreifenden Kettengliedes. So zeigt die Abb. 100 den Eingriffsvorgang für das Kettenglied A und es ist ersichtlich, daß das Gelenk 2 während der Eingriffszeit des Gliedes A die Führung des folgenden Trumms hat.

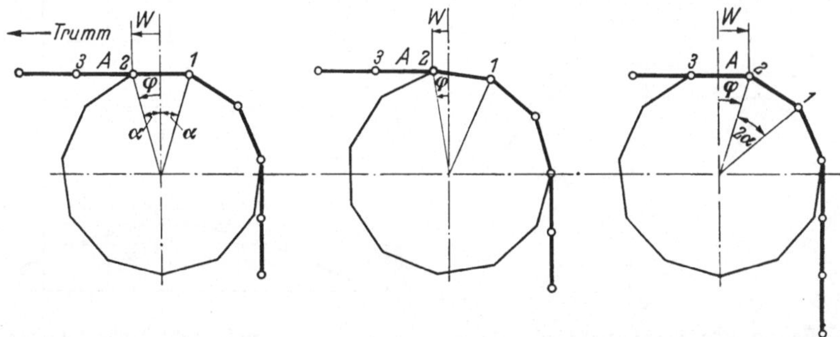

Abb. 100. Der Eingriff eines Kettengliedes

Der Eingriff des Gliedes A beginnt in dem Augenblick, in dem das Gelenk 2 Berührung mit dem Kettenrad hat. Die Eingriffszeit des Gliedes A ist beendet, wenn das folgende Gelenk 3 das Kettenrad berührt. In der Abb. 100 ist auch eine Zwischenstellung innerhalb der Eingriffszeit eingetragen, aus der die Führung des folgenden Trumms durch das Gelenk 2 besonders gut zu erkennen ist. Das Gelenk 2 wird daher während seiner Eingriffszeit auch als Trummführungspunkt bezeichnet.

Die Lage des Trummführungspunktes wird zunächst durch die laufende Koordinate φ der Drehbewegung des Kettenrades festgelegt. Die jeweilige Eingriffsphase ist damit durch den Bereich $-\alpha < \varphi < +\alpha$ definiert. 2α ist dabei der Teilungswinkel des Kettenrades. Die Bewegung des Trummführungspunktes und damit des nachfolgenden Trumms wird durch die Koordinaten v und w beschrieben. w ist die Koordinate der Trummbewegung in Trummrichtung, v die Koordinate der Trummbewegung senkrecht zur Trummrichtung. Die genaue Lage des Koordinatensystems kann der Abb. 101 entnommen werden.

Mit diesen Bezeichnungen kann die Bewegung des Trummführungspunktes in Trummrichtung für den Bereich einer Eingriffsphase angegeben werden als:

$$w = \frac{d_0}{2} \sin \varphi \quad -\alpha < \varphi < +\alpha . \tag{41}$$

Die entsprechende Bewegung senkrecht zur Trummrichtung beträgt:

$$v = \frac{d_0}{2}(\cos\varphi - \cos\alpha) \qquad -\alpha < \varphi < +\alpha\,. \tag{42}$$

In bezug auf das gewählte Koordinatensystem wird die Kette für $\varphi < 0$ in Richtung der positiven v-Achse und für $\varphi > 0$ in Richtung der negativen v-Achse bewegt. Über den ganzen Eingriffsbereich läuft die Bewegung des Trummführungspunktes in Richtung der positiven w-Achse. In beiden Koordinatenrichtungen liegt eine ungleichförmige Bewegung vor, wenn man eine gleichförmige Drehbewegung des Kettenrades annimmt. Als Maß für die Ungleichförmigkeit der Bewegungen wird die Differenz zwischen der tatsächlichen ungleichförmigen Bewegung und einer gedachten gleichförmigen Bewegung bestimmt.

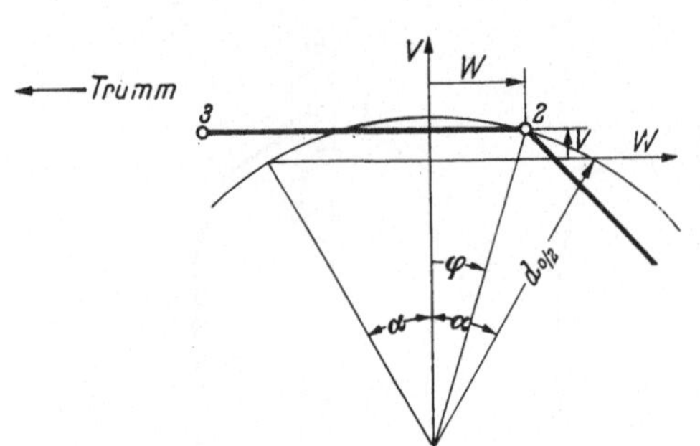

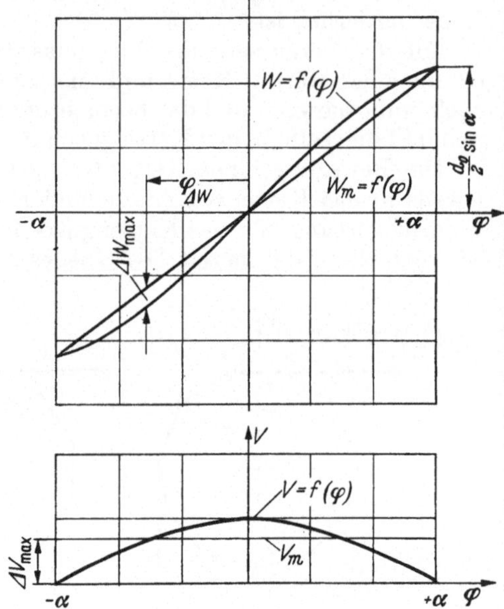

Abb. 101. Die Festlegung der Koordinaten für die Berechnung der Bewegungen des einlaufenden Kettengliedes

Abb. 102. Die Bewegung des Trummführungspunktes während einer Eingriffsperiode

In der Abb. 102 ist der Verlauf der Bewegungen in Trummrichtung und senkrecht dazu für eine Eingriffsperiode qualitativ angegeben. Die gedachte gleichförmige Bewegung in Richtung der Koordinate v kann aus der Bedingung

$$2\,\alpha\,v_m = 2\,\frac{d_0}{2}\int\limits_{0}^{\alpha}(\cos\varphi - \cos\alpha)\,\mathrm{d}\varphi\,. \tag{43}$$

errechnet werden zu:

$$v_m = \frac{d_0}{2}\left(\frac{\sin\alpha}{\alpha} - \cos\alpha\right). \tag{44}$$

Die gedachte gleichförmige Bewegung in Richtung der Koordinate w beträgt bei Verwendung des Strahlensatzes:

$$\frac{w_m}{\varphi} = \frac{(d_0/2)\sin\alpha}{\alpha}\;; \qquad w_m = \frac{d_0}{2}\,\frac{\sin\alpha}{\alpha}\,\varphi\,. \tag{45}$$

Die Differenzen zwischen den tatsächlichen ungleichförmigen und den gedachten gleichförmigen Bewegungen haben die Größe:

$$\Delta v = v - v_m = \frac{d_0}{2}\left(\cos\varphi - \frac{\sin\alpha}{\alpha}\right)\;; \qquad \Delta w = w - w_m = \frac{d_0}{2}\left(\sin\varphi - \frac{\sin\alpha}{\alpha}\,\varphi\right). \tag{46}$$

Die größte Abweichung $\Delta v_{\max}$ tritt auf an den Stellen $\varphi_{\Delta v_{\max}} = -\alpha$ bzw. $\varphi_{\Delta w_{\max}} = +\alpha$. Sie beträgt:

$$\Delta v_{\max} = \frac{d_0}{2}\left(\cos\alpha - \frac{\sin\alpha}{\alpha}\right). \tag{47}$$

Die Stellen $\varphi_{\Delta w_{\max}}$ innerhalb des Eingriffsbereiches, an denen die größte Abweichung $\Delta w_{\max}$ vorliegt, werden durch Extremwertbestimmung

$$\frac{\mathrm{d}\Delta w}{\mathrm{d}\varphi} = 0,$$

berechnet zu:

$$\varphi_{\Delta w_{\max}} = \pm\,\mathrm{arc}\,\cos\frac{\sin\alpha}{\alpha}. \tag{48}$$

Die größte Abweichung der Trummbewegung von einer gedachten gleichförmigen Bewegung beträgt in Richtung w:

$$\Delta w_{\max} = \frac{d_0}{2}\left(\sin\varphi_{\Delta w_{\max}} - \frac{\sin\alpha}{\alpha}\,\varphi_{\Delta w_{\max}}\right). \tag{49}$$

Aus den Gln. (47) und (49) ist zu erkennen, daß die größten Abweichungen $\Delta v_{\max}$ und $\Delta w_{\max}$ nur von der Zähnezahl und der Teilung der Kettenräder abhängen. Um eine Vorstellung von deren Größenordnung zu vermitteln, sind Zahlenwerte für einige ausgewählte Teilungen und Zähnezahlen in der Abb. 103 zusammengestellt.

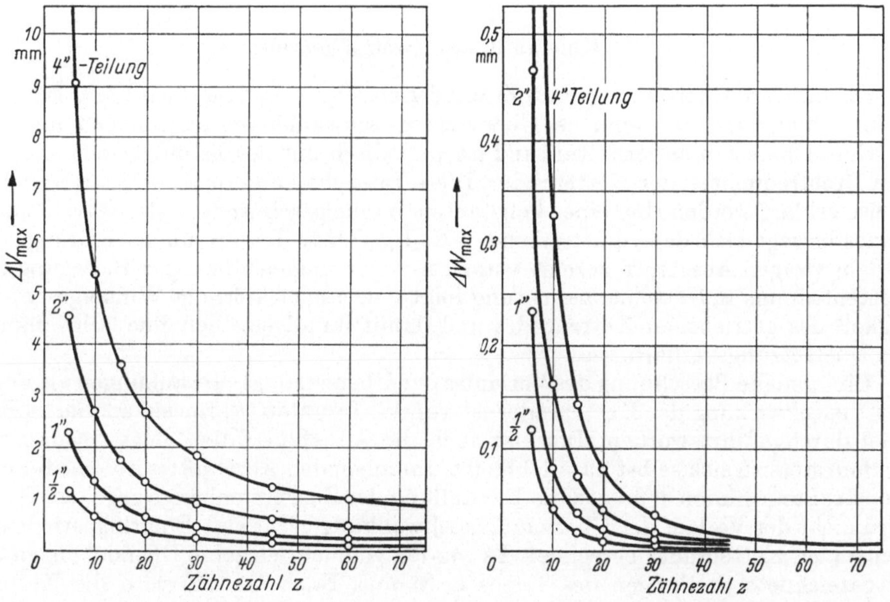

Abb. 103. Die maximale Abweichung der Trummbewegung von einer gedachten gleichförmigen Bewegung

Die vorstehenden Überlegungen gelten nur, wenn die Verzahnung der Kettenräder und damit insbesondere der Fußkreisdurchmesser der Verzahnung genau zentrisch zur Kettenradachse gefräst wird. Praktisch wird diese Forderung nur angenähert eingehalten und daher überlagern sich zu den Ungleichförmigkeiten der Bewegung des vom Trummführungspunkt geleiteten Trumms, wie sie im vorigen Absatz berechnet wurden, weitere Ungleichförmigkeiten, die durch die Exzentrizität der Kettenradverzahnung bewirkt werden. Die durch die Vieleckwirkung der

Kettenräder hervorgerufenen Ungleichförmigkeiten sind periodisch mit der Zahnfrequenz. Die Ungleichförmigkeiten der Trummbewegung, die aus der Exzentrizität e der Kettenradverzahnung folgen, sind dagegen periodisch mit der Drehfrequenz der Kettenräder. Sie können nach Abb. 104 berechnet werden und betragen:

$$\Delta w_D = e \sin \varphi\,; \quad \Delta v_D = e \cos \varphi. \quad (50)$$

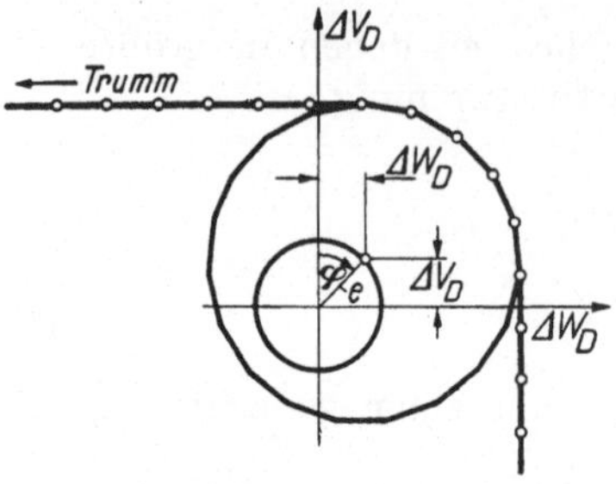

Weitere Ungleichförmigkeiten der Trummbewegungen treten auf, wenn die einzelnen Kettenglieder nicht exakt gleiche Teilung aufweisen. Bei vorliegenden Fehlern der Einzelteilung gelten die für die Ungleichförmigkeit der Trummbewegung hergeleiteten Gleichungen für Δv und Δw nicht mehr. Sie haben für die jeweilige Eingriffsperiode eine etwas verschiedene Form. Da aber die Fehler der Einzelteilung ohnehin regellos auftreten und sich außerdem bei wachsendem Verschleiß die Fehler der Einzelteilung in ihrer Größe regellos verändern, erscheint es aussichtslos, Gleichungen für die Ungleichförmigkeiten der Trummbewegungen zu formulieren, welche die Einzelfehler der Kettenteilung berücksichtigen.

Abb. 104. Die ungleichförmige Trummführung bei vorliegendem Rundlauffehler der Verzahnung

3. Die Kinematik des Zweiradkettentriebs

Die mittlere Übersetzung eines Zweiradtriebs ergibt sich aus dem Verhältnis der Zähnezahlen. Die tatsächliche Übersetzung schwankt im allgemeinen um das mittlere Übersetzungsverhältnis und ist periodisch mit der Zahnfrequenz und mit den Drehfrequenzen der Kettenräder. Diese Tatsache kann qualitativ auf folgende Weise erklärt werden. Bei einer konstanten Winkelgeschwindigkeit des treibenden Rades bewegt sich das vom treibenden Rad geführte Trumm ungleichförmig, wie in dem vorigen Abschnitt gezeigt wurde. Aus der ungleichförmigen Bewegung des Kettentrumms in Kettenlängsrichtung folgt eine ungleichförmige Winkelgeschwindigkeit des getriebenen Kettenrades und damit im allgemeinen eine Schwankung des Übersetzungsverhältnisses.

Eine genaue Berechnung des Verlaufes der Übersetzungsschwankungen als Folge der Vieleckwirkung der Kettenräder ist von W. LUBRICH [8] für ein spezielles Beispiel durchgeführt worden. Dort ist auch die Annahme fallen gelassen, daß das Trumm stets zu sich selbst parallel bleibt. Im folgenden Abschnitt wird eine für den Konstrukteur hinreichend genaue Darstellung der Zusammenhänge gegeben. Dabei wird nicht der Verlauf der Übersetzungsschwankungen für eine Eingriffsperiode des treibenden Kettenrades berechnet. Es werden vielmehr einzelne Übersetzungen für ausgezeichnete Stellungen des Triebs bestimmt. Nach Gl. (22) wird die Kettenbewegung in Richtung des belasteten Trumms für das treibende und das getriebene Rad geschrieben:

$$w_1 = \frac{d_{01}}{2} \sin \varphi_1\,; \qquad w_2 = \frac{d_{02}}{2} \sin \varphi_2. \quad (51)$$

Der Index 1 ist hier und in Zukunft dem treibenden Rad, der Index 2 dem getriebenen Rad zugeordnet. Die Kettengeschwindigkeit in Trummrichtung beträgt an beiden Kettenrädern:

$$\frac{\mathrm{d}w_1}{\mathrm{d}t} = \frac{d_{01}}{2} \cos \varphi_1 \frac{\mathrm{d}\varphi_1}{\mathrm{d}t}\,; \qquad \frac{\mathrm{d}w_2}{\mathrm{d}t} = \frac{d_{02}}{2} \cos \varphi_2 \frac{\mathrm{d}\varphi_2}{\mathrm{d}t}. \quad (52)$$

Da die Kette im quasistatischen Betrieb als starr angenommen wird, sind die Kettengeschwindigkeiten an beiden Kettenrädern gleich. Durch Gleichsetzen der Kettengeschwindigkeiten $\dot{w}_1 = \dot{w}_2$ erhält man für das effektive Übersetzungsverhältnis i_{eff}:

$$i_{\text{eff}} = \frac{\dfrac{\mathrm{d}\varphi_1}{\mathrm{d}t}}{\dfrac{\mathrm{d}\varphi_2}{\mathrm{d}t}} = \frac{\dfrac{d_{02}}{2}\cos\varphi_2}{\dfrac{d_{01}}{2}\cos\varphi_1} = \frac{\dfrac{\cos\varphi_2}{\sin\alpha_2}}{\dfrac{\cos\varphi_1}{\sin\alpha_1}}\,, \tag{53}$$

wobei der Teilkreisdurchmesser d_0 durch die Teilung t und den Teilungswinkel 2α ausgedrückt wird:

$$t = d_0 \sin\alpha. \tag{54}$$

Bei gegebener Zähnezahl der Kettenräder hängt das Übersetzungsverhältnis demnach von der Zuordnung der Werte für φ_1 und φ_2 ab. Diese Zuordnung ist ihrerseits abhängig von der Länge des belasteten Trumms. In der Abb. 105 ist der spe-

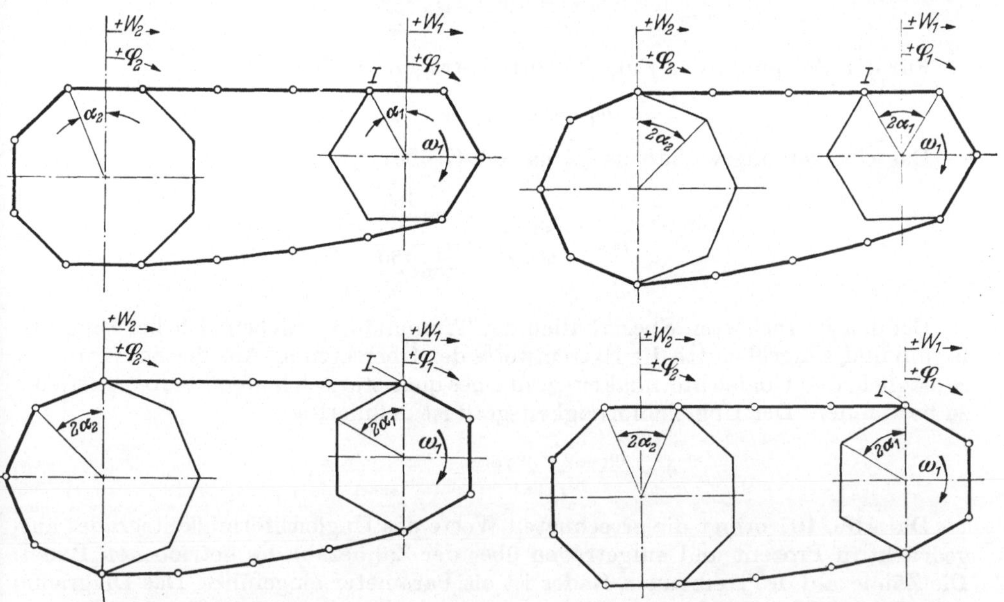

Abb. 105. Die Übersetzungsschwankung für eine Trummlänge, die einem ganzzahligen Vielfachen der Teilung entspricht

Abb. 106. Die Übersetzungsschwankung für eine Trummlänge, die einem ungeraden Vielfachen der halben Teilung entspricht

zielle Fall gezeigt, bei dem die Trummlänge einem ganzzahligen Vielfachen der Kettenteilung entspricht. Für den Zeitpunkt des Eingriffsbeginns der Rolle I als Führungsrolle des belasteten Trumms beträgt das Übersetzungsverhältnis mit $\varphi_1 = -\alpha_1$; $\varphi_2 = -\alpha_2$.

$$i_{1,1} = \frac{\tan\alpha_1}{\tan\alpha_2} = \frac{\tan\dfrac{180}{z_1}}{\tan\dfrac{180}{z_2}}\,. \tag{55}$$

In der Abb. 105 ist außerdem der Zeitpunkt angegeben, bei dem die Führungsrollen die Mitte ihrer Eingriffsperiode erreicht haben. Für diesen Fall betragen die Winkel $\varphi_1 = 0$ und $\varphi_2 = 0$.

Damit ergibt sich ein Übersetzungsverhältnis:

$$i_{1,2} = \frac{\sin \alpha_1}{\sin \alpha_2} = \frac{\sin \dfrac{180}{z_1}}{\sin \dfrac{180}{z_2}}. \tag{56}$$

Weiter wird der Fall betrachtet, bei dem die Trummlänge ein ungerades Vielfaches der halben Kettenteilung ist. Abb. 106 zeigt ein Beispiel für einen derartigen Trieb. Bei Eingriffsbeginn der Rolle I als Führungsrolle des belasteten Trumms ist das Übersetzungsverhältnis $i_{2,1}$ mit den Anfangswerten der Koordinaten φ:

$$\varphi_1 = -\alpha_1 ; \quad \varphi_2 = 0,$$

$$i_{2,1} = \frac{\tan \alpha_1}{\sin \alpha_2} = \frac{\tan \dfrac{180}{z_1}}{\sin \dfrac{180}{z_2}}. \tag{57}$$

Für den Zeitpunkt der Eingriffsmitte betragen die Winkel:

$$\varphi_1 = 0 ; \quad \varphi_2 = +\alpha_2.$$

Das Übersetzungsverhältnis $i_{2,2}$ hat die Größe:

$$i_{2,2} = \frac{\sin \alpha_1}{\tan \alpha_2} = \frac{\sin \dfrac{180}{z_1}}{\tan \dfrac{180}{z_2}}. \tag{58}$$

Bei den betrachteten Spezialfällen der Trummlänge ergeben sich bei Eingriffsbeginn und Eingriffsmitte die Extremwerte der Übersetzung. Aus diesem Grund ist es möglich, den Ungleichförmigkeitsgrad eines quasistatisch laufenden Kettentriebes zu bestimmen. Der Ungleichförmigkeitsgrad ist definiert als:

$$\delta = \frac{\omega_{2\,\text{max}} - \omega_{2\,\text{min}}}{\omega_{2\,\text{mittel}}} = \frac{i_\text{max} - i_\text{min}}{i_\text{mittel}}. \tag{59}$$

Die Abb. 107 bringt die errechneten Werte des Ungleichförmigkeitsgrades ausgedrückt in Prozent und aufgetragen über der Zähnezahl des getriebenen Rades. Die Zähnezahl des treibenden Rades ist als Parameter eingeführt. Das Diagramm enthält zwei Kurvenschaaren. Die ausgezogenen Kurven gelten für eine Trummlänge, die einem Vielfachen der Kettenteilung entspricht. Die gestrichelten Kurven geben den Ungleichförmigkeitsgrad an für eine Trummlänge, die einem ungeraden Vielfachen der halben Kettenteilung entspricht.

Praktisch werden auch alle Zwischenlängen des belasteten Trumms verwirklicht. Für diese Fälle ergeben sich Zwischenwerte des Ungleichförmigkeitsgrades, die zwischen den ausgezogenen und gestrichelten Kurven liegen. Da aber mit wachsendem Verschleiß der Kette die Kettenteilung zunimmt und damit keine Angabe über die Gliederzahl im belasteten Trumm gemacht werden kann, welche für die ganze Laufzeit der Kette gilt, dürfte es für die Praxis ausreichen, festzustellen, daß für einen gewählten Trieb die Ungleichförmigkeit der Übertragung der Drehbewegung der Wellen zwischen den Werten der ausgezogenen und der gestrichelten Kurvenschaar schwankt.

Für die Auslegung eines Kettentriebs ist also in diesem Zusammenhang zu beachten:

1. Daß der Ungleichförmigkeitsgrad eines Triebs am geringsten ist, wenn die Trummlänge einem ganzen Vielfachen der Kettenteilung entspricht.

2. daß der Ungleichförmigkeitsgrad von etwa 20 Zähnen an aufwärts nur unwesentlich abfällt, während er von 20 Zähnen an abwärts stark zunimmt.

3. daß ein Kettentrieb vollkommen gleichförmig laufen kann, wenn man ein Übersetzungsverhältnis von $i = 1$ wählt und die Trummlänge einem ganzen Vielfachen der Kettenteilung entspricht.

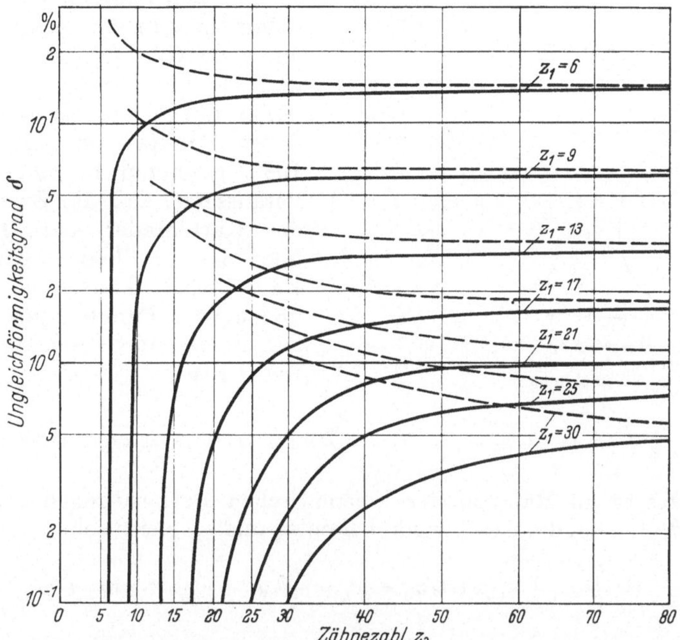

Abb. 107. Der Ungleichförmigkeitsgrad des getriebenen Kettenrades bei gleichförmiger Drehbewegung des treibenden Rades

Die Folgerung nach Punkt 3 ist einzusehen, wenn man in der Gl. (55) bzw. (56) $z_1 = z_2$ setzt. In diesem Fall laufen beide Kettenräder mit gleichförmiger Winkelgeschwindigkeit, während die Kette eine ungleichförmige Bewegung in Kettenrichtung und senkrecht dazu ausführt.

Die Überlegungen der vorigen Absätze bezogen sich auf Ungleichförmigkeiten des Zweiradkettentriebs, die durch die Vieleckwirkung der Kettenräder verursacht werden. Daneben kann ein ungleichförmiger Lauf der Kettenräder durch die exzentrische Lage der Kettenradverzahnung hervorgerufen werden. Die Exzentrizität der Kettenradverzahnung wird auf die Laufachse der Welle bezogen und nach Abb. 51 gemessen. Sie folgt aus dem Rundlauffehler der Welle und dem Rundlauffehler der Verzahnung bezogen auf die Nabenbohrung des Kettenrades.

In der Abb. 108 ist ein Kettentrieb mit zwei Rädern und stark übertriebenen Exzentrizitäten gezeichnet. Der Beginn der Zeitrechnung ($t = 0$) ist so gelegt, daß die Exzentrität e_1 des treibenden Rades in die Richtung der Achse v_1 weist. Abb.108a zeigt eine Darstellung des Kettentriebes zum Zeitpunkt $t = 0$. Die Exzentrizität e_2 des getriebenen Kettenrades wird dann im allgemeinen nicht in die Richtung der

Achse v_2 weisen, sondern eine beliebige Lage haben, die durch den Fasenwinkel ε_D gekennzeichnet ist. Der Winkel ε_D wird in Drehrichtung des getriebenen Kettenrades positiv gerechnet. Die Exzentrizitäten der Kettenräder haben im allgemeinen eine unterschiedliche Größe. Das Verhältnis der Exzentrizitäten wird mit η bezeichnet und beträgt:

$$\eta = \frac{e_2}{e_1}. \tag{60}$$

Im Zeitpunkt $\varLambda = 0$ sind die Schnittpunkte der Achsen v_1 und v_2 mit dem Kettenstrang die Punkte I und II. Für einen beliebigen Zeitpunkt mit $\varLambda > 0$ haben die kettenfesten Punkte I und II die in Abb. 108 b gezeigten Lagen. Wenn man voraussetzt, daß die Exzentrizitäten der Kettenräder sehr klein gegenüber dem Teilkreisdurchmesser der Räder sind, können die Wege w_1 und w_2 der Punkte I und II bezogen auf die raumfeste Achse v berechnet werden zu:

Abb. 108 a u. b. Die Übersetzungsschwankung des Kettentriebs, hervorgerufen durch den Rundlauffehler der Verzahnung

$$w_1 = \frac{d_{01}}{2}\,\varphi_1 + e_1 \sin\varphi_1\,; \qquad w_2 = \frac{d_{02}}{2}\,\varphi_2 + e_2 \sin(\varphi_2 + \varepsilon_D) - e_2 \sin\varepsilon_D. \tag{61}$$

Da die Kette im Rahmen der kinematischen Betrachtungen als starr angesehen wird, müssen die Geschwindigkeiten $\dot{w}_1$ und $\dot{w}_2$ gleich sein.

$$\dot{w}_1 = \frac{d_{01}}{2}\,\dot{\varphi}_1 + e_1\,\dot{\varphi}_1 \cos\varphi_1 = \dot{w}_2 = \frac{d_{02}}{2}\,\dot{\varphi}_2 + e_2\,\dot{\varphi}_2 \cos(\varphi_2 + \varepsilon_D). \tag{62}$$

Aus dieser Bedingung erhält man für das mit den Drehfrequenzen der Kettenräder schwankende effektive Übersetzungsverhältnis:

$$i_{\text{eff}} = \frac{\dfrac{d_{02}}{2} + \eta\,e_1 \cos\left(\dfrac{\varphi_1}{i} + \varepsilon_D\right)}{\dfrac{d_{01}}{2} + e_1 \cos\varphi_1}. \tag{63}$$

Aus Gl. (63) ist zu ersehen, daß ein gleichförmig laufender Trieb in dem Spezialfall $i = 1$; $\eta = 1$; $\varepsilon_D = 0$ möglich ist. Ein ähnlicher Spezialfall mit gleichförmigem Betrieb lag auch vor bei der analogen Untersuchung der Polygonwirkung der Kettenräder am Beginn dieses Abschnitts. Er war dort gegeben für eine Trummlänge, die einem ganzzahligen Vielfachen der Teilung entspricht und für das Übersetzungsverhältnis $i = 1$. In beiden Fällen bewegt sich die getriebene Welle gleichförmig, wenn die treibende Welle gleichförmig läuft. In beiden Fällen bewegt sich aber die Kette im belasteten Trumm ungleichförmig. Es wird also die ungleichförmige Kettenbewegung, die vom treibenden Rad verursacht wird, durch die Wirkung des getriebenen Rades wieder aufgehoben.

Für die Abschätzung des maximalmöglichen Ungleichförmigkeitsgrades werden die extremen Werte des Übersetzungsverhältnisses aus Gl. (63) bestimmt. Das maximale Übersetzungsverhältnis beträgt:

$$i_{\max} = \frac{\dfrac{d_{02}}{2} + \eta\, e_1}{\dfrac{d_{c1}}{2} - e_1}\ . \tag{64}$$

Es ergibt sich für:

$$\begin{array}{ll} \cos(\varphi_1/i + \varepsilon_D) = +1 \\ \cos\varphi_1 = -1 \end{array} \quad \text{oder} \quad \begin{array}{l} \varphi_1/i + \varepsilon_D = 2n\pi \\ \varphi_1 = (2n+1)\pi \end{array} \qquad n = 1, 2, 3 \dots$$

Beide Bedingungen sind erfüllt, wenn die Fase ε_D folgende Größe hat:

$$\varepsilon_{D(i_{\max})} = 2n\pi - \frac{(2n+1)\pi}{i}\ . \qquad n = 1,2,3\dots \tag{65}$$

Entsprechend erhält man das minimale Übersetzungsverhältnis:

$$i_{\min} = \frac{\dfrac{d_{02}}{2} - \eta\, e_1}{\dfrac{d_{01}}{2} + e_1}\ , \tag{66}$$

für den Fasenwert:

$$\varepsilon_{D(i_{\min})} = (2n+1)\pi - \frac{2n\pi}{i}\ . \qquad n = 1,2,3\dots \tag{67}$$

In der Tab. 12 sind einige Fasen ε_D mit extremen Werten des effektiven Übersetzungsverhältnisses zusammengestellt. Man erkennt, daß für das mittlere Übersetzungsverhältnis $i = 1$ und die gleichbedeutenden Fasenwerte $\varepsilon_D = \pm\pi$ sowohl das größte als auch das kleinste effektive Übersetzungsverhältnis auftritt. Bei den anderen ganzzahligen Übersetzungsverhältnissen sind die größten und kleinsten

Tabelle 12. *Die Fasen der Exzentrizitäten zweier Kettenräder mit extremen Werten des Übersetzungsverhältnisses*

i \ n	$\varepsilon_D\,(i_{\max})$				$\varepsilon_D\,(i_{\min})$			
	0	1	2	3	0	1	2	3
1	$-\pi$	$-\pi$	$-\pi$	$-\pi$	$+\pi$	$+\pi$	$+\pi$	$+\pi$
2	$-\pi/2$	$\pi/2$	$3\pi/2$	$5\pi/2$	π	2π	3π	4π
3	$-\pi/3$	π	$7\pi/3$	$11\pi/3$	π	$7\pi/3$	$11\pi/3$	5π
4	$-\pi/4$	$5\pi/4$	$11\pi/4$	$17\pi/4$	π	$5\pi/2$	4π	$11\pi/2$

Werte des effektiven Übersetzungsverhältnisses zwei verschiedenen Fasen zugeordnet. Ohne Kenntnis der Fase ε_D ist grundsätzlich eine genaue Berechnung des Ungleichförmigkeitsgrades unmöglich. Im allgemeinen ist nicht einmal die maximale Ungleichförmigkeit berechenbar, da die größten und kleinsten Werte des effektiven Übersetzungsverhältnis nicht bei gleichen Anfangsfasen auftreten. Um aber eine für die Praxis leicht zu übersehende Gleichung aufzustellen, in der insbesondere die Anfangsfase nicht auftritt, wird für eine obere Schranke des Ungleichförmigkeitsgrades angenommen, daß das maximale und minimale effektive Übersetzungsverhältnis bei gleichen Fasen auftritt. Unter dieser Voraussetzung erhält man für den Ungleichförmigkeitsgrad:

$$\delta_c = \frac{4\,e_1}{d_{01}}\,\frac{\eta + i}{i}\cdot 100\,[^0/_0] \quad e \ll d_0\,. \tag{68}$$

Für die praktische Auslegung eines Kettentriebes, der unter quasistatischen Betriebsbedingungen läuft und bei dem ein bestimmter Ungleichförmigkeitsgrad eingehalten werden soll, ist es erwünscht, den zulässigen Rundlauffehler der Verzahnung im voraus zu errechnen. In diesem Zusammenhang ist es zweckmäßig, das Verhältnis der Exzentrizitäten $\eta = 1$ zu setzen. Dann wird der zulässige Rundlauffehler für beide Kettenräder:

$$2\,e_{zul} = \frac{d_{01}}{2}\,\frac{i}{1 + i}\,\frac{\delta_{e,\text{erf}}}{100}\,. \tag{69}$$

Weitere Ungleichförmigkeiten der Drehbewegung des getriebenen Kettenrades sind eine Folge der Teilungsfehler der Kette und des Kettenrades. Da diese aber willkürlich verteilt sind, kann eine einfache Vorausberechnung der kinematischen Zusammenhänge nicht angegeben werden.

Zahlenbeispiel:

1. Aufgabe: Ein Kettentrieb laufe mit einer Drehzahl von $0{,}1$ U/min. Die Kettenteilung betrage $t = 6$ mm, das Übersetzungsverhältnis sei $i = 2$. Wie groß muß die Zähnezahl des treibenden Rades und wie groß darf der zulässige Rundlauffehler beider Kettenräder sein, damit ein Ungleichförmigkeitsgrad von 1% nicht überschritten wird.

Lösung: Nach Abb. 107 schwankt der Ungleichförmigkeitsgrad zwischen den Werten $\delta = 0{,}6 \div 0{,}97\%$, wenn die Zähnezahlen $z_1 = 25$ Zähne und $z_2 = 50$ Zähne gewählt werden. Der Trieb läuft besonders gleichförmig, wenn die Trummlänge einem ganzzahligen Vielfachen der Kettenteilung entspricht. Der zulässige Rundlauffehler der Kettenräder wird nach Gl. (69) errechnet und beträgt:

$$2\,e_{zul} = \frac{d_{01}}{2}\,\frac{i}{1 + i}\,\frac{\delta_{e,\text{erf}}\,[\%]}{100} = \frac{47{,}87}{2}\,\frac{2}{1 + 2}\,\frac{1}{100} = 0{,}159\,\text{mm}\,,$$

$$d_{01} = t\,n_{01} = 6 \cdot 7{,}9787 = 47{,}87\,\text{mm} \quad \text{nach Gl. (5) und Tab. 21.}$$

4. Der Kettentrieb als Schwingungssystem

Für die Berechnung des Schwingungssystems – Zweiradkettentrieb können die Kette und die Kettenräder nicht mehr isoliert betrachtet werden. Vielmehr ist eine genaue Kenntnis der treibenden und getriebenen Aggregate notwendig. Die letzteren werden im Rahmen dieses Buches jeweils zu einer trägen Drehmasse zusammengefaßt, um das betrachtete System übersichtlich zu halten. Ebenso werden die Wellen, die an der An- bzw. Abtriebsseite des Kettentriebs liegen, jeweils als starr angesehen. Bei der Berechnung praktisch ausgeführter Kettentriebe ist die Drehsteifigkeit der Wellen gesondert zu berücksichtigen und die Drehmassen an den Wellenzügen des An- bzw. Abtriebs sind auf die Wellen zu reduzieren, auf denen die Kettenräder befestigt sind.

In der Abb. 109 ist das Ersatzsystem gezeigt, das für die Berechnung der Dynamik eines Kettentriebs in bester Näherung zugrunde zu legen ist. Die Masse m_l eines Kettengliedes sei punktförmig am Kettenbolzen angeordnet. Die Verbindung zwischen den massebelegten Kettenbolzen ist als eine masselose Feder gedacht mit der Steifigkeit c_l. Der konstruktive Aufbau der Stahlgelenkketten kommt dieser Annahme entgegen. Die Masse eines Kettengliedes befindet sich tatsächlich im wesentlichen in der Nähe des Kettenbolzens und die Masse der Laschen ist relativ gering. Ebenso dürfte die Federwirkung der Ketten in der Hauptsache auf die Elastizität der Kettenlaschen zurückzuführen sein.

Beschränkt man die mögliche Kettenbewegung auf eine Ebene, wie es die Konstruktion der meisten Stahlgelenkketten mit Ausnahme der Kardanketten vorgibt,

dann bleiben zwei Freiheitsgrade für die Bewegungsmöglichkeit der einzelnen punkt-
förmigen Kettengliedmassen offen. Dazu kommen die Bewegungsmöglichkeiten der
an den Kettentrieb ange-
hängten Drehmassen Θ_1
und Θ_2 mit je einem Frei-
heitsgrad. Wenn man die
Länge des belasteten
Trumms mit L_T und die
Kettenteilung mit t be-
zeichnet, dann hat das
in Abb. 109 gezeigte Er-
satzsystem

$$F = 2\left(\frac{L_T}{t} - 1\right) + 2 \quad (70)$$

Freiheitsgrade und eben-
so viele Eigenfrequenzen.

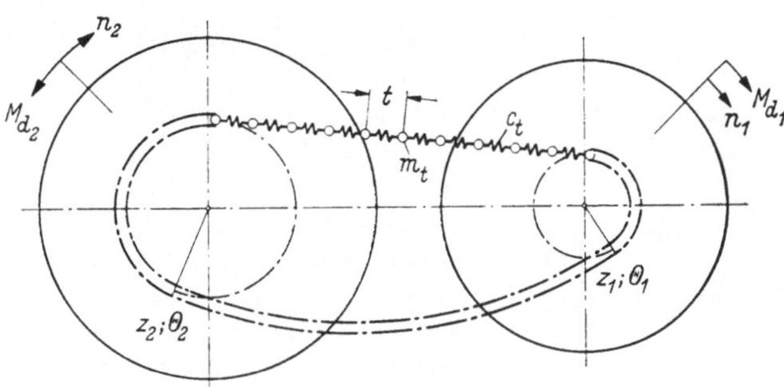

Abb. 109. Der Kettentrieb als Schwingungssystem

Die Berechnung des gezeigten Schwingungssystems, bei dem die transversalen
und die longitudinalen Bewegungsmöglichkeiten der einzelnen Kettenmassen untereinander und mit den Drehbeweglichkeiten der Wellen gekoppelt sind, wird sehr
unübersichtlich. Daher wird in den folgenden Abschnitten versucht, einzelne willkürlich entkoppelte Schwingungen des Systems zu berechnen, wobei für den jeweiligen Fall geeignete Vernachlässigungen getroffen werden.

5. Die transversalen Schwingungen des Kettentrumms

Für die Berechnung der transversalen Schwingungen eines Kettentrumms wird
nach Abb. 110 eine Kette angenommen, bei der die Masse eines Gliedes punktförmig in der Bolzenachse vereinigt ist. Im Gegensatz zu den Überlegungen des
vorigen Abschnitts wird die Kettenlasche als starre und
masselose Verbindung der Punktmassen angesehen. Das
Kettentrumm sei einseitig gelenkig eingespannt. Auf das
andere Ende des Trumms wirke eine Kraft, die unabhängig
von der Auslenkung des Kettentrumms in y-Richtung ist.
Eine derartige Kraftwirkung kann realisiert werden, wenn
an das betrachtete Kettentrumm ein Gewichtsstück über
eine sehr weiche Feder angelenkt wird. Bei richtiger Abstimmung des Systems soll die Auslenkung der Feder klein sein
gegenüber ihrer statischen Auslenkung, wenn das Kettentrumm transversale Schwingungen, d.h. Auslenkungen in
y-Richtung erfährt. Das angehängte Gewichtsstück soll in
Ruhe bleiben.

In der Abb. 110 sind die Bezeichnungen für die Berechnung der Eigenfrequenzen des transversal-schwingenden
Trumms angegeben. Das Trumm bestehe aus n-Gliedern und
habe demnach $n - 1 = p$ Punktmassen im Trumm. Die Be-
wegungsgleichung für eine beliebig herausgegriffene Masse r
lautet:

$$m_{t;\,r}\,\ddot{y}_r = \frac{P}{t}\,(y_{r+1} - 2y_r + y_{r-1}) \quad (71)$$

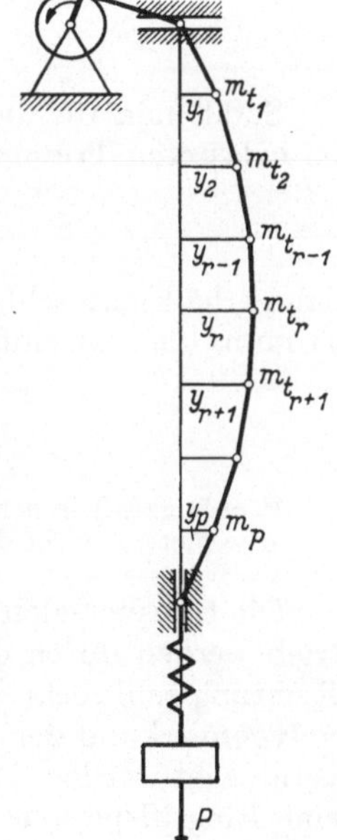

Abb. 110. Das Ersatzsystem für die Berechnung transversaler Trummschwingungen

Für die vollständige Lösung des Problems sind p-Gleichungen der oben genannten Form zu lösen. Hier sei nur das Ergebnis der errechneten Eigenfrequenzen angegeben:

$$f_{c_T} = \frac{1}{\pi} \sqrt{\frac{P}{m_l t}} \sin\left(\frac{\lambda}{p+1}\frac{\pi}{2}\right). \qquad \lambda = 1, 2, 3 \ldots p. \quad (72)$$

Das betrachtete System ist in der Schwingungsebene festgelegt, wenn man p-Koordinaten für die Lage der p-Massen angibt. Es hat demnach p-Freiheitsgrade und auch p-Eigenfrequenzen. Die genannten p-Eigenfrequenzen können errechnet werden, indem für λ alle natürlichen Zahlen von *1* bis p eingesetzt werden. Die der Ordnungszahl λ zugeordneten Schwingungsformen sind in der Abb. 111 gezeigt. Die erste Harmonische oder die Grundschwingung ist durch eine Schwingungsform mit einem Schwingungsbauch im belasteten Trumm gekennzeichnet. Für die zweite Harmonische liegen zwei, für die dritte Harmonische drei Schwingungsbäuche im belasteten Trumm vor. Die höchste Harmonische mit $\lambda = p$ hat also p-Schwingungsbäuche. Für praktisch ausgelegte Kettentriebe interessieren aber allenfalls die ersten drei Harmonischen, weil die größten Amplituden im Schwingungsbauch mit wachsender Ordnungszahl der Schwingung abnehmen und für Harmonische mit einer Ordnungszahl größer als 3 die Amplituden bereits sehr gering sind. Beachtet man andererseits daß p kaum kleiner als 10 sein wird, dann ergibt der

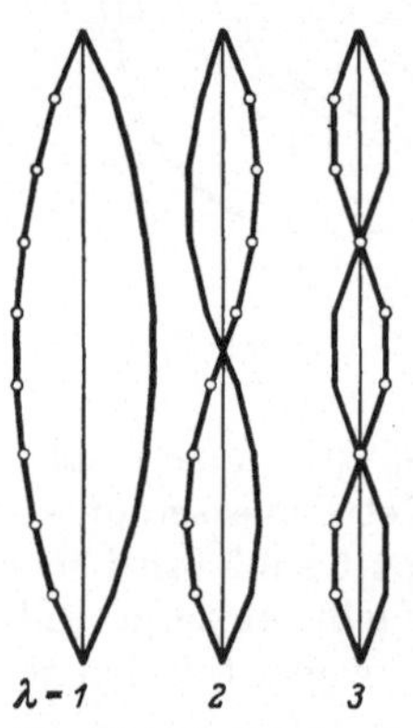

Abb. 111. Die Schwingungsformen des transversalschwingenden Kettentrumms

Klammerausdruck $\left(\dfrac{\lambda}{p+1}\dfrac{\pi}{2}\right)$ in Gl. (72) für die praktisch interessierenden Triebe einen so kleinen Bogen, daß der Sinus gleich dem Bogen selbst gesetzt werden kann. Gl. (72) kann daher in der folgenden vereinfachten Form geschrieben werden:

$$f_{c_T} = \frac{\lambda}{2(p+1)} \sqrt{\frac{P}{m_l t}}. \quad (73)$$

Setzt man für die Masse des einzelnen Kettengliedes und für die Gliederzahl im belasteten Trumm:

$$m_l = \frac{q\,t}{g}; \qquad p + 1 = \frac{L_T}{t},$$

dann erhält man schließlich für die Eigenfrequenzen eines transversalschwingenden Trumms die sehr einfache Zahlenwertgleichung:

$$f_{c_T} = \lambda \frac{1566}{L_t} \sqrt{\frac{P}{q}} \; [\mathrm{s}^{-1}]. \quad (74)$$

P = Zugkraft in der Kette in kp; L_T = Trummlänge des belasteten Trumms in mm;
q = Metergewicht der Kette in kg/m.

Die transversalen Trummschwingungen für einen umlaufenden Zweiradkettentrieb werden durch die ungleichförmige Bewegung der Trummführungspunkte in Richtung senkrecht zum belasteten Trumm erregt. Die Erregung kann durch die Polygonwirkung der Kettenräder oder durch den Rundlauffehler der Verzahnung verursacht werden. Die Erregung durch die Vieleckwirkung der Zahnräder wird für eine Eingriffsperiode durch die Gl. (46) beschrieben. Die Erregung ist eine nichtharmonische Funktion, die mit der Zahnfrequenz – dem Produkt aus Zähnezahl und Drehzahl –, periodisch ist. Bei einer FOURIERanalyse der nichtharmonischen Erregerfunktion nach Gl. (46) erhält man als mögliche Erregerfrequenzen:

$$f_{\text{err};z} = \nu\,\frac{z_1\,n_1}{60} = \nu\,\frac{z_2\,n_2}{60}\;\text{s}^{-1}\,, \tag{75}$$

wobei ν wiederum die Ordnungszahl der Harmonischen der Erregung angibt. Die Resonanzdrehzahlen eines Zweiradkettentriebs mit auftretenden transversalen Trummschwingungen werden durch Gleichsetzen der Gl. (74) und (75) erhalten. Sie betragen:

$$n_{T;z;1} = k_T\,\frac{\lambda}{\nu}\,\frac{93\,960}{z_1\,L_T}\,\sqrt{\frac{P}{q}}\;\text{U/min}\,. \tag{76}$$

Dimensionen nach Gl. (74).

In der Abb. 112 sind die Betriebszustände eines umlaufenden Zweiradkettentriebs gezeigt, die in der Nähe der nach Gl. (76) errechneten Resonanzdrehzahlen liegen. Im ersten Bild ist die Grundschwingung des Trumms ($\lambda = 1$) durch die

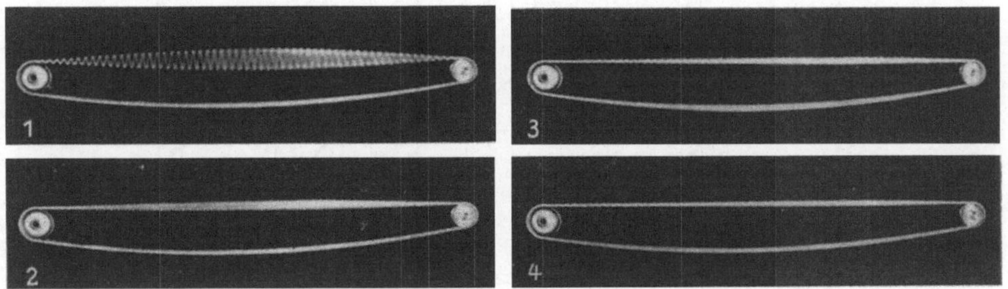

Abb. 112. Fotografien eines umlaufenden Kettentrumms bei vorliegenden transversalen Schwingungen

erste Harmonische der Zahnfrequenz ($\nu = 1$) erregt. Im zweiten Bild ist die Grundschwingung des Trumms ($\lambda = 1$) durch die zweite Harmonische der Zahnfrequenz ($\nu = 2$) erregt. Im dritten und vierten Bild sind die erste Oberschwingung und die zweite Oberschwingung des Trumms ($\lambda = 2$ bzw. $\lambda = 3$) durch die erste Harmonische der Zahnfrequenz erregt. Aus einer Vielzahl von Messungen kann gesagt werden daß kritische Resonanzdrehzahlen vorliegen, wenn $\lambda = 1$ und $\nu = 1$ betragen. Nur bei besonders hohen Ansprüchen erscheint es notwendig, auch die Fälle $\lambda = 1$, $\nu = 2$ und $\lambda = 2$, $\nu = 1$ für die Berechnung der zu vermeidenden Resonanzdrehzahlen heranzuziehen.

Für eine größere Zahl verschiedener Zweiradtriebe mit Ketten von 12,7 mm Teilung wurde eine Abweichung der tatsächlichen gemessenen Resonahzdrehzahlen von den nach Gl. (76) errechneten festgestellt, die durch den Faktor k_T berücksichtigt werden soll. Die Abweichung war im wesentlichen abhängig von der Größe der Resonanzamplituden. Sie wird darauf zurückgeführt, daß die Belastung in der schwingenden Kette nicht konstant bleibt, wie es in dem Ersatzsystem nach Abb. 110 der Berechnung zugrunde gelegt wurde. Da die Größe der Resonanzamplituden von der Zähnezahl der Kettenräder beeinflußt wird, hängt auch der Faktor k_T besonders von der Zähnezahl ab. Für die Übersetzung $i = 1$ und die Zähnezahl 19 beträgt k_T etwa 1,1, bei der Zähnezahl 15 liegt er bei $k_T = 1,2$. Bis genauere Ergebnisse vorliegen, muß der Faktor k_T nach den vorstehenden Angaben geschätzt werden.

Der gefährliche Drehzahlbereich, der vermieden werden sollte, wenn der Kettentrieb ruhig laufen soll, wird in einem Bereich von etwa $\pm 10\%$ um die Resonanzdrehzahl liegen. Er kann daher nach folgender Gleichung berechnet werden:

$$n_{\text{gef};\,T;\,z;\,1} = (k_T \pm 0,1)\,\frac{93\,960}{z_1 L_T}\,\sqrt{\frac{P}{q}}\;\text{U/min}\,. \tag{77}$$

Dimensionen nach Gl. (74).

Um eine Vorstellung von der Größenordnung der auftretenden Resonanzdrehzahlen zu vermitteln, sind die Diagramme in Abb. 113 gezeichnet worden. Sie gelten für einen mittleren Wert der Gelenkflächenpressung von 150 kp/cm² und

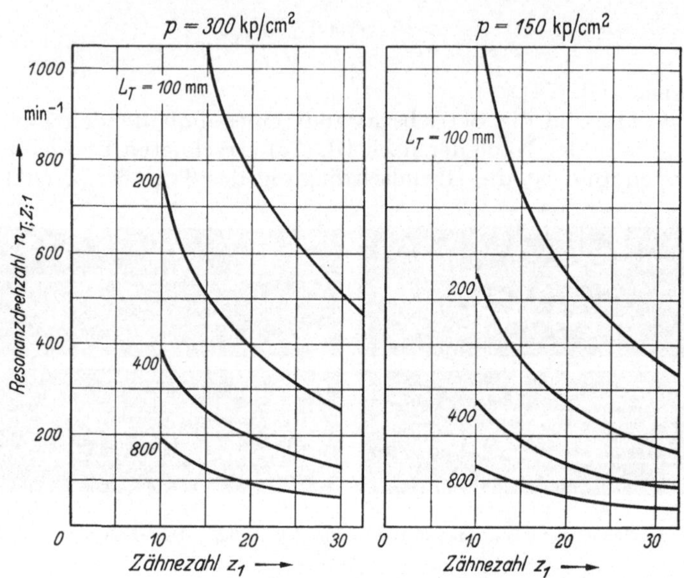

Abb. 113. Die Resonanzdrehzahlen des transversal-schwingenden Kettentrumms

einen hohen Wert von 300 kp/cm². Für die Berechnung von Resonanzdrehzahlen nach Abb. 113 wird die Gl. (76) weiter umgeformt. Für die Zugkraft in der Kette P, das Metergewicht q und den Faktor k_T werden eingesetzt:

$$P = p\,f; \quad q = f\,q/f; \quad k_T = 1,1$$

$$q/f = 1,34\,\frac{\text{kg}}{\text{m}\,\text{cm}^2}\quad\text{(Mittelwert für Rollenketten nach DIN 8187)}.$$

Damit ist die folgende Gl. (78) unabhängig von der Kettenteilung und lautet:

$$n_{T;\,z;\,1} = \frac{1,1\cdot 93\,960}{\sqrt{1,34}}\,\frac{\sqrt{p}}{z_1 L_T} = 89\,200\,\frac{\sqrt{p}}{z_1 L_T}\qquad\begin{array}{l}P\text{ in kp/cm}_2\\[2pt]L_T\text{ in mm}\,.\end{array} \tag{78}$$

Berücksichtigt man als oberen Wert der Gelenkflächenpressung $p = 300\,\text{kp/cm}^2$ und als unteren Wert der Zähnezahlen $z_1 = 10$ Zähne und die Trummlänge $L_T = 100$ mm, dann erhält man einen Spitzenwert der Resonanzdrehzahl:

$$n_{T;\,z;\,\max} = 1550\;\text{U/min}\,.$$

Man kann also sagen, daß im allgemeinen oberhalb von 1550 U/min keine Resonanzen mehr auftreten, bei denen das Trumm transversale Schwingungen ausführt. In ähnlicher Weise sollen die Diagramme der Abb. 113 dazu dienen, die Gefahr abzuschätzen, die besteht, daß ein Trieb in die Nähe einer Resonanzdrehzahl mit transversalen Schwingungen des Trumms kommt.

Schließlich seien in diesem Zusammenhang die Möglichkeiten diskutiert, die bestehen, um den Resonanzbetrieb eines Kettentriebs zu vermeiden. Da für eine derartige Betrachtung die in Gl. (76) angegebene Zugkraft P nicht erwünscht ist, weil im allgemeinen ein zu übertragendes Drehmoment vorgegeben ist, wird Gl. (76) zunächst als Größengleichung geschrieben. Für die Zugkraft in der Kette wird das Drehmoment M_d und der Teilkreisdurchmesser d_0 eingesetzt. Außerdem wird der Zusammenhang zwischen der Zähnezahl z, der Kettenteilung t und dem Teilkreisdurchmesser d_0 in Näherung als $d_0 = z\,t/\pi$ geschrieben. Auf diese Weise erhält man für die Berechnung der Resonanzdrehzahl den neuen Ausdruck:

$$n_{T;z;1} = \frac{k_T}{z_1 L_T} \sqrt{\frac{P\,g}{q}} = \frac{k_T}{z_1 L_T} \sqrt{\frac{2\,M_{d_1}g}{d_{01}q}} = \frac{k_T}{z_1 L_T} \sqrt{\frac{2\,\pi\,M_{d_1}g}{z_1\,t\,q}} \; . \tag{79}$$

Da für einen auszulegenden Kettentrieb im allgemeinen die Drehzahl, die Trummlänge und das Drehmoment vorgeschrieben sind, bleibt zur Vermeidung des Resonanzbetriebes nur die Veränderung von z_1, t oder q möglich. Die Beeinflussung des Metergewichts bei konstanter Kettenteilung beispielsweise durch Wahl einer Mehrfachkette ist eine relativ unwirksame Maßnahme, weil das Metergewicht nur mit der Quadratwurzel eingeht. Eine bessere Maßnahme ist die Wahl einer Kette größerer Teilung, da auf diese Weise sowohl t als auch q beeinflußt werden. Die beste Wirkung ist aber durch Veränderung der Zähnezahl zu erreichen. Für die Wahl einer größeren Zähnezahl spricht der sich daraus ergebende Vorteil einer geringeren Gelenkflächenpressung und die weiteren Vorteile, die sich aus der Verringerung der Vieleckwirkung ergeben. Gegen die Wahl einer größeren Zähnezahl spricht der größere Raumbedarf eines solchen Triebs und die Tatsache, daß beim Hochlaufen die Resonanzdrehzahl durchfahren werden muß. Der einzuschlagende Weg muß von Fall zu Fall entschieden werden. Die Bedenken gegen das Durchfahren der Resonanzdrehzahl sollten aber nicht zu schwer wiegen.

Wie bereits erwähnt wurde, können transversale Trummschwingungen auch durch den Rundlauffehler der Kettenradverzahnung erregt werden. Die Erregeramplitude entspricht der Exzentrizität der Kettenradverzahnung. Die Erregerfunktion wird durch Δv_D nach Gl. (50) ausgedrückt. Bei der Übersetzung $i = 1$ werden die beiden Trummführungspunkte gleichsinnig erregt, wenn ε_D gleich Null ist. In diesem Fall werden die Grundschwingungen des Trumms und alle ungeraden Harmonischen der Trummschwingung bevorzugt angestoßen. Für die Übersetzung $i = 1$ und die Fase $\varepsilon_D = \pm\,\pi$ werden die Trummführungspunkte ungleichsinnig erregt und damit alle geradzahligen Harmonischen der Trummschwingung bevorzugt angestoßen. Für das allgemeine Übersetzungsverhältnis $i \neq 1$ betragen die Erregerfrequenzen:

$$f_{\mathrm{err};1} = \frac{n_1}{60} \qquad f_{\mathrm{err};2} = \frac{n_2}{60} \; . \tag{80}$$

Die Resonanzdrehzahlen können durch Gleichsetzen der Gl. (74) und der Gl. (80) erhalten werden. Sie haben die Größe:

$$n_{T;n;1,2} = \lambda\,\frac{93\,960}{L_t} \sqrt{\frac{P}{q}} \; \mathrm{U/min} \; . \tag{81}$$

Dimensionen nach Gl. (74).

Die Erregung folgt einer harmonischen Funktion. Für den Fall $i = 1$ und $\lambda = 1$ gibt es nur eine Resonanzdrehzahl und für $i \neq 1$ und $\lambda = 1$ zwei Resonanzdrehzahlen. Nach den Erfahrungen des Verfassers ergeben die genannten Resonanzdrehzahlen keine kritischen Betriebszustände, weil die üblichen Rundlauffehler der Kettenradverzahnung nur eine geringe Erregung ergeben. Außerdem sollte die Gl. (81) mit Vorsicht verwendet werden, weil der Einfluß der Vorwärtsbewegung der umlaufenden Kette für die Berechnung der Resonanzdrehzahlen nach Gl. (81) nicht mehr vernachlässigt werden darf.

Weitere Erregung transversaler Trummschwingungen kann durch äußere Erregerfrequenzen verursacht werden, wie sie beispielsweise beim Antrieb durch Kolbenmaschinen auftreten können. Die Vorausberechnung der Resonanzdrehzahlen wird auch in diesen Fällen nach dem Muster der angegebenen Gleichungen durchgeführt.

Zahlenbeispiel

2. Aufgabe: Ein Kettentrieb sei durch folgende Daten gekennzeichnet:

Einfachrollenkette $15{,}875 \times 6{,}48$ DIN 8187; $z_1 = 19$ Zähne; $i = 2$; $n_1 = 800$ Umin;

$$p = 200 \text{ kp/cm}^2; \quad L_T = 450 \text{ mm}.$$

Besteht die Gefahr, daß transversale Trummschwingungen auftreten?

Lösung: Nach Abb. 113 beträgt die Resonanzdrehzahl mit $\lambda = 1$ und $\nu = 1$ für den gewählten Trieb und $p = 300$ kp/cm² etwa 190 U/min. Bei der vorliegenden Gelenkflächenpressung von $p = 200$ kp/cm² wird die Resonanzdrehzahl noch niedriger liegen. Trummschwingungen sind also nicht zu befürchten.

3. Aufgabe: Ein Kettentrieb mit folgenden Daten ist gegeben:

Einfachrollenkette $19{,}05 \times 11{,}68$ DIN 8187; $L_T = 600$ mm; $z_1 = 20$ Zähne; $z_2 = 25$ Zähne; $M_{d_1} = 8{,}15$ mkp; $n_1 = 82$ U/min.

Es ist zu untersuchen, ob transversale Trummschwingungen auftreten?

Lösung:

$$d_{01} = t \, n_{01} = 19{,}05 \cdot 6{,}393 = 121{,}78 \text{ mm} \qquad \text{nach Gl. (5) u. Tab. 21}$$

$$P = 2 M_{d_1}/d_{01} = \frac{2 \cdot 8{,}15}{121{,}78} = 134 \text{ kp} \qquad \text{nach Gl. (30)}$$

$$p = P/f = 134/0{,}89 = 150{,}7 \text{ kp/cm}^2 \qquad f \text{ aus Tab. 16}$$

Aus Abb. 113 folgt für $n_{T;z;1} = 100$ U/min. Dieser Wert liegt nahe bei der vorgegebenen Drehzahl n_1. Daher wird der gefährliche Drehzahlbereich genauer bestimmt.

$$n_{\text{gef}; T; z; 1} = (k_T \pm 0{,}1) \frac{93\,960}{z_1 L_T} \sqrt{\frac{P}{q}} . \qquad \text{nach Gl. (77)}$$

$k_T = 1{,}1$ wird geschätzt für $z_1 = 20$ Zähne $\qquad$ nach S. 89

$q = 1{,}25$ kg/m $\qquad$ nach Tab. 16

$$n_{\text{gef}; T; z; 1} = (1{,}1 \pm 0{,}1) \frac{93\,960}{20 \cdot 600} \sqrt{\frac{134}{1{,}25}} = 89 \pm 8{,}9 \text{ U/min} .$$

Um die vorliegende Gefahr, transversaler Trummschwingungen zu vermeiden, wird $z_1 = 18$ Zähne gewählt. Damit folgt:

$$d_{01} = t \, n_{01} = 19{,}05 \cdot 5{,}759 = 109{,}71 \text{ mm};$$

$$P = 2 M_{d_1}/d_{01} = \frac{2 \cdot 8{,}15}{109{,}71} = 149 \text{ kp};$$

$$p = P/f = 149/0{,}89 = 168 \text{ kp/cm}^2;$$

$$n_{\text{gef}; T; z; 1} = (1{,}1 \pm 0{,}1) \frac{93\,960}{18 \cdot 600} \sqrt{\frac{149}{1{,}25}} = 104{,}5 \pm 10{,}5 \text{ U/min} .$$

Es bleibt zu untersuchen, ob die Zunahme der Gelenkflächenpressung auf $p = 168$ kp/cm² zulässig ist.

6. Die longitudinalen Schwingungen des Kettentrumms

Das Ersatzsystem für die Berechnung der longitudinalen Schwingungen eines Kettentriebes ist in der Abb. 114 gezeigt. Die Masse des einzelnen Kettengliedes ist auch hier im Gelenk zusammengefaßt worden. Die Lasche wird als masselose Feder aufgefaßt. In der oberen Hälfte der Abb. 114 ist die Kette in ihrer Ruhelage gezeigt. In der unteren Hälfte sind beliebige Auslenkungen der Punktmassen angenommen. Die Bewegungsmöglichkeiten der Massenpunkte ist auf die Längsrichtung des Trumms willkürlich beschränkt worden. Unter diesen Voraussetzungen ergibt sich die Differentialgleichung der Bewegung eines herausgegriffenen Massenpunktes mit dem Index r zu:

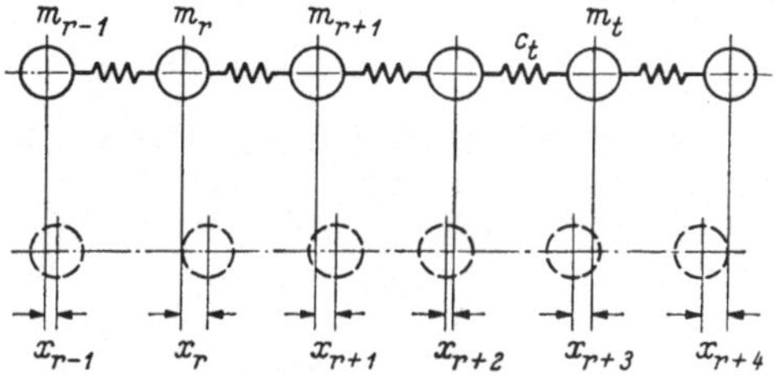

Abb. 114. Das Ersatzsystem für die Berechnung der longitudinalen Trummschwingungen

$$m_r \, \ddot{x}_r = c_t \, (x_{r+1} - 2 \, x_r + x_{r-1}). \qquad (82)$$

Analog zu der Gl. (72) erhält man p verschiedene Eigenfrequenzen, da auch p Freiheitsgrade des Systems bestehen. Die Eigenfrequenzen können errechnet werden zu:

$$f_{e_L} = \frac{1}{\pi} \sqrt{\frac{c_t}{m_t}} \, \sin\left(\frac{\lambda}{p+1} \, \frac{\pi}{2}\right). \qquad (83)$$

Wie sich später zeigen wird, kann allenfalls die Eigenfrequenz der Grundschwingung mit $\lambda = 1$ praktisch erregt werden. Daher wird die Gliederzahl im belasteten Trumm $(p + 1)$ sicher wesentlich größer als λ sein und man kann zur vereinfachten Berechnung der Eigenfrequenzen den Sinus gleich dem Bogen setzen. Damit ergibt sich die Form:

$$f_{e_L} = \frac{1}{2} \, \frac{\lambda}{p+1} \sqrt{\frac{c_t}{m_t}}. \qquad (84)$$

In Gl. (84) kann die Steifigkeit eines Gliedes durch die relative Steifigkeit c_{rel}, die Bruchlast P_B und die Kettenteilung t nach Gl. (25) ausgedrückt werden. Außerdem wird die Masse eines Kettengliedes durch das Metergewicht der Kette q die Erdbeschleunigung g und die Kettenteilung ausgedrückt. Mit:

$$m_t = \frac{q \, t}{g} \, ; \qquad c_t = \frac{c_{\mathrm{rel}} \, P_B}{t} \quad \text{und} \quad p + 1 = \frac{L_T}{t},$$

erhält man demnach:

$$f_{e_L} = \frac{1}{2 \, L_T} \sqrt{\frac{c_{\mathrm{rel}} \, P_B \, g}{q}}. \qquad (85)$$

Setzt man weiter für $P_B/q = 2582$ als Mittelwert für die Rollenketten nach DIN 8187 und $c_{\mathrm{rel}} = 55$ als relative Steifigkeit bei einer mittleren Belastung nach Abb. 87 ein, dann hängt die Eigenfrequenz eines longitudinalschwingenden Trumms nur noch von der Trummlänge ab. Für die Rollenketten nach DIN 8187 gilt die Zahlenwertgleichung:

$$f_{e_L} = 5{,}9 \cdot 10^5 \, \frac{1}{L_T} \quad [\mathrm{s^{-1}}]. \qquad (86)$$

L_T = Trummlänge in mm.

Die Eigenfrequenzen des longitudinal schwingenden Kettentrumms ergeben demnach sehr große Werte. Für eine Trummlänge von $L_T = 100$ mm beträgt $f_{eL} = 5900$ Hz und bei $L_T = 1000$ mm ist $f_{eL} = 590$ Hz.

Die Erregung kann durch die Polygonwirkung erfolgen. Für eine Eingriffsperiode eines Trummführungspunktes folgt die Erregung in Trummrichtung der Funktion $\Delta w = f(\varphi)$ in Gl. (46). Die vorwiegend interessierende Grundschwingung mit $\lambda = 1$ wird bevorzugt erregt, wenn die Trummlänge einem ungeraden Vielfachen der halben Kettenteilung entspricht. Die Gl. (46) beschreibt eine nichtharmonische Funktion, die mit der Zahneingriffsfrequenz periodisch ist. Nach einer FOURIER-Analyse der Gl. (46) ergeben sich als mögliche Erregerfrequenzen:

$$f_{\mathrm{err};z} = \frac{\nu\, n_1 z_1}{60} = \frac{\nu\, n_2 z_2}{60} \quad [\mathrm{s}^{-1}]. \tag{87}$$

Von besonderer Bedeutung wird das Zusammenfallen der ersten Harmonischen der Trummschwingung ($\lambda = 1$) mit der ersten Harmonischen der Erregung ($\nu = 1$) sein. Durch Gleichsetzen der Gl. (85) und Gl. (87) erhält man die Resonanzdrehzahlen eines transversal schwingenden Kettentrumms im Zweiradtrieb:

$$n_{L;\,z;\,1} = \frac{30}{z_1 L_T} \sqrt{\frac{c_{\mathrm{rel}}\, P_B\, g}{q}} \quad [\mathrm{min}^{-1}]. \tag{88}$$

Berücksichtigt man auch hier die mittleren Werte von P_B/q und c_{rel} für Rollenketten nach DIN 8187, dann erhält man die sehr einfache Zahlenwertgleichung:

$$n_{L;\,z;\,1} = \frac{3{,}54 \cdot 10^7}{z_1 L_T} \quad [\mathrm{min}^{-1}]. \tag{89}$$

L_T = Trummlänge in mm.

In der Abb. 115 sind die Resonanzdrehzahlen nach Gl. (89) für einige in Frage kommende Zahlenwerte von z_1 und L_T über der Zähnezahl z_1 des treibenden Rades aufgetragen. Man kann schon hieraus erkennen, daß die Resonanzdrehzahlen ungewöhnlich hoch liegen. Um die Bedeutung der Resonanzen noch besser beurteilen zu können, wird die Kettengeschwindigkeit bei der Resonanzdrehzahl errechnet. Die Kettengeschwindigkeit v kann durch den Teilkreisdurchmesser und die Drehzahl bestimmt werden. Der Teilkreisdurchmesser kann als Näherung durch die Zähnezahl und die Kettenteilung ausgedrückt werden. Es gilt:

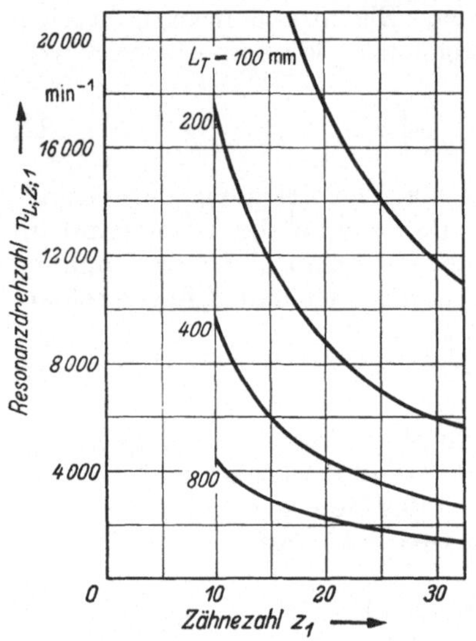

Abb. 115. Die Resonanzdrehzahlen des longitudinal-schwingenden Kettentrumms

$$v = \frac{d_{01}\,\pi\, n_1}{60} \cong \frac{z_1\, t\, n}{60}. \tag{90}$$

Mit Gl. (89) und Gl. (90) erhält man schließlich für die Kettengeschwindigkeit beim Resonanzbetrieb die Zahlenwertgleichung:

$$v_{L;\,z} = 590\, \frac{t}{L_T} \quad [\mathrm{m/sek}]. \tag{91}$$

Für die mittlere Trummlänge $L_T = 40\,t$ beträgt nach Gl. (91) die Kettengeschwindigkeit im Resonanzfall $v_{\mathrm{res};\,L;\,z} = 14{,}75$ m/sek. Diese Kettengeschwindigkeit liegt im oberen Bereich der üblichen Triebe. Den Konstrukteur wird aus diesem Grund die Berechnung longitudinaler Trummschwingungen nur bei schnellaufenden Trieben in seltenen Fällen interessieren.

Die Resonanzen eines longitudinal-schwingenden Kettentrumms sind bisher noch nicht gemessen worden.

7. Die Drehschwingungen des Zweiradkettentriebs

Als Drehschwingung seien im folgenden Abschnitt die Vorgänge bezeichnet, bei denen die treibende und getriebene Welle ihrer gleichförmigen Drehbewegung überlagerte periodische Drehschwingungen ausführen und bei denen die Kette eine schwellende Belastung erfährt. Derartige Schwingungen sind nach außen hin nicht sichtbar, wie etwa die transversalen Schwingungen des Kettentrumms. Sie können aber zu erheblichen Blindlasten in der Kette führen und verdienen daher eine besondere Beachtung. Als Ersatzsystem für die Berechnung der Drehschwingungen wird eine Anordnung nach Abb. 116 zugrunde gelegt. Die Kette wird als masselose Feder der Steifigkeit c angesehen. Die Kettenräder und die Wellen werden als starr angenommen und die Trägheitsmomente der treibenden und getriebenen Aggregate werden zu jeweils einer trägen Drehmasse zusammengefaßt.

Das System sei durch die Drehmomente M_{d_1} und M_{d_2} unter Vorspannung gesetzt. Daraus ergibt sich eine Zugkraft in der Kette, welche die mittlere Größe P hat.

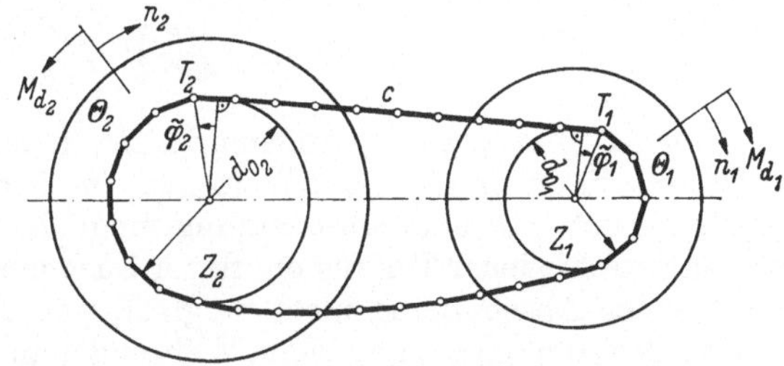

Abb. 116. Das Ersatzsystem für die Berechnung der Drehschwingungen des Zweiradkettentriebs

Solange die dynamische Lastamplitude in der Kette kleiner als P ist, kann für die Kette eine lineare Federkennlinie als brauchbare Näherung angenommen werden. Wenn aber die dynamische Lastamplitude größer als P ist, muß der Berechnung eine geknickte, nichtlineare Federkennlinie zugrunde gelegt werden, da die Kette nicht in der Lage ist, Druckbeanspruchungen aufzunehmen. In dem folgenden Abschnitt wird nur der Fall betrachtet, bei dem die dynamische Belastung kleiner als P ist, da nur diese Betriebszustände von praktischem Interesse sind.

Der Kettentrieb nach Abb. 116 hat zwei Freiheitsgrade, da zwei Koordinaten ausreichen, um die beiden Drehmassen zu fixieren. Man erhält demnach auch zwei Eigenfrequenzen. Im Fall der ersten Eigenfrequenz bewegen sich die beiden Wellen gleichsinnig und die Eigenfrequenz ist gleich Null. Die zweite Eigenfrequenz hat einen diskreten Wert. Die Massen bewegen sich gegensinnig und die Kette wirkt jeweils als Rückstellkraft.

In der Abb. 116 ist der Kettentrieb in einer ausgelenkten Lage gezeigt, in der die Trummführungspunkte T um die Winkel $\tilde{\varphi}_1$ und $\tilde{\varphi}_2$ von ihrer ursprünglichen Stellung bei schwingungsfreiem Betrieb entfernt sind.

Für die Betrachtung der Abb. 116 ist vorauszusetzen, daß die Kette durch Drehmomente $M_{d_{1,2}}$ vorgespannt ist. Eine Vorwärtsbewegung der Kette ist zunächst nicht vorgesehen. Formuliert man den Drallsatz für die beiden Drehachsen der Wellen, dann erhält man die folgenden Bewegungsgleichungen für die beiden Drehmassen:

$$\theta_1\ddot{\tilde{\varphi}}_1 + c\left(\tilde{\varphi}_1\frac{d_{01}}{2} - \tilde{\varphi}_2\frac{d_{02}}{2}\right)\frac{d_{01}}{2} = 0,$$

$$\theta_2\ddot{\tilde{\varphi}}_2 + c\left(\tilde{\varphi}_2\frac{d_{02}}{2} - \tilde{\varphi}_1\frac{d_{01}}{2}\right)\frac{d_{02}}{2} = 0.$$

(92)

Die laufende Koordinate der Drehschwingung der beiden Wellen ist als $\tilde{\varphi}$ bezeichnet worden, um diese von der laufenden Koordinate der Drehbewegung der Wellen φ zu unterscheiden. Durch Auflösung der Differentialgleichungen erhält man für die beiden Eigenfrequenzen des Systems nach Abb. 116:

$$f_{e;\,D;\,I} = 0; \qquad f_{e;\,D;\,II} = \frac{1}{4\,\pi} \sqrt{c \left(\frac{d_{01}^2}{\theta_1} + \frac{d_{02}^2}{\theta_2}\right)} \; [\mathrm{s}^{-1}]. \tag{93}$$

Durch Einführung von:

$$c = \frac{c_{\mathrm{rel}}\,P_B}{L_T}; \qquad i = \frac{d_{02}}{d_{01}}; \qquad j = \frac{\theta_1}{\theta_2}; \qquad d_0 \cong \frac{z\,t}{\pi},$$

erhält man für die interessierende von Null verschiedene Eigenfrequenz des drehschwingenden Zweiradtriebes:

$$f_{eD} = f_{e;\,D;\,II} = \frac{z_1\,t}{4\,\pi^2} \sqrt{\frac{c_{\mathrm{rel}}\,P_B}{L_T\,\theta_1}(1 + i^2\,j)} \;\; [\mathrm{s}^{-1}]. \tag{94}$$

Eine Abschätzung der Größenordnung, in der die Eigenfrequenzen nach Gl. (94) auftreten, kann in ähnlicher Weise, wie im vorigen Abschnitt nicht durchgeführt werden. Dort war eine Abschätzung möglich, weil beispielsweise für die Rollenketten verschiedener Teilung ein fester Zusammenhang zwischen P_B und q besteht. Hier ist die Abschätzung nicht möglich, weil der Quotient aus P_B und Θ_1 in sehr weiten Grenzen schwanken kann. Während man nach den Überlegungen des vorigen Abschnittes sagen konnte, daß allenfalls die Zahneingriffsfreqeunz hoch genug ist, um in Resonanz zu der Eigenfrequenz des longitudinal schwingenden Trumms zu kommen, sind ähnliche allgemeingültige Voraussagen bei dem betrachteten Drehschwingungssystem nicht möglich.

Je nach den Daten eines vorliegenden Triebes müssen daher nach den Erfahrungen des Verfassers folgende Erregungsmöglichkeiten berücksichtigt werden.

a) Die Erregung mit der Zahneingriffsfrequenz $f_{\mathrm{err};\,z}$, hervorgerufen durch die Vieleckwirkung der Kettenräder.

b) Die Erregung mit den Drehfrequenzen $f_{\mathrm{err};\,1,\,2}$ der Kettenräder, hervorgerufen durch die Rundlauffehler der Kettenradverzahnung.

c) Die Erregung mit der Umlauffrequenz $f_{\mathrm{err};\,u}$ der Kette, hervorgerufen durch die Teilungsungenauigkeiten der Ketten. Eventuell sind auch die Harmonischen der Umlauffrequenz zu berücksichtigen.

d) Die Erregung $f_{\mathrm{err};\,a}$ durch äußere, dem Kettentrieb nicht zugeordnete Ursachen, wie z. B. der ungleichförmige Lauf der An- bzw. Abtriebsaggregate.

Die Erregerfrequenzen nach den Punkten a) und b) können nach den Gln. (75) und (80) errechnet werden. Die Harmonischen der Umlauffrequenz haben folgende Form

$$f_{\mathrm{err};\,u} = \frac{\nu\,z_1\,n_1}{60\,X} = \frac{\nu\,z_2\,n_2}{60\,X}. \tag{95}$$

$X = $ Gliederzahl der Kette.

Die Resonanzdrehzahlen für den Fall der Erregung nach den Punkten a) bis c) betragen:

a)
$$n_{D;\,z;\,1} = \frac{15\cdot t}{\pi^2} \sqrt{\frac{c_{\mathrm{rel}}\,P_B}{L_T\,\theta_1}(1 + i^2\,j)}, \tag{96}$$

b)
$$n_{1;\,2;\,D;\,N;\,1} = \frac{15\cdot t\,z_{1,2}}{\pi_2} \sqrt{\frac{c_{\mathrm{rel}}\,P_B}{L_T\,\theta_1}(1 + i_2\,j)}, \tag{97}$$

c)
$$n_{\nu;\,D;\,u;\,1} = \frac{15\cdot t\,X}{\pi^2\,\nu} \sqrt{\frac{c_{\mathrm{rel}}\,P_B}{L_T\,\theta_1}(1 + i^2\,j)}. \quad \nu = 1, 2, 3 \tag{98}$$

Nach den Erfahrungen des Verfassers an Versuchstrieben ist die Resonanz-drehzahl, die sich aus der Erregung der Drehschwingung des Systems – Zweirad-kettentrieb – durch die Teilungsfehler der Kette ergibt, besonders gefährlich. Ebenso waren die Resonanzamplituden der zweiten und dritten Harmonischen der Umlauffrequenz von Bedeutung. Die Resonanzdrehzahlen nach den Gln. (96) und (97) treten demgegenüber in ihrer Bedeutung in den Hintergrund. Inwieweit sich diese Feststellungen verallgemeinern lassen, kann natürlich nicht mit Sicherheit gesagt werden.

Bei einer Erregung nach Punkt d kann die Resonanzdrehzahl durch Gleich-setzen von $f_{err;\,d}$ und $f_{e;\,D}$ bestimmt werden, wenn der Zusammenhang zwischen der äußeren Erregerfrequenz und der Drehzahl eines Kettenrades bekannt ist.

Den Praktiker interessieren bei der dynamischen Berechnung eines Ketten-triebes an erster Stelle die möglichen Resonanzdrehzahlen. Aus diesem Grund wurden auch die Gleichungen zur Berechnung der in Frage kommenden Drehzahlen an den Beginn dieses Kapitels gestellt. Tatsächlich bestimmen aber auch außerhalb der Resonanzdrehzahlen die erzwungenen Drehschwingungen das Laufverhalten eines Kettentriebes so entscheidend, daß ihrer Berechnung im folgenden noch wei-terer Raum gegeben wird. An erster Stelle sei die Erregung durch die Vieleck-wirkung der Kettenräder betrachtet. Alle sonstigen Erregungsmöglichkeiten seien ausgeschaltet.

Für die Berechnung wird zunächst angenommen, daß die Kettenräder die Dreh-zahl Null haben. Das Drehschwingungssystem sei auf ein translatorisches Schwin-gungssystem zurückgeführt. Die Drehmassen werden als träge Massen aufgefaßt, welche nur die Bewegungs-möglichkeit in Kettenlängsrichtung haben. Die ungleichförmigen Bewe-gungen der Trummführungspunkte nach Gl. (46) ergeben in diesem Sy-stem (Abb. 117) eine mit der Zahn-eingriffsfrequenz periodische und nicht harmonische Relativbewegung der Trummführungspunkte bezogen auf die trägen Massen. Diese wird als Erregung des Schwingungssystems eingesetzt. In der Abb. 117 sind die beiden Massen in einer allgemeinen ausgelenkten Lage gezeigt. Der Ansatz nach NEWTON ergibt die folgenden Bewegungsgleichungen für die Massen m_1 und m_2 :

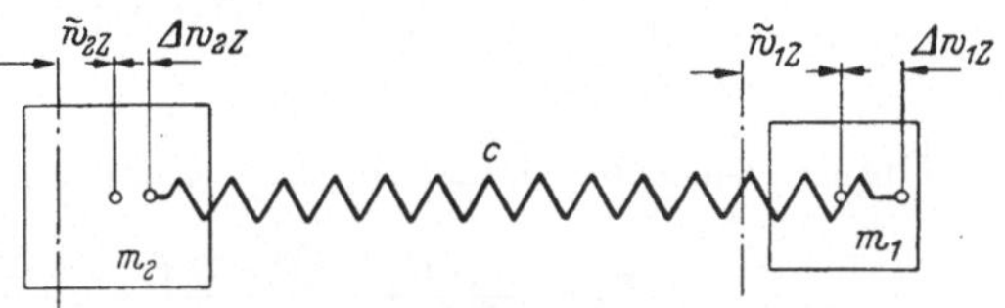

Abb. 117. Das auf translatorische Bewegungen reduzierte Schwingungssystem

$$m_1\ddot{\tilde{w}}_{1z} + c\,(\tilde{w}_{1z} - \tilde{w}_{2z}) = c\,(\Delta w_{2z} - \Delta w_{1z}),\tag{99}$$

$$m_2\ddot{\tilde{w}}_{2z} + c\,(\tilde{w}_{2z} - \tilde{w}_{1z}) = c\,(\Delta w_{1z} - \Delta w_{2z}).$$

Gl. (46) wird vor dem Einsetzen in die Schwingungsgleichung in eine FOURIER-reihe entwickelt und nach [12] nur das erste Glied der Reihe berücksichtigt. Dieses hat den Wert:

$$\Delta w_z = \frac{t}{\pi z^2}\sin z\,\omega\,\Lambda\,,\tag{100}$$

wenn für $1 - z^2 \approx z^2$ gesetzt wird und die laufende Koordinate der Drehbewegung φ des Kettenrades durch das Produkt aus dessen Winkelgeschwindigkeit ω und der Zeit Λ ersetzt wird. Die Erregung der beiden Trummführungspunkte erfolgt gleich-sinnig, wenn die Trummlänge einem ganzzahligen Vielfachen der Kettenteilung entspricht. In diesem Fall ist die Fase zwischen den beiden Erregungen $\varepsilon_z = 0$. Für eine Trummlänge, welche gleich einem ungeraden Vielfachen der halben

Kettenteilung ist, beträgt die gleiche Fase $\varepsilon_z = \pm\pi$. Sie kann in den Grenzen $0 < \varepsilon_z < 2\alpha$ schwanken und wird ausgedrückt durch einen Gliederzahlbeiwert ξ, der gleich 0,5 ist, wenn die Trummlänge gleich einem ungeraden Vielfachen der Kettenteilung ist und der gleich 0 bzw. 1 wird, wenn die Trummlänge einem ganzzahligen Vielfachen der Kettenteilung entspricht. Der Zusammenhang zwischen ε_z und ξ lautet:

$$\xi = \frac{\varepsilon_z}{2\,\alpha} \cdot \tag{101}$$

Damit erhalten die Gleichungen der Erregung der beiden Trummführungspunkte die Form:

$$\Delta w_{1z} = \frac{t}{\pi z_1^2} \sin z_1\,\omega_1\,\varLambda$$
$$z_1\,\omega_1 = z_2\,\omega_2 = \omega_z = \frac{z\,\pi\,n}{30}\,, \tag{102}$$
$$\Delta w_{2z} = \frac{t}{\pi z_2^2} \sin(z_2\,\omega_2\,\varLambda - 2\,\pi\,\xi)$$

und es sind alle Voraussetzungen zur Lösung der Bewegungsgleichungen der beiden Massen gegeben. Die Einzelheiten des Lösungsweges und weitere Erklärungen sind in [12] zu finden. Im Zusammenhang dieses Buches interessieren vor allen Dingen die Ergebnisse selbst.

So erhält man als Lösung der Gl. (99) für die Drehschwingungsamplituden der beiden Wellen:

$$\hat{\tilde{\varphi}}_{1;z} = \frac{2}{z_1^3}\,\frac{\sqrt{i^4 - 2\,i^2 \cdot \cos 2\,\pi\,\xi + 1}}{i^2\,(i^2\,j + 1)}\,\frac{1}{1 - (n_1/n_{D;z;1})^2}\,, \tag{103}$$

$$\hat{\tilde{\varphi}}_{2;z} = i\,j\,\hat{\tilde{\varphi}}_{1;z}. \tag{104}$$

Die dynamische Belastung der Kette beträgt:

$$\hat{\tilde{P}}_z = \frac{c_{\mathrm{rel}}\,P_B\,t}{L_T\,\pi\,z_1^2}\,\frac{\sqrt{i^4 - 2\,i^2 \cdot \cos 2\,\pi\,\xi + 1}}{i^2}\,\frac{(n_1/n_{D;z;1})^2}{1 - (n_1/n_{D;z;1})^2} \cdot \tag{105}$$

Die Amplituden $\hat{\tilde{\varphi}}$ und $\hat{\tilde{P}}$ wurden mit dem Zeichen $^\frown$ versehen, um sie von dem jeweiligen Verlauf der Schwingung zu unterscheiden. Die Gln. (103, 104 u. 105) können in vereinfachter Form geschrieben werden, wenn man die Größtwerte der Amplituden für $\xi = 0,5$ allein betrachtet. So wird:

$$\hat{\tilde{\varphi}}_{1z} = \frac{2}{z_1^3}\,\frac{i^2 + 1}{i^2\,(i^2\,j + 1)}\,|v_z|\,; \qquad \hat{\tilde{\varphi}}_{2z} = i\,j\,\hat{\tilde{\varphi}}_{1z}\,, \tag{106}$$

$$\hat{\tilde{P}}_z = \frac{c_{\mathrm{rel}}\,P_B\,t}{L_T\,\pi\,z_1^2}\,\frac{i^2 + 1}{i^2}\,|v_z^*|. \tag{107}$$

Die Quotienten am Ende der Gl. (103) und Gl. (105) sind nur von der Drehzahl abhängig, wenn ein spezieller Trieb vorgegeben ist. Für sie wurde gesetzt:

$$v_z = \frac{1}{1 - (n_1/n_{D;z;1})^2}\,, \tag{108}$$

$$v_z^* = \frac{(n_1/n_{D;z;1})^2}{1 - (n_1/n_{D;z;1})^2} \cdot \tag{109}$$

Ihre Abhängigkeit von dem Drehzahlverhältnis $n/n_{D;z;1}$ ist in der Abb. 118 gezeigt. Man erkennt zunächst die unendlich großen Ausschläge für die Resonanzdrehzahl mit $n/n_{D;z;1} = 1$. Praktisch werden derartige Ausschläge nicht auftreten, weil nach den gemachten Voraussetzungen die Berechnung nur gilt, wenn die Lastamplitude $\hat{P}$ kleiner als die mittlere Last P ist und weil die Kette und der restliche Kettentrieb gedämpft sind, während die Berechnung für ein ungedämpftes System durchgeführt wurde. Bei sehr kleinen Drehzahlen erfährt die Kette keine dynamischen Belastungen. Sie kann als starr angenommen werden, wie es im Abschnitt, der die Kinematik des Kettentriebes behandelt, geschehen ist. In diesem Drehzahlbereich sind Drehschwingungsamplituden der beiden Wellen nicht vermeidbar. Oberhalb der Resonanzdrehzahl geht die Amplitude der Drehschwingung gegen Null und die mit der Zahneingriffsfrequenz periodische dynamische Belastung strebt einem endlichen Wert zu.

Der Verlauf der Belastung eines einzelnen Kettengliedes, welches in einem Zweiradtrieb umläuft und die dynamischen Belastungen durch die Polygonwirkung der Kettenräder er-

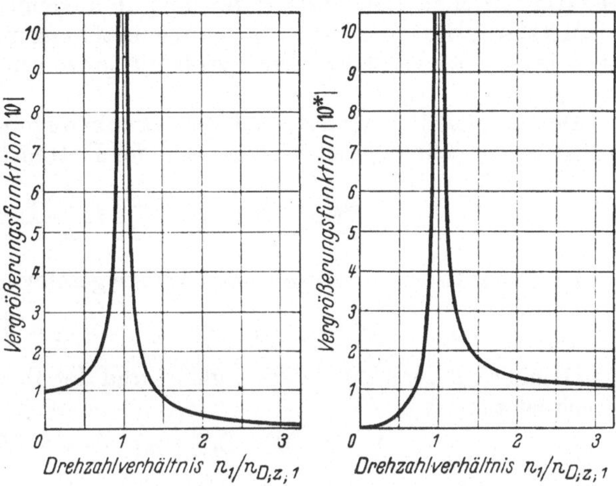

Abb. 118. Das Drehzahlverhalten eines Zweiradkettentriebs bei Drehschwingungen, die durch die Vieleckwirkung der Räder erregt sind

fährt, kann nach Abb. 119 in folgender Weise beschrieben werden. Das betrachtete Glied befinde sich zum Zeitpunkt $\Lambda = 0$ vor dem Einlauf in das getriebene Kettenrad. Die Belastung entspricht der Zugkraft im Leertrumm. Bei Lauf des betrachteten Gliedes über den Umschlingungsbogen des getriebenen Rades wird die Belastung aufgebaut bis zur mittleren statischen Last, welche im Lasttrumm wirkt.

Das betrachtete Glied wird für den Zeitpunkt des Auslaufens aus dem getriebenen Rad zum Trummführungspunkt und erfährt die ihm vom Kettenrad aufgeprägte ungleichförmige Bewegung. In diesem Augenblick wird durch die Wirkung des betrachteten Gliedes das Drehschwingungssystem erregt. Während das Glied weiter durch das Lasttrumm läuft, wirkt es als Feder für das drehschwingende System und erfährt die schwellenden dynamischen Belastungen, welche mit Gl. (107) errechnet werden und welche durch die vor- bzw. nachlaufenden Kettenglieder erregt werden. Beim

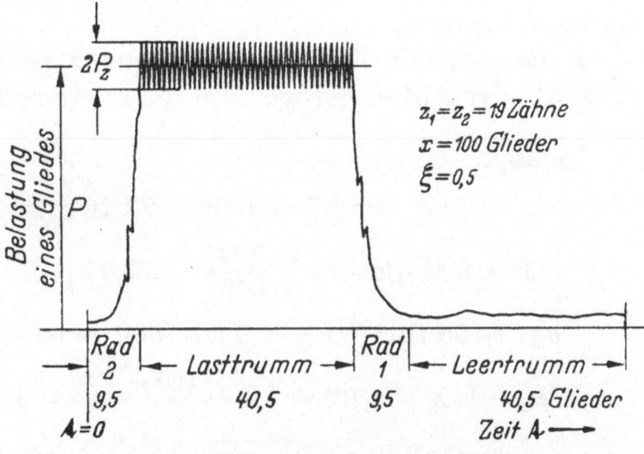

Abb. 119. Die Belastung eines Kettengliedes während eines Umlaufes bei vorliegenden Drehschwingungen, die durch die Vieleckwirkung der Räder erregt sind

Einlaufen in das treibende Kettenrad ist das Glied wieder Trummführungspunkt und leitet die ungleichförmige Bewegung des Vieleckpunktes des Kettenrades zum Lasttrumm weiter. Anschließend wird für das betrachtete Glied bei seinem Lauf über den Umschlingungsbogen des treibenden Rades die Belastung wieder abgebaut und nach dem Passieren des Leertrumms beginnt das nächste Lastspiel.

Der Kettentrieb nach Abb. 119 hat 100 Glieder. Die Zähnezahlen der Kettenräder betragen 19 Zähne. Die beiden Trumme bestehen aus 40,5 Gliedern. Der Gliederzahlbeiwert nach Gl. (101) beträgt $\xi = 0,5$. Während das betrachtete Glied durch das Lasttrumm läuft, erfährt es demnach 40,5 Lastwechsel. Die Amplitude der dynamischen Belastung $\hat{P}$ gewinnt an Bedeutung, wenn die mittlere Last P klein ist, weil die dynamische Belastung unabhängig von der Mittellast ist und demnach bei kleiner Mittellast einen größeren prozentualen Anteil an der Gesamtbelastung hat.

Der Ungleichförmigkeitsgrad der Drehbewegung der beiden Kettenräder ist mit Hilfe der Winkelgeschwindigkeiten der Kettenräder ω definiert als:

$$\delta_z = \frac{\omega_{max} - \omega_{min}}{\omega} = \frac{(\omega + \hat{\omega}_z) - (\omega - \hat{\omega}_z)}{\omega} = \frac{2\,\hat{\omega}_z}{\omega} \,. \tag{110}$$

Die Amplitude der schwellenden Winkelgeschwindigkeit beträgt:

$$\hat{\omega}_{1;z} = \hat{\varphi}_{1;z}\,\omega_z; \qquad \hat{\omega}_{2;z} = \hat{\varphi}_{2;z}\,\omega_z \,. \tag{111}$$

Damit wird der Ungleichförmigkeitsgrad der Drehbewegung der beiden Wellen errechnet zu:

$$\delta_{1;z} = 200 z_1 \,\hat{\varphi}_{1;z}\,[\%] \qquad \delta_{2;z} = 200 z_2 \,\hat{\varphi}_{2;z}\,[\%]\,. \tag{112}$$

Zahlenbeispiel

4. Aufgabe: Ein Kettentrieb habe folgende Daten:

Einfachrollenkette $12,7 \times 6,4 \times 7,75$ DIN 8187, $X = 100$ Glieder; $M_{d_1} = 3$ mkp; $n_1 = 40$ U/min; $\Theta_1 = 6$ kp cm s²; $z_1 = 19$ Zähne; $i = 1$; $j = 0,1$.

Der Kettentrieb läuft in der Nähe der Resonanzdrehzahl, bei der die Drehschwingungen des Zweiradtriebes durch die Vieleckwirkung angeregt wird. Es sollen berechnet werden:

1. die Drehschwingungsamplituden der beiden Wellen und deren Ungleichförmigkeitsgrad;

2. die mit der Zahneingriffsfrequenz periodische Kettenbelastung und deren prozentualer Anteil bezogen auf die mittlere Belastung des Lasttrumms.

Lösung:

$$d_{01} = t\,n_{01} = 12,7 \cdot 6,076 = 77,16\;\text{mm} \qquad\qquad n_{01}\;\text{nach Tab. 21}$$

$$P = 2\,M_{d1}/d_{01} = \frac{2 \cdot 3000}{77,16} = 77,7\;\text{kp} \qquad\qquad \text{nach Gl. (30)}$$

$$c_{\text{rel}} = 55 \;\text{für}\; P/P_B = 77,7/1500 = 0,052 \qquad\qquad \text{nach Abb. 87}$$
$$L_T = t\,(X - z_1)/2 = \frac{12,7 \cdot (100 - 19)}{2} = 514\;\text{mm} \qquad \xi = 0,5 \qquad\qquad \text{und Tab. 16}$$

$$n_{D;\,z;\,1} = \frac{15 \cdot t}{\pi^2}\sqrt{\frac{c_{\text{rel}}\,P_B}{L_T\,\Theta_1}\,(1 + i^2 j)} = \frac{15 \cdot 12,7}{\pi^2}\sqrt{\frac{55 \cdot 1500}{514 \cdot 60}\,(1 + 0,1)} = 33,1\;\text{U/min}$$
$$\text{nach Gl. (96)}$$

$$|v_z| = \left|\frac{1}{1 - (n_1/n_{D;\,z;\,1})^2}\right| = \left|\frac{1}{1 - (40/33,1)^2}\right| = 2,18 \qquad\qquad \text{nach Gl. (108)}$$

$$|v_z^*| = \left|\frac{(n_1/n_{D;\,z;\,1})^2}{1 - (n_1/n_{D;\,z;\,1})^2}\right| = \left|\frac{(40/33,1)^2}{1 - (40/33,1)^2}\right| = 3,18 \qquad\qquad \text{nach Gl. (109)}$$

$$\hat{\varphi}_{1;\,z} = \frac{2}{z_1^3}\,\frac{i^2 + 1}{i^2\,(i^2 j + 1)}\,|v_z| = \frac{2}{19^3}\,\frac{1 + 1}{0,1 + 1} \cdot 2,18 = 1,16 \cdot 10^{-3}\;\text{rd} \qquad \text{nach Gl. (103)}$$

$$\hat{\tilde{\varphi}}_{2;z} = i\,j\,\hat{\tilde{\varphi}}_{1;z} = 0{,}1 \cdot 1{,}16 \cdot 10^{-3} = 1{,}16 \cdot 10^{-4}\,\text{rd} \qquad \text{nach Gl. (104)}$$

$$\delta_{1;z} = 200 \cdot z_1\,\hat{\tilde{\varphi}}_{1;z} = 200 \cdot 19 \cdot 1{,}16 \cdot 10^{-3} = 4{,}41\% \qquad \text{nach Gl. (112)}$$

$$\delta_{2;z} = 200 \cdot z^2\,\hat{\tilde{\varphi}}_{2;z} = 200 \cdot 19 \cdot 1{,}16 \cdot 10^{-4} = 0{,}44\% \qquad \text{nach Gl. (112)}$$

$$\hat{\tilde{P}}_z = \frac{c_{\mathrm{rel}}\,P_B\,t}{L_T\,\pi\,z_1^2}\,\frac{i^2+1}{i^2}\,|\mathfrak{V}_z^*| = \frac{55 \cdot 1500 \cdot 12{,}7}{514 \cdot \pi \cdot 361}\,\frac{1+1}{1}\cdot 3{,}18 = 11{,}4\,\text{kp}$$

$$\text{nach Gl. (107)}$$

$$\hat{\tilde{P}}_z/P = \frac{11{,}5}{77{,}7}\cdot 100 = \underline{14{,}65\%}$$

Das Drehschwingungssystem nach Abb. 116 kann ebenso durch die Exzentrizität der Kettenradverzahnung erregt werden, da auch die Exzentrizität der Verzahnung eine ungleichförmige Bewegung der Trummführungspunkte ergibt. Die ungleichförmige Bewegung der Trummführungspunkte ist periodisch mit den Drehfrequenzen der Kettenräder ω_1 und ω_2. Sie hat nach Gl. (50) die folgende Größe:

$$\Delta w_{1;n} = e_1 \sin \omega_1 \Lambda\,, \qquad \omega = \frac{\pi n}{30}\,, \tag{113}$$
$$\Delta w_{2;n} = e_2 \sin (\omega_1 \Lambda + \varepsilon_n)\,.$$

ε_n ist die Anfangsfase zwischen den beiden Exzentrizitäten und ist nach Abb.108 eingeführt worden. Für ein translatorisches Schwingungssystem, welches Abb. 117 entspricht, lauten die Bewegungsgleichungen der beiden Massen m_1 und m_2:

$$m_1 \ddot{\tilde{w}}_{1;n} + c(\tilde{w}_{1;n} - \tilde{w}_{2;n}) = c(\Delta w_{1;n} - \Delta w_{2;n})\,, \tag{114}$$
$$m_2 \ddot{\tilde{w}}_{2;n} + c(\tilde{w}_{1;n} - \tilde{w}_{2;n}) = c(\Delta w_{2;n} - \Delta w_{1;n})\,.$$

Als Lösungen der Bewegungsgleichungen erhält man, transformiert auf das Drehschwingungssystem:

$$\tilde{\varphi}_{1;n} = \frac{2\,e_1}{d_{01}}\,\frac{1}{i^2 j + 1}\,[\mathfrak{V}_{1;n} \sin \omega_1 \Lambda - \eta\,\mathfrak{V}_{2;n} \sin(\omega_2 \Lambda + \varepsilon_n)]\,, \tag{115}$$

$$\tilde{\varphi}_{2;n} = \tilde{\varphi}_{1;n}\,i\,j\,. \tag{116}$$

Für η s. Gl. (60).

Die mit den Drehfrequenzen der Kettenräder periodischen dynamischen Belastungen der Kette betragen:

$$\hat{\tilde{P}}_n = \frac{c_{\mathrm{rel}}\,P_B\,e_1}{L_T}\,[\mathfrak{V}_{1;n}^* \sin \omega_1 \Lambda - \eta\,\mathfrak{V}_{2;n}^* \sin(\omega_2 \Lambda + \varepsilon_n)]\,. \tag{117}$$

Die Vergrößerungsfunktionen $\mathfrak{V}_n$ und $\mathfrak{V}_n^*$ haben analog zu Gl. (108) und Gl. (109) die Form:

$$\mathfrak{V}_{1;n} = \frac{1}{1 - (n_1/n_{1;\,D;\,n;\,1})^2}\,; \qquad \mathfrak{V}_{2;n} = \frac{1}{1 - (n_1/n_{2;\,D;\,n;\,1})^2}\,, \tag{118}$$

$$\mathfrak{V}_{1;n}^* = \frac{(n_1/n_{1;\,D;\,n;\,1})^2}{1 - (n_1/n_{1;\,D;\,n;\,1})^2}\,; \qquad \mathfrak{V}_{2;n}^* = \frac{(n_1/n_{2;\,D;\,n;\,1})^2}{1 - (n_1/n_{2;\,D;\,n;\,1})^2}\,. \tag{119}$$

Die Größe der Drehschwingungsamplituden hängt von der Fase ε_n ab. Man erhält einen vollkommenen Gleichlauf der beiden Wellen für $i = 1$ und $\eta = 1$, wenn $\varepsilon_n = 0$ ist. Andererseits erreichen die Drehschwingungsamplituden einen Größtwert, wenn $\varepsilon_n = \pm\,\pi$ ist. Die Abhängigkeit der Größe der Amplituden der Drehschwingungen beider Wellen von der Anfangsfase ist besonders groß für das Übersetzungsverhältnis $i = 1$. Auch für die kleinen ganzzahligen Übersetzungsverhältnisse ändert sich die Amplitude noch stark mit der Fase ε_n. Die größtmöglichen

Amplituden erhält man für alle Übersetzungen, wenn man für die Klammerausdrücke der Gl. (115) und Gl. (117) setzt:

$$[\mathfrak{v}_{1;\,n}\sin\omega_1\varLambda - \eta\,\mathfrak{v}_{2;\,n}\sin(\omega_2\varLambda + \varepsilon_n)]_{\max} = |\mathfrak{v}^*_{1;\,n}| + \eta\,|\mathfrak{v}_{2;\,n}|, \tag{120}$$

$$[\mathfrak{v}^*_{1;\,n}\sin\omega_1\varLambda - \eta\,\mathfrak{v}^*_{2;\,n}\sin(\omega_2\varLambda + \varepsilon_n)]_{\max} = |\mathfrak{v}^*_{1;\,n}| + \eta\,|\mathfrak{v}_{2;\,n}|. \tag{121}$$

Das Verhältnis der kleinstmöglichen Amplitude C zur größtmöglichen Amplitude A ist in der Abb. 120 für die kleinen ganzzahligen Übersetzungsverhältnisse gezeigt. Zur vereinfachten Berechnung wird als obere Schranke der Wert der größtmöglichen Amplitude für alle Kettentriebe bestimmt. Damit errechnet man zwar in manchen Fällen einen wesentlich zu großen Wert. Da aber die Berücksichtigung der ohnehin meist unbekannten Anfangsfase auf große Schwierigkeiten stößt, erscheint dieses Vorgehen berechtigt. Man erhält somit:

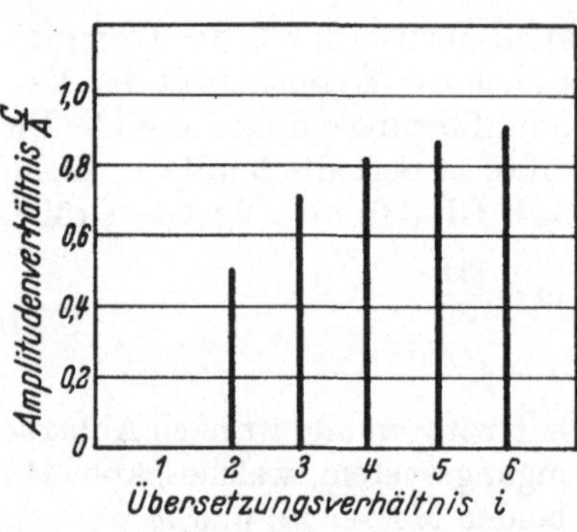

Abb. 120. Das Amplitudenverhältnis C/A für kleine ganzzahlige Übersetzungsverhältnisse

$$\left.\begin{aligned}\hat{\hat{\varphi}}_{1;\,n} &= \frac{2\,e_1}{d_{01}}\,\frac{1}{i^2 j + 1}\,(|\mathfrak{v}_{1;\,n}| + \eta\,|\mathfrak{v}_{2;\,n}|);\\[4pt]\hat{\hat{\varphi}}_{2;\,n} &= \hat{\hat{\varphi}}_{1;\,n}\,i\,j,\end{aligned}\right\} \tag{122}$$

$$\hat{\hat{P}}_n = \frac{c_{\mathrm{rel}}\,P_B\,e_1}{L_T}\,(|\mathfrak{v}^*_{1;\,n}| + \eta\,|\mathfrak{v}^*_{2;\,n}|). \tag{123}$$

Für ein mittleres Übersetzungsverhältnis von $i = 5$ ist in der Abb. 121 der Verlauf der Vergrößerungsfunktionen nach Gl. (122) und Gl. (123) aufgezeigt. Mit Abb. 121 ist das Drehzahlverhalten eines bestimmten Triebes wiedergegeben. Man erhält zwei Resonanzstellen, bei denen die Amplitude der Drehschwingung und die dynamische Kettenbelastung einen extremen Wert annimmt. Bei den sehr kleinen

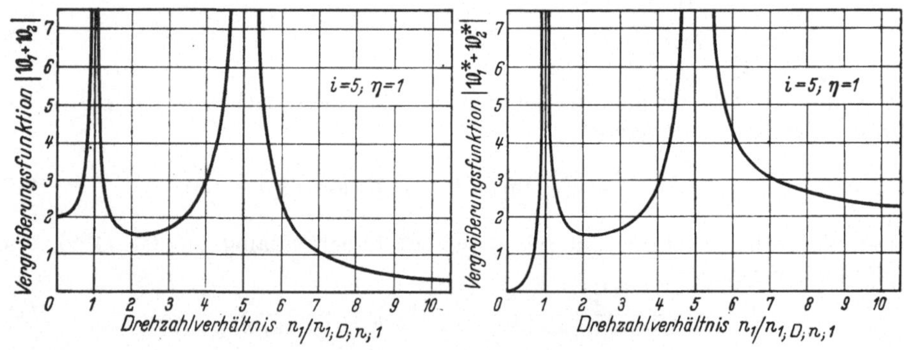

Abb. 121. Das Drehzahlverhalten eines Zweiradkettentriebs bei Drehschwingungen, die durch den Rundlauffehler der Verzahnung erregt sind

Drehzahlen geht die dynamische Kettenbelastung gegen Null, während die Amplitude der Drehschwingungen einen endlichen Wert erhält. Bei sehr hohen Drehzahlen oberhalb der zweiten Resonanzstelle wird die Amplitude der Drehschwingung zu Null, während die dynamische Kettenbelastung einen endlichen Wert hat. Das Drehzahlverhalten eines Kettentriebes entspricht nur dann der Abb. 121, wenn die Erregung durch die Exzentrizität der Kettenradverzahnung als einzige vorliegende Erregung gedacht wird.

Die Amplitude der schwellenden Winkelgeschwindigkeit der Kettenräder kann durch Differentiation der Gl. (115) erhalten werden:

$$\hat{\omega}_{1;\,n} = \frac{2\,e_1}{d_{01}}\,\frac{1}{i^2\,j+1}\,\omega_1\left(|\mathfrak{v}_1| + \left|\frac{\eta\,\mathfrak{v}_2}{i}\right|\right);\qquad \hat{\omega}_{2;\,n} = i\,j\,\hat{\omega}_{1;\,n}\,. \tag{124}$$

Damit folgt für den Ungleichförmigkeitsgrad der Drehbewegung der Wellen mit Berücksichtigung der Gl. (110):

$$\delta_{1;\,n} = \frac{400\,e_1}{d_{01}}\,\frac{1}{i^2\,j+1}\left(|\mathfrak{v}_1| + \left|\frac{\eta\,\mathfrak{v}_2}{i}\right|\right)\ [\%];\qquad \delta_{2;\,n} = i^2\,j\,\delta_{1;\,n}\ [\%]\,. \tag{125}$$

Die Gl. (125) kann verwendet werden zur Berechnung der Ungleichförmigkeit der Drehbewegung der Kettenräder, wenn die Exzentrizität der Verzahnung vorgegeben ist. Umgekehrt kann auch die maximal zulässige Exzentrizität bestimmt werden, wenn ein Ungleichförmigkeitsgrad bestimmter Größe verlangt wird. In vielen Fällen ist jedoch die Gleichförmigkeit der Drehbewegung ohne direktes Interesse. Dafür muß aber garantiert werden, daß die dynamischen Kettenbelastungen in zulässigen Grenzen bleiben. Aus dieser Bedingung läßt sich ein Wert für die zulässige Exzentrizität der Kettenradverzahnung berechnen [s. Gl. (123)].

$$e_{1\,\text{zul}} = \left(\frac{\hat{P}_n}{P_B}\right)_{\text{zul}}\frac{L_T}{c_{\text{rel}}}\,\frac{1}{|\mathfrak{v}^*_{1;\,n}| + \eta\,|\mathfrak{v}^*_{2;\,n}|}\,. \tag{126}$$

Wenn man die zulässige Belastung der Kette bestimmt und die relative Kettensteifigkeit als Höchstwert der Abb. 87 mit $c_{\text{rel}} = 70$ berücksichtigt, hängt die zulässige Exzentrizität der Verzahnung von der Trummlänge, dem Verhältnis der Exzentrizitäten und dem Drehzahlverhältnis n/n_{res} ab. Es wäre aber wünschenswert, Angaben über die zulässige Exzentrizität zu haben, welche nur von der Teilung und der Zähnezahl des Kettenrades abhängen. Dies kann erreicht werden, wenn man zunächst für die Vergrößerungsfunktionen $|\mathfrak{v}^*_{1;\,n} + \mathfrak{v}^*_{2;\,n}| = 3$ einsetzt. Mit diesem Wert werden alle Drehzahlen des Triebes berücksichtigt, welche nicht in unmittelbarer Nähe der Resonanzstellen liegen, wie man der Abb. 121 entnehmen kann. Für das Verhältnis der Exzentrizitäten ist damit $\eta = 1$ vorausgesetzt worden. Als zulässiger Wert für die dynamischen Kettenbelastungen wird $\left(\hat{P}_n\big/P_{B\,\text{zul}}\right) = 0,02$ angenommen. Um auch den Einfluß der Trummlänge abzuschätzen, sei zunächst festgestellt, daß besonders kleine Exzentrizitäten verlangt werden müssen, wenn die Trummlänge einen minimalen Wert annimmt. Die kleinste mögliche Trummlänge erhält man für Triebe mit $i = 1$ aus der Bedingung, daß sich die Kettenräder nicht berühren dürfen. Diese Forderung ist sicher erfüllt, wenn gesetzt wird:

$$L_{T\,\text{min}} = \frac{z\,t}{\pi}\,. \tag{127}$$

Mit diesen Voraussetzungen erhält man schließlich einen Ausdruck für die größte zulässige Exzentrizität, welcher tatsächlich nur noch von der Zähnezahl und der Teilung des Kettenrades abhängt:

$$2\,e_{\text{zul}} = 2 \cdot 0,02 \cdot \frac{z\,t}{\pi \cdot 70}\,\frac{1}{3} = 6,06 \cdot 10^{-5} \cdot z\,t\,. \tag{128}$$

In der Abb. 122 sind für einige Kettenteilungen und Zähnezahlen die zulässigen Rundlauffehler unter den gemachten Voraussetzungen errechnet. Es sei aber dar-

auf hingewiesen, daß die Werte der Abb. 122 unter extremen Bedingungen gelten.
Falls in einzelnen Fällen die Angaben nach Abb. 122 zu hohe Ansprüche an die

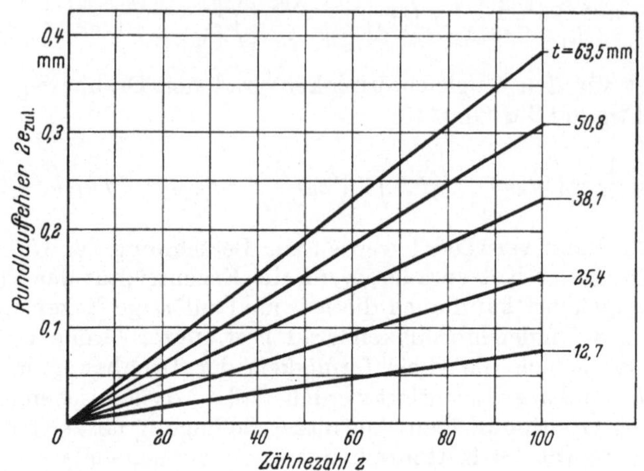

Abb. 122. Die zulässigen Exzentrizitäten der Kettenräder

Fertigung stellen, kann der genaue Wert des zulässigen Rundlauffehlers $2e_{zul}$ nach
Gl. (126) errechnet werden.

Zahlenbeispiel

5. Aufgabe: Die Kettenräder eines Zweiradtriebes haben einen Rundlauffehler von
$2e_1 = 0,08$ mm und $2e_2 = 0,06$ mm. Der Trieb soll in einem Drehzahlbereich von
1300–2100 U/min laufen. Er hat folgende Daten:

Einfachrollenkette $12,7 \times 7,75 \times 8,51$, DIN 8187; $L_T = 300$ mm; $M_{d_1} = 2\,\mathrm{mkp}$;
$z_1 = 17$ Zähne; $\Theta_1 = 0,735$ kp cm s²; $i = 1,176$; $j = 0,5$.

Es ist ein Gleichförmigkeitsgrad der Drehbewegung von 1% für die Welle 2
gefordert. Die dynamische Belastung der Kette soll 2% der Bruchlast nicht übersteigen. Für den Drehzahlbereich von 1300–2100 U/min sind der Ungleichförmigkeitsgrad der Drehbewegung beider Wellen und die dynamische Kettenbelastung
in Prozent der mittleren Belastung des Lasttrumms in einem Diagramm aufzu-
tragen.

Lösung:

$$d_{01} = t\,n_{01} = 12,7 \cdot 5,442 = 69,12\,\mathrm{mm} \qquad\qquad \text{nach Tab. 21}$$

$$P = \frac{2\,M_{d_1}}{d_{01}} = \frac{2 \cdot 2000}{69,12} = 57,9\,\mathrm{kp} \qquad\qquad \text{nach Gl. (30)}$$

$$c_{rel} = 50 \quad \text{für} \quad P/P_B = 57,9/1800 = 0,032 \qquad\qquad \text{nach Abb. 87 und Tab. 16}$$

$$n_{1;D;n;1} = \frac{15 \cdot t\,z_1}{\pi^2} \sqrt{\frac{c_{rel}\,P_B}{L_T\,\Theta_1}(1 + i^2 j)} = \frac{15 \cdot 12,7 \cdot 17}{\pi^2} \sqrt{\frac{50 \cdot 1800}{300 \cdot 7,35}(1 + 1,176^2 \cdot 0,5)}$$

$$= 2720\,\mathrm{U/min} \qquad\qquad \text{nach Gl. (97)}$$

$$n_{2;D;n;1} = i\,n_{1;D;n;1} = 1,176 \cdot 2720 = 3200\,\mathrm{U/min} \qquad\qquad \text{nach Gl. (97)}$$

Für die Drehzahl $n_1 = 1300$ betragen:

$$\eta = \frac{e_2}{e_1} = \frac{0{,}03}{0{,}04} = 0{,}75 \qquad\qquad \text{nach Gl. (60)}$$

$$|v_{1;\,n}| = \left| \frac{1}{1 - (n_1/n_{1;\,D;\,n;\,1})^2} \right| = \left| \frac{1}{1 - \left(\dfrac{1300}{2720}\right)^2} \right| = 1{,}295 \qquad\qquad \text{nach Gl. (118)}$$

$$|v_{2;\,n}| = \left| \frac{1}{1 - (n_1/n_{2;\,D;\,n;\,1})^2} \right| = \left| \frac{1}{1 - \left(\dfrac{1300}{3200}\right)^2} \right| = 1{,}195 \qquad\qquad \text{nach Gl. (118)}$$

$$|v^*_{1;\,n}| = (n_1/n_{1;\,D;\,n;\,1})^2\, |v_{1;\,n}| = \left(\frac{1300}{2720}\right)^2 \cdot 1{,}295 = 0{,}296 \qquad\qquad \text{nach Gl. (119)}$$

$$|v^*_{2;\,n}| = (n_1/n_{2;\,D;\,n;\,1})^2\, |v_{2;\,n}| = \left(\frac{1300}{3200}\right)^2 \cdot 1{,}195 = 0{,}197 \qquad\qquad \text{nach Gl. (119)}$$

$$\delta_{1;\,n} = \frac{400 \cdot e_1}{d_{01}} \frac{1}{i^2 j + 1} \left(|v_{1;\,n}| + \frac{\eta}{i} |v_{2;\,n}| \right) = \frac{400 \cdot 0{,}04 \left(1{,}295 + \dfrac{0{,}75}{1{,}176} 1{,}195 \right)}{69{,}12 \cdot (1{,}176^2 \cdot 0{,}5 + 1)} = 0{,}282\% $$

$$\text{nach Gl. (115)}$$

$$\delta_{2;\,n} = i^2 j\, \delta_{1;\,n} = 1{,}176^2 \cdot 0{,}5 \cdot 0{,}282 = 0{,}194\% \qquad\qquad \text{nach Gl. (115)}$$

$$\hat{\bar{P}}_n = \frac{c_{\mathrm{rel}}\, P_B\, e_1}{L_T} \left(|v^*_{1;\,n}| + \eta\, |v^*_{2;\,n}| \right) = \frac{50 \cdot 1800 \cdot 0{,}04}{300} (0{,}296 + 0{,}75 \cdot 0{,}194) = 5{,}30\,\mathrm{kp}$$

$$\text{nach Gl. (113)}$$

$$\frac{\hat{\bar{P}}_n}{P} 100 = \frac{5{,}30}{57{,}9} \cdot 100 = \underline{9{,}2\%} \ ; \qquad\qquad \frac{\hat{\bar{P}}_n}{P_B} \cdot 100 = \frac{5{,}30}{1800} \cdot 100 = \underline{0{,}296\%}$$

Für einige weitere Drehzahlen im Bereich von 1300–2100 U/min ist die Rechnung in gleicher Form durchgeführt worden. In der Abb. 123 sind die Zahlenergebnisse zusammengestellt. Die maximale Ungleichförmigkeit der Drehbewegung tritt bei der Welle 1 und der Drehzahl 2100 U/min auf. Sie beträgt 0,49% und bleibt damit in den geforderten Grenzen. Die dynamische Kettenbelastung ist im Verhältnis zu der mittleren Last bei 2100 U/min recht hoch. Bezogen auf die Bruchlast der Kette bleibt sie aber unter dem geforderten Wert von 2%. Für 2100 U/min beträgt $\hat{\bar{P}}_n/P_B \cdot 100 = 1{,}35\%$.

Schließlich sei im Zusammenhang der Drehschwingung noch die Erregung betrachtet, welche durch die Teilungsfehler der Kette hervorgerufen wird. Zu diesem Zweck wird die Abb. 119 noch einmal herangezogen. Die in diesem Bild gezeigten dynamischen Belastungen der Kette sind durch die Vieleckwirkung der Ketten-

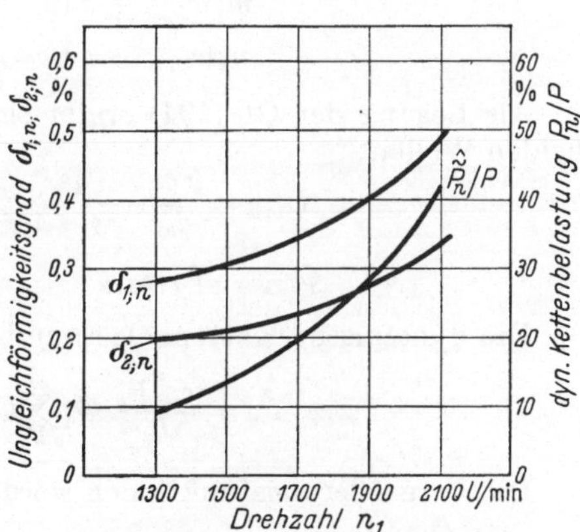

Abb. 123. Die Lösung der 5. Aufgabe

räder hervorgerufen. In der Darstellung nach Abb. 119 sind alle Amplituden mit gleicher Größe gezeichnet worden. Damit wurde eine Idealisierung vorgenommen, welche nur gilt, wenn die Einzelteilung sämtlicher Kettenglieder genau gleich ist. Tatsächlich ist das aber nicht der Fall, und die einzelnen Amplituden der durch die Polygonwirkung der Kettenräder hervorgerufenen dynamischen Belastung der Kette ändern sich in ihrer Größe mit der Größe der Teilungsfehler derjenigen Ketten glieder, welche jeweils die Trummführungsglieder des Kettentriebes sind. Nimmt man nun zunächst an, daß alle Glieder einer umlaufenden Kette die exakte Teilung haben und nur ein Glied eine abweichende Teilung aufweist, dann werden auch alle Amplituden der dynamischen Kettenbelastung gleich sein, bis auf diejenigen, bei denen die Trummführung durch das betrachtete Glied übernommen wird. Da dieses Glied bei jedem Umlauf die gleiche Störwirkung auf die Lastamplitude nach Abb. 119 aufweist, ergibt sich also eine Erregung des Drehschwingungssystems, welche mit der Umlauffrequenz der Kette periodisch ist. Das gleiche gilt, wenn alle Kettenglieder eine geringfügig ungenaue Einzelteilung haben.

Je nach der Verteilung der Fehler der Einzelteilungen ändert sich die Charakteristik der Erregungsfunktion. Sie wird also im allgemeinen eine nichtharmonische Funktion sein, für die eine FOURIERreihe der folgenden Form angesetzt werden kann:

$$\nu = 1, 2, 3 \ldots$$

$$\Phi_{(t)} = \sum_{\nu=1}^{\infty} \Phi_{\nu} \sin(\nu\,\omega_u\,\Lambda + \varepsilon_{u|\nu}); \qquad \omega_u = \frac{\pi\,n_1}{30}\,\frac{X}{z_1}. \tag{129}$$

Φ_{ν} sind die Amplituden und $\varepsilon_{u\nu}$ die Fasen der einzelnen Harmonischen. Klammert man die Amplitude Φ_1 der ersten Harmonischen aus und bezeichnet mit $\Phi_{\nu;\,r}$ die auf die erste Harmonische bezogenen Amplituden, dann erhält man einen neuen Ausdruck für die Erregerfunktion:

$$\Phi_{(t)} = \Phi_1 \sum_{\nu=1}^{\infty} \Phi_{\nu;\,r} \sin(\nu\,\omega_u\,\Lambda + \varepsilon_{u\nu}); \qquad \Phi_{\nu;\,r} = \frac{\Phi\nu}{\Phi_1}. \tag{130}$$

Setzt man die Erregerfunktion in die Bewegungsgleichungen des translatorischen Schwingungssystems nach Abb. 117 ein, so erhält man durch einen Ansatz nach NEWTON:

$$m_1 \ddot{\tilde{w}}_{1;\,u} + c\,(\tilde{w}_{1;\,u} - \tilde{w}_{2;\,u}) = c\,\Phi_{(t)},$$
$$m_2 \ddot{\tilde{w}}_{2;\,u} + c\,(\tilde{w}_{2;\,u} - \tilde{w}_{1;\,u}) = -c\,\Phi_{(t)}. \tag{131}$$

Als Lösung der Gl. (131) ergibt sich für den Verlauf der Drehschwingung der beiden Wellen:

$$\tilde{\varphi}_{1;\,u} = \frac{2\,\Phi_1}{d_{01}}\,\frac{1}{i^2 j + 1} \sum_{\nu=1}^{\infty} \Phi_{\nu;\,r}\,\mathscr{v}_{\nu;\,u} \sin(\nu\,\omega_u\,\Lambda + \varepsilon_{u;\,\nu}), \tag{132}$$

$$\tilde{\varphi}_{2;\,u} = i\,j\,\tilde{\varphi}_{1;\,u}. \tag{133}$$

Die dynamische Kettenbelastung hat folgende Größe:

$$\tilde{P}_u = \frac{c_{\text{rel}}\,P_B}{L_T}\,\Phi_1 \sum_{\nu=1}^{\infty} \Phi_{\nu;\,r}\,\mathscr{v}^{*}_{\nu;\,u} \sin(\nu\,\omega_u\,\Lambda + \varepsilon_{u;\,\nu}). \tag{134}$$

Die Vergrößerungsfunktionen werden errechnet zu:

$$\mathscr{v}_{\nu;\,u} = \frac{1}{1 - (n_1/n_{\nu;\,D;\,u;\,1})^2}; \qquad \mathscr{v}^{*}_{\nu;\,u} = \frac{1 - (n_1/n_{\nu;\,D;\,u;\,1})^2}{(n_1/n_{\nu;\,D;\,u;\,1})^2}. \tag{135}$$

Ähnlich wie bei den Drehschwingungen, welche durch die Exzentrizitäten der Kettenräder erregt werden, ist auch hier die Amplitude der Funktionen nach Gl. (132) und Gl. (134) von den Pasen $\varepsilon_{u;\,\nu}$ abhängig. Da diese aber ohnehin von vornherein nicht bekannt sind, wird für die weitere Rechnung angenommen, daß sie einen Wert haben, für den die Amplituden nach Gl. (132) und Gl. (134) ihren Größtwert erreichen. Dieser beträgt:

$$\left[\sum_{\nu=1}^{\infty} \Phi_{\nu;r}\,\mathfrak{V}_{\nu;u}\sin(\nu\,\omega_u\varLambda + \varepsilon_{u;\nu})\right]_{\max} = \sum_{\nu=1}^{\infty}\left|\Phi_{\nu;r}\,\mathfrak{V}_{\nu;u}\right|, \tag{136}$$

$$\left[\sum_{\nu=1}^{\infty} \Phi_{\nu;r}\,\mathfrak{V}_{\nu;u}^{*}\sin(\nu\,\omega_u\varLambda + \varepsilon_{u;\nu})\right]_{\max} = \sum_{\nu=1}^{\infty}\left|\Phi_{\nu;r}\,\mathfrak{V}_{\nu;u}^{*}\right|. \tag{137}$$

Mit Berücksichtigung der Größtwerte der Amplituden wird man zwar in allen Fällen zu große Werte errechnen. Immerhin wird es aber möglich, die Berechnung zu vereinfachen und die Ergebnisse liegen auf der sicheren Seite. Für die Amplituden der Drehschwingung der Wellen und der dynamischen Kettenbelastung kann man demnach schreiben:

$$\hat{\varphi}_{1;u} = \frac{2\,\Phi_1}{d_{01}}\,\frac{1}{i^2 j + 1}\,\sum_{\nu=1}^{3}\left|\Phi_{\nu;r}\,\mathfrak{V}_{\nu;u}\right|, \tag{138}$$

$$\hat{\varphi}_{2;u} = i\,j\,\hat{\varphi}_{1;u}, \tag{139}$$

$$\hat{P}_{u} = \frac{c_{\mathrm{rel}}\,P_B}{L_T}\,\Phi_1\sum_{\nu=1}^{3}\left|\Phi_{\nu;r}\,\mathfrak{V}_{\nu;u}^{*}\right|. \tag{140}$$

Bedauerlicherweise sind die Amplituden Φ_1 und die bezogenen Amplituden $\Phi_{\nu;r}$ nur schwer meßbar. Während schon die Exzentrizitäten der Kettenräder in der Praxis kaum bestimmt werden dürften, ist die Messung der Amplituden der Erregungsfunktion, durch Teilungsmessung der Kette für praktische Bedürfnisse nicht zumutbar. Aus diesem Grund hat der Verfasser für die Ketten mit der Teilung $t = 12{,}7$ mm aus Messungen an 25 Ketten von fünf verschiedenen Herstellern mittlere Werte für Φ_1 und $\Phi_{\nu;r}$ ermittelt. Dabei wurden jeweils die ersten drei Harmonischen berücksichtigt. Die höheren Harmonischen sind von geringer Bedeutung und daher wurden sie auch in den Gln. (138, 139, 140) nicht mehr erfaßt. Für die ausgewählten Versuchsketten betrugen:

$$\Phi_1 = 0{,}23\ \mathrm{mm};\quad \Phi_{1;r} = 1{,}0;\quad \Phi_{2;r} = 0{,}127;\quad \Phi_{3;r} = 0{,}08. \tag{141}$$

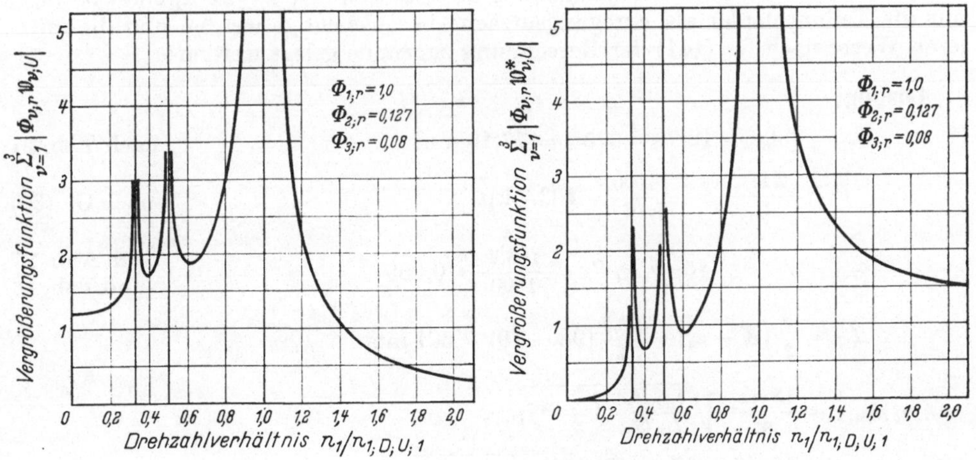

Abb. 124. Das Drehzahlverhalten eines Zweiradkettentriebs bei Drehschwingungen, die durch die Einzelteilungsfehler der Kette erregt sind

Diese Werte können als ein erster Anhalt für Berechnungen dienen. Es sei an dieser Stelle aber darauf hingewiesen, daß die angegebenen Werte nur als Mittelwerte aufgefaßt werden können und als solche auch nur für die Ketten mit $t = 12,7$ mm gelten. Die Streuung der Meßwerte war groß, wie auch die Verteilung der Einzelteilungsfehler über der Kettenlänge und deren absolute Größe erheblichen Schwankungen unterworfen ist. Man kann daher bei der Verwendung der gemessenen Werte nur damit rechnen, die Größenordnung der auftretenden Drehschwingungen richtig abzuschätzen.

Das Drehzahlverhalten eines Kettentriebes, welcher durch die Teilungsfehler der Kette allein erregt wird, kann bei Berücksichtigung der Mittelwerte für $\Phi_{v;r}$ der Abb. 124 entnommen werden. Auch hier sind nur die ersten drei Harmonischen berücksichtigt worden. Aufgetragen sind die Vergrößerungsfunktionen, welche die Drehzahlabhängigkeit der Drehschwingungsamplituden und der dynamischen Kettenbelastung bestimmen. Die Drehzahl n_1 ist auf die Resonanzdrehzahl $n_{1;D;u;1}$ bezogen.

Die möglichen Größtwerte des Ungleichförmigkeitsgrades können in Anlehnung an Gl. (110) errechnet werden. Sie betragen:

$$\delta_{1;u} = \frac{400 \cdot \Phi_1 z_1}{d_{01} X} \frac{1}{i^2 j + 1} \sum_{v=1}^{3} \left| v \, \Phi_{v;r} V_{v;u} \right| \quad [\%]. \tag{142}$$

$$\delta_{2;u} = i^2 j \, \delta_{1;u} \quad [\%]. \tag{143}$$

Zahlenbeispiel

6. Aufgabe: Ein Kettentrieb mit folgenden technischen Daten:

Einfachrollenkette $12,7 \times 6,4 \times 7,75$, DIN 8187; $X = 98$ Glieder; $z_1 = 19$ Zähne; $M_{d_1} = 4$ mkp; $\Theta_1 = 0,85$ kpcms^2; $i = 1$; $j = 1$

läuft mit einer Drehzahl von $n_1 = 2300$ U/min. Das Laufverhalten ist unbefriedigend. Aus diesem Grund werden an beiden Wellen Schwungmomente angeordnet, so daß $\Theta'_{1,2} = 15$ kpcms^2 erreicht werden. Das Laufverhalten hat sich aber durch diese Maßnahme nicht verbessert. Wie ist dieser Effekt zu erklären? Wie groß wird vermutlich die dynamische Belastung der Kette, die Drehschwingungsamplituden der Wellen und der Ungleichförmigkeitsgrad sein, wenn $\Theta'_{1,2} = 15$ kpcms^2 beträgt, nur die Teilungsfehler als Erregungsursache berücksichtigt werden und die mittleren Werte nach Gl. (141) der Berechnung zugrunde gelegt werden?

Lösung:

$$d_{01} = t \, n_{01} = 12,7 \cdot 6,0755 = 77,16 \text{ mm} \qquad\qquad \text{nach Tab. 21}$$

$$P = \frac{2 M_{d_1}}{d_{01}} = \frac{2 \cdot 4000}{77,16} = 103,7 \text{ kp} \qquad\qquad \text{nach Gl. (30)}$$

$$c_{\text{rel}} = 57 \quad \text{für} \quad P/P_B = \frac{103,7}{1500} = 0,069 \qquad\qquad \begin{array}{l}\text{nach Abb. 87}\\\text{und Tab. 16}\end{array}$$

$$L_T = \frac{t}{2}(X - z_1) = \frac{12,7}{2}(98 - 19) = 501 \text{ mm}$$

$$n_{1,2;D;n;1} = \frac{15 \cdot t z_1}{\pi^2} \sqrt{\frac{c_{\text{rel}} P_B}{L_T \Theta_1}(1 + i^2 j)}$$

$$= \frac{15 \cdot 12,7 \cdot 19}{\pi^2} \sqrt{\frac{57 \cdot 1500}{501 \cdot 8,5}(1 + 1^2 \cdot 1)} = 2320 \text{ U/min}. \qquad \text{nach Gl. (97)}$$

Der Trieb in der ursprünglichen Ausführung läuft in der Nähe der Resonanzdrehzahl, bei der die Drehschwingung des Triebes durch die Rundlauffehler der Verzahnung erregt wird. Nach Anbringung der zusätzlichen Trägheitsmomente beträgt die entsprechende Resonanzdrehzahl:

$$n'_{1,2;D;n;1} = 2320 \sqrt{\frac{\Theta_1}{\Theta'_1}} = 2320 \sqrt{\frac{8,5}{150}} = 552 \text{ U/min}. \qquad \text{nach Gl. (97)}$$

Der Rundlauffehler der Verzahnung hat also keinen störenden Einfluß mehr. Die Trägheitsmomente sind aber zu sehr vergrößert worden. Der Trieb läuft jetzt in der Nähe der besonders gefährlichen Resonanzdrehzahl, bei der die erste Harmonische der Umlauffrequenz die Drehschwingung erregt. Es beträgt:

$$n_{1;D;u;1} = \frac{15 \cdot t\, X}{\pi^2 \cdot 1} \sqrt{\frac{c_{rel}\, P_B}{L_T\, \Theta}(1 + i^2 j)}$$

$$= \frac{15 \cdot 12{,}7 \cdot 98}{\pi^2} \sqrt{\frac{57 \cdot 1500}{501 \cdot 150}(1 + 1^2 \cdot 1)} = 2855 \text{ U/min} \qquad \text{nach Gl. (98)}$$

$$n_{2;D;u;1} = \frac{n_{1;D;u;1}}{\nu} = \frac{2855}{2} = 1427 \text{ U/min} \qquad \text{nach Gl. (98)}$$

$$n_{3;D;u;1} = \frac{n_{1;D;u;1}}{\nu} = \frac{2855}{3} = 952 \text{ U/min} \qquad \text{nach Gl. (98)}$$

$$|V_{1;u}| = \left|\frac{1}{1-(n_1/n_{1;D;u;1})^2}\right| = \left|\frac{1}{1-\left(\frac{2300}{2855}\right)^2}\right| = 2{,}86 \qquad \text{nach Gl. (135)}$$

$$|V_{2;u}| = \left|\frac{1}{1-(n_1/n_{2;D;u;1})^2}\right| = \left|\frac{1}{1-\left(\frac{2300}{1427}\right)^2}\right| = 0{,}625 \qquad \text{nach Gl. (135)}$$

$$|V_{3;u}| = \left|\frac{1}{1-(n_1/n_{3;D;u;1})^2}\right| = \left|\frac{1}{1-\left(\frac{2300}{952}\right)^2}\right| = 0{,}207 \qquad \text{nach Gl. (135)}$$

$$|V^*_{1;u}| = \left(\frac{n_1}{n_{1;D;u;1}}\right)^2 V_{1;u} = \left(\frac{2300}{2855}\right)^2 \cdot 2{,}86 = 1{,}86 \qquad \text{nach Gl. (135)}$$

$$|V^*_{2;u}| = \left(\frac{n_1}{n_{2;D;u;1}}\right)^2 V_{2;u} = \left(\frac{2300}{1427}\right)^2 \cdot 0{,}625 = 1{,}625 \qquad \text{nach Gl. (135)}$$

$$|V^*_{3;u}| = \left(\frac{n_1}{n_{3;D;u;1}}\right)^2 V_{3;u} = \left(\frac{2300}{952}\right)^2 \cdot 0{,}207 = 1{,}20 \qquad \text{nach Gl. (135)}$$

$$\sum_{\nu=1}^{3} |\Phi_{\nu;r} V_{\nu;u}| = 1 \cdot 2{,}86 + 0{,}127 \cdot 0{,}625 + 0{,}08 \cdot 0{,}207 = 2{,}96 \qquad \begin{array}{l}\text{mit 141}\\ \text{s. Abb. 124}\end{array}$$

$$\sum_{\nu=1}^{\infty} |\Phi_{\nu;r} V^*_{\nu;u}| = 1 \cdot 1{,}86 + 0{,}127 \cdot 1{,}625 + 0{,}08 \cdot 1{,}2 = 2{,}16 \qquad \text{s. Abb. 124}$$

$$\sum_{\nu=1}^{3} |\nu\, \Phi_{\nu;r} V_{\nu;u}| = 1 \cdot 2{,}86 + 2 \cdot 0{,}127 \cdot 0{,}625 + 3 \cdot 0{,}08 \cdot 0{,}207 = 3{,}07$$

$$\hat{\varphi}_{1;u} = \frac{2\,\Phi_1}{d_{01}} \frac{1}{i^2 j + 1} \sum_{\nu=1}^{3} |\Phi_{\nu;r} V_{\nu;u}| = \frac{2 \cdot 0{,}23 \cdot 2{,}96}{77{,}16 \cdot (1^2 \cdot 1 + 1)} = 8{,}81\ 10^{-3} \text{ rd.} \qquad \text{nach Gl. (138)}$$

$$\hat{\varphi}_{2;u} = i j\, \hat{\varphi}_{1;u} = 1 \cdot 1 \cdot 8{,}81 \cdot 10^{-3} = 8{,}81\ 10^{-3} \text{ rd.} \qquad \text{nach Gl. (139)}$$

$$\hat{P}_u = \frac{c_{rel}\, P_B\, \Phi_1}{L_T} \sum_{\nu=1}^{3} |\Phi_{\nu;r} V^*_{\nu;u}| = \frac{57 \cdot 1500 \cdot 0{,}23 \cdot 2{,}16}{501} = 84{,}6 \text{ kp} \qquad \text{nach Gl. (140)}$$

$$\frac{\hat{P}_u}{P} \cdot 100 = \frac{84{,}6 \cdot 100}{103{,}7} = 82\,\% \qquad \frac{P_u}{P_B} \cdot 100 = \frac{84{,}6 \cdot 100}{1500} = 5{,}6\,\%$$

$$\delta_{1;u} = \frac{400\,\Phi_1 z_1}{d_{01} X} \frac{1}{i^2 j + 1} \sum_{\nu=1}^{3} \left| \nu\,\Phi_{\nu;r}\,\mathfrak{v}_{\nu;u} \right| = \frac{400 \cdot 0{,}23 \cdot 19 \cdot 3{,}07}{77{,}16 \cdot 98 \cdot (1^2 \cdot 1 + 1)} = 0{,}35\,\%$$

nach Gl. (142)

$$\delta_{2;u} = i^2 j\,\delta_{1;u} = 1^2 \cdot 1 \cdot 0{,}35 = 0{,}35\,\%$$

nach Gl. (143)

Dieser Betriebszustand ergibt erhebliche dynamische Belastungen der Kette. Es wäre also in diesem Fall besser gewesen, die Trägheitsmomente nicht so stark zu vergrößern und so die gefährliche Erregung mit der Harmonischen der Umlauffrequenz der Kette zu vermeiden.

Um die Gefährlichkeit der Resonanzstellen zu vergleichen, welche durch die Vieleckwirkung der Kettenräder, durch die Rundlauffehler der Verzahnung und die Teilungsfehler der Kette hervorgerufen werden, seien zunächst die Gleichungen für die dynamischen Belastungen der Kette zusammengestellt:

$$\hat{P}_z = \frac{c_{\text{rel}} P_B t}{L_T \pi z_1^2} \frac{i^2 + 1}{i^2} \left| \mathfrak{v}_z^* \right| \qquad\qquad \text{s. Gl. (107)}$$

$$\hat{P}_n = \frac{c_{\text{rel}} P_B e_1}{L_T} \left(\left| \mathfrak{v}_{1;n}^* \right| + \eta \left| \mathfrak{v}_{2;n}^* \right| \right) \qquad\qquad \text{s. Gl. (123)}$$

$$\hat{P}_u = \frac{c_{\text{rel}} P_B \Phi_1}{L_T} \sum_{\nu=1}^{3} \left| \Phi_{\nu;r}\,\mathfrak{v}_{\nu;u}^* \right| \qquad\qquad \text{s. Gl. (140)}$$

Für den Vergleich wird angenommen, daß der Trieb mit einer Drehzahl läuft, die weit oberhalb der in Frage kommenden Resonanzdrehzahlen liegt. Mit dieser Voraussetzung kann für die Vergrößerungsfunktionen geschrieben werden:

$$\left| \mathfrak{v}_{\nu;u}^* \right| = 1\,; \qquad \left| \mathfrak{v}_{\nu;u}^* \right| + \eta \left| \mathfrak{v}_{\nu;u}^* \right| = 2\,; \qquad \sum_{\nu=1}^{3} \left| \Phi_{\nu;r}\,\mathfrak{v}_{\nu;u}^* \right| = 1{,}207\,. \qquad (144)$$

Für die weiteren offenen Größen sind übliche mittlere Werte angenommen worden mit:

$$z_1 = 19\ \text{Zähne}\,;\ t = 12{,}7\ \text{mm}\,;\ L_T = 40t = 508\ \text{mm}\,;\ i = 3\,;\ \eta = 1\,;\ e_1 = 0{,}02\ \text{mm}\,;$$

$$\Phi_1 = 0{,}23\ \text{mm}\,;\ c_{\text{rel}} = 55\,.$$

Bezieht man die dynamische Belastung der Kette auf deren Bruchlast, dann erhält man:

$$\frac{\hat{P}_z}{P_B} \cdot 100 = \frac{100 \cdot c_{\text{rel}}}{L_T} \frac{t\,(i^2 + 1)}{\pi z_1^2 i^2} \cdot 1 = \frac{100 \cdot 55 \cdot 12{,}7 \cdot (3^2 + 1)}{508 \cdot \pi \cdot 19^2 \cdot 3^2} = 0{,}135\%\,, \qquad (145)$$

$$\frac{\hat{P}_n}{P_B} \cdot 100 = \frac{100 \cdot c_{\text{rel}}}{L_T} e_1 \cdot 2 = \frac{100 \cdot 55 \cdot 0{,}02 \cdot 2}{508} = 0{,}43\%\,, \qquad (146)$$

$$\frac{\hat{P}_u}{P_B} \cdot 100 = \frac{100 \cdot c_{\text{rel}}}{L_T} \Phi_1 \cdot 1{,}207 = \frac{100 \cdot 55 \cdot 0{,}23 \cdot 1{,}207}{508} = 3\%\,. \qquad (147)$$

Der Vergleich ist nicht allgemeingültig. Insbesondere sind die Abhängigkeiten von e_1 und Φ_1 von der Kettenteilung nicht bekannt. Immerhin wird die besondere Bedeutung der Erregung durch Teilungsfehler der Kette deutlich. Glücklicherweise sind jedoch die Trägheitsmomente an den Wellen der Kettenräder im allgemeinen so klein, daß die Resonanzdrehzahlen, bei denen die Teilungsfehler der Kette als Erregungsursache auftreten, in den meisten Fällen über der Betriebsdrehzahl liegen werden. Es soll aber an dieser Stelle noch einmal darauf hingewiesen werden, daß die häufig vertretene Ansicht, nach der ein Kettentrieb durch Anbringen von Schwungscheiben beruhigt werden kann, mit aller Vorsicht zu handhaben ist. Hierfür ist die Aufgabe 6 ein sprechendes Beispiel.

Bei der Berechnung der Aufgaben dieses Abschnittes wurde angenommen, daß nur eine jeweils betrachtete Erregung allein auftritt. Dies geschah, um die einzelnen Rechnungen übersichtlicher zu machen. Für einen praktisch ausgelegten Trieb müssen dagegen alle Erregungen gleichzeitig berücksichtigt werden. Die Rechnung wird daher verhältnismäßig aufwendig und lohnt sich allenfalls, wenn ein Kettentrieb in größeren Stückzahlen ausgelegt werden soll oder wenn der Trieb einen entsprechenden Wert darstellt. Für die Abschätzung des Rechenaufwandes ist zu beachten, daß neben der Berechnung, wie sie in diesem Abschnitt behandelt wurde, auch die Bestimmung der Trägheitsmomente und in manchen Fällen die Berücksichtigung der Drehsteifigkeit der Wellen notwendig wird. Für die Praxis wird es daher vorteilhaft sein, die Drehschwingungen an einem ausgeführten Trieb zu messen und nur im Bedarfsfall mit Verwendung der Gleichungen dieses Abschnitts abzuschätzen, welche Maßnahmen zur Verbesserung des Laufverhaltens besonders geeignet sind.

Zur Messung der Drehschwingungen eines Kettentriebes sind seismische Drehschwingungsaufnehmer besonders geeignet. Sie sind im Handel erhältlich. Ihre Wirkungsweise ist aus der Abb. 125 ersichtlich. Konzentrisch zu der Welle, deren Drehschwingungen gemessen werden sollen, ist eine träge Drehmasse angeordnet. Sie ist beispielsweise durch Blattfedern F nach Abb. 248 mit der Welle federnd verbunden. Masse M und Federn F bilden einen einfachen Schwinger, welcher durch die Drehschwingungen der Welle im Fußpunkt der Feder erregt wird. Wenn die Frequenz der Erregung weit genug oberhalb der Eigenfrequenz des Schwingers liegt, bleibt die Masse in Ruhe bzw. rotiert im umlaufenden System mit gleichför-

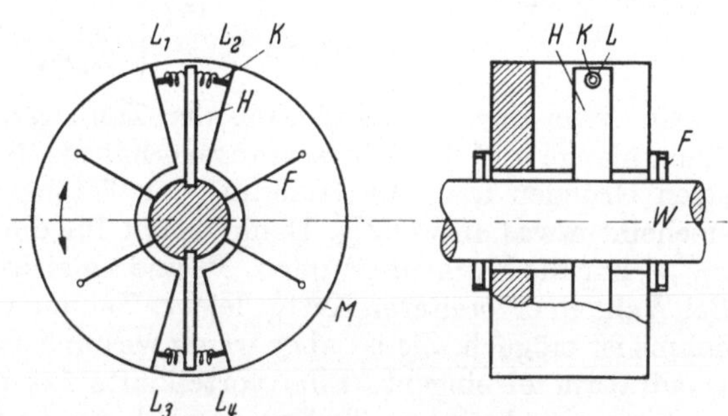

Abb. 125. Der seismische Drehschwingungsaufnehmer

miger Drehbewegung. Um die Relativbewegung zwischen der ungleichförmig laufenden Welle und der gleichförmigen Rotation der Masse zu messen, sind an der Welle zwei Hebel H angeordnet, welche Drosselspulen L tragen. An der Masse sind Weicheisenkerne angeordnet, die bei einer Relativbewegung zwischen Welle und Masse sich in die Drosselspulen hineinbewegen. Die Induktivitäten L_1 und L_2 bzw. L_3 und L_4 werden als Differentialdrosseln geschaltet und in zwei Zweige einer WHEATSTONEschen Brücke gelegt. Der Strom in dem Diagonalzweig der Brücke kann mit Hilfe eines Meßverstärkers vergrößert werden und somit auf einem Schreibgerät ein der Relativlage von Welle und Masse proportionaler Schrieb aufgenommen werden. Das mechanische System wird durch ein Ölbad oder durch Wirbelstrombremsung proportional zur Relativgeschwindigkeit gedämpft. Die Eigenfrequenzen der handelsüblichen Ausführung liegen in der Größenordnung von etwa 5 Hz. Die Geber können bis zu Drehzahlen von 3000 U/min eingesetzt werden. Ihr ungefährer Frequenzgang ist der Abb. 126 zu entnehmen.

Die Geber sind also nicht geeignet, niedrige Frequenzen zu registrieren. Sie sind verhältnismäßig stark gedämpft und haben über einen weiten Bereich eine starke Fasenverzerrung. Darauf muß geachtet werden, wenn die Geber zur Aufnahme überlagerter Schwingungen verschiedener Frequenzen eingesetzt werden sollen. Wenn man diese Eigenarten der Drehschwingungsaufnehmer berücksichtigt, dann ist ihr Einsatz für Messungen an ausgeführten Kettentrieben sehr vorteilhaft. Sie können leicht an die Wellenenden angeflanscht werden und sind recht robust. Sie gestatten die Messung von Drehschwingungsamplituden bis zu einigen Winkelgraden, sind aber auch für die Messung kleiner Drehschwingungsamplituden empfindlich genug.

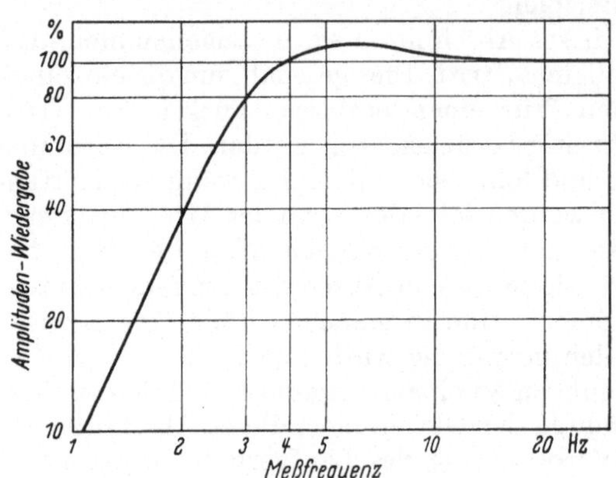

Abb. 126. Der übliche Frequenzgang seismischer Drehschwingungsaufnehmer

Um die Möglichkeiten zu beurteilen, welche bestehen, um störende Drehschwingungen und die daraus resultierenden schwellenden Belastungen der Kette zu verringern, werden noch einmal die Gleichungen der Resonanzdrehzahlen (96, 97 und 98) betrachtet. Die Resonanzdrehzahl $n_{D;z;1}$ hat folgende Größe:

$$n_{D;z;1} = \frac{15\,t}{\pi^2} \sqrt{\frac{c_{\mathrm{rel}}\,P_B}{L_T\,\Theta_1}\,(1 + i^2\,j)}\,. \qquad\qquad \text{s. Gl. (96)}$$

Sie kann durch Veränderung der Zähnezahlen nicht beeinflußt werden. Die Trummlänge und das Übersetzungsverhältnis liegen im allgemeinen aus konstruktiven Gründen fest. Die Änderung der Trägheitsmomente an den beiden Wellen erscheint etwas aufwendig. Damit bleibt für die Verlegung der Resonanzdrehzahl $n_{D;z;1}$ nur die Möglichkeit offen, P_B und t gleichzeitig oder P_B allein zu verändern. Bei Wahl einer breiteren Kette gleicher Teilung wird P_B allein geändert. Diese Maßnahme ist möglich. Sie ist aber wenig wirkungsvoll, weil P_B in Gl. (96) nur mit der Quadratwurzel eingeht. Eine vorteilhafte Lösung ergibt sich, wenn eine Kette größerer oder kleinerer Teilung gewählt wird und damit gleichzeitig die Kettenteilung und die Bruchlast beeinflußt wird.

Bei Erregung durch die Rundlauffehler der Verzahnung beträgt die Resonanzdrehzahl:

$$n_{1,2;D;n;1} = \frac{15\,t\,z_{1,2}}{\pi^2} \sqrt{\frac{c_{\mathrm{rel}}\,P_B}{L_T\,\Theta_1}\,(1 + i^2\,j)}\,. \qquad\qquad \text{s. Gl. (97)}$$

Wenn ein Kettentrieb in der Nähe dieser Resonanzdrehzahl liegt, dann kann Abhilfe geschaffen werden, indem in gleicher Weise, wie es eben besprochen wurde, eine Kette anderer Teilung gewählt wird. Außerdem besteht aber hier die Möglichkeit, auch die Zähnezahl der Kettenräder zu verändern. Es bleibt von Fall zu Fall festzustellen, welcher Maßnahme der Vorzug zu geben ist.

Die Resonanzdrehzahl bei Erregung durch die Teilungsfehler der Kette beträgt:

$$n_{\nu;D;u;1} = \frac{15\,t\,X}{\pi^2\,\nu} \sqrt{\frac{c_{\mathrm{rel}}\,P_B}{L_T\,\Theta_1}\,(1 + i^2\,j)} \qquad \nu = 1,2,3\,. \qquad \text{s. Gl. (98)}$$

Man erkennt, daß eine Änderung der Zähnezahlen der Kettenräder nicht geeignet ist, diese Resonanzdrehzahlen zu verlegen. Bei Wahl einer anderen Kettenteilung wird bei konstanter Trummlänge die Gliederzahl der Kette gleichzeitig beeinflußt. So wird bei gleicher Trummlänge und vergrößerter Kettenteilung die Gliederzahl im Trumm und damit die gesamte Gliederzahl verringert. Wenn man als Näherung sagt, daß das Produkt aus t und X konstant bleibt, dann ergibt die Wahl einer neuen Kettenteilung nur einen Einfluß auf die Resonanzdrehzahl $n_{v;\,D;\,u;\,1}$ über die Änderung der Bruchlast. In diesem Fall ist also die Wahl einer Kette anderer Teilung etwa gleich wirksam wie die Wahl einer breiteren Kette gleicher Teilung. In beiden Fällen ist nur die Änderung der Bruchlast entscheidend, welche unter der Quadratwurzel steht. Es wird also verhältnismäßig schwierig sein, die Resonanzdrehzahl zu verlegen, welche sich aus der Erregung durch die Teilungsfehler der Kette ergibt. Die Verlegung der Resonanzdrehzahlen nach den eben angegebenen Verfahren ist nur dann sinnvoll, wenn der Trieb in der Nähe der Resonanzdrehzahl läuft. Dort ist die Steigung der Vergrößerungsfunktionen (s. Abb. 118 als Beispiel) sehr groß und eine geringe Verstimmung des Schwingungssystems durch Veränderung der Resonanzdrehzahl bringt einen großen Erfolg. Wenn die Betriebsdrehzahl aber weit von der Resonanzdrehzahl entfernt liegt, muß die Erregeramplitude verringert werden, wenn man die Drehschwingung wesentlich beeinflussen will. Zu diesem Zweck ist beispielsweise eine größere Zähnezahl zu wählen oder der Rundlauffehler der Verzahnung muß verkleinert werden oder es ist eine Kette mit ausgesucht kleinen Einzelteilungstoleranzen zu verwenden.

Die Gleichungen dieses Abschnitts gelten in gleicher Weise für alle Stahlgelenkketten. Es sei aber noch einmal darauf hingewiesen, daß sie unter der Voraussetzung hergeleitet wurden, daß die Wellen zwischen den Kettenrädern und den trägen Massen starr sind und daß die Kette selbst masselos ist.

Zahlenbeispiel

7. Aufgabe: Ein Kettentrieb läuft unruhig und zeigt einen unerwartet hohen Verschleiß. Es wird vermutet, daß Drehschwingungen vorliegen. Da eine genaue Bestimmung der Trägheitsmomente zu aufwendig erscheint, werden die Drehschwingungen der beiden Wellen gemessen. Es zeigt sich dabei ein sinusförmiger Verlauf der Schwingungen. Die Amplituden betragen:

$$\overset{\ast}{\varphi}_1 = 0{,}05^\circ; \quad \tilde{\varphi}_2 = 0{,}02^\circ.$$

Die Frequenz der gemessenen Drehschwingungen wird zu 30 Hz bestimmt. Bei den Messungen in der Nähe der Betriebsdrehzahl von 120 U/min zeigte sich, daß die Amplituden mit zunehmender Drehzahl anwachsen. Die Drehsteifigkeit der Wellen ist groß gegenüber der Steifigkeit der Kette. Folgende Daten sind bekannt:

Einfachrollenkette $15{,}875 \times 9{,}65$ DIN 8187; $\quad P_B = 2500$ kp; $\quad M_{d_1} = 5{,}5$ mkp; $z_1 = 15$ Zähne; $i = 2$; $L_T = 396$ mm.

Es sind Vorschläge für die Verbesserung des Laufverhaltens zu machen.

Lösung: Da eine rein sinusförmige Schwingungsform beobachtet wurde, wird die Erregung vermutlich durch die Polygonwirkung der Kettenräder verursacht, denn bei Erregung durch die Rundlauffehler der Verzahnung ergäbe sich eine Schwingungsform, welche nach Gl. (95) eine Überlagerung zweier Schwingungen mit dem Frequenzverhältnis 1 : 2 darstellt. Die Vermutung wird bestätigt. Es ist tatsächlich:

$$f_{\text{err};z} = \frac{n_1 z_1}{60} = \frac{120 \cdot 15}{60} = 30\,\text{Hz} \qquad \text{nach Gl. (75)}$$

Da die Amplituden der Drehschwingung mit wachsender Drehzahl zunehmen, liegt die Betriebsdrehzahl nach Abb. 118 unter der Resonanzdrehzahl. Die Resonanzdrehzahlen, welche sich aus der Erregung durch den Rundlauffehler der Verzahnung oder durch die Teilungsfehler der Kette ergeben, liegen damit sehr weit oberhalb der Betriebsdrehzahl. Die Drehschwingungen $\tilde{\varphi}_n$ und $\tilde{\varphi}_u$ wurden nicht registriert, weil der Geber derart niedrige Frequenzen nicht wiedergibt.

Die dynamische Belastung der Kette wird daher für diesen Trieb im wesentlichen durch die Polygonwirkung der Kettenräder bestimmt. Diese wird zunächst berechnet:

$$d_{01} = t\, n_{01} = 15{,}875 \cdot 4{,}81 = 76{,}36\;\text{mm} \qquad\qquad \text{nach Gl. (5)}$$

$$P = \frac{2\,M_{d_1}}{d_{01}} = \frac{2 \cdot 5500}{76{,}36} = 144\;\text{kp} \qquad\qquad \text{nach Gl. (30)}$$

$$c_{\text{rel}} = 54 \quad \text{für} \quad \frac{P}{P_B} = \frac{144}{2500} = 0{,}0576 \qquad\qquad \text{nach Abb. (87)}$$

$$j = \frac{\hat{\tilde{\varphi}}_{2;z}}{i\,\hat{\tilde{\varphi}}_{1;z}} = \frac{0{,}02}{2 \cdot 0{,}05} = 0{,}2 \qquad\qquad \text{nach Gl. (104)}$$

$$|\mathfrak{v}_z| = \frac{\hat{\tilde{\varphi}}_{1;z}\, z_1^3}{2}\,\frac{i^2\,(i^2 j + 1)}{i^2 + 1} = \frac{0{,}05\,\pi \cdot 15^3 \cdot 2^2\,(2^2 \cdot 0{,}2 + 1)}{180\,(2^2 + 1)} = 4{,}24 \qquad\qquad \text{nach Gl. (106)}$$

$$\left(\frac{n_1}{n_{D;z;1}}\right)^2 = 1 - \frac{1}{\mathfrak{v}_z} = 1 - \frac{1}{4{,}24} = 0{,}764$$

$$n_{D;z;1} = \frac{120}{\sqrt{0{,}764}} = \frac{120}{0{,}875} = 137\;\text{U/min}$$

$$\mathfrak{v}_z^* = \left(\frac{n_1}{n_{D;z;1}}\right)^2 \mathfrak{v}_z = 0{,}764 \cdot 4{,}24 = 3{,}24 \qquad\qquad \text{nach Gl. (109)}$$

$$\hat{\tilde{P}}_z = \frac{c_{\text{rel}}\, P_B\, t}{L_T\, z_1^2}\,\frac{i^2 + 1}{i^2}\,\mathfrak{v}_z^* = \frac{54 \cdot 2500 \cdot 15{,}875}{396 \cdot 15^2}\,\frac{i^2 + 1}{2^2} \cdot 3{,}24 = 97{,}2\;\text{kp} \qquad\qquad \text{nach Gl. (107)}$$

$$\frac{\hat{\tilde{P}}_z}{P} \cdot 100 = \frac{97{,}2 \cdot 100}{144} = 65\%\,; \qquad\qquad \frac{\hat{\tilde{P}}_z}{P_B} \cdot 100 = \frac{97{,}2 \cdot 100}{2500} = 3{,}9\%$$

Die schwellende Kettenbelastung ist zu hoch. Es wird das dynamische System verstimmt durch Wahl der Kette $19{,}05 \times 11{,}68$ DIN 8187.

$$d'_{01} = t'\, n_{01} = 19{,}05 \cdot 4{,}81 = 91{,}63\;\text{mm} \qquad\qquad \text{nach Gl. (5)}$$

$$P' = \frac{2\,M_{d_1}}{d'_{01}} = \frac{2 \cdot 5500}{91{,}63} = 120\;\text{kp} \qquad\qquad \text{nach Gl. (30)}$$

$$c'_{\text{rel}} = 53{,}5 \quad \text{für} \quad \frac{P'}{P_B} = \frac{120}{3000} = 0{,}04 \qquad\qquad \text{nach Abb. 87}$$

$$n'_{D;z;1} = n_{D;z;1}\,\frac{t'}{t}\,\sqrt{\frac{P'_B}{P_B}} = 137 \cdot \frac{19{,}05}{15{,}875}\,\sqrt{\frac{3000}{2500}} = 180{,}5\;\text{U/min} \qquad\qquad \text{nach Gl. (96)}$$

$$\left(\frac{n_1}{n'_{D;z;1}}\right)^2 = \left(\frac{120}{180{,}5}\right) = 0{,}44$$

$$|\mathfrak{v}_z^*| = \frac{(n_1/n'_{D;z;1})^2}{1 - (n_1/n'_{D;z;1})^2} = \frac{0{,}44}{1 - 0{,}44} = 0{,}78 \qquad\qquad \text{nach Gl. (109)}$$

$$\hat{\tilde{P}}'_z = \hat{\tilde{P}}_z\,\frac{c'_{\text{rel}}}{c_{\text{rel}}}\,\frac{P'_B}{P_B}\,\frac{t'}{t}\,\frac{\mathfrak{v}_z^{*\prime}}{\mathfrak{v}_z^*} = 97{,}2\,\frac{53{,}5 \cdot 3000 \cdot 19{,}05 \cdot 0{,}786}{54 \cdot 2500 \cdot 15{,}875 \cdot 3{,}24} = 33{,}6\;\text{kp} \qquad\qquad \text{nach Gl. (107)}$$

$$\frac{\hat{\tilde{P}}'_z}{P} \cdot 100 = \frac{33{,}6 \cdot 100}{120} = 28\%\,; \qquad\qquad \frac{\hat{\tilde{P}}'_z}{P_B} \cdot 100 = \frac{33{,}6 \cdot 100}{3000} = 1{,}12\%$$

Es wird die Erregeramplitude vermindert durch Wahl einer größeren Zähnezahl, so daß der Teilkreisdurchmesser d'_{01} eingehalten wird.

$$d''_{01} = t\, n''_{01} = 15{,}875 \cdot 5{,}759 = 91{,}42\,\text{mm} \quad \text{bei } z_1 = 18\,\text{Zähne}$$

$$\hat{P}''_z = \hat{P}_z \frac{z_1^2}{z_1^{2''}} = \frac{97{,}2 \cdot 15^2}{18^2} = 67{,}5\,\text{kp} \qquad \text{nach Gl. (107)}$$

$$\frac{\hat{P}''_z}{P} \cdot 100 = \frac{67{,}5 \cdot 100}{120} = 56{,}2\%\,; \qquad \frac{\hat{P}''_z}{P_B} \cdot 100 = \frac{67{,}5 \cdot 100}{2500} = 2{,}7\%$$

Beide Maßnahmen ergeben einen im gleichen Maße vergrößerten Platzbedarf. Die Wahl einer Kette größerer Teilung bringt einen größeren Gewinn, da die Betriebsdrehzahl nahe bei der maßgebenden Resonanzdrehzahl liegt.

8. Die Längskräfte in der umlaufenden Kette

Die Belastung einer umlaufenden Kette setzt sich aus mehreren Anteilen zusammen. Sie werden als zügige, schwingende und stoßartige Lasten bezeichnet. Die schwingenden Beanspruchungen wurden im vorigen Abschnitt behandelt. An einer späteren Stelle wird auf die stoßartigen Kräfte eingegangen. Als zügige Beanspruchung wird die Zugkraft, der Stützzug und die Fliehkraft bezeichnet. Die letztgenannten Lasten sind Gegenstand dieses Abschnitts.

Die Zugkraft in der Kette wird im allgemeinen aus dem Drehmoment und dem Teilkreisdurchmesser nach folgender Beziehung errechnet.

$$P = \frac{2\,M_{d_1}}{d_{01}} = \frac{2\,M_{d_2}}{d_{02}}\,. \qquad\qquad \text{s. Gl. (30)}$$

Diese Gleichung gilt in guter Näherung. Sie wird daher mit Recht für die praktische Auslegung eines Kettentriebes verwendet. Für eine genauere Betrachtung ist jedoch zu beachten, daß man mit Verwendung der Gl. (30) etwas zu kleine Werte erhält. Bei quasistatischem Betrieb und konstantem Antriebsdrehmoment erhält man eine ungleichförmige Belastung der Kette, welche mit der Zahneingriffsfrequenz periodisch ist. Nach Abb. 127 wird die Belastung der Kette berechnet zu:

$$P_{(\varphi_1)} = \frac{2\,M_{d_1}}{d_{01}\cos\varphi_1}\,. \qquad (148)$$

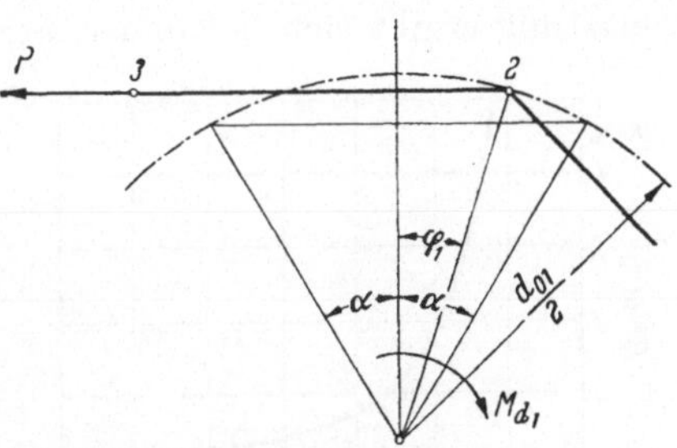

Abb. 127. Der Zusammenhang zwischen Zugkraft und Drehmoment

φ_1 ist eine laufende Koordinate, welche die Lage des Trummführungspunktes kennzeichnet. Sie ist bezogen auf das Lot, welches durch den Mittelpunkt des Kettenrades geht und senkrecht auf der Trummrichtung steht. Für φ_1 gelten die Schranken $-\alpha < \varphi_1 < +\alpha$. Die Abhängigkeit der tatsächlichen Zugkraft in der Kette von der Koordinate φ_1 ist in der Abb. 128 für ein Kettenrad mit 10 Zähnen angegeben worden. Dabei ist der Quotient $2\,M_{d_1}/d_{01} = 1$ gesetzt, um die Abweichung der tatsächlichen Kettenbelastung von der nach Gl. (30) errechneten direkt ablesen zu können. Man erkennt, daß die mit Gl. (30) bestimmte Größe der Zugkraft dem kleinsten tatsächlich auftretenden Wert entspricht, welcher für den Fall $\varphi_1 = 0°$ vorliegt. Die in der Abb. 128 eingetragenen charakteristischen Kräfte betragen:

$$P_{\min} = P = \frac{2\,M_{d_1}}{d_{01}}, \qquad P_{\max} = \frac{2\,M_{d_1}}{d_{01}\cos\alpha_1}, \tag{149}$$

$$P_m = \frac{1}{2\,\alpha_1}\,\frac{2\,M_{d_1}}{d_{01}}\cdot 2\int_0^{+\alpha_1}\frac{d\varphi_1}{\cos\varphi_1} = \frac{2\,M_{d_1}}{d_{01}\,\alpha_1}\ln\operatorname{tg}\left(\frac{\pi}{4} + \frac{\alpha_1}{2}\right). \tag{150}$$

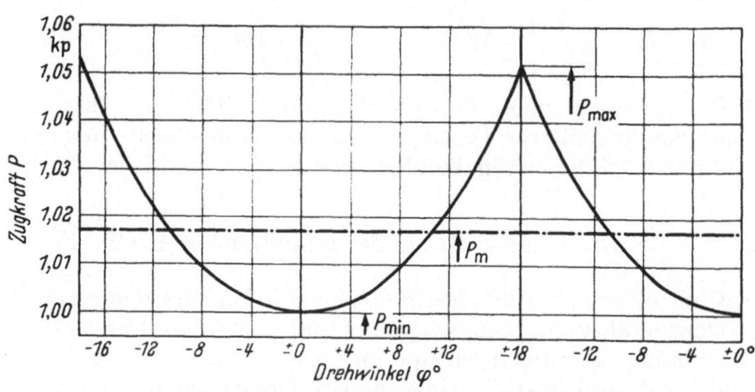

Abb. 128. Die Schwankung der Zugkraft während eines Eingriffsbereiches

Der Fehler, der gemacht wird, wenn man statt der wirklichen mittleren Zugkraft P_m die üblicherweise errechnete minimale Kraft einsetzt, beträgt:

$$F_P = \frac{P_m - P}{P_m}\cdot 100\%. \tag{151}$$

Der Fehler F_P hängt nur von der Zähnezahl des Kettenrades ab. Zahlenwerte für F_P können der Abb. 129 entnommen werden.

Als Folge der mit der Zahneingriffsfrequenz periodischen schwellenden Kettenbelastung ergibt sich bei quasistatischem Betrieb auch eine mit der gleichen Frequenz periodische Änderung für das Drehmoment des getriebenen Rades. Diese geringfügige Ungleichförmigkeit des Drehmomentes am getriebenen Rad entfällt in dem Sonderfall, bei dem das Übersetzungsverhältnis $i = 1$ vorliegt und die Trummlänge einem ganzzahligen Vielfachen der Kettenteilung entspricht. Auf diesen Sonderfall wurde bereits in dem Abschn. III. B. 3 in einem anderen Zusammenhang hingewiesen. Die tatsächliche Zugkraft in der Kette ist allerdings auch in diesem Sonderfall nicht gleichförmig.

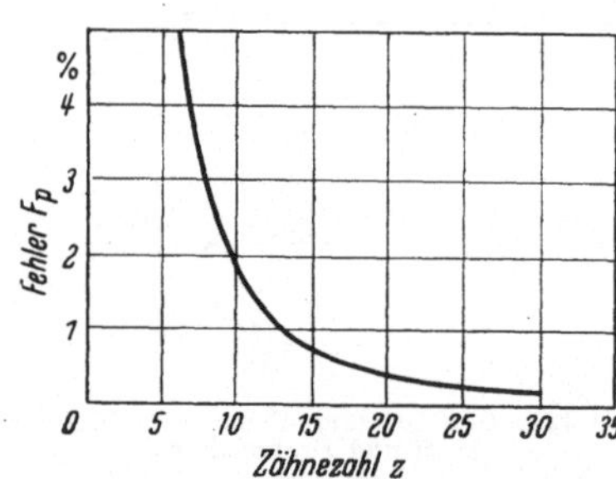

Abb. 129. Der Fehler, der bei der Berechnung der Zugkraft nach dem üblichen Verfahren gemacht wird

Durch Gleichsetzen der mittleren Zugkräfte in der Kette nach Gl. (150) welche für das treibende und das getriebene Rad errechnet werden, erhält man eine Beziehung zwischen den mittleren Drehmomenten der beiden Kettenräder:

$$M\,d_{2;m} = M\,d_{1;m}\,\frac{\ln\operatorname{tg}\left(\dfrac{\pi}{4} + \dfrac{\alpha_2}{2}\right)}{\ln\operatorname{tg}\left(\dfrac{\pi}{4} + \dfrac{\alpha_1}{2}\right)}. \tag{152}$$

Die Abweichung der Gl. (152) von der üblichen Beziehung nach Gl. (31) ist für
jeden beliebigen Fall mit Abb. 129 zu bestimmen. Sie ist sehr gering und dürfte
für die Praxis unbedeutend sein. Außerdem läßt sich durch
Wahl einer genügend großen Zähnezahl die Ungleichförmigkeit der Übertragung der Drehmomente beliebig verbessern.

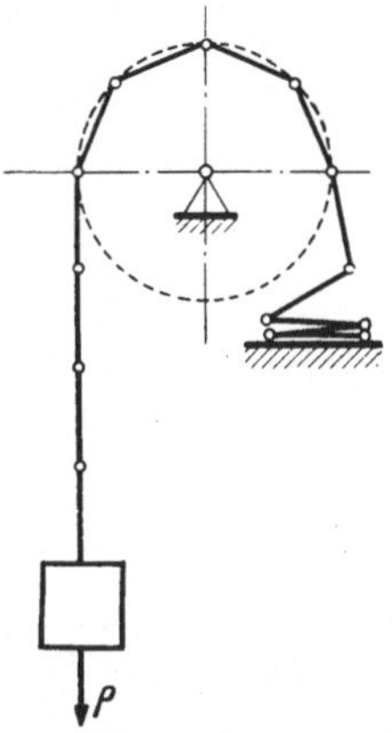

Zahlenbeispiel

8. **Aufgabe:** Die Last von $P = 10\,t$ soll durch einen Kettentrieb nach Abb. 130 mit $z = 8$ Zähnen und $t = 76,2\,mm$
angehoben werden. Die kleine Zähnezahl wurde gewählt,
weil auf diese Weise das Drehmoment in der Welle des
Kettenrades klein gehalten wird. Die Drehzahl des Kettenrades beträgt 0,1 U/min. In welchen Grenzen schwankt das
an der Welle aufzubringende Drehmoment?

Lösung:

$$d_{01} = t\,n_{01} = 76,2 \cdot 2,613 = 199\,mm \qquad \text{nach Gl. (5)}$$

$$\alpha = \frac{180}{z} = \frac{180}{8} = 22,5° \qquad \text{nach Gl. (11)}$$

Abb. 130. Der Kettentrieb zur Aufgabe 8

$$M\,d_{max} = \frac{P\,d_0}{2} = \frac{10000 \cdot 0,199}{2} = 995\,mkp \qquad \text{s. Gl. (149)}$$

$$M\,d_{min} = \frac{P\,d_0 \cos\alpha}{2} = \frac{10000 \cdot 0,199 \cdot 0,924}{2} = 919\,mkp \qquad \text{s. Gl. (149)}$$

$$M\,d_m = \frac{P\,d_0}{2}\,\frac{\alpha}{\ln\,\mathrm{tg}\left(\frac{\pi}{4}+\frac{\alpha}{2}\right)} = \frac{10000 \cdot 0,199 \cdot 22,5\,\dfrac{\pi}{180}}{2\ln\,\mathrm{tg}\left(\dfrac{\pi}{4}+\dfrac{\pi}{16}\right)} = 970\,mkp \qquad \text{s. Gl. (150)}$$

Die Abweichung zwischen dem mittleren und dem üblicherweise berechneten
maximalen Moment beträgt 2,51 %. Hierzu s. Abb. 129.

Zu den zügigen Belastungen der umlaufenden Kette zählt auch der sogenannte
Stützzug. Dies ist die Belastung in Längsrichtung der Kette, welche sich durch den
Einfluß ihres eigenen Gewichtes ergibt. Die Größe des Stützzuges für eine senk-
rechte Lage des betrachteten Trumms ist beispielsweise für das jeweils oberste
Glied am größten und entspricht dem Gewicht des Trumms. Bei horizontaler
Lage des Trumms hängt der Stützzug stark von dem Durchhang der Kette ab
und erreicht bei gestreckter Lage des Trumms einen theoretisch unendlich
großen Betrag. Für einen Zweiradtrieb, welcher unter Last läuft, wird der
Stützzug durch den Durchhang des Leertrumms bestimmt und wirkt für jedes
Glied der Kette mit etwa gleicher Größe. Der Stützzug stellt daher eine unerwünschte Blindlast für die Kette dar, welche die Flächenpressung in den Kettengelenken erhöht. Ein Stützzug von bestimmter Größe ist andererseits für die
Funktion des Kettentriebes erforderlich, wie in dem Abschn. III. B. 10 noch näher
erläutert wird.

Der Stützzug eines Kettentriebes läßt sich bei horizontaler Lage des Leertrumms je nach der gewünschten Genauigkeit nach verschiedenen Näherungs-
verfahren berechnen. Eine nahezu exakte Lösung ergibt sich, wenn man eine
gleichmäßig mit Masse behaftete Kette und eine fehlende Biegesteifigkeit der
Kette in der Ebene voraussetzt, welche durch die durchhängende Kette aufge-
spannt wird. Die Berechnung der Stützzuges interessiert besonders bei langen

Trummen und gerade für diese sind die gemachten Voraussetzungen besonders gut erfüllt. Die Massenverteilung der Kette kann im Verhältnis zu ihrer Länge

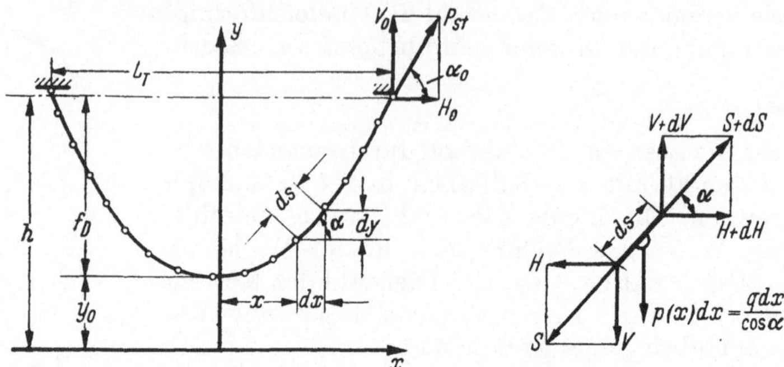

Abb. 131. Die Bezeichnungen zur Berechnung des Stützzuges in bester Näherung

als gleichförmig angesehen werden. Die fehlende Biegesteifigkeit ist durch die gelenkige Verbindung der einzelnen Kettenglieder gegeben.

Berücksichtigt man die Bezeichnungen der Abb. 131 dann erhält man für die Berechnung des Stützzuges $P_{\text{st};1}$ in bester Näherung die folgende Gleichung:

$$P_{\text{st};1} = \frac{y_0\,q}{\cos\left(\text{arc tg sinh}\ \dfrac{L_T}{2\,y_0}\right)} \tag{153}$$

mit:

$$\frac{L_T}{y_0} = \frac{1}{f_r}\left(\cosh\frac{L_T}{2\,y_0} - 1\right). \tag{154}$$

Gl. (154) ist eine transzendente Funktion $L_T/y_0 = f(f_r)$, deren Lösung für den interessierenden Bereich nach Abb. 132 gefunden ist. L_T ist der Abstand der beiden Aufhängepunkte des Leertrumms. Er ist mit L_T bezeichnet worden, weil er der Einfachheit halber gleich der Trummlänge gesetzt wird. Der Durchhang f_D ist der Abstand des am weitesten durchhängenden Gliedes von der geraden Verbindung der beiden Aufhängepunkte. Er wird auf den Abstand der Aufhängepunkte L_T bezogen und als relativer Durchhang f_r bezeichnet:

$$f_r = \frac{f_D}{L_T}. \tag{155}$$

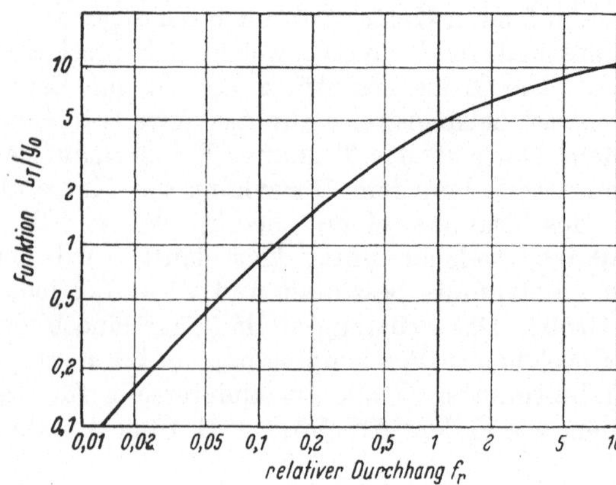

Abb. 132. Die Funktion der Gl. (154)

Die Handhabung der Gl. (153) ist für praktische Anwendungsfälle etwas kompliziert. Daher wird der dimensionslose spezifische Stützzug $P_{\text{st-s}}$ eingeführt, indem der Stützzug durch das Gewicht des Leertrumms geteilt wird.

$$P_{\text{st-s};1} = \frac{P_{\text{st};1}}{q\,L_T}. \tag{156}$$

Der spezifische Stützzug ist nur noch von dem relativen Durchhang f_r abhängig. Er ist in der Abb. 133 als Funktion des relativen Durchhanges aufgetragen. Man erkennt die recht hohen Werte des Stützzuges bei kleinen relativen Durchhängen. Bei einem relativen Durchhang von 1,5% beträgt er etwa $8{,}2\,q\,L_T$. Er ist also etwa 8mal so groß wie das Gewicht des Leertrumms. Bei einem relativen Durchhang von etwa 35% hat er seinen geringsten Wert. Dort ist er nur noch etwa $0{,}74\,q\,L_T$. Bei weiterer Vergrößerung des Durchhanges wächst der Stützzug wieder an.

Der minimale Stützzug wird für die Auslegung von Hochspannungsleitungen ausgenutzt, wenn der Abstand der Masten groß ist. Bei Kettentrieben dürfte aber ein Durchhang von 35% nur in seltenen Fällen praktisch ausgeführt werden können. Von den Kettenherstellern wird ein relativer Durchhang von 2–3% vorgeschlagen. Der Durch-

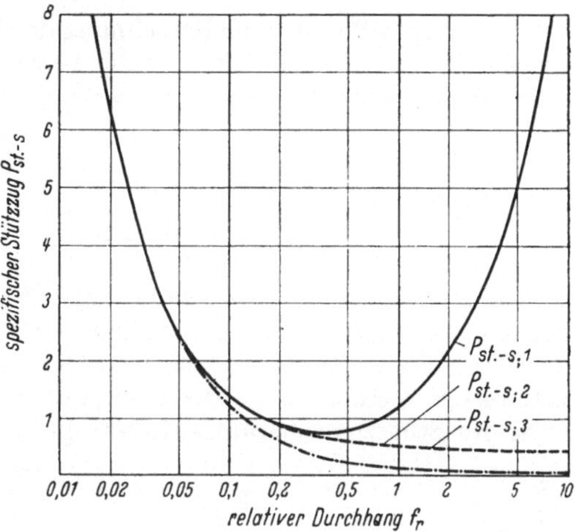

Abb. 133. Der spezifische Stützzug bei Verwendung der drei Näherungen

hang des Leertrumms ist für den Lauf des Kettentriebes notwendig. Wäre er nicht vorhanden, so würde einerseits der Stützzug eine unnötige hohe Belastung der Kette ergeben und andererseits würde die Kette durch die Vieleckwirkung der Kettenräder schwellend belastet werden. Ein größerer Durchhang als 2–5% kann unter Umständen dazu führen, daß die Kette über die Verzahnung springt. Hierfür ist aber keine allgemeingültige Aussage möglich. In Einzelfällen ist evtl. ein größerer Durchhang des Leertrumms erwünscht, weil auf diese Weise der Stützzug beeinflußt und transversale Schwingungen des Leertrumms vermieden werden. In DIN 8195 ist vorgesehen, daß der Durchhang f_r mindestens 1% betragen soll.

Für die praktisch vorliegenden relativen Durchhänge im Bereich von 1–5% kann der Stützzug in zweiter Näherung berechnet werden, wenn man annimmt,

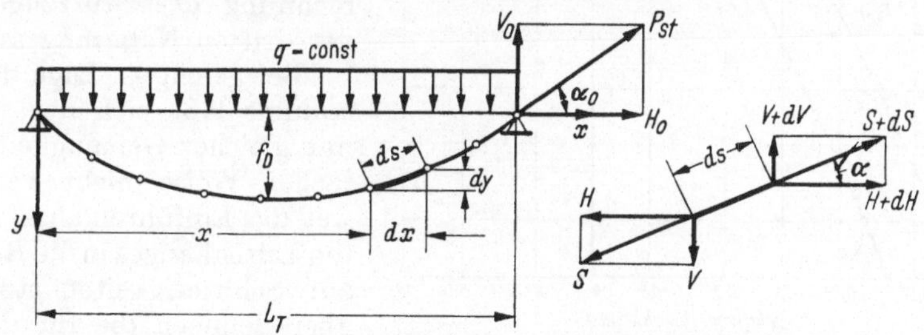

Abb. 134. Die Bezeichnungen zur Berechnung des Stützzuges in zweiter Näherung

daß die Belastung des durchhängenden Trumms nur über der Horizontalprojektion der aufgespannten Kettenlinie wirkt. Der damit verwirklichte Lastfall ist in der Abb. 134 gezeigt. Der Stützzug wird in zweiter Näherung berechnet zu:

$$P_{st;2} = \sqrt{H_0^2 + V_0^2} = q\,L_T\,\sqrt{\left(\frac{L_T}{8 f_D}\right)^2 + \left(\frac{1}{2}\right)^2}. \tag{157}$$

Für den spezifischen Stützzug erhält man:

$$P_{\text{st-s};2} = \sqrt{\left(\frac{1}{8 f_r}\right)^2 + \frac{1}{4}}. \tag{158}$$

Als dritte Näherung zur Berechnung des Stützzuges bei kleinen relativen Durchhängen ist es gebräuchlich, nur die Horizontalkomponente des Stützzuges nach Gl. (157) zu berücksichtigen. Somit erhält man:

$$P_{\text{st};3} = \frac{q L_T^2}{8 f_D}, \tag{159}$$

$$P_{\text{st-s};3} = \frac{1}{8 f_r}. \tag{160}$$

Der Vergleich der drei Näherungsformeln zur Berechnung des spezifischen Stützzuges ist nach Abb. 133 möglich. Man erkennt eine gute Übereinstimmung der drei Näherungen bis zu relativen Durchhängen von etwa 10%. Der Fehler, den man macht, wenn man die zweite oder dritte Näherung statt der ersten zur Berechnung des Stützzuges heranzieht, beträgt:

$$F_{2-1} = \frac{P_{\text{st-s};1} - P_{\text{st-s};2}}{P_{\text{st-s};1}} \cdot 100 \quad [\%], \tag{161}$$

$$F_{3-1} = \frac{P_{\text{st-s};1} - P_{\text{st-s};3}}{P_{\text{st-s};1}} \cdot 100 \quad [\%]. \tag{162}$$

In Abb. 135 sind die aus Gl. (161) und (162) errechneten Fehler über dem relativen Durchhang aufgetragen. Wenn man einen Fehler von 5% in Kauf nimmt, dann kann man den Stützzug nach der dritten Näherung bis zu relativen Durchhängen von 7% und nach der zweiten Näherung bis zu relativen Durchhängen von 20% berechnen. Es kann demnach allgemein gesagt werden, daß für praktische Anwendungsfälle der Kettentechnik die Berechnung des Stützzuges nach der dritten Näherung ausreicht.

Bei geneigter Lage des Leertrumms läßt sich der Stützzug mit gleicher Genauigkeit in einfacher Weise nicht berechnen, weil das Einführen eines definierten Durchhanges in die Rechnung auf Schwierigkeiten stößt! Um aber dennoch die für die praktische Auslegung von Kettentrieben interessierenden Stützzüge am oberen und unteren Kettenrad bei geneigter Lage des Leertrumms bestimmen zu können, wurden die zugehörigen spezifischen Stützzüge gemessen. Die Meßordnung entspricht der Abb. 136. Der relative Durchhang wird für Kettentriebe mit geneigter Lage des Leertrumms in folgender Weise definiert:

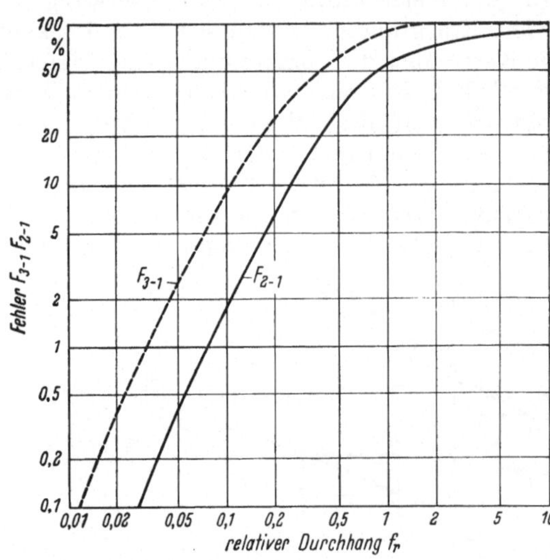

Abb. 135. Die Fehler, die bei der Berechnung des Stützzuges in zweiter bzw. dritter Näherung gemacht werden

Unter einem Kettentrieb mit geneigter Lage des Leertrumms und einem relativen Durchhang von beispielsweise 5% soll eine Triebanordnung verstanden werden, bei der das Verhältnis der Leertrummlänge auf dem durchhängenden Bogen

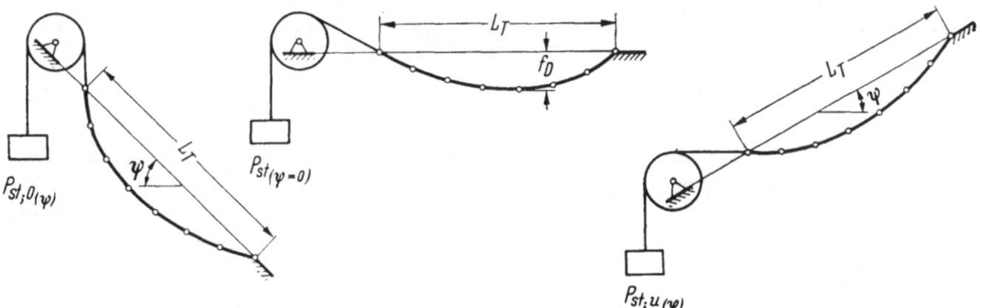

Abb. 136. Die Messung des Stützzuges bei geneigter Lage des Leertrumms

gemessen zu dem Abstand der beiden Aufhängepunkte des Leertrumms L_T gleich ist, wie bei einem Kettentrieb mit horizontaler Lage des Leertrumms und einem relativen Durchhang von 5%.

Der Winkel ψ ist der Neigungswinkel der beiden Aufhängepunkte des betrachteten Trumms. Die erhaltenen Meßwerte sind in den Diagrammen der Abb. 196 zusammengestellt. Die Stützzüge am oberen und unteren Kettenrad lassen sich aus den spezifischen Stützzügen der Abb. 196 in einfacher Weise berechnen:

$$P_{st;o} = P_{st\text{-}s;o}\, q\, L_T, \tag{163}$$

$$P_{st;u} = P_{st\text{-}s;u}\, q\, L_T. \tag{164}$$

Der Neigungswinkel von 90° entspricht einer senkrechten Anordnung des Trumms. Hierfür ist der Stützzug am oberen Kettenrad in Näherung gleich dem Gewicht des hängenden Trumms. Der spezifische Stützzug ist also gleich 1. Der Stützzug und der spezifische Stützzug wird am unteren Kettenrad bei senkrechter Lage des Trumms zu Null. Da diese Werte schwer meßbar waren, sind die Kurven für $P_{st\text{-}s;u}$ oberhalb der Neigungswinkel von 70° abgebrochen worden. Die fehlenden Werte können aber durch Extrapolation gewonnen werden. Allerdings sind diese Werte ohnehin kaum von Interesse, weil der Stützzug so klein wird, daß er in seiner nachteiligen Wirkung vernachlässigt werden kann und in seiner vorteilhaften Wirkung ohne Bedeutung ist.

Zahlenbeispiel

9. **Aufgabe:** Ein Zweiradkettentrieb ist mit einer Buchsenkette A 60 DIN 8164 ausgerüstet. Die Kettenräder haben 13 Zähne. Das Antriebsdrehmoment beträgt 150 mkp. Die Aufhängepunkte des Leertrumms haben einen Abstand von 1,8 m. Aus räumlichen Gründen wird das Aggregat versetzt, so daß das Leertrumm jetzt eine horizontale Lage erhält. Wie groß sind die Lagerbelastungen in beiden Fällen? (Der Trieb läuft so langsam, daß dynamische Belastungen ausgeschlossen werden können; $f_r = 2\%$).

Lösung:

$$d_0 = t\, n_0 = 60 \cdot 4{,}179 = 251 \text{ mm} \qquad \text{nach Gl. (5)}$$

$$\alpha = \frac{180}{z} = \frac{180}{13} = 13{,}85° \qquad \text{nach Gl. (11)}$$

$$P_{\max} = \frac{2\,M_d}{d_0\cos\alpha} = \frac{2\cdot 150}{0{,}251\cdot\cos 13{,}85^\circ} = 1230\,\mathrm{kp} \qquad\text{nach Gl. (149)}$$

$$q = 14{,}9\ \mathrm{kg/m}\ \text{für Buchsenkette A 60 DIN 8164} \quad\text{nach Tab. 15}$$

$$\left.\begin{array}{l} P_{\mathrm{st\text{-}s};\,o} = 4{,}97 \\[4pt] P_{\mathrm{st\text{-}s};\,u} = 4{,}2 \end{array}\right\}\ \text{für}\ \psi = 45^\circ\ \text{und}\ f_r = 2\%\qquad\text{nach Abb. (196)}$$

$$P_{\mathrm{st};\,o} = P_{\mathrm{st\text{-}s};\,o}\,q\,L_T = 4{,}97\cdot 14{,}9\cdot 1{,}8 = 133\,\mathrm{kp}\qquad\text{nach Gl. (163)}$$

$$P_{\mathrm{st};\,u} = P_{\mathrm{st\text{-}s};\,u}\,q\,L_T = 4{,}2\cdot 14{,}9\cdot 1{,}8 = 112{,}5\,\mathrm{kp}\qquad\text{nach Gl. (164)}$$

$$P_{\mathrm{st};\,3} = \frac{q\,L_T}{8\,f_r} = \frac{14{,}9\cdot 1{,}8}{8\cdot 0{,}02} = 167{,}5\,\mathrm{kp}\qquad\text{nach Gl. (159)}$$

Lagerbelastungen: P_L

$$P_{L;\,o} = P_{\max} + 2\,P_{\mathrm{st};\,o} = 1230 + 2\cdot 133 = 1496\,\mathrm{kp};$$

$$P_{L;\,u} = P_{\max} + 2\,P_{\mathrm{st};\,u} = 1230 + 2\cdot 112{,}5 = 1455\,\mathrm{kp};$$

$$P_{L;\,\mathrm{Hor}} = P_{\max} + 2\,P_{\mathrm{st};\,3} = 1230 + 2\cdot 167{,}5 = 1565\,\mathrm{kp}.$$

Für die Berechnung der *Fliehkraftbelastung* **in der Kette wird ein Kettenstück betrachtet, das sich nach Abb. 137 auf einer Kreisbahn mit beliebigem Radius** r **bewegt. Die Masse eines Kettengliedes wird punktförmig im Kettengelenk zusammengefaßt. Diese Annahme ist für die Rollenketten recht gut erfüllt. Da aber gerade die Rollenketten kleiner Teilung für schnellaufende Triebe eingesetzt werden, bei denen die Fliehkraft eine besondere Rolle spielt, kommen die praktischen Gegebenheiten den Voraussetzungen der Theorie entgegen. Drückt man die Masse des einzelnen Kettengliedes durch das Metergewicht der Kette, die Kettenteilung und die Erdbeschleunigung aus, so erhält man für die Zentrifugalkraft, welche auf das betrachtete Glied wirkt:**

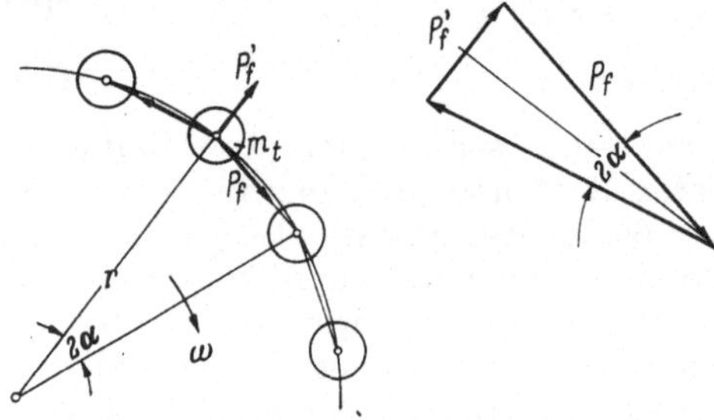

Abb. 137. Die Bezeichnungen zur Berechnung des Fliehzuges

$$P'_f = m_t\,\frac{v^2}{r} = \frac{q\,t\,v^2}{g\,r}. \qquad (165)$$

Formuliert man die Gleichgewichtsbedingung für den umlaufenden Kettenbolzen und berücksichtigt nur die Kraftwirkungen, welche in Zusammenhang mit der Fliehkraft stehen, so erhält man nach dem Krafteck in Abb. 137:

$$P'_f = 2\,P_f\sin\alpha. \qquad (166)$$

Der Zusammenhang zwischen der Kettenteilung und dem Laufradius der Kette beträgt $t = 2r\sin\alpha$. **Hiermit erhält man für die in Kettenlängsrichtung wirkende Belastung, welche der Fliehkraft das Gleichgewicht hält:**

$$P_f = \frac{q\,v^2}{g}. \qquad (167)$$

Für die praktische Auslegung eines Kettentriebes interessiert die Fliehkraft nach Gl. (165) nicht. Bei der Berechnung wird vielmehr im allgemeinen die Längskraftbelastung nach Gl. (167) herangezogen, welche der Fliehkraft das Gleichgewicht hält. Diese letzteren Kräfte sind mit der Fliehkraft weder nach Richtung

noch Größe identisch. Trotzdem werden sie im Schrifttum fehlerhaft als Fliehkraft bezeichnet, weil sie als gleichgewichthaltende Kräfte immerhin mit der Fliehkraft verwandt sind. Um die Möglichkeit eines Mißverständnisses zu vermeiden, wird die für die Praxis interessierende Größe nach Gl. (167) in Zukunft als „Fliehzug" bezeichnet.

Betrachtet man nun einen Kettentrieb mit beliebigem Übersetzungsverhältnis und beliebigem Durchhang des Leertrumms, dann ist die Kettengeschwindigkeit für jedes Glied gleich groß. Die Radien der Kreisbahnen, auf denen sich die einzelnen Glieder bewegen, sind aber für alle Glieder verschieden. Die Radien der Kreisbewegung der auf den Kettenrädern befindlichen Glieder entsprechen etwa den halben Teilkreisdurchmessern. Die Radien der Kreisbewegung der Glieder in den Trummen hängen vom Durchhang der Kette, von der Kettengeschwindigkeit und der Zugkraft in der Kette ab. Für das Lasttrumm ergeben sich außerordentlich große Radien. Da aber der Fliehzug in der Kette nur von deren Geschwindigkeit und nicht von dem Radius der Kreisbahn bestimmt wird, auf der die einzelnen Glieder sich bewegen, ist die Größe des Fliehzuges für alle Kettenglieder eines Triebes gleich groß.

Man erhält einen guten Überblick über die Bedeutung, die der Fliehzug auf die Kettenbelastung hat, wenn man die Flächenpressung im Kettengelenk errechnet. die aus dem Fliehzug resultiert. Die projizierte Gelenkfläche entspricht dem Produkt aus Buchsenlänge und Bolzendurchmesser. Die Größe der Gelenkfläche ist in den Tab. 13–17 angegeben. Die Gelenkflächenpressung, die aus dem Fliehzug resultiert, hat folgende Größe:

$$p_f = \frac{P_f}{f} = \frac{q}{f}\,\frac{v^2}{g}\,. \tag{168}$$

Der Quotient aus dem Metergewicht der Kette und deren Gelenkfläche hat für die Ketten einer bestimmten Art eine von der Teilung weitgehend unabhängige Größe. So erhält man beispielsweise für die Rollenketten nach DIN 8180, 8187 und 8188 als mittleren Wert $q/f = 0{,}133$ kp/mcm². Damit kann für die Gelenkflächenpressung die sehr einfache Zahlenwertgleichung geschrieben werden:

$$p_f = 0{,}136\,v^2 \;[\text{kp/cm}^2] \quad v \text{ in m/sek}\,. \tag{169}$$

In der Abb. 138 sind Zahlenwerte der Gl. (169) für den Bereich interessierender Kettengeschwindigkeiten zusammengestellt. Die ausgezogene Kurve stellt den

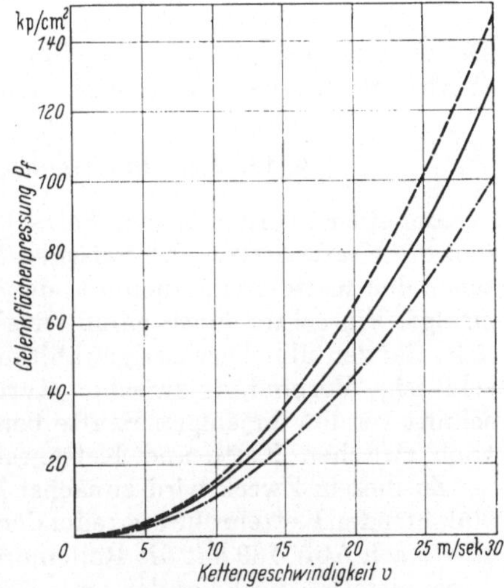

Abb. 138. Die aus dem Fliehzug resultierende Gelenkflächenpressung

Mittelwert dar für $q/f = 0{,}133$ kp/mcm². Die gestrichelt gezeichneten Kurven kennzeichnen den Streubereich, der durch die Streuung der Werte für q/f bedingt ist. Durch den Streubereich sind alle Rollenketten erfaßt nach den Normblättern DIN 8180, 8187 und 8188 mit Ausnahme der folgenden Kettengrößen:

$6 \times 2{,}8$; 8×3 und $12{,}7 \times 3{,}3$ nach DIN 8180 und $9{,}525 \times 3{,}2$ DIN 8187.

Für diese Ketten ist die Abweichung der q/f-Werte von dem mittleren Wert so erheblich, daß sie für die Zeichnung des Streubereiches nach Abb. 138 nicht herangezogen wurden.

Aus Abb. 138 ist zu ersehen, daß bis zu Kettengeschwindigkeiten von 7 m/sek die Gelenkflächenpressung kleiner als 8 kp/cm² bleiben wird. Sie kann also sicher für praktische Berechnungen vernachlässigt werden. Da aber im allgemeinen nur die Rollenketten bei größeren Kettengeschwindigkeiten arbeiten, ist die Beschränkung der Abb. 138 auf Rollenketten der angegebenen Normblätter gerechtfertigt und man kann sagen, daß Abb. 138 alle interessierenden Triebe erfaßt.

Zahlenbeispiel

10. Aufgabe: Die Einfachrollenkette $9,525 \times 5,72$ nach DIN 8187 soll für einen Trieb mit dem Übersetzungsverhältnis $i = 1$ eingesetzt werden. Die Drehzahl beträgt $n = 6000$ U/min, die Zähnezahl der Kettenräder ist $z = 25$ Zähne. Wie groß ist der Fliehzug und wie groß wird die Flächenpressung im Kettengelenk? ($q = 0,41$ kg/m; $f = 0,28$ cm² nach Tab. 16).

Lösung:

$$d_0 = t\,n_0 = 9,525 \cdot 7,979 = 76 \text{ mm} \qquad \text{nach Gl. (5)}$$

$$v = \frac{d_{01}\pi\,n_1}{60} = \frac{d_{02}\pi\,n_2}{60} = \frac{0,076 \cdot \pi \cdot 6000}{60} = 23,8 \text{ m/sek} \qquad \text{nach Gl. (33)}$$

$$P_f = \frac{q v^2}{g} = \frac{0,41 \cdot 10^{-2} \cdot 23,8^2 \cdot 10^4}{981}\; 23,6 \text{ kp} \qquad \text{nach Gl. (167)}$$

$$p_f = \frac{P_f}{f} = \frac{23,6}{0,28} = 84,3 \text{ kp/cm}^2 \qquad \text{nach Gl. (168)}$$

Die Grenzen für p_f nach Abb. 138 betragen $68 < p < 98$ kp/cm². Der errechnete Wert liegt innerhalb der Grenzen nach Abb. 138.

9. Die Kraftübertragung zwischen Kettenrad und Kette

| Bei einer oberflächlichen Betrachtung des Kettentriebes wird man vermuten, daß die Kraftübertragung zwischen Kettenrad und Kette durch Formschluß zwischen den Kettenradzähnen und den Bolzen bzw. Buchsen oder Rollen der Ketten erfolgt. Ein echter Formschluß ist aber nur bei dem Flankenwinkel $\gamma = 0°$ möglich. Bei den üblicherweise gewählten Flankenwinkeln $\gamma > 0°$ liegt eine rein kraftschlüssige Verbindung zwischen Kettenrad und Kette vor. In dem folgenden Abschnitt werden diejenigen Kräfte berechnet, welche bei einem quasistatischen Betrieb zwischen Kette und Kettenrad wirken.

Zu diesem Zweck wird zunächst das Kräftegleichgewicht zwischen den an der einlaufenden Kettenrolle angreifenden Kräften aufgestellt. Das eingelaufene Kettenglied nach Abb. 139 hat die Rollenmittelpunkte $1'$–$2'$. In Anlehnung an die vorigen Abschnitte ist die Lage der einlaufenden Kettenrolle $1'$ durch eine Koordinate φ bestimmt, die von der Senkrechten aus gezählt wird, welche vom Kettenradmittelpunkt auf die Richtung des belasteten Trumms gefällt wird. Die Lage des einlaufenden Kettengliedes zum Zeitpunkt des Eingriffsbeginns ist gestrichelt eingezeichnet. Die beiden Kettenrollen des einlaufenden Gliedes haben zu diesem Zeitpunkt die Stellung 1–2. Das einlaufende Kettenglied hat also bis zu der ausgezogen gezeichneten Lage einen Winkel von $\alpha + \varphi$ durchlaufen. 2α ist der Teilungswinkel des Kettenrades, γ_w der wirksame Flankenwinkel des Kettenrades, der an späterer Stelle in diesem Abschnitt definiert wird. Für einen Eingriffsbereich läuft die Koordinate φ zwischen $-\alpha < \varphi < +\alpha$.

Auf die einlaufende Kettenrolle wirken bei angenommener Reibungsfreiheit die Zugkraft P des belasteten Trumms, die Kraft des Kettenradzahnes $P_{z;1}$ und die

Kraft des eingelaufenen Kettengliedes P_1. Mit Verwendung des Sinussatzes und Berücksichtigung der eingetragenen Winkel können errechnet werden:
Die Kraft im einlaufenden Kettenglied:

$$P_1 = P \frac{\sin(\alpha + \gamma_w - \varphi)}{\sin(2\alpha + \gamma_w)} \qquad -\alpha < \varphi < +\alpha. \tag{170}$$

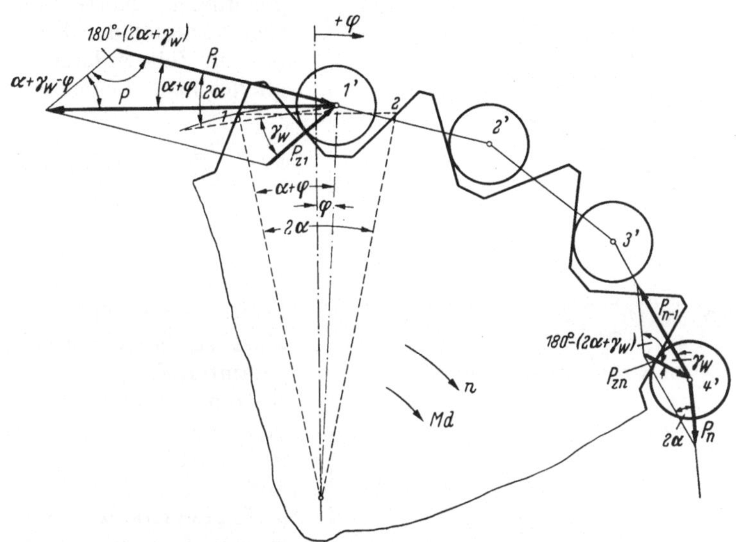

Abb. 139. Die zwischen Kette und Kettenrad wirkenden Kräfte

Die Kraft des Kettenradzahnes auf die einlaufende Kettenrolle:

$$P_{z;1} = P \frac{\sin(\alpha + \varphi)}{\sin(2\alpha + \gamma_w)} \qquad -\alpha < \varphi < +\alpha. \tag{171}$$

Numeriert man die mit dem Kettenrad kämmenden Kettenrollen fortlaufend nach Abb. 139 und beginnt die Zählung bei derjenigen Kettenrolle, die dem belasteten Trumm benachbart ist, dann beträgt die Kraft in der n-ten Lasche für den Zeitpunkt eines Eingriffsbeginns:

$$P_n = P_{n-1} \frac{\sin \gamma_w}{\sin(2\alpha + \gamma_w)}. \tag{172}$$

Der prozentuale Kraftabbau hat also von Zahn zu Zahn die gleiche Größe. Die Kraft in den Kettenlaschen, die mit dem Kettenrad Berührung haben, nimmt nach einer geometrischen Reihe ab. Der Quotient der geometrischen Reihe wird als Abbaufaktor mit A bezeichnet und hat den Wert:

$$A = \frac{\sin \gamma_w}{\sin(2\alpha + \gamma_w)}. \tag{173}$$

Die Kraftänderung in der Kette bei deren Lauf über die Kettenräder erfolgt schneller, wenn der wirksame Flankenwinkel der Kettenradverzahnung klein ist. Sie wird langsamer bei größerem Flankenwinkel der Verzahnung. Einem anwachsenden Teilungswinkel des Kettenrades und damit einer Verringerung der Zähnezahl entspricht eine verstärkte Längskraftänderung in der Kette von Zahn zu Zahn. In Abb. 140 ist der Abbaufaktor in Abhängigkeit von der Zähnezahl des Kettenrades angegeben, wobei einige wirksame Flankenwinkel der Verzahnung als Parameter eingezeichnet sind. Mit Berücksichtigung des Abbaufaktors beträgt die Kraft in der n-ten eingelaufenen Lasche, errechnet aus der Zugkraft im belasteten Trumm:

$$P_n = PA^n. \qquad (174)$$

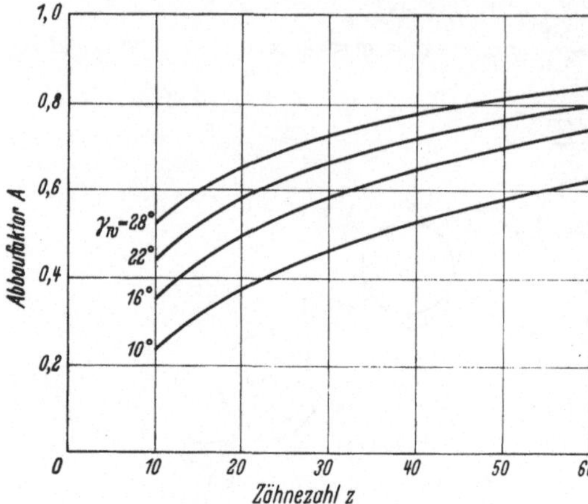

Abb. 140. Der Abbaufaktor

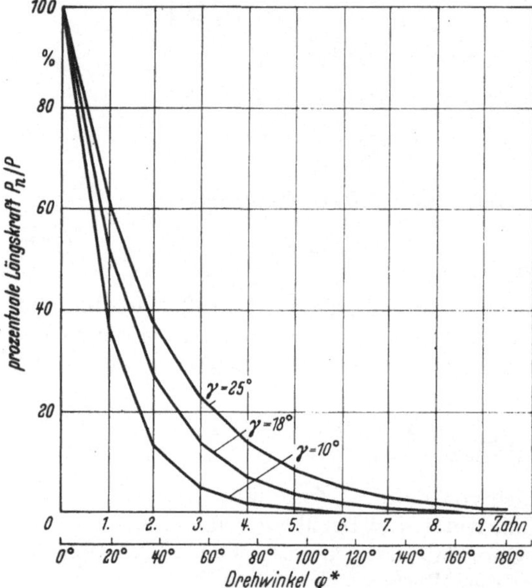

Abb. 141. Der Verlauf der Längskraftänderung für verschiedene Flankenwinkel

Die Längskraft in der n-ten eingelaufenen Kettenlasche ändert sich während der Eingriffsperiode des zur Zeit einlaufenden Kettengliedes nach folgender Beziehung:

$$\left. \begin{array}{l} P_n = PA^{n-1}\dfrac{\sin(\alpha + \gamma_w - \varphi)}{\sin(2\alpha + \gamma_w)} \\[2mm] -\alpha < \varphi < +\alpha. \end{array} \right\} \quad (175)$$

Mit Gl. (175) ist man in der Lage, die Charakteristik der Längskraftänderung in einem Kettenglied zu berechnen während der gesamten Zeit, in der es mit dem Kettenrad kämmt. In Abb. 141 sind derartige Längskraftänderungen für einen Trieb mit $z = 19$ Zähne und $i = 1$ in Abhängigkeit von der laufenden Koordinate φ^* berechnet worden. Dabei wurden die drei wirksamen Flankenwinkel $\gamma_w = 10°$, $18°$ und $25°$ berücksichtigt. Die Kraftänderung erfolgt während einer Eingriffsperiode nahezu linear und ändert sich ruckartig, wenn ein neuer Zahn eingreift.

Da der Kraftabbau über dem Umschlingungswinkel des Kettenrades nach einer geometrischen Reihe erfolgt, bleibt im letzten auf dem Kettenrad befindlichen und dem nicht belasteten Trumm benachbarten Kettenglied eine restliche Kraft wirksam. Sie wird im folgenden kurz als „Restkraft" bezeichnet und beträgt:

$$P_{\text{rest}} = PA^{\frac{\beta z}{360}}. \qquad (176)$$

β ist der Umschlingungswinkel. Die Restkraft hat eine große Bedeutung für die Auslegung der Kettenradverzahnung. In den folgenden Abschnitten wird auf sie noch einmal eingegangen. Die Gln. (170) bis (176) gelten für alle Stahlgelenkketten mit Ausnahme der Zahnketten. Wenn hier jeweils von den Kettenrollen gesprochen wird, dann dienen die Rollenketten nur als ein Beispiel.

Der wirksame Flankenwinkel der Kettenradverzahnung γ_w ist definiert als der Winkel zwischen der Verbindungslinie zweier benachbarter Kettenrollen und der

Normalen von der Rollenmitte der dem Lasttrumm entfernteren Rolle auf den Kettenradzahn. Er unterscheidet sich von dem Flankenwinkel der Verzahnung γ um einen Betrag δ, der die außermittige Lage der Kettenrolle in bezug auf die Zahnlücke kennzeichnet. Diese Abweichung zwischen Rollenmitte und Zahnlückenmitte ergibt sich aus dem Zahnlückenspiel. Der Zusammenhang zwischen dem wirksamen Flankenwinkel γ_w und dem Flankenwinkel der Verzahnung γ beträgt nach Abb. 142:

$$\gamma_w = \gamma - \delta. \qquad (177)$$

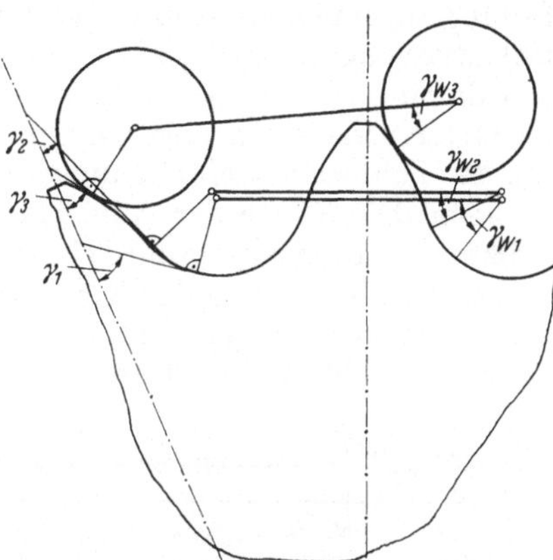

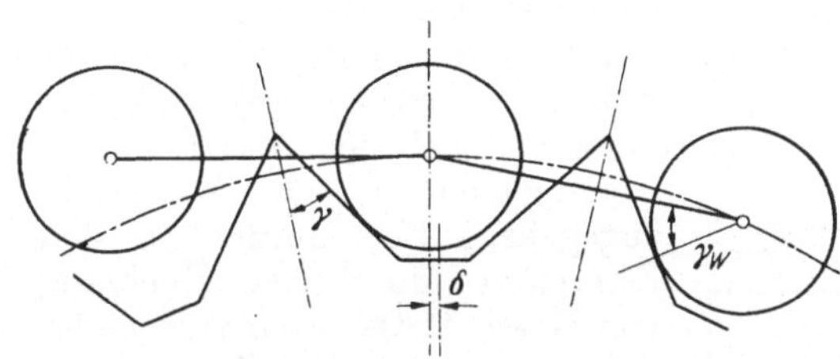

Abb. 142. Der wirksame Flankenwinkel und der Flankenwinkel der Verzahnung

Abb. 143. Die Änderung des Flankenwinkels der Verzahnung im Bereich der Zahnflanke

In der Abb. 139 sind die Kettenradzähne mit geraden Flanken gezeichnet. Bei dieser Ausführung bleibt der Flankenwinkel der Verzahnung über die gesamte Länge der Zahnflanke konstant. Der wirksame Flankenwinkel ändert sich in gewissen Grenzen, weil der Winkel δ zunimmt, wenn der Kontaktpunkt zwischen Kettenrolle und Radzahn nach außen verlegt wird. Bei der üblichen Kettenradverzahnung ändert sich der Flankenwinkel der Verzahnung in dem Bereich der Zahnflanke. In Abb. 143 erkennt man die relativ großen Flankenwinkel am Zahngrund, den kleinsten Flankenwinkel in dem geraden Arbeitsbereich der Flanke und den wachsenden Flankenwinkel oberhalb des Arbeitsbereiches. Der wirksame Flankenwinkel erreicht am Zahngrund ebenfalls einen größten Wert. Bei einem Kontakt der Kettenrolle am Zahnkopf nimmt aber der wirksame Flankenwinkel γ_w nicht im gleichen Maße zu, wie der Flankenwinkel γ der Verzahnung, da in diesem Bereich der Winkel δ die Vergrößerung des Flankenwinkels γ kompensiert.

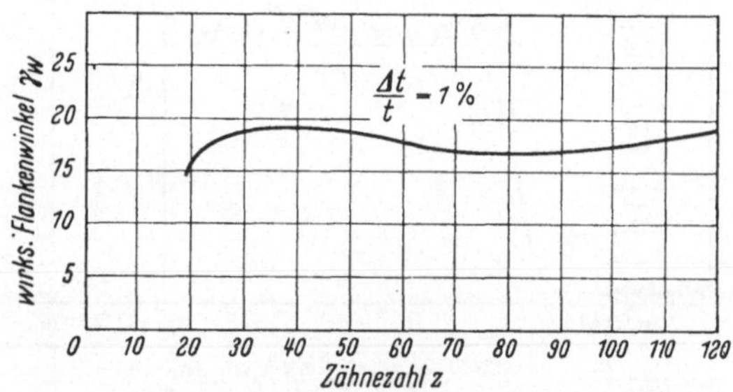

Abb. 144. Die beim Wälzfräsen entstehenden wirksamen Flankenwinkel

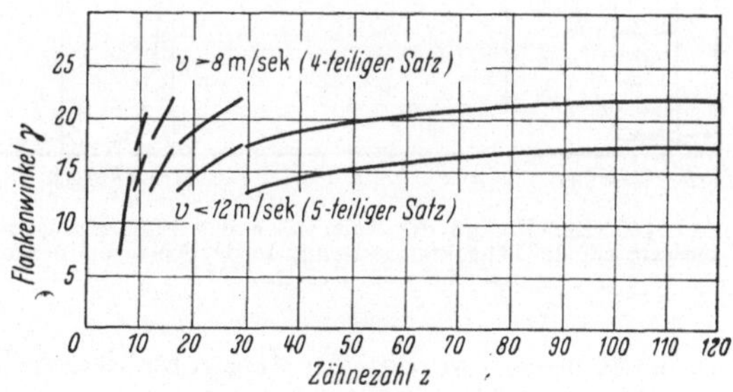

Abb. 145. Die beim Zahnlückenfräsen entstehenden Flankenwinkel der Verzahnung

Für das Beispiel der genormten Kettenradverzahnung für die Rollenkette $12,7 \times 7,75 \times 8,51$ ist der wirksame Flankenwinkel in Abhängigkeit von der Zähnezahl in Abb. 144 aufgetragen. Dabei wurde angenommen, daß die Kette bereits durch Verschleiß um 1% verlängert ist. Eine Verschleißverlängerung um 1% entspricht einem mittleren Wert, da eine zweiprozentige Vergrößerung der mittleren Teilung allgemein als größter Wert angenommen wird. Mit der Annahme einer Verschleißverlängerung von 1% ist gleichzeitig die Lage der Kette in der Verzahnung und damit der Kontaktpunkt zwischen Kettenrolle und Radzahn festgelegt. Für die anderen Kettengrößen wird die Abhängigkeit des wirksamen Flankenwinkels von der Zähnezahl sich nur unwesentlich von der in Abb. 144 angegebenen unterscheiden. Die Werte der Abb. 144 wurden graphisch ermittelt. Dabei wurde der Wälzfräser mit Bezugsprofil III und eine Oberflächengüte A zugrunde gelegt.

Bei der Herstellung der Kettenradverzahnung mit Zahnlückenfräsern kann der Flankenwinkel im geraden Arbeitsteil der Zahnflanke nach Gl. (16) errechnet werden. In Abb. 145 sind die Zahlenwerte des Flankenwinkels der Verzahnung in Abhängigkeit von der Zähnezahl angegeben. Der Sprung in den Kurven ist durch den Übergang von einem Fräserprofil zum anderen zu erklären. Die Zahlenwerte gelten für den fünfteiligen bzw. den vierteiligen Satz.

Die Lage einer neuen Kette in der Verzahnung ist bestimmt durch die Längentoleranz der Kette und die Toleranz des Fußkreisdurchmessers. Für die Kettenlänge wird in den Normblättern eine positive Toleranz vorgegeben. Der Fußkreisdurchmesser wird in DIN 8196 mit einer negativen Toleranz hergestellt. Auf diese Weise wird erreicht, daß im Normalfall der Kontaktpunkt zwischen Kettenrolle und Radzahn im Arbeitsbereich der Zahnflanke liegt. Wenn allerdings die Kettenteilung und der Fußkreisdurchmesser mit dem exakten Maß hergestellt werden, dann ist auch ein Kontaktpunkt zwischen Kettenrolle und Radzahn am Fußkreis der Verzahnung möglich und damit bei den dort vorliegenden großen wirksamen Flankenwinkeln ein langsamer Kraftabbau über dem Kettenrad gegeben. In Abb. 146 ist die Kräftänderung im Umschlingungsbereich des Kettenrades gemessen worden für drei verschiedene Toleranzen des Fußkreisdurchmessers.

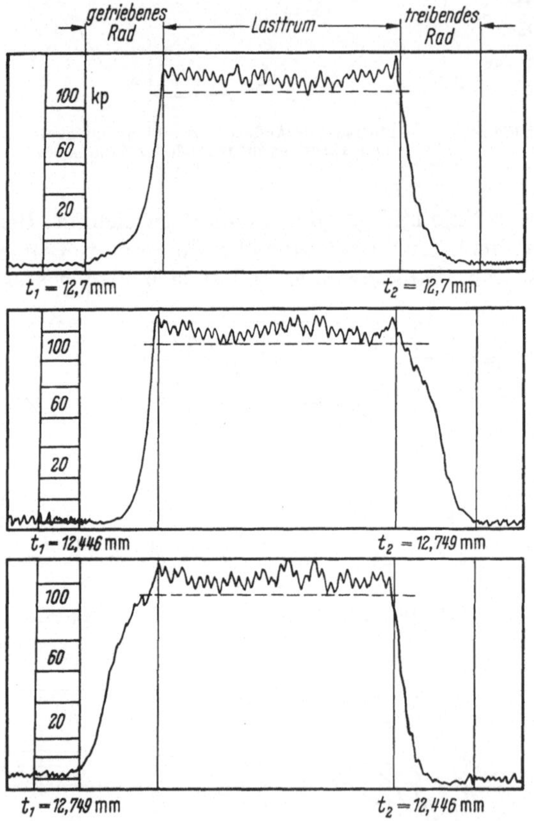

Abb. 146. Der Einfluß der Toleranzen des Fußkreisdurchmessers auf die Längskraftänderung in der Kette bei deren Lauf über die Kettenräder

Die Toleranz des Fußkreisdurchmessers ist dort ausgedrückt als Toleranz der Kettenradteilung. Dabei entspricht eine vergrößerte Kettenradteilung einer positiven Toleranz des Fußkreisdurchmessers und damit einer relativ tiefen Lage der Kette in der Verzahnung mit den dort vorliegenden großen wirksamen Flankenwinkeln und einem langsamen Kraftabbau.

Von WOROBJEW [3] wird die Reibung im Kettengelenk für die Berechnung der Längskraftänderung in der Kette bei deren Lauf über die Kettenräder mit berücksichtigt. WOROBJEW unterscheidet daher auch zwischen dem Einlauf eines Innen- und eines Außengliedes. Da aber der Einfluß der Reibung gering ist und die Größe des Reibungsbeiwertes ohnehin nicht bekannt ist, wird in diesem Zusammenhang die genannte Reibung vernachlässigt.

Für die Berechnung der Längskraftänderung über den Kettenrädern wird nur die Zugkraft in der Kette herangezogen, die aus dem Drehmoment und dem Teilkreisdurchmesser errechnet wird. Der Fliehzug ist in jedem Kettenglied gleich groß und wird nicht über dem Umschlingungsbereich des Kettenrades abgebaut. Die dynamischen Kettenbelastungen wirken bis in den Umschlingungsbereich der Kette auf dem Kettenrad.

Bei den Zahnketten erfolgt die Kraftübertragung zwischen Kette und Kettenrad abweichend von den anderen Ausführungsarten der Stahlgelenkketten. In der Abb. 147 sind die ersten zwei mit dem Kettenrad kämmenden Zahnlaschen gezeigt.

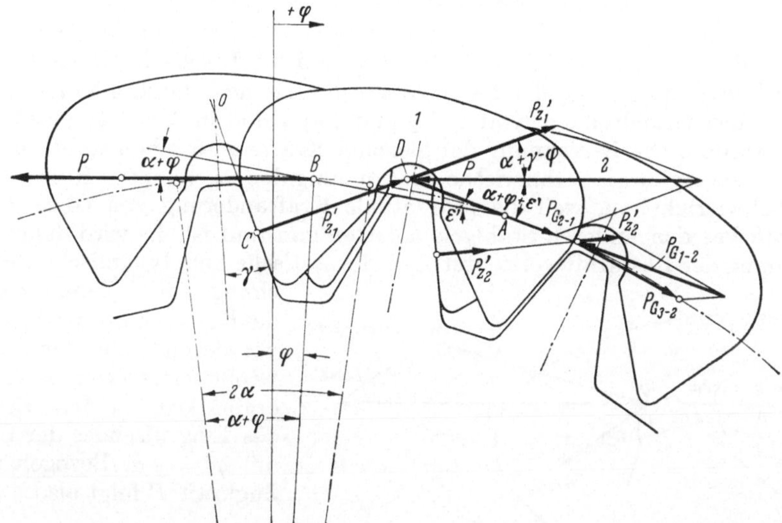

Abb. 147. Die Kräfte zwischen Kettenrad und Kette bei Verwendung von Zahnketten

Die Lasche O sei noch ein Glied des belasteten Trumms. Auf das in der gezeichneten Stellung eingreifende Kettenglied 1 wirken bei angenommener Reibungsfreiheit drei äußere Kräfte: Die Zugkraft P des belasteten Trumms, die Zahnkraft $P'_{z;1}$ des eingreifenden Zahnes und die Gelenkkraft P_{G2-1} der Lasche 2 auf die Lasche 1. Die Gelenkkraft P_G ist nicht mit der Kraft P_n der Abb. 139 identisch, da sie nicht in der Längsrichtung des jeweiligen Gliedes wirkt. Die Zahnkraft wirkt bei angenommener Reibungsfreiheit normal zur Zahnflanke. Es wird angenommen, daß sie im Mittelpunkt der Kontaktfläche zwischen Radzahn und Zahnlasche angreifen möge.

Betrachtet man das Gleichgewicht der Zahnlasche 1, dann müssen also die genannten drei Kräfte im Gleichgewicht sein. Die Zugkraft P ist nach Größe und Richtung bekannt. Außerdem ist die Wirkungslinie der Zahnkraft gegeben. Die drei Kräfte können nach den Regeln der Statik nur im Gleichgewicht sein, wenn sich ihre Wirkungslinien in einem Punkt schneiden. Die Wirkungslinie der Gelenkkraft muß daher durch den Schnittpunkt D der Wirkungslinien der Zugkraft und der Zahnkraft gehen. Außerdem ist das Gelenk A ein geometrischer Ort für die Wirkungslinie der Gelenkkraft. Sie läuft daher durch die Punkte A und D. Die Bestimmung der unbekannten Zahnkraft und der Gelenkkraft ist damit zurückgeführt auf die Bestimmung der gleichgewichthaltenden Kräfte auf zwei gegebenen Wirkungslinien zu einer bekannten Kraft.

In der Abb. 147 ist gestrichelt die Lage der Gelenkpunkte B und A eingetragen zu dem Zeitpunkt des Eingriffsbeginns der Zahnlasche 1. In der gezeichneten Stellung hat in Analogie zur Abb. 139 der Gelenkpunkt B den Winkel $\alpha + \varphi$ durchlaufen. Berücksichtigt man weiter den Teilungswinkel 2α des Kettenrades, den Flankenwinkel γ der Verzahnung und den Winkel ε', der von der Geometrie der Verzahnung abhängt, dann können die Zahnkraft und die Gelenkkraft der Lasche 2 auf die Lasche 1 errechnet werden zu:

$$P'_{z1} = P\,\frac{\sin(\alpha + \varphi + \varepsilon')}{\sin(2\alpha + \gamma + \varepsilon')} \qquad (\gamma = 30° - 2\alpha), \tag{178}$$

$$P_{G2-1} = P\,\frac{\sin(\alpha - \varphi + \gamma)}{\sin(2\alpha + \gamma + \varepsilon')}. \tag{179}$$

Für die Zahnlasche 2 gelten die angestellten Überlegungen in gleicher Weise. Hier sind die Gelenkkraft P_{G1-2} der Lasche 1 auf die Lasche 2, die Zahnkraft P'_{z2} und die Gelenkkraft P_{G3-2} der Lasche 3 auf die Lasche 2 die drei äußeren Kräfte. Die gleichgewichthaltenden Kräfte P'_{z2} und P_{G3-2} sind in Abb. 147 graphisch bestimmt worden. Die Berechnung der gleichen Kräfte wird schon recht aufwendig. Insbesondere ergibt die rechnerische Bestimmung der sogenannten Restkraft recht große Schwierigkeiten, weil die prozentuale Kraftänderung von Glied zu Glied nicht wie bei den anderen Stahlgelenkketten konstant ist. Es wird daher auf die Berechnung der Restkraft verzichtet. Für die statische und dynamische Beanspruchung der Zahnlasche und des Kettenradzahnes interessiert vorwiegend die Kenntnis des Größtwertes von P'_{z1}. Dieser ergibt sich zu dem Zeitpunkt des Eingriffsendes der Lasche 1 mit $\varphi = +\alpha$. Bezogen auf die Zugkraft P folgt also:

$$\left(\frac{P_{z1}}{P}\right)'_{\max} = \frac{\sin(2\alpha + \varepsilon')}{\sin(30° + \varepsilon')}. \tag{180}$$

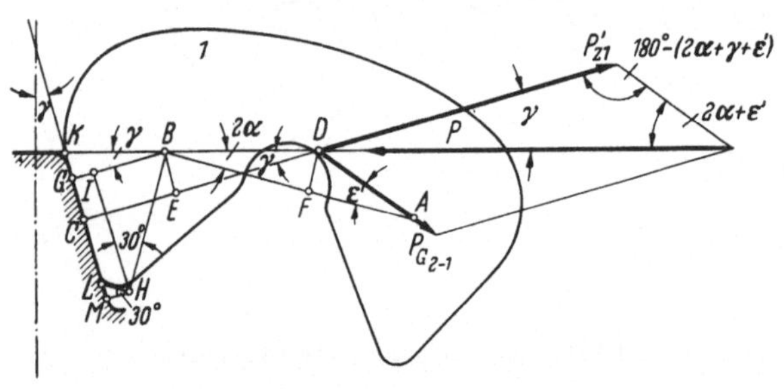

Abb. 148. Die geometrischen Beziehungen an der Zahnlasche zur Berechnung der Kräfte zwischen Kette und Kettenrad bei Reibungsfreiheit

Für die Berechnung der größten auftretenden Zahnkraft ist die Kenntnis des Winkels ε' erforderlich. Er werde anhand der Abb. 148 bestimmt. Zu diesem Zweck wird zunächst an die genormten Größen der Tab. 17 erinnert:

$$\overline{BH} = 0{,}56\,t;\ \ \overline{GB} = 0{,}37\,t;\ \ \overline{AB} = t;\ \ \gamma = 30° - 2\alpha;\ \ \text{Keilwinkel} = 60°.$$

Die Länge $\overline{KC}$ werde als h, der Abschnitt $\overline{BE}$ als n' bezeichnet. Sie werden im weiteren Gang der Herleitung bzw. an späterer Stelle benötigt. Sie haben folgende Größe:

$$h \approx 0{,}5\,\overline{KL} = 0{,}5\left(\overline{MG} - \overline{LM} + \overline{GK}\right);\ \ n' \sim 0{,}5\left(\overline{MG} - \overline{LM} - \overline{GK}\right)$$

mit

$$\overline{MG} = \overline{BH}\cos 30° = 0{,}56t\cos 30° = 0{,}484t$$

$$\overline{LM} = \left(\overline{GB} - \overline{IB}\right)\operatorname{tg} 30° = \left(\overline{GB} - \overline{BH}\sin 30°\right)\operatorname{tg} 30° = 0{,}052t$$

$$\overline{GK} = \overline{GB}\operatorname{tg}\gamma = 0{,}37\operatorname{tg}(30° - 2\alpha)$$

folgt:

$$h = t\,[0{,}216 + 0{,}185\operatorname{tg}(30° - 2\alpha)], \tag{181}$$

$$n' = t\,[0{,}216 - 0{,}185\operatorname{tg}(30° - 2\alpha)]. \tag{182}$$

Der Winkel ε' kann damit errechnet werden zu:

$$\operatorname{tg}\varepsilon' = \frac{\overline{DF}}{\overline{FA}}$$

mit

$$\overline{DF} = \overline{BD}\sin 2\alpha = \overline{BE}\,\frac{\sin 2\alpha}{\sin\gamma} = n'\,\frac{\sin 2\alpha}{\sin\gamma}\,,$$

$$\overline{FA} = \overline{BA} - \overline{BF} = t - \overline{BD}\cos 2\alpha = t - n'\,\frac{\cos 2\alpha}{\sin\gamma}$$

folgt:

$$\operatorname{tg}\varepsilon' = \frac{\sin 2\alpha}{\dfrac{\sin(30 - 2\alpha)}{n'/t} - \cos 2\alpha}. \tag{183}$$

Der Winkel ε' und das Verhältnis von Zahnkraft zu Zugkraft hängen nur von der Zähnezahl des Zahnkettenrades ab. In Abb. 149 sind die genannten Größen über der Zähnezahl aufgetragen. Außerdem ist die Abhängigkeit des Teilungswinkels von der Zähnezahl angegeben. Man erkennt, daß bei einer Zähnezahl kleiner als 30 Zähne der Winkel ε' größer als der Teilungswinkel 2α wird. Im Grenzfall $\varepsilon' = 2\alpha$ wird die Zahnkraft P'_{z_2} nach Abb. 147 bereits gleich Null. Der Bereich mit $\varepsilon' > 2\alpha$ läßt sich nicht verwirklichen, weil der Radzahn 2 nur Druck auf die Kettenlasche ausüben kann. Nach der hier angegebenen Theorie wäre also die untere Grenz-

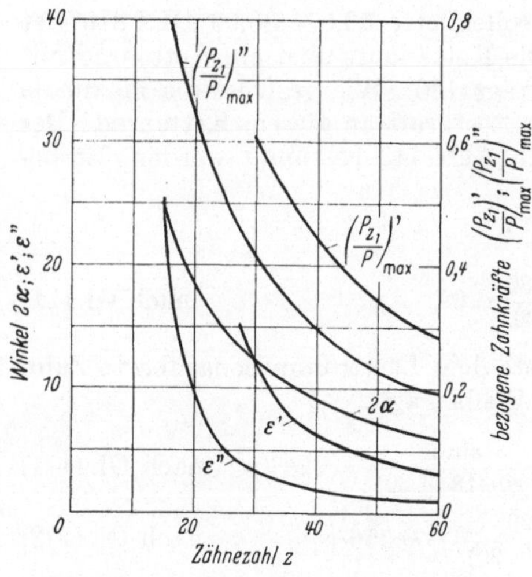

Abb. 149. Die bezogenen maximalen Zahnkräfte und die Winkel 2α, ε' und ε'' in Abhängigkeit von der Zähnezahl

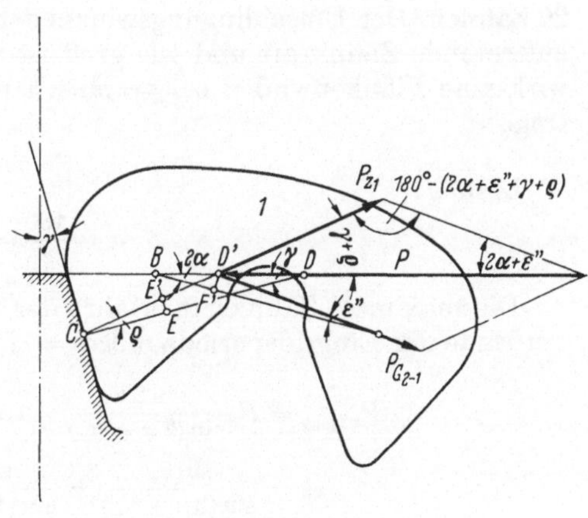

Abb. 150. Die zwischen Zahnflanke und Radzahn wirkenden Kräfte bei Berücksichtigung der Haftreibung

zähnezahl gleich 30 Zähne. Praktisch liegen die Verhältnisse etwas anders, weil die Zahnkraft infolge der Reibung zwischen Radzahn und Lasche um den Reibungswinkel gegenüber der Normalen zur Zahnflanke verschoben ist. In der Abb. 150 sind die geometrischen Verhältnisse und das Krafteck bei Berücksichtigung der Reibung zwischen Radzahn und Lasche noch einmal aufgezeichnet.

Die Größe des Reibungswinkels ist eine weitere Unbekannte. Sie macht die Lösung statisch unbestimmt. Um eine Abgrenzung zu ermöglichen, sei aber als weiterer Grenzfall angenommen, daß die Haftreibung mit einem Reibungswinkel ϱ = 5,8° voll zur Wirkung kommen möge. Mit Abb. 150 können dann die dem reibungsfreien Fall entsprechenden Größen ε'' und P''_{z1}/P bestimmt werden. Sie haben folgenden Wert:

$$\left(\frac{P_{z;1}}{P}\right)''_{\max} = \frac{\sin(2\alpha + \varepsilon'')}{\sin(2\alpha + \varepsilon'' + \gamma + \varrho)} = \frac{\sin(2\alpha + \varepsilon'')}{\sin(38,5° + \varepsilon'')} , \tag{184}$$

$$\operatorname{tg}\varepsilon'' = \frac{\sin 2\alpha}{\dfrac{\sin(30 - 2\alpha + \varrho)}{\sin(90 - \varrho)\,n''/t} - \cos 2\alpha} = \frac{\sin 2\alpha}{\dfrac{\sin(38,5° - 2\alpha)}{0,99\,n''/t} - \cos 2\alpha} \tag{185}$$

mit:
$$n'' = t\,[0,161 - 0,185\,\operatorname{tg}(30° - 2\alpha)] . \tag{186}$$

Die Abhängigkeit des Winkels ε'' und der bezogenen Zahnkraft P''_{z1}/P von der Zähnezahl des Rades ist ebenfalls der Abb. 149 zu entnehmen. Die tatsächlich vorhandene bezogene Zahnkraft dürfte zwischen den beiden eingetragenen Kurven liegen. Sie nimmt mit wachsender Zähnezahl des Kettenrades ab. Die Zahnkraft $P'_{z1\,\max}$ bzw. $P''_{z\,\max}$ wirkt zwischen dem eingreifenden Radzahn und der Kettenlasche zum Zeitpunkt des Eingriffsendes. Sie ist die größte auftretende Beanspruchung und nimmt bei weiterer Drehung des Kettenrades wieder ab. Sie kann für die Festigkeitsrechnung des Radzahnes und der Kettenlasche herangezogen werden.

Die Mindestzähnezahl bei Verwendung von Zahnketten liegt nach Abb. 149 bei 15 Zähnen. Praktisch wird aber empfohlen, die Zähnezahl nicht kleiner als 17 Zähne zu wählen.

Zahlenbeispiel

11. Aufgabe: Ein Kettentrieb mit der Rollenkette 50,8 × 30,99 DIN 8187 ist mit einer Zugkraft von 1250 kp belastet. Die Kette läuft über ein Kettenrad mit 20 Zähnen. Der Umschlingungswinkel β beträgt 120°. Wie groß ist die maximale auftretende Zahnkraft und wie groß ist die Restkraft an diesem Kettenrad? Der wirksame Flankenwinkel sei graphisch nach Abb. 143 bestimmt worden. Er betrage:

$$\gamma_w = 20°.$$

Lösung:

$$\alpha = \frac{180}{z} = \frac{180}{20} = 9°. \qquad\qquad \text{nach Gl. (11)}$$

Die maximale Zahnkraft erfährt der erste dem Lasttrumm benachbarte Zahn am Ende der Eingriffsperiode mit $\varphi = +\alpha$. Sie beträgt:

$$P_{z1\max} = P\,\frac{\sin 2\alpha}{\sin(2\alpha + \gamma_w)} = 1250\,\frac{\sin 18°}{\sin(18 + 20)°} = 628\,\text{kp} \qquad \text{nach Gl. (171)}$$

$$A = \frac{\sin\gamma_w}{\sin(2\alpha + \gamma_w)} = \frac{\sin 20°}{\sin(18 + 20)°} = 0,556 \qquad \text{nach Gl. (173)}$$

$$P_{\text{rest}} = PA^{\left(\frac{\beta z}{360}\right)} = 1250 \cdot 0,556^{\left(\frac{120\,\cdot\,20}{360}\right)} = 25\,\text{kp}. \qquad \text{nach Gl. (176)}$$

10. Das Springen der Kette über die Kettenradverzahnung

Der Mechanismus des Springens einer Kette über die Verzahnung kann in folgender Weise nach Abb. 151 beschrieben werden:

Sobald die restliche über dem Kettenrad nicht abgebaute Kraft größer wird als der Stützzug P_{st} des nicht belasteten Trumms, überwiegt die heraustreibende Kraftkomponente P_H gegenüber der Reibungskraft R, wenn der wirksame Flankenwinkel γ_w größer als der Öffnungswinkel des Reibungskegels ϱ ist. Das letzte auf dem Kettenrad befindliche und dem nicht belasteten Trumm benachbarte Glied beginnt in der Verzahnung aufzusteigen. Damit ändert sich der Winkel δ nach Abb. 142 und je nach der vorliegenden Zahnform vergrößert oder verkleinert sich der wirksame Flankenwinkel der Verzahnung. Wenn sich der wirksame Flanken-

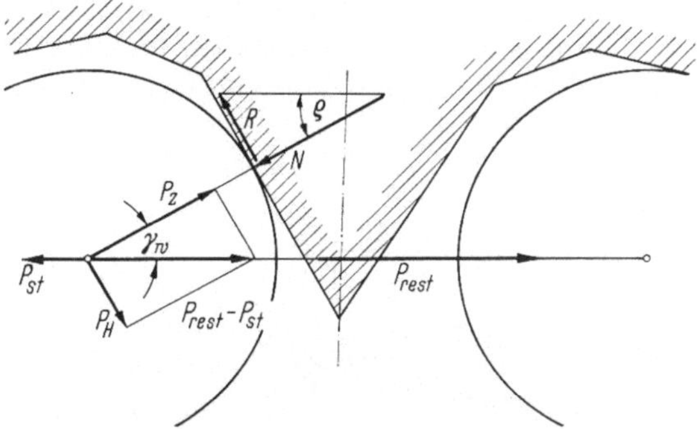

Abb. 151. Die auf das dem Leertrumm benachbarte, letzte auf dem Kettenrad befindliche Glied wirkenden Kräfte

winkel der Verzahnung vergrößert, kommt es sofort zum Springen des letzten Gliedes über die Verzahnung. Verkleinert sich aber der wirksame Flankenwinkel beim Aufsteigen der Kette in der Verzahnung, dann stellt sich zunächst ein neuer Gleichgewichtszustand ein und das letzte in der Verzahnung befindliche Glied springt erst über den zugehörigen Radzahn, wenn die Belastung des Lasttrumms weiter gesteigert wird.

In dem Augenblick, in dem das letzte Glied über den Zahnkopf springt, wird dem vorletzten Glied das Gleichgewicht nicht mehr gehalten und es kann ebenfalls über die Verzahnung springen. Auf diese Weise pflanzt sich in einer Art von Wellenbewegung das Springen der Kette über die Zähne des Kettenrades fort, bis schließlich auch das dem belasteten Trumm benachbarte, erste, auf dem Kettenrad befindliche Glied gesprungen ist. Je nach der Labilität des angefahrenen Betriebs-

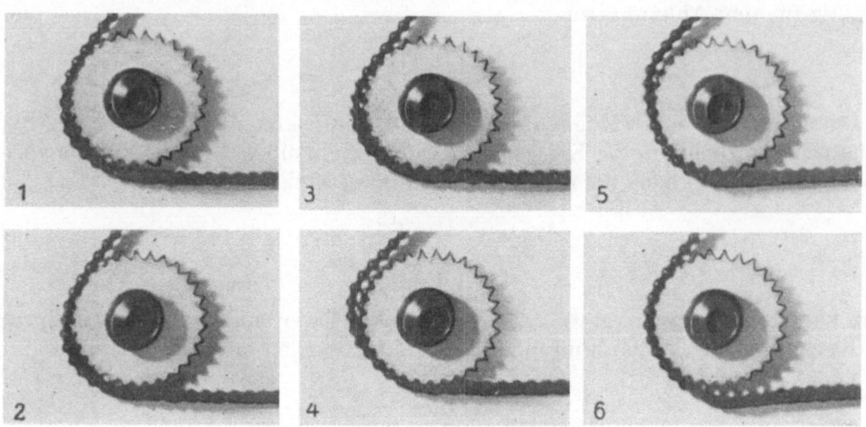

Abb. 152. Das Springen der Kette über die Verzahnung

zustandes wiederholt sich der beschriebene Vorgang mehr oder weniger schnell. In der Abb. 152 sind sechs Einzelaufnahmen aus einem Schmalfilm wiedergegeben, welche die einzelnen Phasen des Springens einer Kette über die Verzahnung zeigen.

Die Kette kann nur über die Verzahnung springen, wenn der Durchhang des nicht belasteten Trumms entsprechend groß ist. Ein solcher Durchhang liegt vor, wenn man in der Lage ist, ein einzelnes Kettenglied aus dem Kettenrad nach Abb. 153 auszuklinken. Praktisch wird ein derartig großer Durchhang im allgemeinen nicht vorgesehen und daher wird in den praktischen Fällen eine Kette kaum über die Verzahnung springen. Sie steigt aber in der Nähe des nicht belasteten Trumms innerhalb der Verzahnung auf und zwar soweit, bis der Stützzug durch den infolge

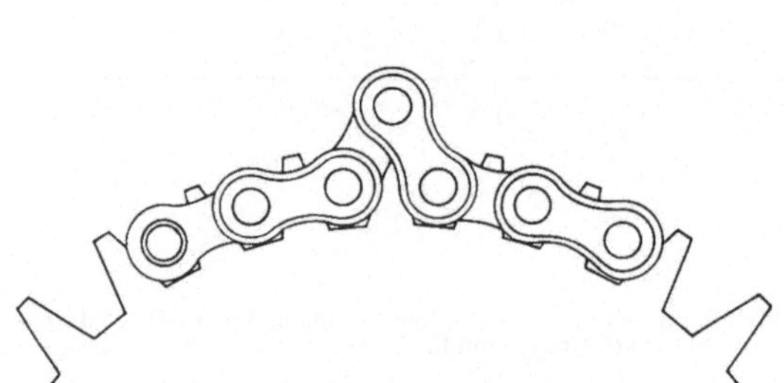

Abb. 153. Das Ausklinken eines Gliedes
aus der Verzahnung

Abb. 154. Das Aufsteigen der Kette in der Verzahnung in der Nähe des nicht belasteten Trumms bei falscher Dimensionierung des Kettenrades

des Aufsteigens verringerten Durchhang groß genug wird, um die Kette wieder in die Verzahnung zurückzuziehen. Bei kleinen Drehzahlen läßt sich auf diese Weise ein Gleichgewichtszustand einstellen, wie er in der Abb. 154 photographiert ist. Im allgemeinen wird aber das Leertrumm zu heftigen Schwingungen angeregt und es ergibt sich ein unbefriedigender Betriebszustand.

Um das Aufsteigen der Kette in der Verzahnung zu verhindern, muß daher gefordert werden, daß der Stützzug größer als die Restkraft ist. Diese Forderung kann erfüllt werden, wenn der Flankenwinkel der Verzahnung richtig gewählt wird. Durch Gleichsetzen von Stützzug und Restkraft erhält man zunächst eine Bedingung für den Abbaufaktor:

$$A \le \left(\frac{P_{\text{st}}}{P}\right)^{\frac{360}{\beta\,z}} . \tag{187}$$

Damit ist eine erste Möglichkeit gegeben, den Flankenwinkel γ_w nach Abb. 140 zu bestimmen, bei dem die Kette gerade nicht mehr über die Verzahnung springt. Löst man Gl. (173) nach dem wirksamen Flankenwinkel auf zu:

$$\operatorname{tg}\gamma_w = \frac{\sin 2\alpha}{\dfrac{1}{A} - \cos 2\alpha} , \tag{188}$$

dann kann der Grenzwinkel $\gamma_{w,\text{max}}$ direkt errechnet werden, bis zu dem ein Springen der Kette über die Verzahnung nicht befürchtet werden muß. Er beträgt:

$$\gamma^*_{w;\text{max}} = \operatorname{arc\,tg} \frac{\sin 2\alpha}{\left(\dfrac{P}{P_{st}}\right)^{\frac{360}{\beta\,z}} - \cos 2\alpha} \tag{189}$$

Der in Gl. (189) angegebene Stützzug kann nach den Vorschlägen des Abschn. III. B. 8 berechnet werden. Er wird insbesondere bei einer nahezu senkrechten Anordnung des Triebes am unteren Rad sehr klein. In diesen Fällen wird die Gl.(189) nicht erfüllt werden können. Es muß daher eine bestimmte Vorspannung des nicht belasteten Trumms mit Hilfe eines Spannrades erreicht werden. Für die Berechnung dieser Spannkraft wird die Gl. (187) nach dem Stützzug aufgelöst und dieser als Spannkraft P_{sp} bezeichnet. Es folgt:

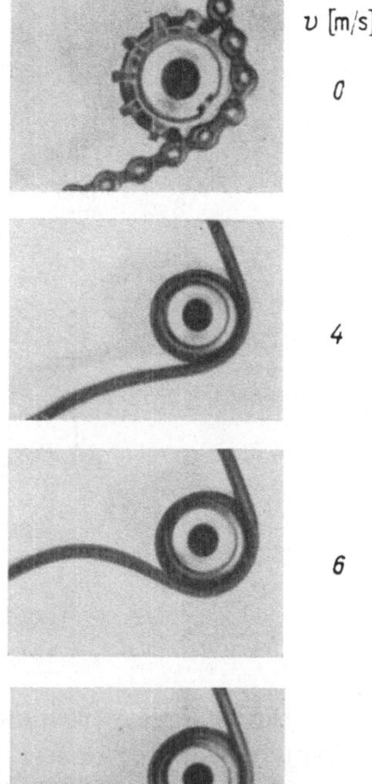

$$P_{sp} \geq P \left(\frac{\sin \gamma_w}{\sin (2\alpha + \gamma_w)} \right)^{\frac{\beta_z}{360}}. \qquad (190)$$

Die Gln. (187) bis (190) sind in [11] einer Reihe von Versuchstrieben gegenübergestellt. Sie ergeben eine genügende Sicherheit gegenüber den gemessenen Werten. Eine besonders hohe Sicherheit ergibt sich am treibenden Kettenrad bei kleinen Zähnezahlen und hohen Kettengeschwindigkeiten. Diese Sicherheit kann erklärt werden aus der Einschnürung des nicht belasteten Trumms bei dessen Lauf aus dem treibenden Kettenrad. In Abb. 155 ist die Lage des nicht belasteten Trumms bei stehendem und laufendem Kettentrieb gegenübergestellt. Man erkennt die Zunahme des Umschlingungswinkels mit wachsender Drehzahl für das treibende Kettenrad, welche dem Springen der Kette über die Verzahnung entgegenwirkt.

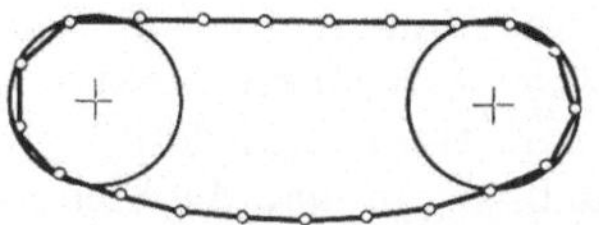

Abb. 155. Die „Einschnürung" des nicht belasteten Trumms

Abb. 156. Die „Einschnürung" des Leertrumms beim Lauf aus dem getriebenen Rad

Für die Einschnürung der Kette beim Lauf aus dem treibenden Kettenrad werden nach dem derzeitigen Stand der Erkenntnisse zwei Faktoren verantwortlich gemacht. Diese sind:

Das Reibungsmoment im Kettengelenk, das sich der Auswinklung zweier benachbarter Kettenglieder beim Auslauf aus dem treibenden Rad entgegenstellt.

Die Trägheit des während des Laufes um das treibende Kettenrad um seinen Schwerpunkt rotierenden Kettengliedes (s. [1]).

In der Abb. 156 ist die Zunahme der Einschnürung des nichtbelasteten Trumms beim Auslaufen aus dem treibenden Rad mit wachsender Kettengeschwindigkeit für ein Kettenrad mit 11 Zähnen gezeigt.

Zahlenbeispiel

12. Aufgabe: Für einen Kettentrieb mit geneigter Lage des Leertrumms soll kontrolliert werden, ob ein ruhiger Lauf des Triebes bei Verwendung der genormten Kettenradverzahnung erreicht werden kann, oder ob beispielsweise durch Einsatz einer Spannvorrichtung Abhilfe geschaffen werden muß. Der Kettentrieb habe folgende Daten:

Rollenkette $1 \times 12,7 \times 6,4 \times 7,75$ DIN 8187; $q = 0,49\ \text{kg/m}$; $z_1 = 16\ \text{Zähne}$; $z_2 = 30\ \text{Zähne}$; $\beta_1 = 167°$ (oberes Rad, treibend); $\beta_2 = 193°$; $P = 92,2\ \text{kp}$; $a = 245\ \text{mm}$; $f_D = 4,9\ \text{mm}$; $\psi = 40°$.

Lösung:

$$f_r = \frac{f_D}{L_T} \approx \frac{f_D}{a} = \frac{4,9}{245} = 0,02 \qquad f_r = 2\% \qquad \text{nach Gl. 155}$$

$$P_{\text{st-s};o} = 5,28 \text{ bei } \psi = 40°;\ f_r = 2\% \qquad \text{nach Abb. 196}$$

$$P_{\text{st-s};u} = 4,55;\ \text{bei } \psi = 40°;\ f_r = 2\% \qquad \text{nach Abb. 196}$$

$$2\,\alpha_1 = \frac{360}{z_1} = \frac{360}{16} = 22,5°\ ; \qquad 2\,\alpha_2 = \frac{360}{z_2} = \frac{360}{30} = 12° \qquad \text{nach Gl. (11)}$$

$$P_{\text{st-}o} \cong P_{\text{st-s};o}\, q\, a \approx 5,28 \cdot 0,49 \cdot 245 \cdot 10^{-3} = 0,634\ \text{kp} \qquad \text{nach Gl. (163)}$$

$$P_{\text{st-}u} \cong P_{\text{st-s};u}\, q\, a \approx 4,55 \cdot 0,49 \cdot 245 \cdot 10^{-3} = 0,546\ \text{kp} \qquad \text{nach Gl. (164)}$$

$$\gamma^{*}_{w;\max;1} = \text{arc tg}\ \frac{\sin 2\,\alpha_1}{\left(\dfrac{P}{P_{\text{st-}o}}\right)^{\frac{360}{\beta_1 z_1}} - \cos 2\,\alpha_1} = \text{arc tg}\ \frac{\sin 22,5°}{\left(\dfrac{92,2}{0,634}\right)^{\frac{360}{167 \cdot 16}} - \cos 22,5°} = 20,3°$$

$$\text{nach Gl. (189)}$$

$$\gamma^{*}_{w;\max;2} = \text{arc tg}\ \frac{\sin 2\,\alpha_2}{\left(\dfrac{P}{P_{\text{st-}u}}\right)^{\frac{360}{\beta_2 z_2}} - \cos 2\,\alpha_2} = \text{arc tg}\ \frac{\sin 12°}{\left(\dfrac{92,2}{0,546}\right)^{\frac{360}{193 \cdot 30}} - \cos 12°} = 27,5°$$

$$\text{nach Gl. (189)}$$

Der wirksame Flankenwinkel der Verzahnung muß kleiner als die errechneten Winkel sein. Die in DIN 8196 festgelegten Flankenwinkel der Verzahnung können einen Wert vonn 22,5° nicht übersteigen. Die wirksamen Flankenwinkel können nach Gl. (177) nur kleinere Werte als 22,5° annehmen. Der errechnete maximal-mögliche wirksame Flankenwinkel am getriebenen unteren Kettenrad wird also von dem genormten Flankenwinkel sicher nicht erreicht werden. Wenn man die Sicherheit in Rechnung stellt, welche sich für die Anwendung der Gl. (189) auf das treibende Rad als Folge der Einschnürung des nicht belasteten Trumms ergibt, wird vermutlich auch das obere Rad mit genormter Verzahnung ausgeführt werden können. Um sicher zu gehen, wird aber empfohlen, das Bezugsprofil III nach DIN 8197 zu verwenden, da hierbei der kleinere Flankenwinkel entsteht.

11. Die stoßartigen Kräfte zwischen Kette und Kettenrad

Einleitend zu dem folgenden Abschnitt sei festgestellt, daß die Vorgänge, welche den Stoß zwischen Kette und Kettenrad bestimmen, noch weitgehend ungeklärt sind. Als erster hat sich BARTLETT [4] mit dieser Frage beschäftigt. Seine Theorie wurde von BINDER [1] und WOROBJEW [3] auf verschiedenen Wegen verbessert. Eine Gegenüberstellung der Theorie mit experimentellen Ergebnisssen liegt bisher nicht vor. Es bleibt daher zur Zeit noch offen, ob die getroffenen Annahmen zu Recht bestehen.

Bei der Berechnung der stoßartigen Kräfte zwischen Kette und Kettenrad sind zwei Anteile zu berücksichtigen. Der erste Anteil ist unabhängig von der Zugkraft im belasteten Trumm. Der zweite Anteil wird durch die Zugkraft hervorgerufen. Für die Berechnung des ersten Anteils wird im folgenden die Darstellung von WOROBJEW übernommen.

In der Abb. 157 ist der Ausschnitt eines Kettenrades und eine zugehörige Stahlgelenkkette gezeigt. Als Beispiel sei angenommen, daß es sich um eine Rollenkette handeln möge. Der Trieb ist in einer Stellung gezeichnet, in der die Rolle mit dem Mittelpunkt B gerade Kontakt mit dem zugehörigen Radzahn bekommt. Der

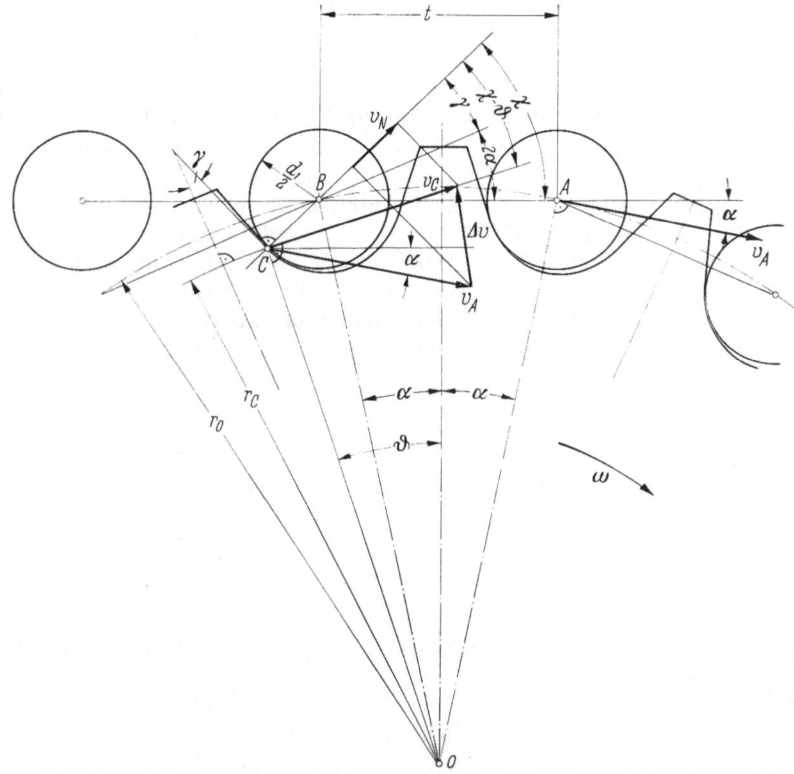

Abb. 157. Der Eingriffsstoß bei Rollenketten

Kontaktpunkt sei der Punkt C. Betrachten wir zunächst einen Zeitpunkt, der möglichst kurz vor der Berührung zwischen der Rolle B und dem zugehörigen Radzahn liegt. Zu diesem Zeitpunkt ist der Mittelpunkt der Rolle A der Trummführungspunkt. Nimmt man an, daß die Länge des belasteten Trumms sehr groß ist, dann beschreiben alle dem Trummführungspunkt benachbarten Punkte des Trumms die gleiche Bahn und haben die gleiche Geschwindigkeit wie der Trummführungspunkt selbst. Nimmt man weiter an, daß sich die Rolle B nicht relativ zur zugehörigen Buchse dreht, dann hat auch der Punkt C der Kettenrolle B die Geschwindigkeit v_A des Trummführungspunktes kurz vor der Berührung mit dem Radzahn.

Zu einem Zeitpunkt möglichst kurz nach dem Kontakt, wird die Kettenrolle B von dem Kontaktpunkt C der Radflanke geführt. Dieser hat vor und nach der Berührung mit der Kettenrolle die Geschwindigkeit v_C. Die Kettenrolle B und das nachfolgende Kettentrumm müssen also in einem endlichen, sehr kurzen Zeitraum ihre Geschwindigkeit ändern. Hierfür ist eine Kraftwirkung des Radzahnes auf die Kette erforderlich.

Die Geschwindigkeiten v_A und v_C unterscheiden sich sowohl nach ihrer Richtung als auch nach der Größe. Die Geschwindigkeit v_A ergibt sich aus dem Produkt aus der Winkelgeschwindigkeit ω des Kettenrades und dem Teilkreisradius r_0. Sie ist senkrecht zu der Verbindungslinie zwischen der Rollenmitte A und der Radmitte O gerichtet. Die Geschwindigkeit v_C wird errechnet aus dem Produkt aus der Winkelgeschwindigkeit ω des Kettenrades und dem Radius r_C. Sie steht senkrecht zu der Verbindungslinie zwischen dem Kontaktpunkt C und dem Radmittelpunkt O. Der Betrag der Geschwindigkeit v_C ist also kleiner als der Betrag von v_A. Um die Geschwindigkeitsänderung zu bewirken, muß nach dem Impulssatz eine Kraft des Kettenrades auf die Kette vorliegen, welche mit der Differenzgeschwindigkeit $\varDelta v$ gleichgerichtet ist. Die Kettenrolle und das nachfolgende Trumm erfahren also einen exzentrischen Stoß. Zerlegt man die Stoßkraft oder die der Stoßkraft proportionale Größe $\varDelta v$ in Komponenten normal und tangential zur Zahnflanke, dann ergibt der zur Zahnflanke tangentiale Anteil eine Verschiebung der Kettenrolle relativ zur Zahnflanke und der normale Anteil eine auf die Kettenrolle und das Kettengelenk einwirkende Kraft. Der normale Anteil v_N von $\varDelta v$ ist also der vorwiegend interessierende. Er wirkt zerstörend auf die Kettenrolle und ist verantwortlich für den Zahnflankenverschleiß. Er ist die Ursache für die Geräuschbildung bei Kettentrieben und fördert den Gelenkflächenverschleiß.

Die Normalkomponente der Differenzgeschwindigkeit beträgt nach Abb. 157:

$$v_N = \omega \left[r_C \cos (\chi - \vartheta) - r_0 \cos (\chi + \alpha) \right]. \tag{191}$$

Setzt man die folgenden Ausdrücke in Gl. (191) ein

$$r_C = \frac{0{,}5\,d_1 \cos \chi + 0{,}5\,t}{\sin \vartheta} \; ; \qquad r_0 = \frac{t}{2 \sin \alpha} \; ; \qquad 0{,}5\,d_1 = \lambda\,t,$$

dann erhält man:

$$v_N = \omega\,t \left(\frac{\lambda \cos \chi + 0{,}5}{\sin \vartheta} \cos (\chi - \vartheta) - \frac{\cos (\chi + \alpha)}{2 \sin \alpha} \right). \tag{192}$$

Berücksichtigt man weiter den Zusammenhang zwischen ϑ und den Kettenradabmessungen mit:

$$\mathrm{tg}\,\vartheta = \frac{0{,}5\,d_1 \cos \chi + 0{,}5\,t}{r_0 \cos \alpha - 0{,}5\,d_1 \sin \chi} = \frac{\lambda \cos \chi + 0{,}5}{0{,}5\,\mathrm{ctg}\,\alpha - \lambda \sin \chi}, \tag{193}$$

dann ergibt sich mit $\chi = 2\alpha + \gamma$ (s. Abb. 157) für v_N:

$$v_N = \omega\,t \sin (2\alpha + \gamma) = \omega\,t \sin \left(\frac{360}{z} + \gamma \right). \tag{194}$$

Die Komponente v_N und damit die Stoßkraft wachsen also mit wachsender Winkelgeschwindigkeit des Kettenrades, mit zunehmender Kettenteilung und mit zunehmendem Flankenwinkel des Radzahnes. Sie nehmen aber ab mit anwachsender Zähnezahl des Kettenrades.

Die Gl. (194) gilt für die Bolzen-Buchsen- und Rollenketten. Für die Zahnkettenräder mit geraden Zahnflanken kann eine entsprechende zerstörende Komponente v_N' der Differenzgeschwindigkeit errechnet werden. Zu diesem Zweck werde die Abb. 158 betrachtet. Hier ist der Zeitpunkt des Eingriffsbeginns der Lasche 1 gezeigt. Die stoßartige Berührung bei Eingriffsbeginn findet an der Kontaktfläche zwischen dem Radzahn und der Lasche 1 an derjenigen Stelle statt, an der auch der Punkt C liegt. Punkt C sei der Mittelpunkt der Kontaktlinie. Kurz vor der Berührung zwischen Radzahn und Zahnlasche wird das Trumm durch den Mittelpunkt des Gelenkes A geführt. Alle Punkte des folgenden Kettentrumms und insbesondere auch der Punkt C der Zahnlasche haben die gleiche Geschwindigkeit v_A. Kurz nach der Berührung zwischen Zahnlasche und Radzahn erfährt der

Punkt C der Zahnlasche die Geschwindigkeit v_C des entsprechenden Kontaktpunktes C des Radzahnes. Für die zerstörende Wirkung der ruckartigen Geschwindigkeitsänderung ist die Normalkomponente der Differenzgeschwindigkeit senkrecht zur Zahnflanke entscheidend.

Diese beträgt:

$$v'_N = \omega\, [r_C \cos (30° - \vartheta) - r_0 \cos (30° + \alpha)]. \tag{195}$$

Es ist einzusetzen:

$$r_C = \frac{0,5\,t + \lambda'\,t \cos \chi'}{\sin \vartheta}\; ; \qquad r_0 = \frac{0,5\,t}{\sin \alpha}\; ; \qquad \operatorname{ctg} \vartheta = \frac{r_0 \cos \alpha - \lambda'\,t \sin \chi'}{0,5\,t + \lambda'\,t \cos \chi'}\, . \tag{196}$$

Damit erhält man;

$$v'_N = 0,5\,\omega\,t\,(1 + \lambda' \cos \chi' - 1,73 \sin \chi'). \tag{197}$$

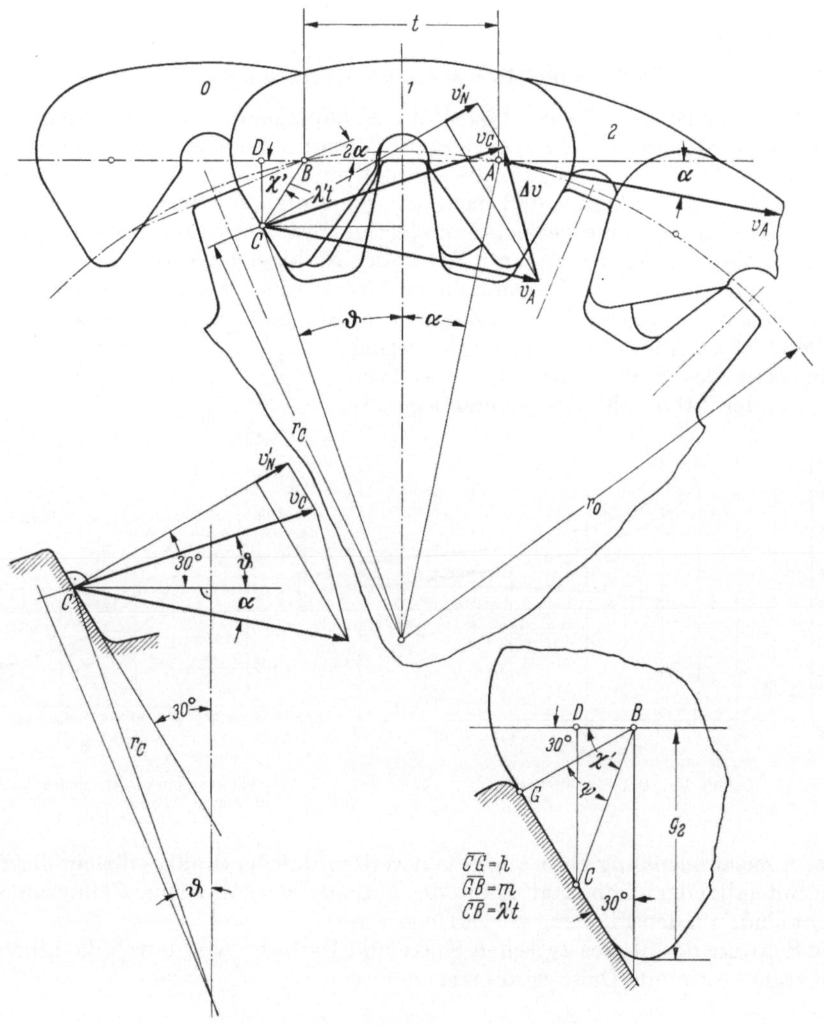

Abb. 158. Der Eingriffsstoß bei Zahnketten

In Abb. 158 ist ein Teil der Zahnlasche im Bereich der Kontaktfläche noch einmal vergrößert gezeigt. Hiernach gilt: ($m \approx 0,37\,t$; s. Tab. 10)

$$\chi' = 30° + \psi\,; \qquad \lambda'\,t = \frac{m}{\cos\psi}\,; \qquad \lambda' = \frac{0,37}{\cos\psi}\,, \tag{198}$$

mit Gl. (182) folgt:

$$\operatorname{tg}\psi = \frac{n'}{m} = \frac{[0,216 - 0,185\,\operatorname{tg}(30° - 2\,\alpha)]\,t}{0,37\,t} = 0,585 - 0,5\,\operatorname{tg}(30° - 2\,\alpha)\,. \tag{199}$$

Um die Gln. (194) und (197) vergleichen zu können, wird das Produkt von Winkelgeschwindigkeit und Kettenteilung ausgeklammert und der restliche Ausdruck als Stoßkoeffizient ζ eingeführt. Damit erhält man für alle Stahlgelenkketten:

$$v_N = \omega t \zeta\,. \tag{200}$$

Der Stoßkoeffizient beträgt für die Bolzen, Buchsen und Rollenketten:

$$\zeta = \sin(2\alpha + \gamma)\,. \tag{201}$$

Er wird bei den Zahnketten gleich:

$$\zeta' = 0,5\,(1 + \lambda'\cos\chi' - 1,73\sin\chi')\,. \tag{202}$$

In Abb. 159 ist der Stoßkoeffizient in Abhängigkeit von der Zähnezahl der Kettenräder aufgetragen. Die Kurve a gilt für einen Flankenwinkel von $\gamma = 19°$, b für $\gamma = 15°$. Die Kurve c gilt für die Zahnketten mit einem Keilwinkel der Zahnlasche von 60°. Man erkennt, daß nach den genormten Ausführungen der Verzahnung die Zahnketten eine geringere stoßartige Beanspruchung ihrer Laschen erfahren, als die Gelenke der anderen Arten der Stahlgelenkketten. Diese Tatsache kann aus den kleinen Flankenwinkeln erklärt werden, welche sich bei geringen Zähnezahlen nach Gl. (16) für die Zahnketten mit geraden Zahnflanken ergeben. Auffallend ist an Abb. 159 weiterhin die geringe Abhängigkeit des Stoßkoeffizienten der Zahnketten von der Zähnezahl. Als besonders günstig

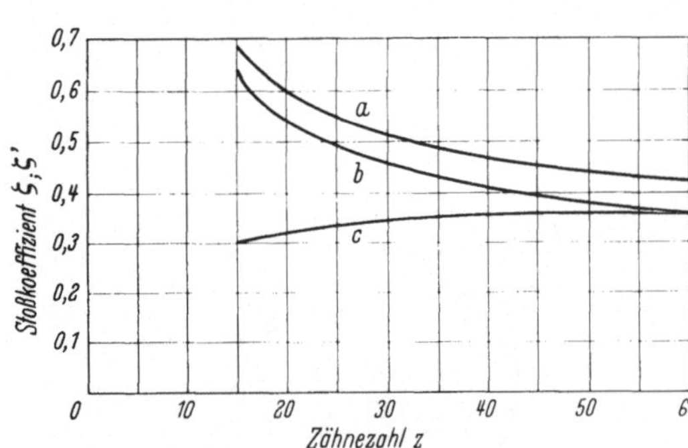

Abb. 159. Der Stoßkoeffizient

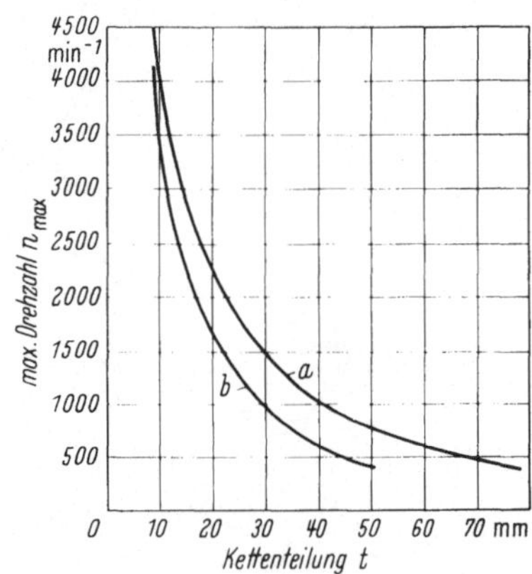

Abb. 160. Die oberen Grenzdrehzahlen für normalen Betrieb. a Rollenketten; b Buchsenzahnketten

in diesem Zusammenhang kann angesehen werden, daß der Stoßkoeffizient der Zahnketten mit fallender Zähnezahl des Rades geringer wird, da kleine Zähnezahlen erwünscht sind, um den Fliehzug zu verringern.

Die Schwere des Stoßes zwischen Kette und Radzahn wird durch die kinetische Stoßenergie bestimmt. Diese wird errechnet zu:

$$E_{\mathrm{st}} = \frac{m_{\mathrm{st}}\,v_N^2}{2}\,. \tag{203}$$

Die am Stoßvorgang beteiligte Kettenmasse ist bis jetzt noch nicht bekannt. Von BARTLETT [1] und WOROBJEW [3] wird angenommen, daß m_{st} der Masse eines Kettengliedes proportional ist. Bezeichnet man die Zahl der gestoßenen Kettenglieder mit X_{st}, dann erhält man für die kinetische Energie des Stoßes mit: $\omega = \dfrac{\pi n}{30}$

$$E_{st} = \frac{X_{st}\, q\, t \cdot \pi^2 n^2 t^2\, \zeta^2}{2 \cdot 900\, g} \tag{204}$$

Bei Verwendung von Rollenketten ist als Folge des Stoßes eine Zerstörung der Rolle, eine Lockerung der Preßsitze, eine verstärkte Geräuschbildung und eine Zunahme des Verschleißes zu erwarten. Aus diesem Grund wird nach der Erfahrung der Kettenhersteller eine obere Grenzdrehzahl n_{max} angegeben, welche von einem Rollenkettentrieb nicht überschritten werden darf. In Abb. 160 ist die Abhängigkeit der maximalen Drehzahl von der Kettenteilung für eine Zähnezahl des Ritzels von 19 Zähnen als Kurve a angegeben.

Die kinetische Stoßenergie nach Gl. (204) gibt die Wucht des Stoßes wieder. Sie berücksichtigt aber nicht die unterschiedliche Empfindlichkeit der verschiedenen Kettenarten gegenüber der Schwere des Stoßes. Von BARTLETT und WOROBJEW wird daher die kinetische Energie des Stoßes auf die projizierte Rollenoberfläche bezogen, welche sich aus dem Produkt aus dem Rollendurchmesser und der Rollenlänge ergibt. Der so erhaltene Ausdruck hat die Dimension kp cm/cm² und wird als spezifische Stoßenergie bezeichnet. Es zeigt sich aber, daß die von den Kettenherstellern angegebene Abhängigkeit der maximalen Drehzahl der Rollenkettentriebe besser angenähert werden kann, wenn die spezifische Stoßenergie e_{st} auf das Volumen $\dfrac{d_1^2 \pi\, b_1}{4}$ der Kettenrolle bezogen wird. Sie wird daher angesetzt als:

$$e_{st} = \frac{\pi}{450} \frac{q\, t^3 \cdot n^2 \zeta^2}{g\, d_1^2 b_1} \qquad (X_{st} = 1). \tag{205}$$

Setzt man in Gl. (205) die Werte der maximalen Drehzahlen nach Abb. 160a, den Stoßkoeffizienten für die Zähnezahl $z = 19$ Zähne und die Abmessungen der zugehörigen Rollenketten nach DIN 8187 ein, dann erhält man für die zulässige spezifische Stoßenergie einen mittleren Wert von:

$$e_{st\text{-}zul} = 0{,}8 \text{ kp cm/cm}^3. \tag{206}$$

Löst man Gl. (205) nach der Drehzahl des Ritzels auf und setzt die zulässige spezifische Stoßenergie nach Gl. (206) ein, dann erhält man eine Beziehung für die maximale Drehzahl eines Rollenkettentriebes, die nicht überschritten werden darf, wenn man die Wirkung des Stoßes in erträglichen Grenzen halten möchte. Es folgt:

$$n_{max} = \sqrt{\frac{450}{\pi}}\ \sqrt{\frac{g\, d_1^2 b_1\, e_{st-zul}}{q\, t^3 \zeta^2}}. \tag{207}$$

Berücksichtigt man den Wert der Erdbeschleunigung ($g = 981$ cm/sek²), dann erhält man folgende Zahlenwertgleichung für die Bestimmung der maximalen Drehzahl der Rollenkettentriebe:

$$n_{max} = \frac{3750}{\zeta} \frac{d_1}{t} \sqrt{\frac{b_1\, e_{st-zul}}{t\, q}} \qquad \text{min}^{-1}. \tag{208}$$

d_1 = Rollendurchmesser in mm
t = Kettenteilung in mm
ζ = Stoßkoeffizient nach Abb. 159 oder Gl. (201)
b_1 = innere Kettenbreite in mm
q = Metergewicht in kg/m
$e_{st\text{-}zul}$ = zul. spez. Stoßenergie kp/cm²

Gl. (208) hat gegenüber Abb. 106 den Vorteil, daß die Zähnezahl des Ritzels und die Kettenabmessungen für die Berechnung der maximalen Drehzahl mit herangezogen werden.

Die spezifische Stoßenergie für Zahnkettentriebe wird ähnlich wie bei den Rollenketten auf das Volumen eines Zylinders bezogen, der mit dem Radius m (s. Tab. 17) in die Zahnkette einbeschrieben wird und der in seiner Länge gleich der Arbeitsbreite b der Zahnketten ist. Die spezifische Stoßenergie beträgt daher für Zahnkettentriebe:

$$e'_{st} = \frac{\pi}{1800} \frac{q\, t^3\, n^2\, \zeta'^2}{g\, m^2\, b} \qquad (X_{st} = 1)\,. \tag{209}$$

Der zulässige Wert der spezifischen Stoßenergie wird aus den Angaben über die maximalen Drehzahlen bestimmt, wie sie in den Katalogen der Kettenhersteller zu finden sind. Für die Buchsenzahnketten sind Werte der maximalen Drehzahlen in Abb. 160b zusammengestellt. Die zulässige spezifische Stoßenergie beträgt daher:

$$
\left.
\begin{array}{ll}
\text{für die Buchsenzahnketten} & e'_{st\text{-}zul} = 0{,}075\,, \\
\text{für die Zahnketten mit Wiegegelenk} & e'_{st\text{-}zul} = 0{,}1\,.
\end{array}
\right\} \tag{210}
$$

Die maximale Ritzeldrehzahl kann dann errechnet werden zu:

$$n'_{max} = \sqrt{\frac{1800}{\pi}}\;\sqrt{\frac{g\, m^2\, b\, e'_{s-zul}}{q\, t^3\, \zeta'^2}}\,. \tag{211}$$

Setzt man den Wert der Erdbeschleunigung ein und berücksichtigt den Zusammenhang zwischen m und t mit $m \sim 0{,}37\,t$, dann erhält man als endgültige Form die Zahlenwertgleichung für die Berechnung der maximalen Drehzahlen der Zahnkettenräder zu:

$$n'_{max} = \frac{2775}{\zeta'}\;\sqrt{\frac{b\, e'_{st-zul}}{q\, t}}\,. \tag{212}$$

b = Arbeitsbreite der Zahnkette in mm ζ' = Stoßkoeffizient (Abb. 159)
t = Kettenteilung in mm q = Metergewicht in kg/m
e'_{st-zul} = zulässige spezifische Stoßenergie nach Gl. (210)

Die maximale Drehzahl der Ritzel der Zahnkettentriebe hängt im wesentlichen von der Teilung der Kette ab. Dies ist einzusehen, wenn man beachtet, daß die Kettenbreite und das Metergewicht proportionale Größen sind und daß der Stoßkoeffizient ζ' nach Abb. 159 nur unwesentlich von der Zähnezahl beeinflußt wird.

Die mit den Gln. (208) und (212) definierten maximalen Drehzahlen gelten für Dauerbetrieb bei günstiger Auslegung des Triebes und ausreichender Schmierung. Für kurzzeitige Spitzendrehzahlen können auch höhere Werte von e_{st} zugelassen werden.

Die Festigkeit der Zahnflanken muß durch Oberflächenhärtung den extremen Anforderungen an schnellaufende Triebe angepaßt sein. Die durch die stoßartige Beanspruchung und die damit verbundene Verformungsarbeit entwickelte Reibungswärme muß durch eine ausreichende Schmiermittelzufuhr aufgenommen werden. Die in einer Sekunde entwickelte Reibungswärme hängt bei konstanter spezifischer Stoßenergie von der Stoßhäufigkeit ab. Die Zahl der Stöße auf ein Kettenglied kann aus der Zähnezahl z, der Drehzahl n und der Gliederzahl der Kette X errechnet werden. Sie beträgt:

$$f_u = \frac{z\, n}{60\, X}\,\text{sek}^{-1}. \tag{213}$$

Bei konstanter spezifischer Stoßenergie muß also mehr Schmiermittel zugeführt werden, wenn das Produkt aus Zähnezahl mal Drehzahl zunimmt und die Gliederzahl der Kette abnimmt.

Einleitend zu diesem Abschnitt war festgestellt worden, daß die stoßartigen Belastungen des Kettenradzahnes sich aus zwei Anteilen zusammensetzen. Im folgenden wird jetzt noch auf den zweiten Anteil eingegangen, der von der Zugkraft im belasteten Trumm abhängt. Mit Gl. (171) war die Zahnkraft errechnet worden bei Verwendung von Rollenketten. In Abb. 161 ist der Verlauf der bezogenen Zahnkraft für das Beispiel eines Kettenrades mit 15 Zähnen und einem Flankenwinkel von $\gamma_w = 19°$ aufgezeichnet. Der Kraftaufbau der Zahnkraft erfolgt während der

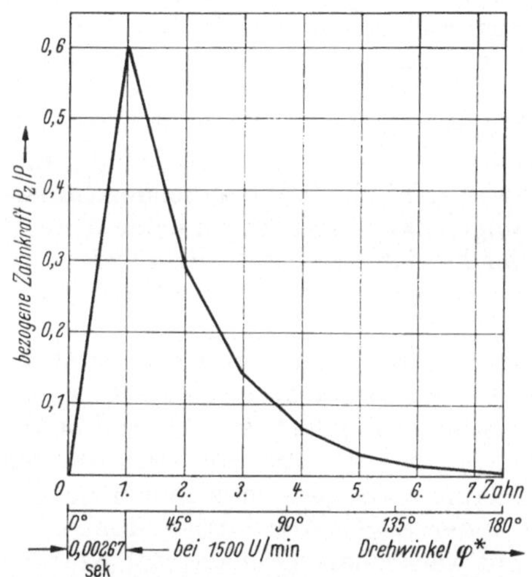

Abb. 161. Die bezogenen Zahnkräfte in Abhängigkeit von der Raddrehung

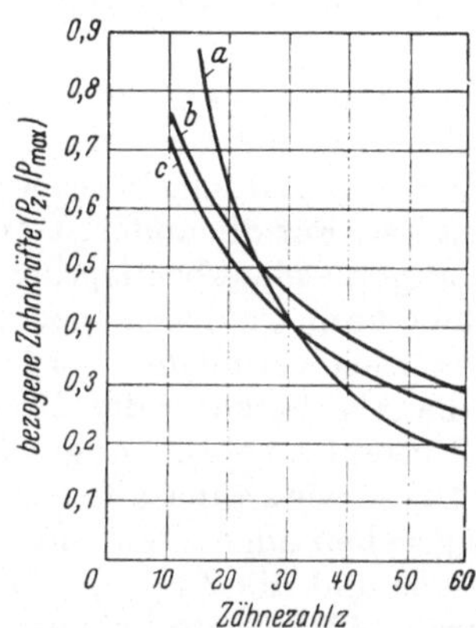

Abb. 162. Die maximalen bezogenen Zahnkräfte in Abhängigkeit von der Zähnezahl des Kettenrades. a Zahnketten; b Rollenketten und $\gamma = 15°$; c Rollenketten und $\gamma = 19°$

Eingriffsperiode des eingreifenden betrachteten Zahnes. Am Ende der Eingriffsperiode erreicht die Zahnkraft nach Gl. (171) ihren größten Wert. Sie wird anschließend wieder abgebaut gleichlaufend mit dem Abbau der Längskraft in dem zugehörigen Kettenglied. Der aufgezeichnete Verlauf gilt für einen quasistatischen Betrieb der Kette. Bei schnellaufenden Trieben wird ein ruckartiger Beginn des Kraftaufbaues nicht möglich sein. Ebenso dürfte die ruckartige Abnahme der Zahnkraft nicht den praktischen Verhältnissen voll entsprechen. Immerhin beträgt der Zeitraum des Eingriffs nach Abb. 161 für das angegebene Beispiel und für eine angenommene Drehzahl des Rades von 1500 U/min nur 0,00267 sek. Über die Geschwindigkeitsabhängigkeit der Zahnkraft bestehen bis heute noch keine festen Vorstellungen. Um die bestehenden Einflußgrößen zu diskutieren, sei der Spitzenwert der bezogenen Zahnkraft bei quasistatischem Betrieb als Maß für die Stoßwirkung betrachtet. Für die Rollenketten, Buchsenketten und Bolzenketten beträgt er:

$$\left(\frac{P_{z_1}}{P}\right)_{max} = \frac{\sin 2\alpha}{\sin(2\alpha + \gamma_w)} . \tag{214}$$

Für Zahnkettenräder mit geraden Zahnflanken und einem angenommenen Reibungswinkel von 8,5° kann der Größtwert der Zahnkraft nach Gl. (184) errechnet werden. Beide Ausdrücke für die Zahnkraft sind der besseren Allgemeinheit wegen auf die Zugkraft im belasteten Trumm bezogen. In Abb. 162 sind die Zahlenwerte der Gl. (214) und Gl. (184) über der Zähnezahl aufgetragen. Mit der Kurve a ist die Abhängigkeit der bezogenen Zahnkraft für Zahnketten wiedergegeben. Sie gilt allgemein, wenn der Keilwinkel der Zahnlaschen mit 60° und der Reibungswinkel mit 8,5° als konstante Größe angesehen wird. Mit den Kurven b und c ist die Abhängigkeit der bezogenen Zahnkräfte von der Zähnezahl für Bolzen, Buchsen und Rollenketten gezeigt. Sie gilt für die Flankenwinkel $\gamma_u = 15°$ bzw. 19° und Reibungsfreiheit im Gelenk. Aus Abb. 162 ist zu ersehen, daß bei kleinen Zähnezahlen unter 25–30 Zähnen die Zahnkettentriebe eine höhere bezogene Zahnkraft ergeben, während bei den Zähnezahlen über 25–30 Zähnen die bezogene Zahnkraft bei den Rollen, Buchsen oder Bolzenketten größer ist. Diese Tatsache kann damit erklärt werden, daß bei den Zahnkettenrädern der Flankenwinkel mit wachsender Zähnezahl zunimmt nach Gl. (16), während bei den anderen Arten der Stahlgelenkketten nach dem Grundsatzblatt DIN 8196 der Flankenwinkel konstant gehalten wird.

Vergleicht man die Abb. 159 und Abb. 162, so kann festgestellt werden, daß für Zahnkettentriebe der erste Anteil der stoßartigen Laschenbeanspruchung unabhängig von der Zähnezahl ist, während der zweite Anteil mit abnehmender Zähnezahl anwächst. Für die anderen Arten der Stahlgelenkketten nehmen beide Anteile der stoßartigen Gelenkbeanspruchung mit fallender Zähnezahl zu. Allein aus dieser Feststellung kann qualitativ gefolgert werden, daß kleine Zähnezahlen für Kettentriebe möglichst vermieden werden sollen.

Für die Abschätzung der Drehzahlabhängigkeit der beiden Anteile der stoßartigen Kettenbeanspruchung wird ein Kettentrieb betrachtet, der mit seinen äußeren Daten wie Zähnezahlen, Achsabstand, Schmierung, Kettengröße und Zahnform als gegeben angesehen wird. Veränderlich sei ausschließlich die Drehzahl der Kettenräder und die Zugkraft im belasteten Trumm. Fordert man immer gleichgroße verschleißbedingte Lebensdauer für einen derartigen Kettentrieb, dann muß die zulässige Zugkraft im belasteten Trumm mit wachsender Drehzahl der Kettenräder verringert werden. Daraus folgt, daß auch die absolute Zahnkraft mit wachsender Drehzahl der Kettenräder abnimmt. Der zweite Anteil der stoßartigen Kettenbeanspruchung wird also mit wachsender Drehzahl geringer, wenn man die dynamische Überhöhung der Zahnkraft bei großen Drehzahlen außer Acht läßt. Die spezifische Stoßenergie nimmt nach Gl. (175) mit dem Quadrat der Drehzahl zu. Der erste Anteil der stoßartigen Kettenbeanspruchung wächst also sehr stark mit zunehmenden Drehzahlen.

Mit aller Vorsicht sei qualitativ gesagt, daß der erste Anteil der stoßartigen Belastungen bei großer Zugkraft und kleiner Drehzahl von besonderer Bedeutung ist, während der zweite Anteil der stoßartigen Kettenbeanspruchung bei kleiner Zugkraft und großer Drehzahl zu beachten ist. Eine genaue Angabe, in welchen Bereichen der eine oder der andere Anteil in seinem Einfluß auf die Kettenfestigkeit überwiegt, kann zur Zeit noch nicht angegeben werden.

Zahlenbeispiel

13. Aufgabe: Ein Rollkettentrieb mit folgenden Daten:

Einfachrollenkette $12{,}7 \times 7{,}75 \times 8{,}51$ DIN 8187; $z_1 = 15$ Zähne; $\gamma = 19°$ soll mit der Drehzahl $n_1 = 3500$ U/min laufen. Ist diese Drehzahl zulässig? Welche Zähnezahl des Ritzels ist zu wählen, damit die gewünschte Drehzahl erreicht werden kann? Für die Rechnung sei vorausgesetzt, daß der Flankenwinkel von 19° unabhängig von der Zähnezahl ist und der Trieb eine ausreichende Schmierung erhält.

Lösung: Für den gewählten Trieb gilt (s. Tab. 16):

$$t = 12{,}7\ \text{mm}; \quad b_1 = 7{,}75\ \text{mm}; \quad d_1 = 8{,}51\ \text{mm}; \quad q = 0{,}7\ \text{kg/m}; \quad \zeta_{15} = \sin(2\alpha + \gamma)$$

$$= \sin\left(\frac{360}{z_1} + \gamma\right) = \sin\left(\frac{360}{15} + 19\right) = 0{,}682 \qquad \text{nach Gl. (201)}$$

$$n_{\max_{15}} = \frac{3750}{\zeta_{15}}\,\frac{d_1}{t}\,\sqrt{\frac{b_1\,e_{\text{st-zul}}}{t\,q}} = \frac{3750}{0{,}682}\,\frac{8{,}51}{12{,}7}\,\sqrt{\frac{7{,}75 \cdot 0{,}8}{12{,}7 \cdot 0{,}7}} = 3080\ \text{U/min} \quad \text{nach Gl. (208)}$$

Die maximale Drehzahl bei Verwendung des Ritzels mit 15 Zähnen ist zu gering. Die gesuchte größere Zähnezahl des Ritzels, welche eine maximale Drehzahl von 3500 U/min zuläßt, sei als z_1^* bezeichnet. Sie wird errechnet zu:

$$\zeta^* = \zeta_{15}\,\frac{n_{\max}^*}{n_{\max_{15}}} = 0{,}682 \cdot \frac{3080}{3500} = 0{,}6$$

$$\sin\left(\frac{360}{z_1^*} + \gamma\right) = 0{,}6; \qquad \frac{360°}{z_1^*} + 19° = 36{,}8°$$

$$z_1^* = \frac{360}{36{,}8 - 19} = 20{,}2 \sim 21\ \text{Zähne}.$$

C. Der Gelenkflächenverschleiß der Stahlgelenkketten

Neben der festigkeitsmäßigen Auslegung des Kettentriebes ist die quantitative Voraussage des zu erwartenden Gelenkflächenverschleißes der Stahlgelenkketten von besonderer Bedeutung. Bedauerlicherweise ist aber gerade diese Frage noch heute unzureichend gelöst, obwohl die Grenze der Verwendbarkeit von Förderketten und Antriebsketten in den meisten Fällen durch unzulässigen Verschleiß der Ketten gegeben ist. Der Grund für die mangelhafte Kenntnis auf diesem Gebiet ist in der Tatsache zu sehen, daß versuchsmäßige Ergebnisse durch Verschleißmessungen nur mit großem Zeit- und Leistungsaufwand zu erreichen sind.

Der Verschleiß bei Kettentrieben tritt auf an den Kettenradzähnen und an den Rollen bzw. Buchsen oder Bolzen der Ketten. Der Verschleiß der Kettenradzähne ist zurückzuführen auf die Wälzpressung, welche zwischen den Gelenkteilen der Kette und der Zahnflanke vorliegt. Die zügigen und stoßartigen Kräfte zwischen Kette und Radzahn, die ihrerseits Ursache der Wälzpressung sind, wurden in den

Abb. 163. Die Verschleißmarke an der Zahnflanke

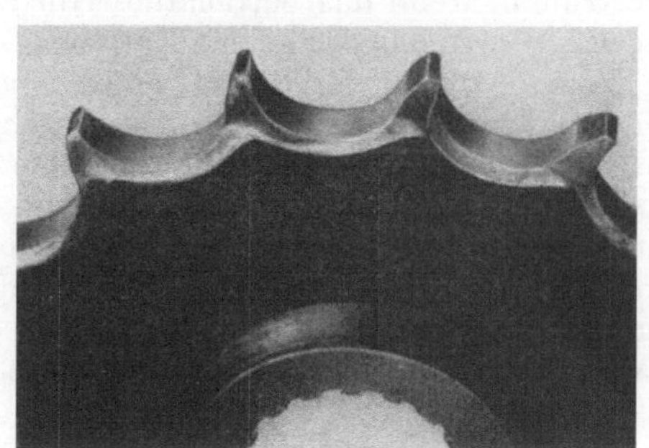

Abb. 164. Stark verschlissene Zahnflanken

vorhergehenden Abschnitten zusammengestellt. Der Verschleiß der Zahnflanken beginnt mit dem Enstehen einer Verschleißmarke, wie sie in Abb. 163 gezeigt ist. Der Verschleiß schreitet fort mit einer immer weitergehenden Aushöhlung der Zahnflanke und Hakenbildung nach Abb. 164, die schließlich zum Hängenbleiben der Kette in der Verzahnung führt und einen ungleichmäßigen Lauf der Kette verursacht. Bei richtiger Werkstoffwahl für die Herstellung der Kettenräder und bei genügender Schmierung der laufenden Kette läßt sich allerdings der Verschleiß der Zahnflanken im allgemeinen in erträglichen Grenzen halten. Der Verschleiß der Seitenflächen der Radzähne nach Abb. 164 und der Innenseiten der Innenlaschen nach Abb. 165 ist auf schlecht fluchtende Kettenräder zurückzuführen und kann bei sorgfältiger Montage vermieden werden.

Der Verschleiß der Kettenrollen ist von geringer Bedeutung, weil durch die Relativdrehung der Rolle zur Buchse ein immer wechselnder Kontaktpunkt zwischen der Rolle und dem Kettenradzahn vorliegt. Die Buchsen der Stahlgelenkketten

Abb. 165. Der Verschleiß der Innenlaschen bei schlecht fluchtenden Kettenrädern (nach Winklhofer)

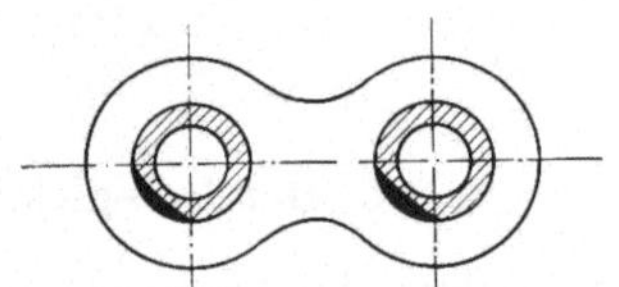

Abb. 166. Der Verschleiß der Buchsen

ohne Schutzrollen verschleißen an den in Abb. 166 gezeigten Stellen, an denen der Kontakt bzw. eine geringe Relativbewegung zwischen Buchse und Zahnflanke vorliegt.

Von besonderer Bedeutung für die Funktionsfähigkeit der Stahlgelenkketten ist der Verschleiß in den Gelenkflächen. Er ergibt sich aus der Relativdrehung zwischen Buchse und Bolzen beim Einwinkeln zweier benachbarter Glieder zueinander. Die Einwinklung zweier Kettenglieder zueinander erfolgt beim Einlaufen der Kette in das Kettenrad und beim Auslaufen aus dem Kettenrad. Nach Abb. 167 schwenken zwei benachbarte Kettenglieder beim Kämmen mit dem Kettenrad um den Teilungswinkel 2α. Die Einwinklung geschieht unter der Belastung durch die Zugkraft im belasteten Trumm, wenn das betrachtete Kettenglied aus dem getriebenen Kettenrad ausläuft und wenn es in das treibende Kettenrad einläuft. Die Einwinklung benachbarter Kettenglieder geschieht mit der meist geringeren Last im Leertrumm, wenn das betrachtete Glied aus dem treibenden Kettenrad ausläuft und wenn es in das getriebene Kettenrad einläuft.

In Abb. 167 ist der Einlauf eines Innen- und eines Außengliedes gezeigt. Zum Zeitpunkt kurz vor dem Eingriffsbeginn haben die betrachteten Glieder 1 in bezug auf das benachbarte Trummglied 0 eine gestreckte Stellung, wie sie in Abb. 167 ausgezogen eingezeichnet ist. Zum Ende der Eingriffsperiode sind die Glieder 1 in der strichpunktiert gezeichneten Lage und sind in bezug auf das benachbarte Trummglied 0 eingeschwenkt. Beim Einlaufen eines Innengliedes nach Abb. 167 wird die Buchse des einlaufenden Gliedes gegenüber dem Bolzen des Trummgliedes geschwenkt, während beim Einlauf eines Außengliedes der Bolzen gegenüber der Buchse geschwenkt wird.

Bei der oszillierenden Bewegung der aufeinander gleitenden Flächen des Kettengelenkes kann sich ein hydrodynamischer Schmierfilm nicht voll ausbilden und es kann zu einer zeitweisen metallischen Berührung der Buchse und des Bolzens der Ketten kommen. Dabei greifen kleine Vorsprünge der Oberflächen ineinander und es werden Partikelchen der Gelenkflächen abgetragen. Diese werden allmählich aus dem Gelenk herausgetragen und können im Schmiermittel wiedergefunden werden.

Der Gelenkflächenverschleiß ist im wesentlichen auf den Teil der Mantelflächen von Buchse und Bolzen beschränkt, an dem als Folge der Durchmesserdifferenz zwischen den Gelenkteilen sich die Kontaktfläche ausbildet. In Abb. 168 sind die vorwiegend vom Verschleiß betroffenen Stellen der Gelenkfläche schwarz eingetragen. Die Kette ist dort im unbelasteten Zustand gezeichnet. Die Bolzen liegen konzentrisch zu den Buchsen. Diese Stellung ist in Näherung bei neuen unver-

Abb. 167a u. b. Die Einwinklung benachbarter Glieder beim Einlaufen in das Kettenrad. a Innenglied läuft ein; b Außenglied läuft ein

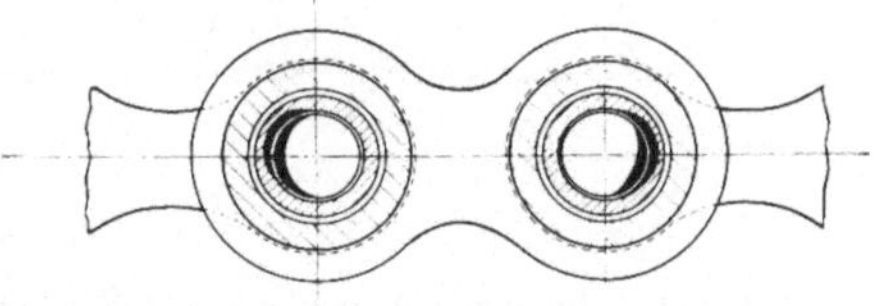

Abb. 168. Die Verschleißstellen im Kettengelenk (nach Arnold & Stolzenberg)

schlissenen Ketten gegeben. Wird auf die in Abb. 168 gezeigte verschlissene Kette eine Längsbelastung aufgegeben, dann fallen die Bolzenmitten nicht mehr mit den Buchsenmitten zusammen. Bezeichnet man als Einzelteilung eines Gliedes den Abstand zwischen zwei Umfangspunkten benachbarter Buchsen oder Rollen, dann wird als Folge des Gelenkflächenverschleißes die Teilung der Außenglieder vergrößert, während die Teilung der Innenglieder unverändert bleibt. Eine derartige Definition der Einzelteilung von Kettengliedern ist sinnvoll, weil in gleicher Weise die Kettenradzähne die Teilung der Glieder abtasten.

Von FICHTNER [5] wurde die ausschließliche Vergrößerung der Einzelteilung von Außengliedern versuchsmäßig bestätigt. In Abb. 169 sind die gemessenen Werte der Einzelteilungen einer Buchsenkette vor Beginn eines Verschleißversuches und nach 10^7 Umdrehungen des Kettenrades gegenübergestellt. Die Innenglieder sind mit geraden Zahlen bezeichnet, während die Außenglieder durch ungerade Zahlen gekennzeichnet sind. Die vorwiegende Vergrößerung der Einzelteilung von Außengliedern ist aus Abb. 169 zu ersehen.

Als Folge der ungleichmäßigen Vergrößerung der Einzelteilung von Innen- und Außengliedern ergibt sich eine von Glied zu Glied ungleichmäßige Auflage der durch Verschleiß gelängten Kette auf dem Kettenrad nach Abb. 170. Die Innenglieder haben die Teilung t, die Außenglieder die Teilung $t + 2\,\Delta t$. Die mittlere Vergrößerung der Einzelteilung der Kette entspricht daher der Größe Δt. Betrachtet man beispielsweise die Lage der Außenglieder, welche aus den Außenlaschen und den

Kettenbolzen bestehen, nach Abb. 170 vom belasteten Trumm ausgehend, so befinden sich jeweils die dem Trumm näher gelegenen Bolzen weiter außen in der Ver-

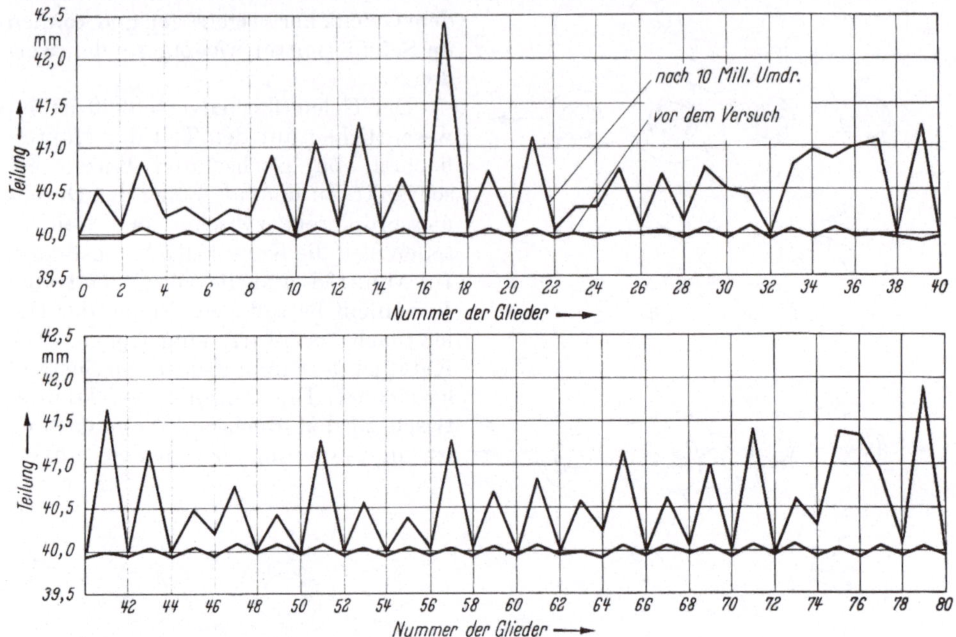

Abb. 169. Die ungleichmäßige Verschleißlängung von Außen- und Innenteilung (nach Fichtner)

zahnung als die vom Trumm entfernteren Bolzen. Damit ergibt sich eine Vergrößerung der mit der Zahnfrequenz periodischen dynamischen Kettenbelastung nach Abschn. III. B. 8. In Abb. 171 sind Schriebe gezeigt, bei denen die mit der Zahn-

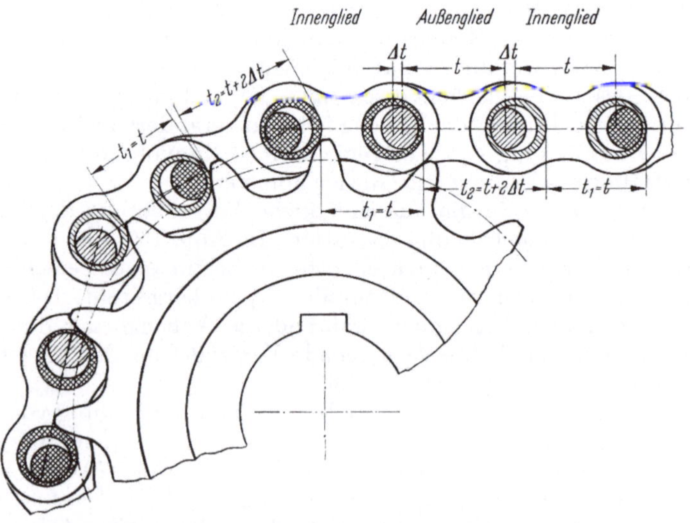

Abb. 170. Die ungleichmäßige Lage der verschlissenen Kettenglieder auf dem Kettenrad (nach Niemann)

frequenz periodischen Kettenbelastungen gemessen worden sind für Ketten mit verschiedener Verschleißlängung. Die Versuche wurden bei konstanten Betriebsdaten durchgeführt. Bei der nicht verschlissenen Kette mit $\frac{\Delta t}{t} \, 100 = 0\%$ erfährt das Meßglied beim Lauf durch das belastete Trumm 28 Lastwechsel entsprechend der Gliederzahl im Lasttrumm. Die einzelnen Amplituden sind untereinander nahezu

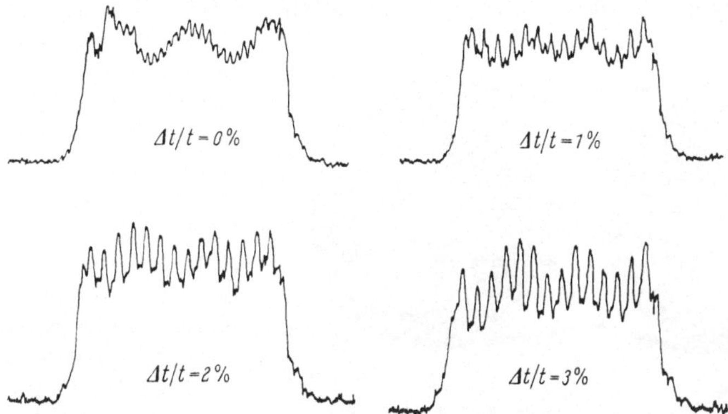

Abb. 171. Der Einfluß des Kettenverschleißes auf die mit der Zahnfrequenz periodischen dynamischen Blindlasten

gleich. Mit wachsender Verschleißlängung der Kette und damit vergrößerter Einzelteilung der Außenglieder verschwindet allmählich jeder zweite Lastwechsel. Bei einer Vergrößerung der mittleren Teilung um 3%, entsprechend einer Vergrößerung der Einzelteilung der Außenglieder um 6% erfährt das Meßglied beim Lauf durch das belastete Trumm schließlich nur noch 14 Lastwechsel. In diesem Fall arbeitet das Kettenrad so, als hätte es nur die halbe Zähnezahl. Nach Abb. 170 ist dieser Zustand denkbar, wenn jeweils zwei benachbarte Glieder kaum zueinander eingewinkelt werden. Die Vieleckwirkung des Kettenrades nimmt zu und damit gleichzeitig die mit der Zahnfrequenz periodischen dynamischen Belastungen. Außerdem wird der Schwenkwinkel für jedes zweite Kettengelenk verdoppelt. Er entspricht dann dem doppelten Teilungswinkel (4α). Für die Messung der dynamischen Kettenbeanspruchung nach Abb. 171 wurden Ketten verwendet, bei denen die Teilung der Außenglieder vergrößert gestanzt war.

Bei ungleichmäßiger Vergrößerung der Einzelteilung von Außen- und Innengliedern erfährt jeder zweite Zahn durch eine verschlissene Kette einen besonders starken Stoß. Wenn die Zähnezahl des Kettenrades einer geraden Zahl entspricht, treffen die Außenglieder jeweils mit den gleichen Zähnen des Kettenrades zusammen und diese werden verstärkt verschleißen, während die dazwischen liegenden Zähne, welche nur von den Innengliedern getroffen werden, eine geringere Belastung und damit auch geringeren Verschleiß erfahren. Um den Verschleiß der Zahnflanken gleichmäßig auf alle Zähne zu verteilen, werden ungerade Zähnezahlen der Kettenräder bevorzugt.

Der nachteilige Effekt unterschiedlicher Vergrößerung der Einzelteilung von Außen- und Innengliedern wird bei den Rotaryketten und bei den Zahnketten vermieden. Hier besteht nach Abb. 11 und Abb. 12 jedes Glied aus einem Buchsen- und einem Bolzenteil, so daß die Verschleißvergrößerung der Einzelteilung für jedes Glied gleich groß ausfällt.

Als Maß für den Gelenkflächenverschleiß könnte das abgetragene Verschleißvolumen oder die verschleißbedingte Radiendifferenz am Bolzen und an der Buchse

eingesetzt werden. Die getrennte Messung des Bolzen- und Buchsenverschleißes
wäre für grundsätzliche Verschleißversuche von Interesse, bei denen die Verschleißfestigkeit der Werkstoffe untersucht wird, aus denen die Buchse und der Bolzen
gefertigt werden. Für die praktische Auslegung eines Kettentriebes interessiert aber
vorwiegend die mittlere Vergrößerung der Einzelteilung Δt nach Abb. 170, weil
verschlissene Ketten auf einen Laufkreis innerhalb der Verzahnung aufsteigen, der
größer ist als der Teilkreis und weil die Gefahr besteht, daß die Kette auf diese
Weise insbesondere bei Ketten-
rädern mit großer Zähnezahl
auf die Zahnköpfe aufsteigt und
damit der Kettentrieb funk-
tionsunfähig wird. Das Aufsteigen einer verschlissenen Kette
in der Verzahnung wird in
Abb. 172 deutlich. Hier ist der
Schattenriß einer umlaufenden
Kette photographiert worden,
die eine mittlere Vergrößerung
der Einzelteilung von 3% hatte.
Die Zähnezahl des Kettenrades
betrug 57 Zähne. Die Abb. 172

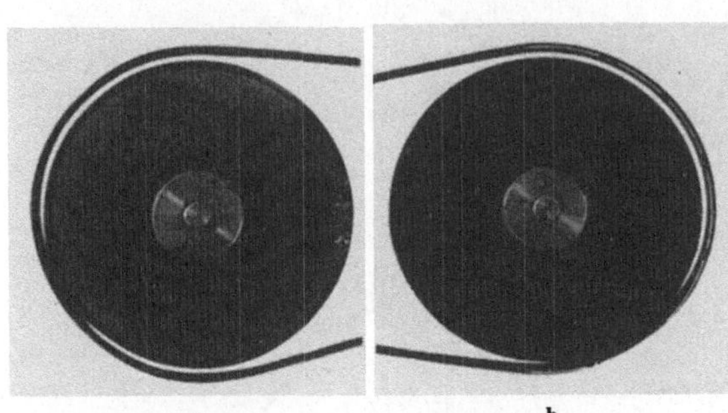

Abb. 172. Das Aufsteigen einer verschlissenen Kette in der Verzahnung. a getriebenes Rad; b treibendes Rad

gilt für die Lage der Kette im treibenden und getriebenen Rad. Ähnliche Schattenrisse sind für eine größere Zahl verschiedener Betriebszustände aufgenommen
worden. Dabei zeigte sich, daß die Lage der Kette in der Verzahnung durch die
Kettengeschwindigkeit und die Zugkraft in der Kette wenig beeinflußt wird.

Die Negative der Schattenrisse sind mit hart arbeitendem Film aufgenommen
worden. Daher erscheinen die Kettenradzähne in den gezeigten Aufnahmen nicht.
Bei normalem Filmmaterial würden sie als Grautöne auftreten. Die Kreisscheibe,
welche das Kettenrad darstellt, entspricht mit ihrem äußeren Durchmesser dem
Fußkreisdurchmesser der Verzahnung. Aus Abb. 172 können folgende Schlüsse gezogen werden.

Eine verschlissene Kette steigt in der Verzahnung auf einen Laufkreis, der größer als der Teilkreis des Kettenrades ist. Der Laufkreis der Kette liegt nicht konzentrisch zum Teilkreis des Kettenrades. Es besteht ein Kontaktpunkt zwischen
Kettenrolle und dem Fußkreisumfang der Verzahnung. Der Kontaktpunkt liegt
beim getriebenen Rad etwas außerhalb der Mitte des Umschlingungsbogens. Er ist
zum Leertrumm hin verschoben. Der Kontaktpunkt zwischen Kettenrolle und
Fußkreis liegt beim treibenden Rad am Ende des Umschlingungsbogens und benachbart zum Leertrumm.

Läßt man die Abweichung der tatsächlichen Lage der Kette in der Verzahnung
von einer gedachten, zum Teilkreisdurchmesser konzentrischen Lage und die ungleichmäßige mittlere Vergrößerung der Einzelteilung der Außen- und Innenglieder
zunächst unberücksichtigt, dann kann durch geometrische Konstruktion die maximale mögliche Teilungsvergrößerung angegeben werden, bei der die Kette gerade
auf die Zahnköpfe aufläuft. Für die mit Wälzfräsern hergestellte genormte Kettenradverzahnung bei Verwendung des Bezugsprofils III hängt die maximale mögliche
Teilungsvergrößerung der Ketten im wesentlichen von der Zähnezahl der Kettenräder ab. In Abb. 173 sind die auf graphischem Wege ermittelten Werte der maximal möglichen Teilungsvergrößerung $(\Delta t/t)_{max}$ über der Zähnezahl der Kettenräder
aufgetragen. Bei einer Zähnezahl von 20 Zähnen sind demnach noch Vergrößerungen
der mittleren Einzelteilung von etwa 12% möglich. Derartige Vergrößerungen der

Teilung durch Verschleiß sind praktisch nicht zulässig, weil unter diesen Umständen die Härteschicht der Bolzen bereits abgetragen ist und der Bolzen unzulässig in seiner Festigkeit verringert ist. Aus diesen Gründen wird eine verschleißbedingte mittlere Teilungsvergrößerung um 2–3% als obere Grenze angesehen.

In Abb. 173 ist die Kurve a bezogen auf eine konzentrische Lage des Laufkreises zum Teilkreis des Kettenrades. Um die tatsächliche Lage der Kette in der Verzahnung zu berücksichtigen, wird empfohlen, die zulässige maximale Teilungsvergrößerung um 1% nach Kurve b zu verringern.

Die mittlere Verlängerung der Einzelteilung der Kettenglieder als Maß für den Gelenkflächenverschleiß hat außerdem den Vorteil, daß sie verhältnismäßig leicht experimentell ermittelt werden kann. Für die Bestimmung des abgetragenen Verschleißvolumens wäre beispielsweise eine Wägung der Kette in bestimmten Zeit-

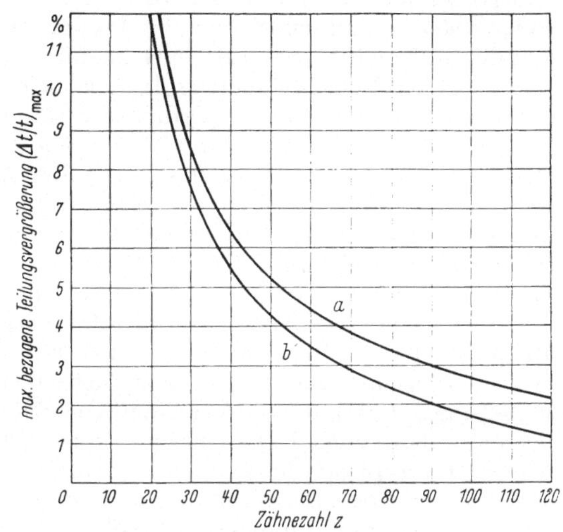

Abb. 173. Die Aufnahmefähigkeit der Kettenräder für verschlissene Ketten. a ohne Korrektur; b mit Korrektur

abschnitten notwendig. Diese Wägung stößt aber auf Schwierigkeiten, weil zu diesem Zweck in jedem Fall das in den Gelenken befindliche und der Kette anhaftende Schmiermittel vollkommen entfernt werden müßte. Im Gegensatz dazu kann die mittlere Vergrößerung der Einzelteilung aus der Verlängerung der gesamten Meßkette bestimmt werden. Immerhin muß auch bei dieser Messung einige Sorgfalt walten, weil das Meßverfahren in der Lage sein muß, eine Gesamtverlängerung der Kette von einigen hundertstel Millimeter mit Sicherheit zu bestimmen. Für derartige Messungen hat sich eine Längenmeßeinrichtung bewährt, bei der die Versuchskette etwa nach Abb. 71 aufgehängt wird und die Verlängerung der Kette mit einer Meßuhr bestimmt wird. Um reproduzierbare Werte zu erhalten, ist es erforderlich, die Meßkette jeweils mit dem gleichen Glied und in gleicher Richtung auf den oberen Meßbolzen zu stecken. Außerdem sollte darauf geachtet werden, daß die Innenglieder bei jeder Messung an den gleichen Außenlaschen anliegen, um eine immer gleiche axiale Lage der Innenglieder auf den Bolzen der Außenglieder zu erreichen.

Die Versuchsergebnisse werden in Diagrammen dargestellt, bei denen der bezogene Verschleißbetrag $\Delta t/t$ über der Laufzeit der Versuchskette aufgetragen wird.

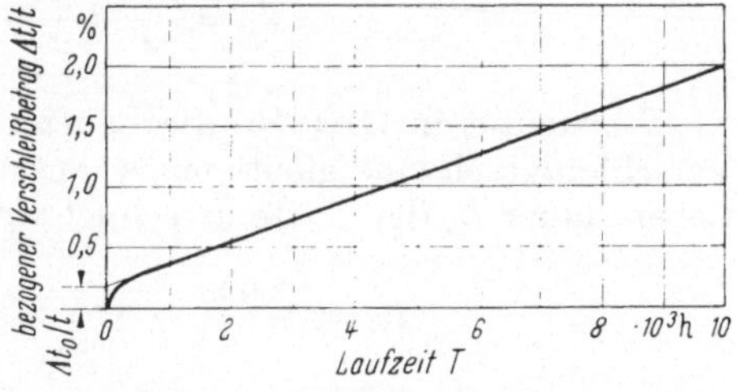

Abb. 174. Die Verschleißkennlinie

Während der Laufdauer werden alle Einflußgrößen konstant gehalten. Der Verschleiß nimmt dann etwa den in Abb. 174 gezeigten Verlauf. Nach einem anfänglichen starken Anstieg des Verschleißes, der progressiv fortschreitet, nimmt die bezogene Vergrößerung der mittleren Einzelteilung linear mit der Zeit zu. Der erste progressive Bereich der Verschleißkurve gibt den sogenannten Anfangsverschleiß wieder. Die Dauer, während der ein Anfangsverschleiß auftritt, hängt von den Betriebsbedingungen ab. Sie kann einige Stunden oder auch Tage dauern. Der Anfangsverschleiß wird auf die Beseitigung der ersten Oberflächenrauheiten der Gelenkflächen und das Setzen der Preßverbindungen zwischen den Kettenlaschen und den Bolzen bzw. Buchsen zurückgeführt. Der Anfangsverschleiß wird angegeben als bezogener Verschleißbetrag $\Delta t_0/t$. Er wird ermittelt, indem der gerade Verlauf der Verschleißkurve bis zur Ordinate verlängert wird. Bei Verschleißversuchen an Ketten mit einer Teilung von 12,7 mm lag der bezogene Verschleißbetrag des Anfangsverschleißes bei etwa 0,05–0,13%. Der Anfangsverschleiß verkürzt unnötigerweise die Lebensdauer einer Kette. Bei extremen Anforderungen kann daher empfohlen werden, die Ketten zunächst mit einer entsprechend verringerten Einzelteilung herzustellen und den Anfangsverschleiß durch Strecken der Kette und durch ein Einlaufen im Werk zu vermeiden.

Die im Verschleißversuch ermittelte Vergrößerung der Einzelteilung ist nicht allein auf den Reibverschleiß zurückzuführen. Das Setzen der Preßverbindungen zwischen Laschen und Bolzen oder Buchsen tritt bereits bei mehrmaliger statischer Belastung auf und ist beim Verschleißversuch eine Folge der schwellenden Belastung in der umlaufenden Kette. Ebenso können Oberflächenrauhigkeiten der Gelenkflächen durch plastische Verformung eingeebnet werden und ergeben ebenfalls eine Vergrößerung der Einzelteilung, ohne daß ein Reibverschleiß daran beteiligt ist. Als eine Art von Anfangsverschleiß muß auch die positive Längentoleranz der Kette $\Delta t_0'/t$ berücksichtigt werden. In Abb. 174 ist demnach der bezogene Anfangsverschleißbetrag $\Delta t_0/t$ zusammengesetzt aus einem durch Verschleiß und plastische Verformung bzw. Setzen verursachten Anteil $\Delta t_0''/t$ und einem zweiten Anteil $\Delta t_0'/t$, der auf die Längentoleranz der Kette zurückgeführt werden muß.

Der lineare Anstieg des bezogenen Verschleißbetrages bis zu Vergrößerungen der mittleren Einzelteilung von 2% wird von allen Autoren angenommen. Das lineare Anwachsen des bezogenen Verschleißbetrages mit der Zeit ist auch bereits in weiten Grenzen experimentell nachgewiesen worden. Meist werden jedoch Verschleißversuche nach etwa 1000 h abgebrochen und der Anstieg des Verschleißes in dem Bereich größerer Laufzeiten als konstant angenommen. Mit der Annahme einer linearen Abhängigkeit der Verschleißbetrages von der Zeit kann eine sogenannte Verschleißgeschwindigkeit V_v definiert werden. Sie sei auf eine Laufzeit von 1000 h bezogen und hat damit nach Abb. 174 folgende Größe:

$$V_v = \frac{1000}{T}\left(\frac{\Delta t}{t} - \frac{\Delta t_0}{t}\right) \quad \left[\frac{\%}{1000\,\mathrm{h}}\right]. \tag{215}$$

T bedeutet in Gl. (215) die Laufzeit des Versuches in Stunden. Bei bekannter Verschleißgeschwindigkeit eines auszulegenden Kettentriebes kann ebenso die Lebensdauer L_h der Kette errechnet werden zu:

$$L_h = \frac{1000}{V_v}\left[\left(\frac{\Delta t}{t}\right)_{\max} - \frac{\Delta t_0}{t}\right] \quad [\mathrm{h}]; \qquad \frac{\Delta t}{t}\ \mathrm{in}\ \%. \tag{216}$$

Für eine im allgemeinen Maschinenbau übliche Lebensdauer von 10 000 h und einen zulässigen bezogenen Verschleißbetrag von 2% kann die zulässige Verschleißgeschwindigkeit errechnet werden, wenn man einen bezogenen Anfangsverschleißbetrag, verursacht durch Reibverschleiß, Setzen und plastische Verformung und verursacht durch die positive Längentoleranz in Höhe von 0,2% als mittleren Wert einsetzt. Die zulässige Verschleißgeschwindigkeit für Kettentriebe im allgemeinen

Maschinenbau beträgt:

$$V_{v;\,\mathrm{zul}} = 0{,}18 \;\left[\frac{\%}{1000\,\mathrm{h}}\right]. \tag{217}$$

Mit einem bezogenen Verschleißbetrag von 2% als zulässigem Wert und einem bezogenen Anfangsverschleißbetrag von 0,2% kann die Lebensdauer eines Kettentriebes nach Gl. (216) errechnet werden zu:

$$L_h = \frac{1800}{V_r} \quad \lfloor \mathrm{h} \rfloor. \tag{218}$$

Die sicherste Methode zur Vorausbestimmung der zu erwartenden Lebensdauer eines Kettentriebes besteht in der experimentellen Ermittlung der Verschleißgeschwindigkeit bei Betriebsbedingungen. Das Verfahren ist recht aufwendig und kann allenfalls empfohlen werden, wenn ein Kettentrieb in großer Serie ausgeführt werden soll. Der Verschleißversuch kann als Kurzversuch durchgeführt werden. Er wird abgebrochen, wenn über einen genügend langen Zeitraum die Verschleißgeschwindigkeit konstant geblieben ist. Hierfür ist im allgemeinen eine Versuchsdauer von mehr als 400 h erforderlich. Mit der Laufzeit T des Versuchs, dem gemessenen bezogenen Verschleißbetrag $\Delta t/t$ und dem bezogenen Anfangsverschleißbetrag läßt sich dann nach Gl. (215) die Verschleißgeschwindigkeit errechnen. In einer Art von Extrapolation erhält man die zu erwartende Lebensdauer nach Gl. (216). Für den zulässigen bezogenen Verschleißbetrag ist im allgemeinen 2% einzusetzen. Bei einer Zähnezahl größer als 90 muß der Wert von $(\Delta t/t)_{\mathrm{max}}$ verringert werden nach Abb. 173.

Die Vorhersage der zu erwartenden Verschleißgeschwindigkeiten in Abhängigkeit von den verschiedenen Betriebsgrößen und Abmessungen eines Kettentriebes ist bis heute nicht exakt möglich. Sie wird besonders dadurch erschwert, daß eine sehr große Zahl verschiedener Einflußgrößen zu berücksichtigen ist, welche unmittelbar oder mittelbar den Verschleiß bestimmt. Von Worobjew werden 25 Größen angegeben, welche den Verschleiß bestimmen. Hier seien folgende Einflußgrößen genannt:

<table>
<tr><td>1. Drehzahl der Antriebswelle</td><td>14. Kettenkonstruktion</td></tr>
<tr><td>2. Zähnezahl des Antriebsrades</td><td>15. Metergewicht der Kette</td></tr>
<tr><td>3. Übersetzungsverhältnis</td><td>16. Genauigkeit der Kettenherstellung</td></tr>
<tr><td>4. Achsabstand der Kettenräder</td><td>17. Werkstoffe der Ketten</td></tr>
<tr><td>5. Zugkraft im belasteten Trumm</td><td>18. Warmbehandlung der Werkstoffe</td></tr>
<tr><td>6. Zugkraft im Leertrumm</td><td>19. Der Flankenwinkel der Verzahnung</td></tr>
<tr><td>7. Dynamische Belastungen</td><td>20. Die Zahnflankenform</td></tr>
<tr><td>8. Größe der Gelenkfläche</td><td>21. Werkstoff der Kettenräder</td></tr>
<tr><td>9. Schmierungsart</td><td>22. Warmbehandlung der Kettenräder</td></tr>
<tr><td>10. Qualität des Schmiermittels</td><td>23. Genauigkeit der Räderherstellung</td></tr>
<tr><td>11. Menge des Schmiermittels</td><td>24. Genauigkeit der Montage des Triebes</td></tr>
<tr><td>12. Kettenteilung</td><td>25. Laufruhe des Triebes</td></tr>
<tr><td>13. Neigung zur Horizontalen</td><td>26. Die Verschmutzung des Triebes</td></tr>
</table>

Mit einer Verschleißberechnung wird man bei einer derartigen Vielzahl von Einflußgrößen nur eine Näherung erreichen können. Es gibt für die Auslegung der Ketten auf Verschleißfestigkeit verschiedene Ansätze. Eine sehr einfache Methode ist in der amerikanischen Norm angegeben. Dort sind den Drehzahlen und Zähnezahlen des Ritzels zulässige Werte der übertragbaren Leistung zugeordnet, für die der Kettenverschleiß in erträglichen Grenzen bleibt. Eine weitere sehr gründliche Betrachtung zur Frage des Kettenverschleißes ist von Worobjew [3] angestellt worden. Fronius [6] hat einen kritischen Vergleich zwischen den Berechnungsverfahren nach Worobjew und nach DIN 8195 angestellt.

Nach der Ansicht des Verfassers ist die Zeit für eine endgültige Stellungnahme zu den verschiedenen Methoden der Verschleißberechnungen erst reif, wenn Berichte über eine genügende Zahl von Verschleißversuchen vorliegen. Bis zu diesem Zeitpunkt wird vorgeschlagen, die Verschleißberechnung in Anlehnung an das in DIN 8195 festgelegte Verfahren durchzuführen.

Die Verschleißberechnung nach DIN 8195 bezieht sich auf die Rollenketten und Hülsenketten der Normblätter DIN 8180, 8187 und 8188. Sie entspricht einer Festigkeitsberechnung, in der die berechnete Gelenkflächenpressung einer zulässigen Gelenkflächenpressung gegenübergestellt wird. Die Werte der zulässigen Gelenkflächenpressung sind auf einen Standardtrieb mit folgenden mittleren Daten bezogen:

Übersetzungsverhältnis $i = 3$; Achsabstand $a = 40\,xt$; Zähnezahl $z_1 = 19$ Zähne; stoßfreier Betrieb.

Bei einwandfreier Schmierung garantiert die Beachtung der angegebenen Gelenkflächenpressungen das Erreichen von 10000 h Lebensdauer bis zu einem bezogenen Verschleißbetrag von 2%. Bei Betriebsdaten, die nicht dem Standardtrieb entsprechen, werden die Werte der zulässigen Gelenkflächenpressung korrigiert.

Die Werte der zulässigen Gelenkflächenpressung für den Standardtrieb nach Tab. 20 (S. 198) sind in Abhängigkeit von der Zähnezahl des Kleinrades und der Kettengeschwindigkeit angegeben und sind so ausgewählt, daß sie für alle Rollenketten verschiedener Teilung gelten. Bei Kettentrieben, welche sich im Übersetzungsverhältnis, im Achsabstand und in der beabsichtigten Lebensdauer von dem Standardtrieb unterscheiden, ändert sich der Reibweg, der als Relativbewegung zwischen Bolzen und Buchse auftritt. Der Reibweg w_r wird nach folgender Gleichung berechnet:

$$w_r = \left(\frac{2\pi}{z_1} + \frac{2\pi}{z_2}\right)\frac{d_2}{2}\frac{vT}{Xt} = \frac{2\pi}{z_1}\left(1 + \frac{1}{i}\right)\frac{d_2}{2}\frac{vT}{Xt}. \tag{219}$$

Der Klammerausdruck gibt die Größe der Einwinklungen in Bogenmaß an, wobei nur die Einwinklungen berücksichtigt werden, welche unter der Belastung des Lasttrumms erfolgen. Das Produkt aus dem Klammerausdruck und dem Bolzenradius $d_2/2$ gibt den Reibweg je Umlauf an. Der Quotient in Gl. (219) aus der Kettengeschwindigkeit v, der Laufzeit T, der Gliederzahl der Kette X und der Kettenteilung t bezeichnet die Zahl der Umläufe einer Kette in der Laufzeit T. Von Arnold & Stolzenberg wird ein Zusammenhang zwischen dem Reibweg und der zulässigen Gelenkflächenpressung in folgender Form angenommen:

$$p_{r;\,\text{zul}} = p_{0;\,\text{zul}}\sqrt[3]{\frac{w_{r;0}}{w_r}} = p_{0;\,\text{zul}}\sqrt[3]{\frac{v_0 z_1}{v\,z_{1;0}}}\sqrt[3]{\frac{L_h\,i\,X}{L_h\,i_0\,X_0}\frac{i_0+1}{i+1}} = C_r\sqrt[3]{\frac{v_0 z_1}{v\,z_{1:0}}}\cdot p_{0;\,\text{zul}}. \tag{220}$$

Mit dem Index 0 ist der Standardtrieb bezeichnet. Die Betriebsgrößen des jeweils gewählten Triebes tragen keinen Index. Der Quotient aus Bolzendurchmesser und Kettenteilung bleibt für die Gegenüberstellung unberücksichtigt, weil er für eine Kettenart nahezu unabhängig von der Kettengröße ist. Für die Korrektur der zulässigen Gelenkflächenpressung zur Berücksichtigung des veränderlichen Reibweges und damit für die Berechnung des Reibwegfaktors C_r wird der Einfluß der Kettengeschwindigkeit und der Zähnezahl des Ritzels nicht mehr herangezogen, weil deren Zusammenhang bereits in den Richtwerten nach Tab. 20 erfaßt ist. Die Trennung der Einflußgrößen Zähnezahl und Kettengeschwindigkeit von den anderen, den Reibweg beeinflussenden Größen erscheint gerechtfertigt, weil die Ritzelzähnezahl und die Kettengeschwindigkeit nicht allein den Reibweg beeinflussen, sondern daneben auch den Einlaufstoß, das Abschleudern des Schmiermittels, die dynamischen Belastungen durch die Vieleckwirkung und die Ventilation bestimmen und damit mittelbar den Kettenverschleiß bewirken. Der Reibwegfaktor C_r beträgt demnach:

$$C_r = \sqrt[3]{\frac{i\,X\,L_{h_0}}{i_0\,X_0\,L_h}\;\frac{i_0 + 1}{i + 1}}\,. \tag{221}$$

Der Zusammenhang zwischen der Gliederzahl eines Kettentriebes, dem Übersetzungsverhältnis und dem bezogenen Achsabstand kann als grobe Näherung für eine mittlere Zähnezahl des Ritzels von 19 Zähnen angesetzt werden zu:

$$X \approx 2\,\frac{a}{t} + \frac{z_1 + z_2}{2} \approx 2\,\frac{a}{t} + 9{,}5\,(1 + i)\,. \tag{222}$$

Setzt man in Gl. (222) die Werte $(a/t)_0 = 40$ und $i_0 = 3$ für den Standardtrieb ein, so erhält man eine Gliederzahl $X_0 = 118$ Glieder. Berücksichtigt man die Lebensdauer des Standardtriebes mit $L_{h\,0} = 10\,000$ h, dann beträgt der Reibwegfaktor C_r:

$$C_r = \sqrt[3]{\frac{226\,i}{L_h}\left(\frac{a}{t\,(1 + i)} + 4{,}75\right)}\,. \tag{223}$$

Nach der üblichen Regelung wird das treibende Kettenrad mit dem Index 1 und das getriebene Rad mit dem Index 2 gekennzeichnet. Abweichend hiervon ist für die Verschleißberechnung das kleinere Rad mit 1 und das größere Rad mit 2 zu indizieren. Das Übersetzungsverhältnis i bleibt also in diesem Zusammenhang immer größer als 1. Die Richtwerte der zulässigen Gelenkflächenpressung nach Tab. 20 sind auf das kleinere Rad, nicht auf das treibende Rad bezogen, wobei allerdings in der Mehrzahl aller Fälle das kleinere Rad auch gleichzeitig das treibende ist. Für die Verschleißberechnung wird also hiernach nicht zwischen Übersetzungs- und Untersetzungstrieben unterschieden.

Der Einfluß der Schmierungsart, der stoßartigen Belastungen und der Kettenart wird nach der Erfahrung der Kettenhersteller durch Beiwerte abgeschätzt. Die Größe der Beiwerte C_s, C_{st} und C_k kann der Tab. 20 entnommen werden. Die zulässige Gelenkflächenpressung für einen gewählten Kettentrieb wird berechnet zu

$$p_{zul} = p_{0\,zul}\,C_r\,C_s\,C_{st}\,C_k\,. \tag{224}$$

Die rechnerische Gelenkflächenpressung wird aus der Zugkraft P, dem Fliehzug P_f und dem Stützzug P_{st} berechnet. Sie ist auf die projizierte Gelenkfläche f bezogen, die aus dem Produkt von Bolzendurchmesser und Buchsenlänge bestimmt wird. Die Größe der Gelenkfläche ist in den Normblättern angegeben (s. Tab. 13 bis Tab. 17). Die rechnerische Gelenkflächenpressung beträgt:

$$p_r = \frac{P + P_f + P_{st}}{f}\,. \tag{225}$$

Eine Kette ist richtig auf Verschleißfestigkeit dimensioniert, wenn die rechnerische Gelenkflächenpressung kleiner als die zulässige ist.

$$p_r < p_{zul}\,. \tag{226}$$

Zahlenbeispiel

14. Aufgabe: Eine Einfachrollenkette $19{,}05 \times 11{,}68$ DIN 8187 soll eingesetzt werden zum Antrieb einer Mischtrommel durch einen Getriebemotor. Die technischen Daten sind:

$n_1 = 25$ U/min; $\;z_1 = 15$ Zähne; $\;z_2 = 75$ Zähne; $\;M_{d_2} = 15$ mkp; $\;f = 0{,}89$ cm²; $q = 1{,}25$ kg/m; $\;L_h = 5000$ h.

Die ausreichende Verschleißfestigkeit der Kette soll nachgewiesen werden, wobei eine mangelhafte Schmierung und Verschmutzung anzunehmen sind (P_{st} bleibt unberücksichtigt).

Lösung:

$$d_{01} = t\, n_{01} = 19,05 \cdot 4,81 = 91,5 \text{ mm} \qquad \text{nach Gl. (5)}$$

$$d_{02} = t\, n_{02} = 19,05 \cdot 23,88 = 455,0 \text{ mm} \qquad \text{nach Gl. (5)}$$

$$v = \frac{\pi\, d_{01}\, n_1}{60} = \frac{\pi \cdot 0,0915 \cdot 25}{60} = 0,12 \text{ m/s} \qquad \text{nach Gl. (33)}$$

$$P_f = \frac{q\, v^2}{g} = \frac{1,52 \cdot 0,12^2}{9,81} = 0,0018 \text{ kp} \qquad \text{nach Gl. (167)}$$

$$P = \frac{2\, M_{d_2}}{d_{02}} = \frac{2 \cdot 15}{0,455} = 66 \text{ kp} \qquad \text{nach Gl. (30)}$$

$$p_r = \frac{P + P_f}{f} = \frac{66}{0,89} = 74 \text{ kp/cm}^2 \qquad \text{nach Gl. (225)}$$

$$p_{0\,\mathrm{zul}} = 318 \text{ kp/cm}^2 \text{ für } v = 0,12 \text{ m/sek}; \ z_1 = 15 \text{ Zähne} \qquad \text{nach Tab. 20}$$

$$Y = 1,7 \text{ für Mischtrommel-Elektromotor} \qquad \text{nach Tab. 18}$$

$$C_{\mathrm{st}} = 0,78;\ C_s = 0,3;\ C_k = 1,0 \qquad \text{nach Tab. 20}$$

$$C_r = \sqrt[3]{\frac{226\,i}{L_h}\left(\frac{a}{t(i+1)} + 4,75\right)} = \sqrt[3]{\frac{226 \cdot 5}{5000}\left(\frac{52,5}{5+1} = 4,75\right)} = 1,45 \qquad \text{nach Gl. (223)}$$

$$p_{\mathrm{zul}} = p_{0\,\mathrm{zul}}\, C_r\, C_{\mathrm{st}}\, C_s\, C_k = 318 \cdot 1,45 \cdot 0,78 \cdot 0,3 \cdot 1,0 = 108 \text{ kp/cm}^2 > p_r.$$

Die Verschleißfestigkeit der Kette dürfte ausreichen.

D. Die Kettenradverzahnung

Die Kettenradverzahnung für Rollenketten und Hülsenketten ist genormt. Die Angaben der entsprechenden Normblätter sind in Abschn. II. B. 4 behandelt worden. Für die Auslegung der Kettenradverzahnung für die restlichen Arten der Stahlgelenkketten bestehen keine festen Richtlinien. Die Zahnform wird nach Werksnormen hergestellt. Dabei besteht insbesondere bei den Ketten größerer Teilung die Möglichkeit, die Zahnform von Fall zu Fall zu dimensionieren, weil Zahnlückenfräser für derartige Dimensionen im allgemeinen nicht auf Lager genommen werden. Der folgende Abschnitt wird sich vorwiegend mit derartigen Kettentrieben befassen.

Die Geometrie der Kettenradverzahnung hat Einfluß auf die Längskraftänderung in der Kette bei deren Lauf über die Kettenräder. Sie bestimmt die Größe der statischen und stoßartigen Belastung der Zähne. Sie soll einen ungehinderten Eingriff der Kette ermöglichen und sie soll gewährleisten, daß auch verschlissene Ketten mit dem Kettenrad arbeiten können.

Die für die Geometrie der Kettenradverzahnung wesentlichen Merkmale sind der Flankenwinkel der Verzahnung, das Zahnlückenspiel und die Ausrundungsradien. Die grundlegenden Zusammenhänge, welche für die Auslegung des Flankenwinkels der Verzahnung und des Zahnlückenspiels maßgebend sind, können anhand von Kettenrädern mit geraden Zahnflanken erklärt werden. Praktisch werden derartige Zahnflanken schon aus fertigungstechnischen Überlegungen nicht hergestellt. Die Ausrundungsradien sind aber auch für das richtige Arbeiten der Kettenradverzahnung und die Festigkeit des Kettenrades von Bedeutung. Für die

Bemessung einer Kettenradverzahnung wird daher empfohlen, das Zahnlückenspiel und insbesondere den Flankenwinkel der Verzahnung zunächst mit der Annahme gerader Zahnflanken zu bestimmen und anschließend die Ausrundungsradien den geraden Zahnflanken so anzuschmiegen, daß der gewollte Flankenwinkel möglichst erreicht wird.

Bei Rädern mit geraden Zahnflanken lassen sich alle denkbaren Zahnformen durch Variation des Flankenwinkels und des Zahnlückenspiels nach Abb. 175 herstellen. Der Flankenwinkel der Verzahnung und der wirksame Flankenwinkel sind nach Abb. 142 definiert worden.

Das Zahnlückenspiel sei ausgedrückt als Verhältnis $\delta t/t$ in Prozent. Dabei sei $\delta t/t$ die mögliche Teilungsverminderung eines auf dem Teilkreis befindlichen Kettengliedes, bei der das Glied mit seinen beiden Rollen einen Zahn berührt (s. Abb. 176).

Die Möglichkeiten zur Gestaltung einer Kettenradverzahnung sind begrenzt. Der größtmögliche Zahn für Kettenräder wird durch die Forderung bestimmt, daß die

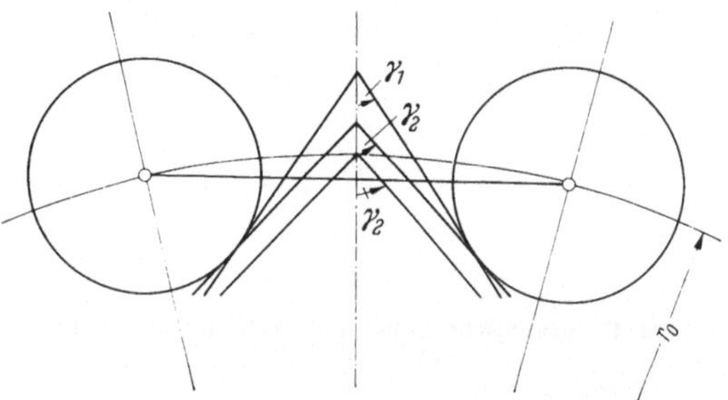

Abb. 175. Der Aufbau der Verzahnung bei geraden Zahnflanken

einlaufenden Kettenrollen oder Buchsen nicht gegen den Zahnkopf stoßen dürfen. Bei exakt eingehaltenen Abmessungen von Kette und Kettenrad entspricht der größtmögliche Zahn der Triebstockverzahnung. Der kleinstmögliche Zahn wird aus den beiden Forderungen bestimmt, daß einerseits die Verzahnung in der Lage sein soll, verschlissene Ketten aufzunehmen und daß die Kette andererseits nicht über die Verzahnung springen darf. Abb. 177 zeigt die beiden extremen Zahnformen. Innerhalb der so vorgegebenen Grenzen kann die Gestalt der Zähne variiert werden.

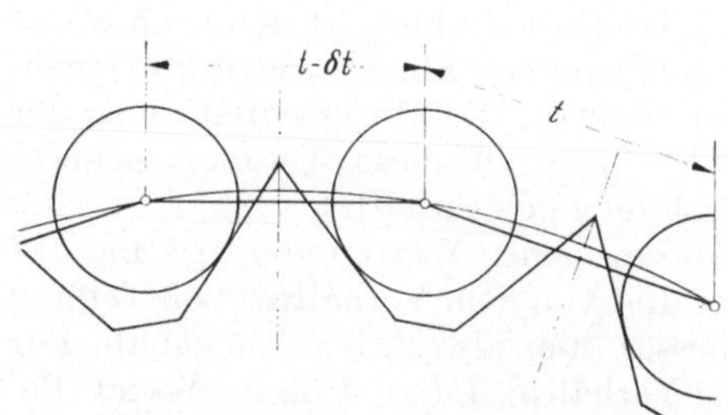

Abb. 176. Die Definition des Zahnlückenspieles

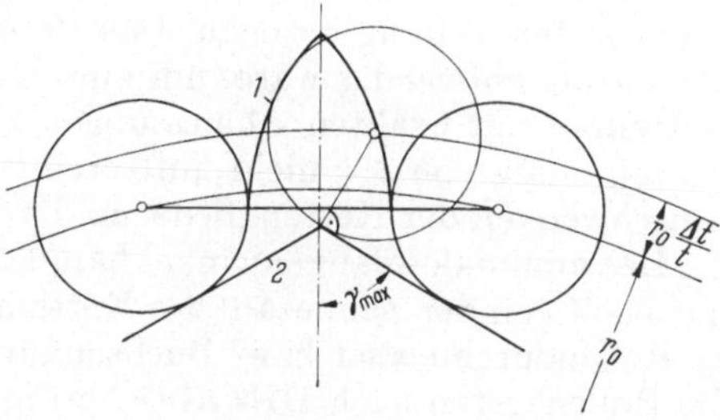

Abb. 177. Die extremen möglichen Zahnformen. *1* der größte Zahn; *2* der kleinste Zahn

Wie bereits an verschiedenen Stellen der vorigen Abschnitte erwähnt wurde, ist der Flankenwinkel der Verzahnung das für die Mechanik der Kraftübertragung zwischen Kette und Kettenrad entscheidende Maß. Für die folgenden Überlegungen, bei denen die Grenzen der Möglichkeit zur Gestaltung einer Zahnform diskutiert werden, wird daher der jeweils entstehende Flankenwinkel besonders beachtet.

Der größtmögliche Zahn, welcher durch die Kontur des Triebstockprofils nach Abb. 177 begrenzt ist, ergibt gleichzeitig die kleinsten möglichen Flankenwinkel. Für gerade Zahnflanken ist der minimale Flankenwinkel nach Abb. 178 festgelegt, wenn man zusätzlich eine maximale Aufnahmefähigkeit der Verzahnung für Ketten bis zu einer verschleißbedingten Vergrößerung der bezogenen Einzelteilung von 4% und ein Zahnlückenspiel von 2% vorgibt. Der Wert von 4% für die Vergrößerung der bezogenen Einzelteilung ist eingesetzt worden, um die nicht konzentrische Lage der verschlissenen Kette in der Verzahnung nach Abb. 172 zu berücksichtigen. Es wird demnach angenommen, daß der tatsächliche Laufkreis einer um 2% verschlissenen Kette an keiner Stelle des Umfangs einen größeren Abstand vom Mittelpunkt des Kettenrades hat, als der Umfang eines gedachten zum Teilkreis konzentrischen Laufkreises einer um 4% verschlissenen Kette. Das Zahnlückenspiel entspricht einem normalen Wert.

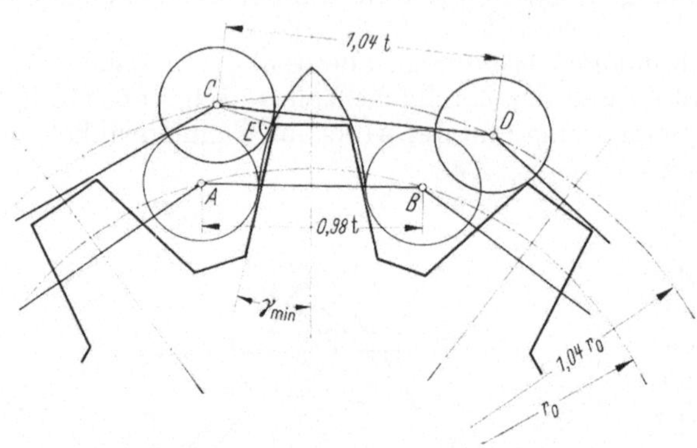

Abb. 178. Die graphische Ermittlung des minimalen Flankenwinkels

Der minimale Flankenwinkel nach Abb. 178 ist festgelegt durch die Lage der geraden Zahnflanke zur Symmetrieachse des Zahnes. Die Lage der Zahnflanke ist bestimmt durch die folgenden Bedingungen. Die Zahnflanke soll tangieren an die Kettenrolle bzw. Buchse eines Gliedes, welches mit seinen Rollenmittelpunkten A–B auf dem Teilkreis liegt und das eine um 2% verringerte Teilung hat. Die Verbindungslinie C–E zwischen der Rollenmitte C und dem Kontaktpunkt zwischen Rolle und Zahnflanke soll senkrecht auf der Zahnflanke stehen. Dabei soll die Rollenmitte C einem Kettenglied C–D angehören, welches eine um 4% vergrößerte Teilung hat und das auf einem zum Teilkreis konzentrischen Laufkreis liegt, dessen Durchmesser um 4% gegenüber dem Teilkreisdurchmesser vergrößert ist.

Das Profil der Triebstockverzahnung ist auf das Kettenglied mit einer um 2% verringerten Teilung bezogen. Das Profil des Triebstockzahnes ist demnach etwas kleiner als notwendig wäre, um eine Kette mit exakten Abmessungen mit einem Kettenrad mit exakten Abmessungen zu kombinieren. Da Unterschreitungen der Einzelteilung von 2% nicht auftreten (s. Abb. 77), ist auf diese Weise ein sicheres Einschwenken der Kettenglieder in die Verzahnung gewährleistet.

Der minimale Flankenwinkel hängt bei vorgegebenen Werten von $\Delta t/t$ und $\delta t/t$ nur noch von der Zähnezahl des Kettenrades und von dem Verhältnis von Teilung zu Rollendurchmesser bzw. Buchsendurchmesser (hier als t/d_1 bezeichnet) ab. Für die Rollenketten nach DIN 8187 beträgt das Verhältnis $t/d_1 = 1{,}58$ im Mittel. Bei den Buchsenketten nach DIN 8165 schwankt das Verhältnis t/d_1 in weiten Grenzen. Um eine Vorstellung von der Größenordnung der minimalen Flankenwinkel zu vermitteln, sind einige Zahlenwerte in Abb. 179 in Abhängigkeit von der Zähnezahl der Kettenräder angegeben für die Verhältnisse $t/d_1 = 1{,}58$ und $t/d_1 = 3$. Die Abhängigkeit des minimalen Flankenwinkels von dem Verhältnis t/d_1 ist demnach so gering, daß zwei Kurven in Abb. 179 nicht eingezeichnet werden konnten.

Grundsätzlich sind bei gerundeten Zahnflanken an bestimmten Stellen auch kleinere Flankenwinkel möglich, als sie durch die Konstruktion nach Abb. 178 erhalten werden. Dafür ergeben sich an anderen Stellen der Zahnflanken entsprechend größere Winkel, als in Abb. 179 angegeben sind. Nach dem vorgeschlagenen Verfahren erhält man also einen mittleren Wert für den möglichen kleinsten Flankenwinkel der Verzahnung. Eine weitere untere Grenze für die Wahl des Flankenwinkels ist durch die Selbsthemmungsbedingung gegeben. Nach Abb. 151 kann eine Kettenrolle nicht aus dem Kettenrad auslaufen, wenn der Reibungswinkel größer als der Flankenwinkel der Verzahnung ist. Tatsächlich wird aber bei einer Verzahnung mit einem Flankenwinkel, der kleiner als der Reibungswinkel ist, die Kette aus der Verzahnung gezogen, weil die Richtung des Stützzuges schließlich nicht mehr tangential zum Teilkreis liegt und daher das Krafteck nach Abb. 151 verschoben ist.

Für einige Sonderfälle mag nach sorgfältiger Erprobung ein Kettentrieb mit Selbst-

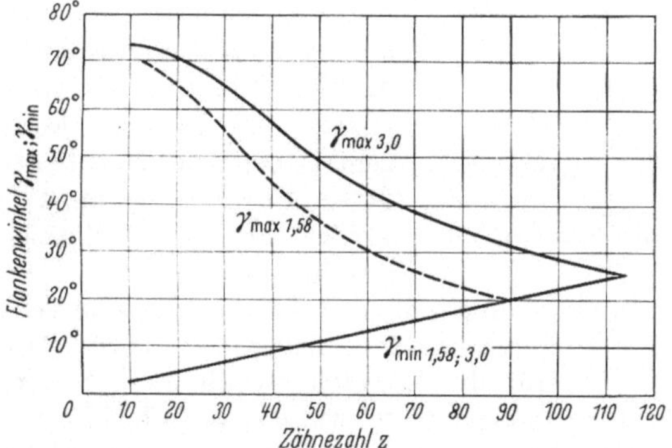

Abb. 179. Die Abhängigkeit des maximalen und des minimalen Flankenwinkels der Verzahnung von der Zähnezahl

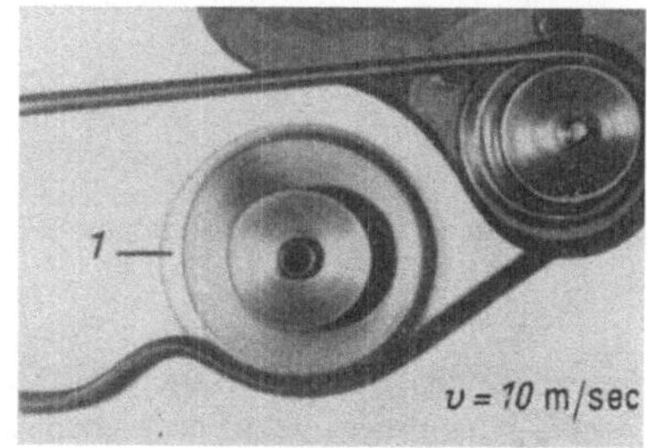

$Z = 30$ Zähne $\beta = 0°$ $p = 300$ kp/cm^2

Abb. 180. Ein Kettentrieb mit Selbsthemmung

hemmung von Interesse sein, weil eine Kraftübertragung zwischen Kette und Kettenrad auch bei einem minimalen Umschlingungswinkel möglich wird, wie die Abb. 180 zeigt. Im allgemeinen sollte aber ein Flankenwinkel vermieden werden, der kleiner als der Öffnungswinkel des Reibungskegels ist, weil ein ruhiger Betrieb in einem weiten Drehzahlbereich nicht möglich ist und insbesondere das Leertrumm leicht zu Schwingungen neigt. Setzt man für die Haftreibung zwischen Kette und Kettenrad einen Reibwert von 0,15 an, dann beträgt der minimale Flankenwinkel $\gamma_{\text{selbst}} = 8,5°$ unabhängig von der Zähnezahl des Kettenrades (s. Abb. 183).

Der Größtwert des minimalen Flankenwinkels und gleichzeitig der Kleinstwert des maximalen Flankenwinkels ergibt sich nach Abb. 181,

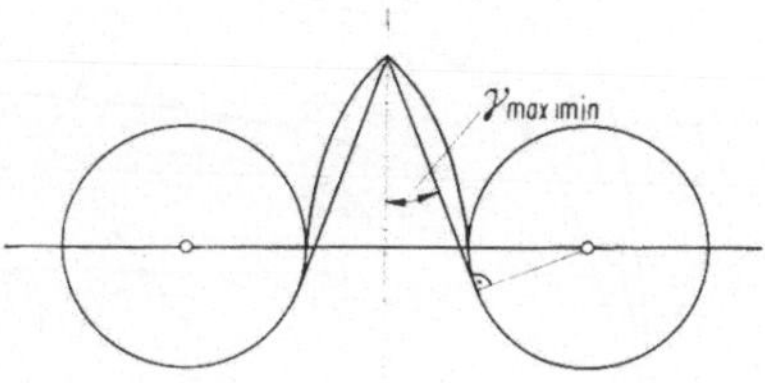

Abb. 181. Der Grenzwinkel

wenn die Spitze des Zahnes mit geraden Zahnflanken mit der Spitze des Treibstockzahnes zusammenfällt. Dieser Grenzwinkel beträgt bei einem Verhältnis von $t/d_1 = 1,58 : \gamma_{\text{max}\cdot\text{min}} = 19,5°$.

Der kleinstmögliche Zahn und damit der größtmögliche Flankenwinkel der Verzahnung ist bei Kettenrädern mit geraden Zahnflanken durch die Forderung bestimmt, daß auch verschlissene Ketten mit der Verzahnung arbeiten sollen. Nach Abb. 182 läßt sich der maximale Flankenwinkel graphisch ermitteln, wenn man eine verschleißbedingte Vergrößerung der mittleren bezogenen Einzelteilung von 4% und ein Zahnlückenspiel von 2% vorgibt. Der Flankenwinkel ist festgelegt durch die Lage der Zahnflanke zur Symmetrieachse des Zahnes. Die Lage der Zahnflanke ist bestimmt durch die folgenden Bedingungen. Die Zahnflanke soll tangieren an die Kettenrolle bzw. Buchse eines Gliedes, das mit seinen Rollenmittelpunkten A–B auf dem Teilkreis liegt und das eine um 2% verringerte Teilung aufweist. Die Zahnspitze E soll in der Symmetrieachse des Zahnes liegen. Die Verbindungslinie zwischen der Rollenmitte C und dem Kontaktpunkt E zwischen Rolle und Zahnflanke an der Zahnspitze soll senkrecht auf der Zahnflanke stehen. Dabei soll die Rollenmitte C einem Glied C–D angehören, welches eine um 4% vergrößerte Teilung hat und das auf einem zum Teilkreis konzentrischen Laufkreis liegt, dessen Durchmesser um 4% größer als der Teilkreisdurchmesser ist.

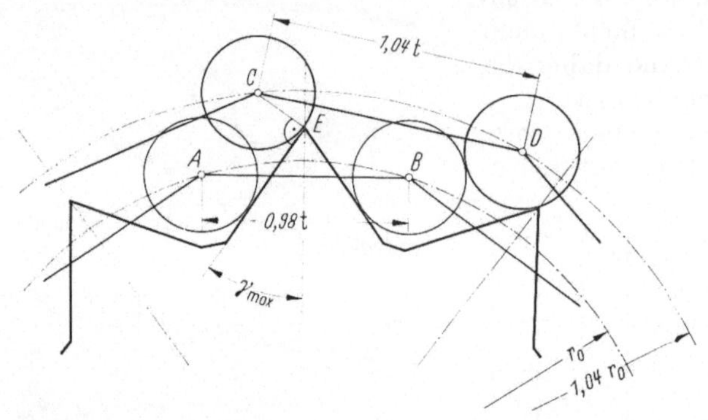

Abb. 182. Die graphische Konstruktion des maximalen Flankenwinkels

Einige Zahlenwerte der maximalen möglichen Flankenwinkel, für die eine verschleißbedingte Teilungsvergrößerung der Kette um 2% (Konstruktion für $\Delta t/t = 4\%$) angenommen ist, sind in Abb. 179 für die Verhältnisse $t/d_1 = 1,58$ und $t/d_1 = 3$ zusammengestellt. Flankenwinkel von etwa 70° wie sie in Abb. 179 angegeben werden, können aber nicht verwirklicht werden, weil bei derartigen Flankenwinkeln die Gefahr besteht, daß die Kette über die Verzahnung springt. Es wird aber die Tendenz deutlich, daß bei größeren Verhältnissen t/d_1 auch größere Flankenwinkel möglich sind.

Während die bisher genannten Grenzwinkel der Verzahnung von den Betriebsdaten des Kettentriebes unabhängig sind und nur durch die Geometrie der Kette und die Zähnezahl bestimmt werden, hängt der maximale Flankenwinkel γ^{*}_{max}, für den eine Kette nicht über die Verzahnung springen kann, von einer Vielzahl von verschiedenen Betriebsgrößen ab. Für einen speziellen Kettentrieb mit vorgegebenen Daten kann der maximale Flankenwinkel γ^{*}_{max} nach Gl. (189) errechnet werden. Wenn für einen derartigen Kettentrieb der nach Gl. (189) errechnete Flankenwinkel kleiner als γ_{max} ist, dann wird die obere Grenze des Flankenwinkels in diesem Fall durch die Forderung

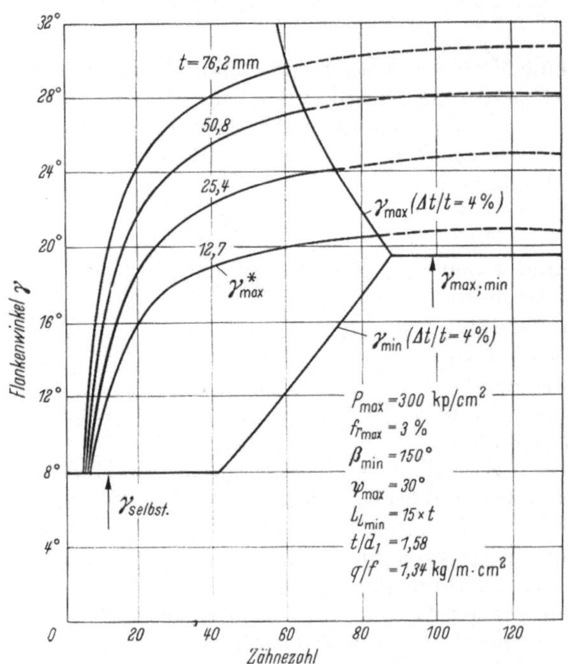

Abb. 183. Die Grenzen für die Auslegung des Flankenwinkels

bestimmt, daß die Kette nicht über die Verzahnung springen darf. Ist aber der Winkel γ^*_{max} größer als γ_{max} dann wird die obere Grenze des Flankenwinkels durch die Bedingung bestimmt, daß die Verzahnung auch verschlissene Ketten aufnehmen soll.

Für das Beispiel der Rollenketten mit einem mittleren Verhältnis von Teilung zu Rollendurchmesser mit $t/d_1 = 1{,}58$ sind die genannten Grenzen zur Auslegung des Flankenwinkels in einem Diagramm nach Abb. 183 zusammengestellt. Für die Darstellung der Grenzkurven für γ^*_{max} sind eine Reihe von Annahmen getroffen worden, welche diejenigen Betriebsdaten von Kettentrieben betreffen, die für die Berechnung von γ^*_{max} ausschlaggebend sind. Die angenommenen Werte sind dabei so gewählt worden, daß man eine untere Schranke für γ^*_{max} erhält, die für die meisten Kettentriebe gültig sein dürfte. Im Einzelnen wurden gewählt:

Die Gelenkflächenpressung	p_{max}	$= 300 \ \text{kp/cm}^2$
der relative Durchhang	$f_{r\,max}$	$= 3\%$
der Umschlingungswinkel	β_{min}	$= 150°$
die Leertrummneigung	ψ_{max}	$= 30°$
die Leertrummlänge	$L_{L\,min}$	$= 15\,t$

die Verhältnisse:

Teilung zu Rollendurchmesser	$t/d_1 = 1{,}58$	
Metergewicht zu Gelenkfläche	$q/f = 1{,}34\ \dfrac{\text{kg}}{\text{m cm}^2}$	.

Für Kettentriebe, welche den genannten Bedingungen entsprechen und bei denen die Abmessungen der Ketten verschiedener Größen ähnlich zueinander sind, hängt der maximale Flankenwinkel γ^*_{max} nur von der Zähnezahl und der Kettenteilung ab. Dabei können mit wachsender Zähnezahl und Kettenteilung größere Flankenwinkel eingesetzt werden, ohne daß die Gefahr besteht, daß die Kette über die Verzahnung springt. Die Kettenräder für Ketten größerer Teilung können mit größerem Flankenwinkel ausgerüstet werden, als die Räder für Ketten kleinerer Teilung, weil bei ähnlichen Kettentrieben mit gleicher Gliederzahl im Leertrumm der Stützzug mit der dritten Potenz der Teilung wächst, während die Restkraft bei angenommener konstanter Gelenkflächenpressung der Vergleichstriebe proportional der Gelenkfläche und damit der zweiten Potenz der Teilung ist.

In der Abb. 183 sind weiterhin die Grenzkurven für den maximalen und den minimalen möglichen Flankenwinkel und der Selbsthemmungswinkel angegeben. Bei Berücksichtigung der angenommenen Randwerte läßt sich der Flankenwinkel der Verzahnung beispielsweise für einen Kettentrieb mit 30 Zähnen in den Grenzen von 8–18° variieren, wenn die Kettenteilung 12,7 mm beträgt. Für ein Kettenrad mit 80 Zähnen und eine Kettenteilung von 50,8 mm ist der Flankenwinkel zweckmäßig in den Grenzen von 17–22° zu wählen. Für Räder mit Zähnezahlen größer als 90 Zähne muß die Forderung nach einer Aufnahmefähigkeit der Verzahnung für verschlissene Ketten von 2% bzw. 4% reduziert werden.

Bei Kettentrieben, deren Betriebsdaten von denjenigen abweichen, die der Abb. 183 zugrunde liegen, können die Grenzen für die Wahl eines möglichen Flankenwinkels nach den gemachten Angaben graphisch bestimmt bzw. berechnet werden. Für die endgültige Festlegung des zu wählenden Flankenwinkels bleibt die Frage zu beantworten, ob der größte oder kleinste mögliche Flankenwinkel bevorzugt werden soll. Eine endgültige Antwort auf diese Frage ist bis heute nicht möglich. In Anlehnung an die Überlegungen des Abschn. III. B. 11 kann aber vorgeschlagen werden, bei kleinen und mittleren Kettengeschwindigkeiten und relativ hohen Gelenkflächenpressungen den größten möglichen Flankenwinkel zu wählen, während bei den extremen Kettengeschwindigkeiten und bei kleinen Belastungen der Kette der kleinste mögliche Flankenwinkel von Vorteil sein dürfte. Diese Folgerung steht im Gegensatz zu DIN 8196. Das Zahnlückenspiel von etwa 2% wird gewählt, um zu vermeiden, daß einzelne Kettenglieder mit einer negativen Toleranz der Teilung sich an dem Zahn verklemmen können. Nach Abb. 77 sind Unterschreitungen der Einzelteilung von 2% nicht zu erwarten. Der angegebene Wert stellt also eine genügende Sicherheit dar. Gegen ein derartig großes Zahnlückenspiel spricht die verringerte Zahnfußfestigkeit und die Einbuße an größer möglichen Flankenwinkeln. Da aber die Zahnfußfestigkeit im allgemeinen ausreicht und der mögliche Gewinn an größerem Flankenwinkel bei Wahl eines kleineren Zahnlückenspiels unbedeutend ist, erscheint ein kleineres Zahnlückenspiel als das vorgesehene nicht zweckmäßig.

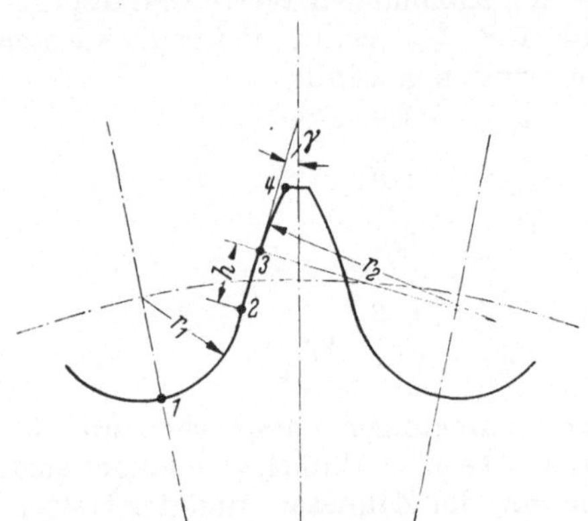

Abb. 184. Die Ausrundungsradien des Kettenradzahnes. *1–2* Fußteil; *2–3* Arbeitsteil; *3–4* Kopfteil

Die Ausrundungsradien der Kettenradverzahnung nach Abb. 184 werden an eine gedachte gerade Zahnflanke so angeschmiegt, daß in dem beabsichtigten Arbeitsbereich der Zahnflanke der gewünschte Flankenwinkel erreicht wird. Die Fußabrundung wird mit einem Rundungshalbmesser ausgeführt, der etwas größer als der Rollen- bzw. Buchsen- oder Bolzenhalbmesser ist. Sie dient vorwiegend zur Verbesserung der Zahnfußfestigkeit und soll ein gutes Anschmiegen der Rolle an den Zahn ermöglichen, wenn es zu einem Eingriff an dieser Stelle kommen sollte. In dem Arbeitsbereich der Zahnflanke kann der Zahn konkav bzw. konvex ausgeführt werden. Für eine konkave Zahnform im Arbeitsbereich der Zahnflanke spricht die auf diese Weise erreichte geringe HERTZsche Walzenpressung. Für eine konvexe Gestaltung der Zahnform spricht, daß auf diese Weise im Arbeitsbereich der Zahnflanke Material zur Verfügung steht, welches durch Verschleiß abgetragen werden kann, bevor es zu einem Haken der Kette beim Eingriff mit dem Kettenrad kommen kann (s. Abb. 164). In dem Grundsatzblatt DIN 8196 ist eine gerade Zahnflanke im Arbeitsbereich vorgeschlagen, welche einen Kompromiß zwischen den gegensätzlichen Forderungen darstellt,.

Der Arbeitsbereich der Zahnflanke erstreckt sich über einen schmalen Bereich der Zahnflanke oberhalb der Fußrundung bei den Kettenrädern mit kleinen Zähnezahlen. Bei Kettenrädern mit großen Zähnezahlen reicht der Arbeitsbereich der Zahnflanke bis zum Kopfkreis, wenn man einen bezogenen Verschleißbetrag von 2% am Ende der Laufzeit in Betracht zieht.

Bei Kettenrädern mit kleinen Zähnezahlen wird ein freies Ein- und Auslaufen der Kette durch eine Kopfabrundung der Zahnflanke und durch eine seitliche Fase gefördert. Bei Kettenrädern mit großen Zähnezahlen kann die Kopfabrundung entfallen, weil dort die vorgeschlagene Zahnform ohnehin genügend von der Grenzform der Triebstockverzahnung abweicht.

Die Toleranzen der Kettenteilung und der Teilung des Kettenrades sind so zu wählen, daß ein Einzwängen der Kette in die Verzahnung vermieden wird. Zu diesem Zweck wird die Kette mit positiver Toleranz der mittleren Einzelteilung und der Fußkreisdurchmesser der Verzahnung mit negativer Toleranz ausgeführt. Die Toleranzen sind möglichst eng zu wählen, damit eine genügende Möglichkeit offen bleibt, verschlissene Ketten in der Verzahnung aufzunehmen. Die positive Toleranz der Kettenteilung bzw. die negative Toleranz der Teilung des Kettenrades entspricht einem ungünstigen Ausgangswert des Anfangsverschleißbetrages und verkürzt damit die Lebensdauer des Triebes. Bei der praktischen Festlegung der Toleranzen muß der Aufwand der genaueren Fertigung mit dem möglichen Gewinn an Lebensdauer der Kette verglichen werden. Die Einhaltung enger Toleranzen ist insbesondere bei Kettenrädern mit großer Zähnezahl von Bedeutung, weil bei ihnen die Aufnahmefähigkeit für verschlissene Ketten besonders begrenzt ist.

Zahlenbeispiel

15. Aufgabe: Zwei Kettenräder für die langgliedrige Rollenkette 76,2 × 25,4 nach DIN 8181 sollen in Gußausführung hergestellt werden. Der Kettentrieb hat folgende Daten:

$z_1 = z_2 = 21$ Zähne; $a = 2260$ mm, Trieblage horizontal; $n_1 = 1$ U/min; $q = 4{,}51$ kg/m; $\beta \sim 180°$.

Es wird mit einer Spitzenbelastung der Kette von $P = 1000$ kp gerechnet. Der relative Durchhang f_r wird 4% nicht überschreiten. Es ist eine zweckmäßige Zahnform zu entwerfen!

Lösung: Es handelt sich um einen langsamlaufenden Kettentrieb mit relativ hoher Belastung. Um die Zahnkräfte möglichst gering zu halten und die Längskraftänderung in der Kette bei deren Lauf über die Kettenräder allmählich zu gestalten, wird der größte mögliche Flankenwinkel gewählt. Das Verhältnis von Teilung zu Rollendurchmesser beträgt $t/d_1 = 3$. Nach Abb. 179 kann daher ein größter Flankenwinkel von $\gamma_{max} = 70°$ gewählt werden. Die Bedingung, daß die Kette nicht über die Verzahnung springen soll, ergibt einen größten Flankenwinkel γ_{max}^* $= 34{,}2°$. Dieser wird wie folgt errechnet:

$$(L_T = a),$$

$$2\alpha = \frac{360}{z} = \frac{360}{21} = 17{,}15° \qquad\qquad \text{nach Gl. (11)}$$

$$P_{st} = \frac{q\,L_T}{8\,f_r} = \frac{4{,}51 \cdot 2{,}26}{8 \cdot 0{,}04} = 31{,}8 \text{ kp} \qquad\qquad \text{nach Gl. (159)}$$

$$\gamma_{max}^* = \text{arc tg}\ \frac{\sin 2\alpha}{\left(\dfrac{P}{P_{st}}\right)^{\frac{360}{\beta z}} - \cos 2\alpha} = \text{arc tg}\ \frac{\sin 17{,}15°}{\left(\dfrac{1000}{31{,}8}\right)^{\frac{360}{180 \cdot 21}} - \cos 17{,}15°} = 34{,}2°$$

$$\text{(nach Gl. 189)}$$

Die Konstruktion der Zahnform ist nach Abb. 185 durchzuführen. Die Kettenrollen A–B werden symmetrisch zur Zahnachse auf dem Teilkreis des Rades gezeichnet mit einem Abstand von $0{,}95t$. Damit ist ein reichliches Zahnlückenspiel von 5% vorgesehen, weil die Kettenräder nach dem Guß nicht nachgearbeitet werden sollen. Das recht große Zahnlückenspiel von 5% kann vertreten werden, weil der Zahn bei Verwendung der langgliedrigen Ketten stark genug bleibt.

Die gerade Zahnflanke (2) gibt den kleinsten möglichen Zahn an. Für die Konstruktion ist der größte mögliche Flankenwinkel $\gamma_{max}^* = 34°$ eingesetzt worden. Die gewählte Zahnflanke (3) schmiegt sich der geraden Zahnflanke an. Sie ist etwas konvex gestaltet, um Material für den zu erwartenden Zahnflankenverschleiß anzubieten. Die gewählte Zahnflanke (3) ist so gestaltet, daß sie an keiner Stelle einen größeren Flankenwinkel als 34° aufweist. Das freie Ein- und Auslaufen der Kette in bezug auf die gewählte Zahnform ist durch die Gegenüberstellung mit der Triebstockzahnflanke (1) nachgewiesen.

Um eine verschleißbedingte Vergrößerung der mittleren Teilung von 3% in der Verzahnung aufzunehmen, wird der Arbeitsbereich der Zahnflanke soweit vergrößert, daß die Kettenrolle C noch gut von der Zahnflanke geführt wird. Die Rolle C liegt auf einem zum Teilkreis konzentrischen Laufkreis mit einem gegenüber dem Teilkreis um 5% vergrößerten Durchmesser. Damit ergibt sich ein Kopfkreisdurchmesser nach Abb. 185. Am Zahnkopf ist ein Abrundungsradius angetragen.

Der Fußkreisdurchmesser der Verzahnung wird mit einer reichlichen negativen Toleranz von etwa 3 mm ausgelegt, um der geringen Fertigungsgenauigkeit der Gußausführung gerecht zu werden. Der Zahnfuß wird als Kreisbogen ausgeführt.

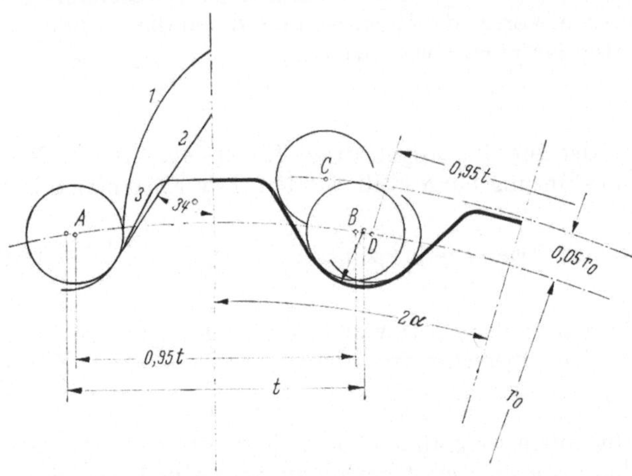

Abb. 185. Die Zahnform für das Beispiel der 15. Aufgabe

Er schmiegt sich an die Kettenrollen B und D an, welche in einem Abstand von $0,05t$ auf dem Teilkreisdurchmesser liegen und tangiert an den Fußkreisdurchmesser. Der Fußkreisdurchmesser wird mit Berücksichtigung der negativen Toleranz von 3 mm errechnet zu:

$$d_f = d_0 - d_1 - 3 = 511,3 - 25,4 - 3 = 482,9 \text{ mm}.$$

Der Fußkreisdurchmesser ist das für die Fertigung besonders zu beachtende Maß. Nach der stark ausgezogenen Zahnform in Abb. 185 kann mit Berücksichtigung des Schwindmaßes die Schablone für die Modelltischlerei angefertigt werden.

E. Die Geometrie des Kettentriebs

Für die geometrische Auslegung eines Kettentriebs ist der Zusammenhang zwischen dem Achsabstand und der Gliederzahl der Kette bei gegebener Kettenteilung und gegebenen Zähnezahlen der Kettenräder von besonderer Bedeutung. Weiter interessieren die an den Kettenrädern vorliegenden Umschlingungswinkel und der zu erwartende Durchhang der Kette. Bei einem richtig dimensionierten Kettentrieb soll der Durchhang des nicht belasteten Trumms etwa 1–2% der Leertrummlänge betragen.

Wie an einer späteren Stelle dieses Abschnitts gezeigt werden wird, ändert sich der Achsabstand eines Kettentriebs bei gestreckten Trummen während des Laufs der Kette periodisch, wenn die Kette als starr angenommen wird und eines der beiden Kettenräder beweglich angeordnet ist. Die Änderung des Achsabstandes beim Lauf der Kette ist eine Folge der Vieleckeigenschaft der Kettenräder. Sie tritt mit der Zahneingriffsfrequenz periodisch auf. Wird der Achsabstand eines Kettentriebs bei gestreckten Trummen so eingestellt, daß der größte mögliche Achsabstand verwirklicht ist, dann erfährt die Kette schon bei quasistatischem Betrieb mit der Zahnfrequenz periodische Blindlasten, die vermieden werden sollen. Zu diesem

Zweck wird ein Durchhang der Kette gefordert. Die mit der Zahnfrequenz periodische Aufweitung der Kette kann ebenso vermieden werden durch die Anordnung eines Spannrades, welches elastisch in das Leertrumm eingreift.

Bei Kettentrieben, welche eine Einstellbarkeit des Achsabstandes durch Verschieben einer der beiden Wellen ermöglichen, ist die Berechnung des Achsabstandes nur angenähert erforderlich. Bei Kettentrieben, für die weder eine Einstellbarkeit des Achsabstandes noch ein Spannrad im Leertrumm vorgesehen wird, ist eine sehr genaue Vorausberechnung des Achsabstandes notwendig. Die folgenden Überlegungen befassen sich mit der exakten Bestimmung des Achsabstandes für Kettentriebe.

Für die Berechnung sei zunächst angenommen, daß die Kette und die Kettenräder mit exakten Abmessungen hergestellt wurden. Der Achsabstand a_0, welcher zunächst berechnet wird, bezieht sich außerdem auf den Kettentrieb mit gestreckten Trummen. Es werden die Berechnungsverfahren nach DIN 8195, nach Angaben von WOROBJEW [3] und nach Angaben der Firma Winklhofer erklärt und miteinander verglichen.

Die Berechnung des Achsabstandes nach DIN 8195 stellt eine Näherung dar, die nur für einen begrenzten Teil der Kettentriebe ausreicht. Sie ist aber auch brauchbar als erster Schritt für eine genauere Berechnung, wie sie von WOROBJEW angegeben wird.

Nach DIN 8195 wird davon ausgegangen, daß aus konstruktiven Gründen das ungefähre Maß des Achsabstandes a_0', die Zähnezahlen der Kettenräder und die Kettenteilung t gegeben sind. Nach Abb. 186 kann dann näherungsweise die Gliederzahl der Kette berechnet werden, die etwa den gewünschten Achsabstand ergibt.

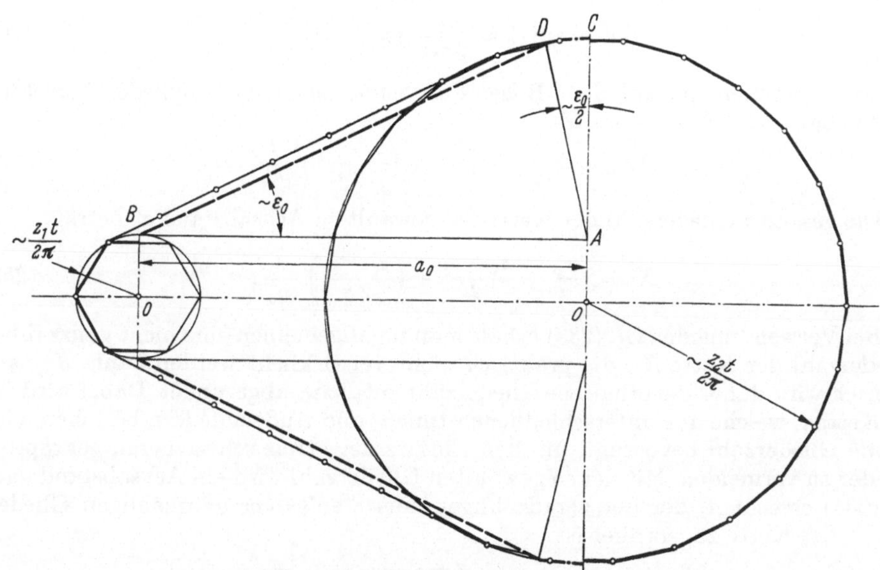

Abb. 186. Die Achsabstandsberechnung nach DIN 8195

Zu diesem Zweck werden die folgenden Gliederzahlen als Anteile der gesamten Gliederzahl bestimmt: Die auf den Kettenrädern befindlichen Glieder X_R' (ausgezogen)

$$X_R' = \frac{z_1 + z_2}{2}. \tag{227}$$

Die in den Trummen befindlichen Glieder X'_T (gestrichelt)

$$X'_T = 2\,\frac{a'_0}{t}\,.$$

(228)

Die auf den Bögen CD befindlichen Kettenglieder X'_{CD} (strichpunktiert)

$$X'_{CD} = \left(\frac{z_2 - z_1}{2\,\pi}\right)^2 \frac{t}{a'_0}\,.$$

(229)

Die drei Anteile der Kettenglieder sind willkürlich so gewählt worden, daß die gesamte Gliederzahl der Kette möglichst gut angenähert wird. Strenggenommen befinden sich auf dem kleinen Kettenrad mit 6 Zähnen nach Abb. 186 nur 2 Kettenglieder, während nach Gl. (227) 3 Kettenglieder als auf dem kleinen Kettenrad befindlich angesehen werden. Ebenso sind die auf dem Abschnitt BD befindlichen Kettenglieder nicht genau identisch mit der Gliederzahl in den Trummen. Die Strecke $\overline{BD}$ wurde bestimmt indem ein Kreis mit dem Radius $\overline{BA} = a'_0$ um B gezogen wurde und der Schnittpunkt des Kreises mit dem Teilkreis des großen Rades als D bezeichnet wurde. Das Dreieck BAD ist daher ein gleichschenkliges Dreieck. Der Winkel $\sphericalangle ABD$ entspricht etwa dem Trummneigungswinkel ε'_0 und der Winkel $\sphericalangle CAD$ dem halben Trummneigungswinkel. Nach Abb. 187 wird der Trummneigungswinkel ε'_0 als Näherung errechnet zu:

$$\sin \varepsilon'_0 = \frac{r_{02} - r_{01}}{a'_0}\,.$$

(230)

Mit $r_0 \sim z\,t/2\pi$ erhält man für kleine Trummneigungswinkel:

$$\varepsilon'_0 \approx \sin \varepsilon'_0 \approx \frac{t}{2\,a'_0\,\pi}\,(z_2 - z_1)\,.$$

(231)

Damit können die auf dem Bogen CD befindlichen Kettenglieder berechnet werden zu:

$$X'_{CD} \approx 2\,\frac{\varepsilon'_0}{2}\,\frac{r_{02} - r_{01}}{t} \approx \left(\frac{z_2 - z_1}{2\,\pi}\right)^2 \frac{t}{a'_0}\,.$$

(232)

Die gesamte Gliederzahl der Kette bei gewähltem Achsabstand a'_0 beträgt

$$X' = 2\,\frac{a'_0}{t} + \frac{z_1 + z_2}{2} + \left(\frac{z_2 - z_1}{2\,\pi}\right)^2 \frac{t}{a'_0}\,.$$

(233)

Bei Verwendung der Gl. (233) erhält man im allgemeinen eine nicht ganzzahlige Gliederzahl der Kette X', die praktisch nicht verwirklicht werden kann. Je nach Wunsch wird daher die erhaltene Gliederzahl auf- bzw. abgerundet. Dabei wird für die Ketten, welche aus unterschiedlichen Innen- und Außengliedern bestehen, eine gerade Gliederzahl bevorzugt, um den Einsatz der etwas schwächeren gekröpften Glieder zu vermeiden. Mit der so gewählten Gliederzahl wird ein Achsabstand nach Gl. (234) errechnet, der der geradzahligen oder wenigstens ganzzahligen Gliederzahl X der Kette zugeordnet ist.

$$a_0 = \frac{t}{4}\left[\left(X - \frac{z_1 + z_2}{2}\right) + \sqrt{\left(X - \frac{z_1 + z_2}{2}\right)^2 - 2\left(\frac{z_2 - z_1}{\pi}\right)^2}\,\right]\,.$$

(234)

Die Gl. (234) für die Berechnung des Achsabstandes bei gegebener Gliederzahl wird durch Auflösen der Gl. (233) nach a_0 erhalten. Der so errechnete Achsabstand stellt bereits eine in den meisten Fällen ausreichende Näherung dar. Für die genauere Berechnung des Achsabstandes wird das von WOROBJEW angegebene Verfahren vorgeschlagen. WOROBJEW bestimmt die Anteile der gesamten Gliederzahl der Kette nach Abb. 187 zu:

Die in den Trummen befindlichen Glieder X_T

$$X_T = \frac{2\,a_0\cos\varepsilon_0}{t}\,. \tag{235}$$

Die auf dem kleineren Rad befindlichen Glieder X_1

$$X_1 = \frac{180° - 2\,\varepsilon_0}{2\,\alpha_1}\,. \tag{236}$$

Die auf dem größeren Rad befindlichen Glieder X_2

$$X_2 = \frac{180° + 2\,\varepsilon_0}{2\,\alpha_2}\,. \tag{237}$$

Die gesamte Gliederzahl beträgt demnach:

$$X = \frac{2\,a_0\cos\varepsilon_0}{t} + \frac{180° - 2\,\varepsilon_0}{2\,\alpha_1} + \frac{180° + 2\,\varepsilon_0}{2\,\alpha_2}\,. \tag{238}$$

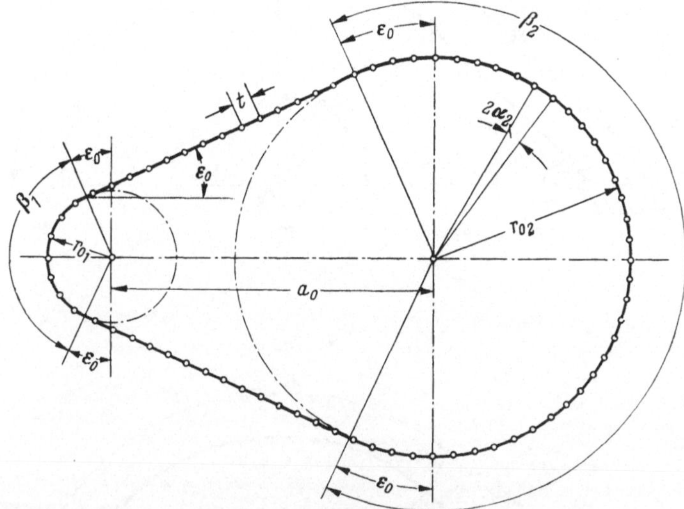

Abb. 187. Die Achsabstandsberechnung nach WOROBJEW

Durch Auflösen der Gl. (238) nach dem Achsabstand erhält man mit $2\alpha = 360/z$

$$a_{0w_0} = \frac{t}{2\cos\varepsilon_0}\left[X - \frac{z_1 + z_2}{2} - \frac{\varepsilon_0\,(z_2 - z_1)}{180°}\right]\,. \tag{239}$$

Der Achsabstand nach Gl. (239) kann errechnet werden, wenn eine Gliederzahl X der Kette mit Gl. (233) bereits festgelegt ist. Der in Gl. (239) außerdem auftretende Trummneigungswinkel ε_0 kann mit Verwendung des Achsabstandes a_0 [s. Gl. (234)] berechnet werden zu:

$$\varepsilon_0 = \arcsin\frac{r_{02} - r_{01}}{a_0} = \arcsin\frac{t\,(n_{02} - n_{01})}{2\,a_0}\,. \tag{240}$$

Der nach dem Verfahren von WOROBJEW berechnete Achsabstand ergibt eine sehr gute Näherung. Eine exakte Bestimmung des Achsabstandes ist nach einem Vorschlag der Firma Winklhofer möglich.

Für einen Kettentrieb mit einer geraden Gesamtgliederzahl nach Abb. 188 erhält man den kleinsten Achsabstand, wenn zwei Laschenmitten auf der Symmetrielinie O_1O_2 liegen. Der größte Achsabstand liegt vor, wenn sich zwei Bolzenmitten auf der Symmetrielinie befinden. Bei Zweiradtrieben mit einer ungeraden Gliederzahl erhält man den geringsten Achsabstand, wenn am kleineren Rad die Laschenmitte und am größeren Rad die Bolzenmitte auf der Symmetrielinie liegt. Für die praktische Anwendung interessiert vorwiegend die Stellung, die dem kleinsten Achsabstand zugeordnet ist. Sie muß der Ausgangswert für die Festlegung des Achsabstandes sein.

Nach dem Vorschlag der Firma Winklhofer wird der Achsabstand für die extremen Stellungen bestimmt. Die Berechnung geht davon aus, daß die Anzahl der Glieder bekannt ist, welche sich in den Trummen befinden und welche auf den Kettenrädern liegen. Die Bestimmung dieser Gliederzahlen kann graphisch nach

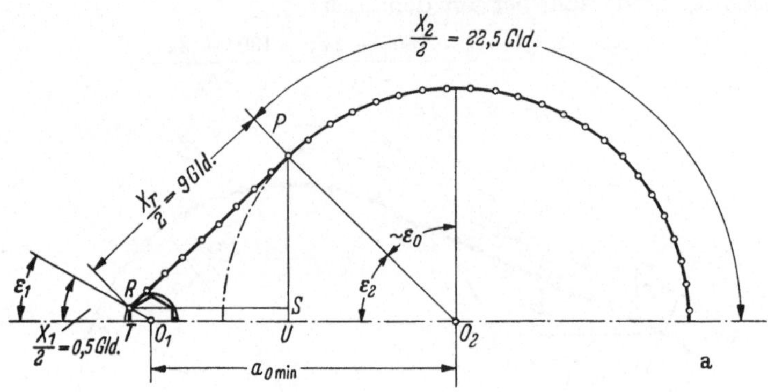

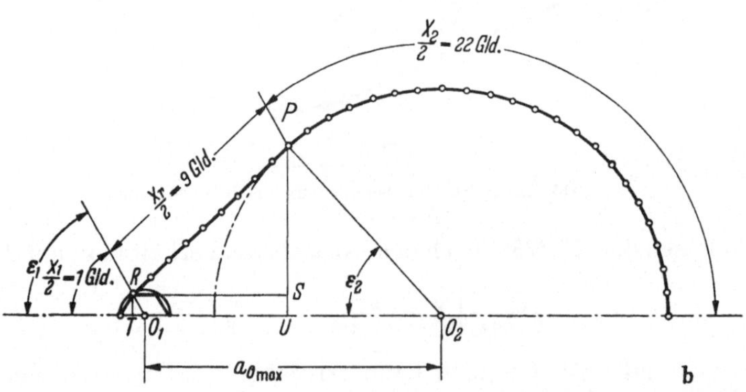

Abb. 188a u. b. Die Achsabstandsberechnung nach Winklhofer

Abb. 188 oder rechnerisch erfolgen. Für beide Methoden erhält man die drei Anteile der Gliederzahlen aus der Bedingung, daß die Winkel ε_1 und ε_2 möglichst nahe bei dem Winkel $90° - \varepsilon_0$ liegen sollen und aus der Bedingung, daß die Winkel ε_1 und ε_2 je nach der Stellung des Triebes und den Zähnezahlen der Kettenräder ein ganzzahliges Vielfaches des halben Teilungswinkels α oder des ganzen Teilungswinkels 2α sein sollen.

Wenn die Gliederzahl in den Trummen und die Gliederzahl der auf den Kettenrädern befindlichen Glieder bekannt ist, kann über die Winkel ε_1 und ε_2 der Achsabstand wie folgt berechnet werden $(\overline{PO_2} = r_{02}\,;\ \overline{RO_1} = r_{01})$.

$$a_{0_{wi}} = \overline{O_1O_2} = \overline{O_2U} + \overline{RS} - \overline{TO_1}$$

$$\overline{RS} = \sqrt{(\overline{RP})^2 - (\overline{PS})^2} = \sqrt{\left(\frac{X_T}{2}\,t\right)^2 - (r_{02}\sin\varepsilon_2 - r_{01}\sin\varepsilon_1)^2}\,.$$

$$\overline{O_2U} = r_{02}\cos\varepsilon_2\,;\ \overline{TO_1} = r_{01}\cos\varepsilon_1,$$

$$a_{0_{wi}} = \sqrt{\left(\frac{X_T}{2}\,t\right)^2 - (r_{02}\sin\varepsilon_2 - r_{01}\sin\varepsilon_1)^2} + r_{02}\cos\varepsilon_2 - r_{01}\cos\varepsilon_1\,. \tag{241}$$

Die Zahlenrechnung kann durch Ausklammern der Kettenteilung und Einsetzen der in Tab. 21 angegebenen Zähnezahlfaktoren n_0 vereinfacht werden. Der Achsabstand wird dann berechnet zu:

$$a_{0_{wi}} = \frac{t}{2}\left[\sqrt{X_T^2 - (n_{02}\sin\varepsilon_2 - n_{01}\sin\varepsilon_1)^2} + n_{02}\cos\varepsilon_2 - n_{01}\cos\varepsilon_1\right]. \tag{242}$$

Das folgende Zahlenbeispiel soll dazu dienen, den Umgang mit den angegebenen Gleichungen zu zeigen. Das gewählte Beispiel soll weiterhin dazu dienen, die Genauigkeit der einzelnen genannten Verfahren abzuschätzen. Die geringe Zähnezahl des kleinen Rades, das starke Übersetzungsverhältnis und die relativ große Kettenteilung repräsentieren einen extremen Kettentrieb. Bei den normalerweise auszulegenden Kettentrieben wird der Unterschied der Ergebnisse bei Verwendung der verschiedenen Berechnungsmethoden kleiner bleiben als in dem gewählten Beispiel.

Zahlenbeispiel

16. Aufgabe: Für einen Kettentrieb mit den folgenden extremen Daten:

$z_1 = 6$ Zähne; $z_2 = 60$ Zähne; $t = 50{,}8$ mm; $a_0' = 12t = 609{,}6$ mm.

ist der Achsabstand a_0 für gestreckte Trumme nach DIN 8195 und nach den Angaben von WOROBJEW und von der Firma Winklhofer zu berechnen. Die Ergebnisse sind zu vergleichen.

Lösung:

1. Wahl der Gliederzahl

$$X' = 2\frac{a_0'}{t} + \frac{z_1 + z_2}{2} + \left(\frac{z_2 - z_1}{2\pi}\right)^2\frac{t}{a_0'} = 2\cdot 12 + \frac{6 + 60}{2} + \left(\frac{60 - 6}{2\pi}\right)^2\frac{1}{12}$$

$$= 63{,}16\ \text{Gl} \hspace{4cm} \text{nach Gl. 233}$$

Es wird die gerade Gliederzahl $X = 64$ Glieder gewählt.

2. Achsabstand nach DIN 8195

$$a_0 = \frac{t}{4}\left[\left(X - \frac{z_1 + z_2}{2}\right) + \sqrt{\left(X - \frac{z_1 + z_2}{2}\right)^2 - 2\left(\frac{z_2 - z_1}{\pi}\right)^2}\right],\ \text{nach Gl. 234}$$

$$a_0 = \frac{50{,}8}{4}\left[\left(64 - \frac{6 + 60}{2}\right) + \sqrt{\left(64 - \frac{6 + 60}{2}\right)^2 - 2\left(\frac{60 - 6}{\pi}\right)^2}\right] = \underline{638{,}0\ \text{mm}}\,.$$

3. Achsabstand nach Worobjew

$$n_{02} = 19{,}107; \quad n_{01} = 2{,}0 \qquad\qquad \text{nach Tab. 21}$$

$$\varepsilon_0 = \arcsin \frac{r_{02} - r_{01}}{a_0} = \arcsin \frac{t}{2\,a_0}\left(n_{02} - n_{01}\right) \qquad \text{nach Gl. 240}$$

$$\varepsilon_0 = \arcsin \frac{50{,}8}{2 \cdot 638{,}0}\,(19{,}107 - 2) = \arcsin 0{,}68105 = 42{,}926$$

$$\cos \varepsilon_0 = \cos 42{,}926° = 0{,}73223$$

$$a_{0;\,w_0} = \frac{t}{2\cos\varepsilon_0}\left[X - \frac{z_1 + z_2}{2} + \frac{\varepsilon_0\,(z_2 - z_1)}{180°}\right] \qquad \text{nach Gl. 249}$$

$$a_{0;\,w_0} = \frac{50{,}8}{2 \cdot 0{,}73223}\left[64 - \frac{6 + 60}{2} - \frac{42{,}926}{180}\left(60 - 6\right)\right] = \underline{628{,}6\ \text{mm}}\,.$$

4. Achsabstand nach Winklhofer (Kleinstwert)

Aus der maßstäblichen Zeichnung (Abb. 188a) ist folgende Verteilung der Glieder zu entnehmen.

$$\frac{X_1}{2} = 0{,}5\ \text{Gld}; \qquad \frac{X_T}{2} = 9\ \text{Gld}; \qquad \frac{X_2}{2} = 22{,}5\ \text{Gld}\,.$$

Damit wird:

$$\varepsilon_1 = \frac{X_1}{2}\frac{360}{z_1} = 0{,}5 \cdot \frac{360}{6} = 30°; \qquad \varepsilon_2 = 180° - \frac{X_2}{2}\frac{360}{z_2} = 180° - 22{,}5 \cdot \frac{360}{60} = 45°$$

s. Abb. 188 a

$$n_{02} \sin \varepsilon_2 = 19{,}107 \sin 45° = 19{,}107 \cdot 0{,}70711 = 13{,}510 \qquad \text{s. Gl. (242)}$$
$$n_{01} \sin \varepsilon_1 = 2{,}0 \sin 30° = 2{,}0 \cdot 0{,}5 \qquad\qquad = 1{,}0$$
$$n_{02} \sin \varepsilon_2 - n_{01} \sin \varepsilon_1 \quad = 12{,}510$$

$$n_{02} \cos \varepsilon_2 = 19{,}107 \cos 45° = 19{,}107 \cdot 0{,}70711 = 13{,}510$$
$$n_{01} \cos \varepsilon_1 = 2{,}0 \cos 30° = 2{,}0 \cdot 0{,}86603 \qquad = 1{,}732$$
$$n_{02} \cos \varepsilon_2 - n_{01} \cos \varepsilon_1 \quad = 11{,}778$$

$$a_{0_{wi}} = \frac{t}{2}\left[\sqrt{X_T^2 - (n_{02} \sin \varepsilon_2 - n_{01} \sin \varepsilon_1)^2} + n_{02} \cos \varepsilon_2 - n_{01} \cos \varepsilon_1\right] \qquad \text{nach Gl. 242}$$

$$a_{0_{wi}} = \frac{50{,}8}{2}\left[\sqrt{18^2 - 12{,}510^2} + 11{,}778\right] = \underline{627{,}9\ \text{mm}}\,.$$

5. Achsabstand nach Winklhofer (Größtwert)

Aus der maßstäblichen Skizze (Abb. 188b) ist folgende Verteilung der Glieder zu entnehmen:

$$\frac{X_1}{2} = 1\ \text{Gld}; \qquad \frac{X_T}{2} = 9\ \text{Gld}; \qquad \frac{X_2}{2} = 22\ \text{Gld}\,.$$

$$\varepsilon_1 = \frac{X_1}{2}\frac{360}{z_1} = 1 \cdot \frac{360}{6} = 60° \qquad \varepsilon_2 = 180° - \frac{X_2}{2}\frac{360}{z_2} = 180° - 22 \cdot \frac{360}{60} = 48°$$

s. Abb 188b

$$n_{02} \sin \varepsilon_2 = 19{,}107 \sin 48° = 19{,}107 \cdot 0{,}74314 = 14{,}199$$
$$n_{01} \sin \varepsilon_1 = 2{,}00 \cdot \sin 60° = 2{,}0 \cdot 0{,}86603 \qquad = 1{,}732$$
$$n_{02} \sin \varepsilon_2 - n_{01} \sin \varepsilon_1 \quad = 12{,}467$$

$$n_{02} \cos \varepsilon_2 = 19{,}107 \cos 48° = 19{,}107 \cdot 0{,}66913 = 12{,}785$$
$$n_{01} \cos \varepsilon_1 = 2{,}0 \cos 60° = 2{,}0 \cdot 0{,}5 \qquad\qquad = 1{,}0$$
$$n_{02} \cos \varepsilon_2 - n_{01} \cos \varepsilon_1 \quad = 11{,}785$$

$$a_{0_{wi}} = \frac{50{,}8}{2}\left[\sqrt{18^2 - 12{,}467^2} + 11{,}785\right] = \underline{629{,}1\ \text{mm}}\,. \qquad \text{nach Gl. 212}$$

Bei dem extremen Trieb beträgt der Unterschied zwischen dem kleinsten und dem größten Achsabstand nach Winklhofer 1,2 mm. Der kleinste Achsabstand nach Winklhofer ist mit 627,9 mm der einzustellende Wert. Während die Rechnung nach DIN 8195 für den gewählten extremen Trieb eine unvertretbare Abweichung von 10,1 mm ergibt, bleibt das Ergebnis nach WOROBJEW mit einer Abweichung von 0,7 mm in erträglichen Grenzen. Für praktische Berechnungen dürfte daher die von WOROBJEW angegebene Gleichung eine ausreichende Näherung ergeben.

In dem ersten Teil dieses Abschnittes war der Achsabstand berechnet worden, der einer starren Kette mit exakten Abmessungen von Kette und Kettenrad und gestreckten Trummen zugeordnet ist. In dem folgenden zweiten Teil soll der Einfluß der Kettenelastizität, der Kettentoleranz und des Durchhanges auf die Festlegung des Achsabstandes behandelt werden. Die drei Einflüsse werden zunächst getrennt berücksichtigt. Der ursprüngliche Achsabstand wird also jeweils mit a_0 bezeichnet und der korrigierte Achsabstand mit a.

Die Kettenlängentoleranz T führt zu einem Aufsteigen der Kette in der Verzahnung und zu einer Verlängerung der Trumme. Da bei konstantem Trummneigungswinkel nach Abb. 187 der Achsabstand proportional der Trummlänge ist, muß der Achsabstand im gleichen Maße vergrößert werden, in dem die Trummlänge als Folge der Kettenlängentoleranz wächst. Strenggenommen ändert sich der Trummneigungswinkel bei gleichbleibenden Zähnezahlen und wachsender Trummlänge. Bei der geringen Zunahme der Trummlänge als Folge der Kettenlängentoleranzen kann aber die Änderung des Trummneigungswinkels vernachlässigt werden. Die erforderliche Vergrößerung des Achsabstandes zur Berücksichtigung der Kettenlängentoleranz beträgt daher:

$$\frac{\Delta a}{a_0} = \frac{\Delta L_T}{L_T} = T . \tag{243}$$

Der vergrößerte Achsabstand kann berechnet werden zu:

$$a = a_0 \, (1 \, + \, T). \tag{244}$$

Die Elastizität der Kette ergibt eine Dehnung des belasteten Trumms. Bei konstant gehaltenem Achsabstand vergrößert sich demnach der Durchhang des Leertrumms, wenn die Kette belastet wird. Will man aber den Durchhang konstant halten, dann kann der Achsabstand vergrößert werden, wenn sich die Kette dehnt. Mit Berücksichtigung der relativen Steifigkeit nach Gl. (25) kann die Verlängerung des belasteten Trumms bestimmt werden zu:

$$\Delta L_T = \frac{P}{c} = \frac{P \, L_T}{P_B \, c_{\text{rel}}} . \tag{245}$$

Die auf den ursprünglichen Achsabstand bezogene mögliche Vergrößerung des Achsabstandes wird als C bezeichnet. Sie ist proportional zur halben Vergrößerung der Trummlänge, weil nur das belastete Trumm gedehnt wird.

$$\frac{\Delta a}{a_0} = \frac{1}{2} \frac{\Delta L_T}{L_T} = \frac{1}{2} \frac{P}{P_B \, c_{\text{rel}}} = C . \tag{246}$$

Der vergrößerte Achsabstand kann berechnet werden zu:

$$a = a_0 \, (1 \, + \, C). \tag{247}$$

Für die Einstellung eines beabsichtigten Durchhanges des nicht belasteten Trumms ist der Achsabstand um einen bestimmten Betrag zu verringern. Für die Berechnung eines Zusammenhanges zwischen Achsabstandsänderung und Durchhang wird nach Abb. 189 die Kurve des durchhängenden Leertrumms als Kreisbogen angenommen. Außerdem wird vorausgesetzt, daß nach Abb. 189 die Trummführungspunkte des Leertrumms A und B für ein Leertrumm mit Durchhang die gleiche Lage haben wie für ein gestrecktes Leertrumm.

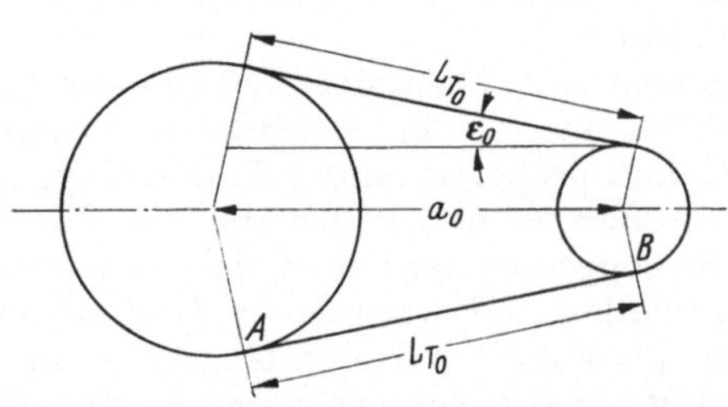

Bei gestreckter Lage der Trumme wird die Trummlänge als L_{T_0} bezeichnet. Für einen Kettentrieb mit Durchhang sei die Länge des Lasttrumms als L_T und die Länge des Leertrumms als L_L bezeichnet. Setzt man voraus, daß der Trummneigungswinkel ε_0 sich nur unwesentlich ändert bei einer kleinen Ver

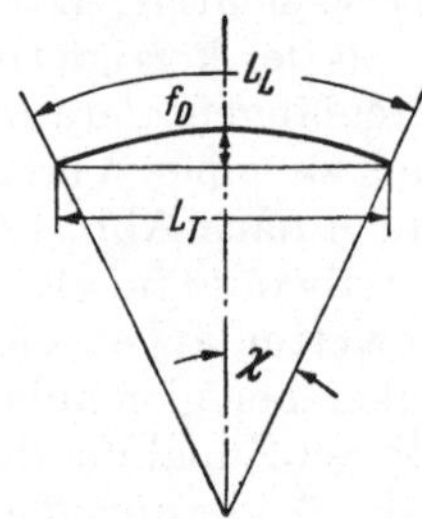

Abb. 189. Der Zusammenhang zwischen Achsabstand und Durchhang   Abb. 190. Der Zusammenhang zwischen dem Trummlängenverhältnis und dem relativen Durchhang

schiebung des Achsabstandes, dann betragen die Längen des belasteten Trumms für den Trieb mit gestrecktem und einem durchhängenden Leertrumm:

$$L_{T_0} = a_0 \cos\varepsilon_0 \; ; \qquad L_T \approx a \cos\varepsilon_0 \, . \tag{258}$$

Aus der Bedingung, daß die Kettenlänge in beiden Fällen unverändert bleibt, läßt sich ein Zusammenhang zwischen der bezogenen Achsabstandsänderung und dem Verhältnis von Leer- zu Lasttrummlänge herleiten:

$$2\,L_{T_0} = L_T + L_L = -L_T + 2\,L_T + L_L = 2a_0 \cos\varepsilon_0 ,$$

$$L_{T_0} - L_T = \frac{L_T}{2}\left(\frac{L_L}{L_T} - 1\right) = (a_0 - a)\cos\varepsilon_0 ,$$

$$L_{T_0} = \frac{L_T}{2}\left(\frac{L_L}{L_T} + 1\right) = a_0 \cos\varepsilon_0 ,$$

$$\frac{\Delta a}{a_0} = \frac{a_0 - a}{a_0} = \frac{\dfrac{L_L}{L_T} - 1}{\dfrac{L_L}{L_T} + 1} \approx \frac{1}{2}\left(\frac{L_L}{L_T} - 1\right) = F \qquad \text{bei } \left(\frac{L_L}{L_T} \approx 1\right). \tag{249}$$

Über den halben Zentriwinkel χ des Kreisbogens des durchhängenden Leertrumms läßt sich eine Beziehung zwischen dem relativen Durchhang f_r (s. Gl.(155) und dem Verhältnis L_L/L_T nach Abb. 190 herleiten:

$$f_r = \frac{f_D}{L_T} = \frac{1 - \cos\chi}{2\sin\chi} \approx \frac{\chi^2/2}{2\chi} = \frac{\chi}{4} \, . \tag{250}$$

$$\frac{L_L}{L_T} = \frac{\chi}{\sin\chi} = \frac{4f_r}{\sin 4f_r} ,$$

$$F = \frac{1}{2}\left(\frac{L_L}{L_T} - 1\right) = \frac{1}{2}\left(\frac{4f_r}{\sin 4f_r} - 1\right). \tag{251}$$

Für die relativen Durchhänge bis 12% sind die Beiwerte F in Abb. 191 zusammengestellt. Der verringerte Achsabstand zum Einstellen eines gewünschten Durchhanges kann daher als Näherung berechnet werden zu:

$$a = a_0 \, (1 - F). \tag{252}$$

Die drei behandelten Einflüsse, die eine Korrektur des Achsabstandes erforderlich machen, ergeben zusammengefaßt den endgültigen Wert für den der Konstruktion zugrunde zu legenden Achsabstand von:

$$a = a_0 \, (1 + C) \, (1 + T) \, (1 - F). \tag{253}$$

Der korrigierte Achsabstand nach Gl. (253) braucht, wie erwähnt, nur dann bestimmt zu werden, wenn keine Einstellmöglichkeit für den Achsabstand und kein Spannrad für das Leertrumm vorgesehen werden soll. Im allgemeinen reicht die Berechnung des Achsabstandes nach Gl. (234). Der Beiwert F kann auch herangezogen werden, um den Durchhang zu bestimmen, der sich ergibt, wenn die Kettenlänge sich durch Verschleiß vergrößert hat. Bei Verschleiß der Kette steigen die auf den Kettenrädern befindlichen Kettenglieder auf einen Laufkreis, der größer als der Teilkreisdurchmesser ist. Die verschleißbedingte Vergrößerung der Trummlängen ergibt bei konstantem Achsabstand eine Zunahme des Kettendurchhanges. Da Trummlängen und Achsabstand zueinander proportional sind, ist die Wirkung des Kettenverschleißes auf den Durchhang die gleiche wie eine Verringerung des Achsabstandes.

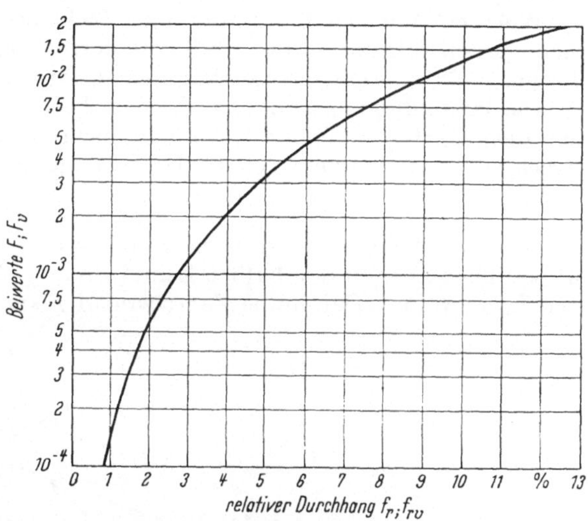

Abb. 191. Beiwerte für die Berechnung des Achsabstandes bei vorgegebenem Durchhang

Um einen bestimmten anfänglichen Durchhang f_r zu erreichen, wird eine Achsabstandsverringerung F nach Gl. (251) vorgesehen. Die Verschleißlängung $\Delta t/t$ entspricht einer weiteren Verringerung des Achsabstandes. Insgesamt ist der Achsabstand eines Kettentriebes mit einer durch Verschleiß vergrößerten Teilung $\Delta t/t$ also scheinbar um den Betrag $F_v = F + \Delta t/t$ verringert und man erhält einen Durchhang der verschlissenen Kette f_{rv} nach folgender Beziehung:

$$F_v = F + \Delta t/t = \frac{1}{2} \left(\frac{4 f_{rv}}{\sin 4 f_{rv}} - 1 \right). \tag{254}$$

Die Gl. (254) ist zweckmäßig mit Hilfe der Abb. 191 nach dem relativen Durchhang aufzulösen.

Zahlenbeispiel

17. Aufgabe: Ein Kettentrieb mit der Trummlänge $L_T = 400$ mm wird so eingestellt, daß sich ein anfänglicher Durchhang von $f_r = 1\%$ ergibt. Wie groß ist der relative Durchhang f_{rv} und der absolute Durchhang f_v der verschlissenen Kette, wenn die mittlere Einzelteilung um 1% durch Verschleiß vergrößert ist?

Lösung: Bei Beginn der Laufzeit beträgt:

$$F = 1{,}4 \cdot 10^{-4} \text{ bei } f_r = 1\% \qquad\qquad \text{nach Abb. 191}$$

Nach einem Verschleiß von $\Delta t/t = 1\%$ betragen

$$F_v = F + \Delta t/t = 0{,}00014 + 0{,}01 = 0{,}01014$$
$$f_{rv} = 8{,}8\% \text{ bei } F_v = 0{,}01014 \qquad\qquad \text{nach Abb. 191}$$
$$f_v = f_{rv}\, L_T = 0{,}088 \cdot 400 = 35{,}2 \text{ mm.}$$

Wenn ein Verschleiß von 1% ohne Nachstellung des Achsabstandes aufgenommen werden soll, muß also der Schutzkasten der Kette mindestens 35,2 mm von der gestreckten Lage des Leertrumms entfernt sein.

Die Umschlingungswinkel β, die den Bereich kennzeichnen, in dem die Kette mit dem Kettenrad kämmt, können nach Abb. 192 bestimmt werden. Bei gestreckten Trummen betragen die Umschlingungswinkel:

$$\beta_1 = 180° - 2\varepsilon_0; \quad \beta_2 = 180° + 2\varepsilon_0. \tag{255}$$

Bei Durchhang des nicht belasteten Trumms verringern sich die Umschlingungswinkel ungefähr um den halben Zentriwinkel χ des Kreisbogens des durchhängenden Leertrumms. Der halbe Zentriwinkel χ kann näherungsweise nach Gl. (250)

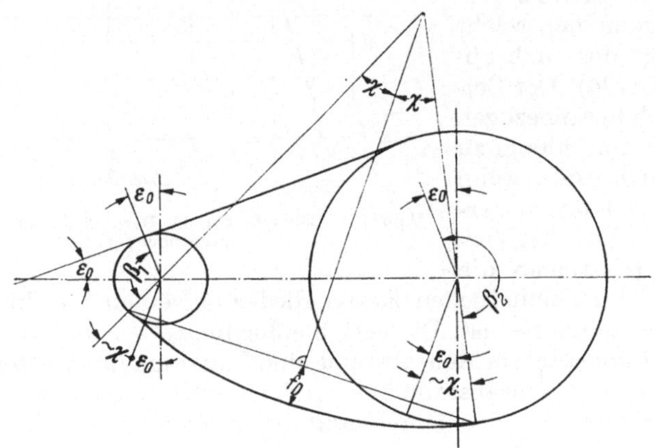

Abb. 192. Der Zusammenhang zwischen dem Umschlingungswinkel und dem Durchhang

errechnet werden zu $\chi = 4 f_r$. Damit betragen die Umschlingungswinkel mit Berücksichtigung des Durchhanges des Leertrumms:

$$\beta_1 = 180° - 2\varepsilon_0 - \frac{180}{\pi} 4 f_r \qquad \beta_2 = 180° + 2\varepsilon_0 + \frac{180}{\pi} 4 f_r. \tag{256}$$

Zahlenbeispiel

18. **Aufgabe:** Für den sog. Standardkettentrieb mit folgenden Daten:

$z_1 = 19$ Zähne; $z_2 = 57$ Zähne; $t = 25{,}4$ mm; $T = 0{,}0006$; $P/P_B = 0{,}028$;
$c_{\text{rel}} = 70$; $f_r = 0{,}02$

und einen beabsichtigten Achsabstand von $a_0' = 40 t$ sind festzulegen bzw. zu berechnen:

1. Die gesamte (gerade) Gliederzahl der Kette.
2. Der genaue Achsabstand.
3. Die Trummlänge und der Gliederzahlbeiwert ξ [s. Gl. (101)].
4. Die Umschlingungswinkel.

Lösung:

1. Die Wahl der Gliederzahl

$$X' = 2\frac{a_0'}{t} + \frac{z_1 + z_2}{2} + \left(\frac{z_2 - z_1}{2\pi}\right)^2 \frac{t}{a_0'} \qquad \text{nach Gl. (233)}$$

$$X' = 2 \cdot 40 + \frac{19 + 57}{2} + \left(\frac{57 - 19}{2\pi}\right)^2 \frac{1}{40} = 118{,}91 \text{ Glieder}.$$

Es werden 120 Glieder gewählt.

2. Der genaue Achsabstand

$$a_0 = \frac{t}{4}\left[\left(X - \frac{z_1 + z_2}{2}\right) + \sqrt{\left(X - \frac{z_1 + z_2}{2}\right)^2 - 2\left(\frac{z_2 - z_1}{\pi}\right)^2}\right] \qquad \text{nach Gl. (234)}$$

$$a_0 = \frac{25{,}4}{4}\left[\left(120 - \frac{19 + 57}{2}\right) + \sqrt{\left(120 - \frac{19 + 57}{2}\right)^2 + 2\left(\frac{57 - 19}{\pi}\right)^2}\right] = 1029{,}94 \text{ mm}$$

$$n_{01} = 6{,}0755; \quad n_{02} = 18{,}1529 \qquad \text{s. Tab. 21}$$

$$\sin\varepsilon_0 = \sin\frac{t(n_{02} - n_{01})}{2a_0} = \sin\frac{25{,}4\,(18{,}1529 - 6{,}0755)}{2 \cdot 1029{,}94} = 0{,}148924 \qquad \text{nach Gl. (240)}$$

$$\varepsilon_0 = 8{,}56457°; \quad \cos\varepsilon_0 = 0{,}988849$$

$$a_{0;W_0} = \frac{t}{2\cos\varepsilon_0}\left(X - \frac{z_1 + z_2}{2} - \frac{\varepsilon_0(z_2 - z_1)}{180}\right) \qquad \text{nach Gl. (239)}$$

$$a_{0;W_0} = \frac{25{,}4}{2 \cdot 0{,}988849}\left(120 - \frac{19 + 57}{2} - \frac{8{,}56457\,(57 - 19)}{180}\right) = 1029{,}9 \text{ mm}$$

$$T = 0{,}0006$$

$$C = \frac{P}{2P_B c_{\text{rel}}} = \frac{0{,}028}{2 \cdot 70} = 0{,}0002 \qquad \text{nach Gl. (246)}$$

$$F = \frac{1}{2}\left(\frac{4f_r}{\sin 4f_r} - 1\right) = \frac{1}{2}\left(\frac{4 \cdot 0{,}02}{\sin 4 \cdot 0{,}02} - 1\right) = 0{,}00054 \qquad \text{nach Gl. (251)}$$

$$a = a_0(1 + T)(1 + C)(1 - F) = 1029{,}9 \cdot 1{,}0006 \cdot 1{,}0002 \cdot 0{,}99946 = 1030{,}2 \text{ mm}$$
$$\text{nach Gl. (253)}$$

3. Trummlänge und Gliederzahlbeiwert

$$L_T = a\cos\varepsilon_0 = 1030{,}2 \cdot 0{,}988849 = 1018{,}7 \text{ mm} \qquad \text{nach Gl. (218)}$$

$$\frac{X_T}{2} = \frac{L_T}{t} = \frac{1018{,}7}{25{,}4} = 40{,}11 \text{ Gl} \qquad \text{nach Gl. (235)}$$

$$\xi = 0{,}11 \quad \text{s. Gl. (101)}$$

4. Umschlingungswinkel

$$\beta_1 = 180 - 2\varepsilon_0 - \frac{180}{\pi}4f_r = 180° - 2 \cdot 8{,}56 - \frac{180}{\pi} \cdot 4 \cdot 0{,}02 = 158{,}3° \qquad \text{nach Gl. (255)}$$

$$\beta_2 = 180 + 2\varepsilon_0 - \frac{180}{\pi}4f_r = 180° + 2 \cdot 8{,}56 - \frac{180}{\pi} \cdot 4 \cdot 0{,}02 = 192{,}5° \qquad \text{nach Gl. (255)}$$

Für die Berechnung der Gliederzahl bei Kettentrieben mit mehr als zwei Kettenrädern lassen sich von Fall zu Fall entsprechende Gleichungen herleiten. Da diese aber recht unhandlich werden, ist es allgemein üblich, die erforderliche Gliederzahl für Kettentriebe mit mehreren Kettenrädern auf graphischem Wege zu bestimmen. Das grundsätzliche Verfahren ist der Abb. 193 zu entnehmen. Dort ist ein Kettentrieb mit drei Rädern gezeigt, wobei alle Räder innerhalb der Kette liegen. Für die Bestimmung der Gliederzahl der Kette werden die Teilkreisdurchmesser der Räder an den für sie vorgesehenen Stellen dargestellt. Die gesamte Gliederzahl der Kette kann dann mit Hilfe der Trummlängen L_{T_i} und der Umschlingungswinkel β_i berechnet werden zu:

$$X' = \frac{1}{t} \sum_i L_{T_i} + \sum_i \frac{\beta_i z_i}{360}. \tag{257}$$

Die so errechnete Gliederzahl ist im allgemeinen nicht ganzzahlig. Sie ist aufzurunden auf die nächstgrößere, möglichst gerade ganze Zahl. Das Verfahren ist ausreichend genau, wenn eine Nachstellbarkeit eines der drei Räder gegeben ist

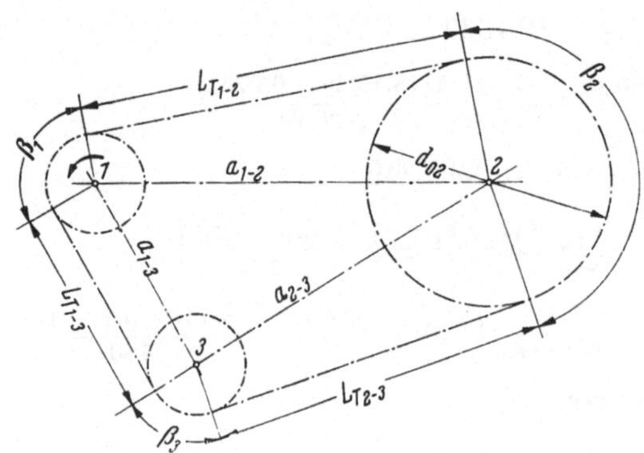

Abb. 193. Die graphische Ermittlung der Gliederzahl einer Kette bei Verwendung mehrerer Kettenräder

oder ein Spannrad vorgesehen wird. Andernfalls sind die Achsabstände oder die Zähnezahlen zu verändern, bis ein richtiger Durchhang des nicht belasteten Trumms erreicht ist.

Die Genauigkeit des graphischen Verfahrens ist nur ausreichend, wenn die Konstruktion genügend groß durchgeführt wird. Der Maßstab sollte möglichst größer als 1 : 10 sein. Die Genauigkeit der Teilkreisdurchmesser kann mit einem Stechzirkel kontrolliert werden. Die Einstellung des Stechzirkels auf das Maß der Teilung wird geprüft, indem eine gerade Strecke von etwa 20–30 Teilungen abgeschritten wird. Mit dem so eingestellten Zirkel müssen auf dem Teilkreisdurchmesser eine der Zähnezahl des Rades entsprechende Anzahl von Teilungen untergebracht werden.

Für den Sonderfall, daß alle Kettenräder eines Mehrradtriebes die gleichen Zähnezahlen haben, kann die gesamte Gliederzahl der Kette auf einfache Weise bestimmt werden, wenn alle Kettenräder innerhalb des Kettenstranges liegen. In diesem Fall beträgt die Gliederzahl der Kette:

$$X' = \frac{1}{t} \sum_i a_i + z. \tag{258}$$

IV. Die praktische Auslegung von Kettentrieben

Nachdem in den ersten Abschnitten die einzelnen Teilfragen der Kettentechnik ausführlich behandelt wurden, soll im folgenden Kapitel eine knappe Zusammenfassung der wichtigsten Angaben für die praktische Auslegung eines Kettentriebes gebracht werden. Es werden die technischen Daten und Konstruktionsrichtlinien, die Gleichungen und Berechnungsverfahren, die Tabellen und Zahlenbeispiele zusammengestellt. Mit den Angaben des folgenden Abschnitts werden nur die normalen Anwendungsfälle eines Kettentriebes berücksichtigt. Bei extremen Anforderungen ist die ausführlichere Darstellung der vorhergehenden Kapitel zu beachten.

A. Technische Daten und Konstruktionsrichtlinien

Kettenauswahl

a) *Lastketten*

Hochbelastete Triebe mit kleinen Kettengeschwindigkeiten bis 0,3 m/sek.

Bolzenketten nach DIN 8150, 8151, 8152, 8156, 8157.

b) *Treibketten und Förderketten*

Triebe mit mittlerer Belastung und Kettengeschwindigkeit bis 4 m/sek.

Buchsenketten nach DIN 8164, 8165, 8171, 8175, 8176, 8177, 686, 654, 15263.
Rollenketten nach   DIN 8181, 8165, 8184, 8185.

c) *Getriebeketten*

Triebe mit mittlerer Belastung und Kettengeschwindigkeit bis 24 m/sek.
Buchsenketten nach DIN 73232, 8188.
Rollenketten   nach DIN 8180, 8187, 8188.
Zahnketten   nach DIN 8190 und Werksnorm.

Normblattverzeichnis s. Abschn. II. A. 2,6; Maßblätter s. Abschn. IV. D.

Für die Kettenauswahl gilt folgende allgemeine Regel:

Drehzahl	Zugkraft	Teilung	Kettenstränge
hoch	groß	klein	Mehrfach
hoch	mittel	klein	Einfach
niedrig	groß	groß	Mehrfach
niedrig	mittel	groß	Einfach

Bei Zahnketten ist die Mehrfachausführung durch größere Kettenbreite ersetzt.

Kettenfestigkeit

Mindestbruchlast	P_B (nach DIN und Werksangaben);
Dauerstandfestigkeit	$P_{L-s} \sim 0,8\,P_B$;
Streckgrenze	$P_{0,2} \sim 0,6\,P_B$;
Elastizitätsgrenze	$P_{0,01} \sim 0,4\,P_B$;
Dauerschwellfestigkeit	$P_D \sim 0,2\,P_B$;
Zulässige Gelenkflächenpressung	p_{zul} schwankt zwischen 20 kp/cm² bei Warmbetrieb oder starker Verschmutzung und 400 kp/cm² bei günstigen Verhältnissen (Abschn. III. C).

Zähnezahl der Kettenräder

Allgemein gilt:

Zähnezahl kleiner als 17 Zähne möglichst vermeiden. Ungerade Zähnezahlen bevorzugen (geringerer Radverschleiß). Mit wachsender Kettengeschwindigkeit und Gelenkflächenpressung größere Zähnezahl des Ritzels wählen. Sonst Auswahl nach folgender Tabelle.

Zähnezahl	v	Anwendung
6– 7		Schafträder für handbetriebene Verstellgetriebe
8– 10	< 1 m/s	Für gering belastete Ketten mit $t < 16$ mm
11– 13	< 4 m/s	Für mittlere Belastung und $t < 20$ mm
14– 16	< 7 m/s	Für mittlere Belastung
17– 25	< 24 m/s	Für normale Kleinräder
38– 70		Für normale Großräder
70–120		Obere Grenze der üblichen Großräder
120–150		möglich, aber nicht empfohlen

Handelsübliche Zähnezahlen sind:

für Kleinräder	13, 15, 17, 19, 21, 23, 25 Zähne
für Großräder	38, 57, 76, 95, 114 Zähne

Für Zahnkettenräder ist als Mindestzähnezahl 13 bzw. 15 Zähne einzuhalten.

Herstellung der Kettenräder

Radkörper:	gegossen, geschmiedet, geschweißt, gedreht
Verzahnung:	wälzfräsen, zahnlückenfräsen, stoßen, kopierfräsen oder gießen

Trieblage

Horizontale Lage der Trumme ist vorteilhaft. Neigung des Triebs bis zu 60° zur Horizontalen ohne Hilfseinrichtungen ist möglich. Bei vertikaler Lage der Trumme Spannrad oder Spannschiene verwenden. Horizontale Lage der Wellen ist allgemein üblich. Vertikale Lage der Wellen ist nur bei kleinen Kettengeschwindigkeiten und sorgfältiger Auslegung möglich.

Drehzahlen

Obere Grenze der Drehzahlen wird bei Verwendung von Rollenketten oder Zahnketten mit kleiner Teilung ($t < 12{,}7$ mm) und Ritzelzähnezahlen von etwa 25 Zähnen bei guter Schmierung und günstiger Auslegung erreicht. Als Spitzenwerte der Drehzahlen für nicht kontinuierlichen Betrieb und verkürzte Lebensdauer werden angegeben:

$$n_{max} = 10000 \text{ U/min bei } t = \ 9{,}525 \text{ mm}$$
$$n_{max} = \ 8000 \text{ U/min bei } t = 12{,}7 \ \ \ \text{ mm}$$

Für die Grenzdrehzahlen bei normalem Betrieb s. Abschn. III. B. 11.

Kettengeschwindigkeit

Mit wachsender Kettengeschwindigkeit nehmen die Einlaufstöße und der Fliehzug zu. Der Fliehzug ist von 7 m/sek Kettengeschwindigkeit an zu berücksichtigen.

Für Rollenketten und Zahnketten gilt nahezu unabhängig von der Kettenteilung bei ausreichender Schmierung und günstiger Auslegung:

Kettengeschwindigkeit

7 m/s	günstig
12 m/s	normal
24 m/s	möglich
35 m/s	Spitzenwert

Mit wachsender Kettengeschwindigkeit ist die Zähnezahl des Ritzels bis auf 25 Zähne zu erhöhen.

Übertragbare Leistung

Für den Standardtrieb mit $z_1 = 19$ Zähne, $i = 3$ und $a = 40t$, günstiger Schmierung, schwingungs- und stoßfreiem Betrieb und einer normalen Lebensdauer im Maschinenbau von 10000 h liegen die übertragbaren Leistungen bei Verwendung von Rollenketten etwa in folgenden Grenzen:

Strangzahl	Grenzdrehzahl	Teilung	Leistung
Einfach	4500 U/min	9,525 mm	4 PS
Einfach	250 U/min	76,2 mm	300 PS
12fach	4500 U/min	9,525 mm	48 PS
12fach	250 U/min	76,2 mm	3600 PS

Wirkungsgrad

Der Wirkungsgrad von Kettentrieben hängt von fast allen Betriebsgrößen und den Kettenabmessungen ab. Leistungsverlust tritt im wesentlichen auf durch Reibung im Kettengelenk und durch reibungsbehaftetes Atmen der Preßverbindungen. Gemessene Werte liegen zwischen 92 und 99%.

Achsabstand

Der normale Achsabstand liegt zwischen $20t$ und $80t$. Der kleinste Achsabstand ist durch die Bedingung bestimmt, daß die Kopfkreisdurchmesser sich nicht berühren dürfen und daß die Umschlingungswinkel ausreichen müssen. Bei größeren Achsabständen als 2,5 m sind Stützschienen und Führungen für die Trumme zu empfehlen. Die Laufruhe wird bei kleinen Achsabständen verbessert. Größere Achsabstände ergeben einen geringeren Verschleiß. Es ist vorteilhaft, den Achsabstand einstellbar auszulegen. Der Nachstellweg soll etwa $1,5t$ betragen. Wenn keine Einstellmöglichkeit gegeben ist, sind Spannräder von Vorteil, wenn auch nicht notwendig. Der Achsabstand soll so gewählt werden, daß eine gerade Gliederzahl der Kette sich ergibt (Ausnahme: Zahnketten, Rotaryketten).

Übersetzungsverhältnis

Das Übersetzungsverhältnis ist nach oben begrenzt durch die kleinste empfohlene Zähnezahl des Ritzels von 15 Zähnen und die größte noch zulässige Zähnezahl des Großrades von 150 Zähnen. Kleinere Zähnezahlen des Ritzels ergeben eine verstärkte Vieleckwirkung, größere Zähnezahlen des Großrades ergeben eine zu geringe Aufnahmefähigkeit der Verzahnung für verschlissene Ketten. Daher gilt:

Übersetzungsverhältnis

$i < 5$	günstig
$i < 7$	normal
$i < 10$	möglich

Umschlingungswinkel

Ein genügend großer Umschlingungswinkel ist für eine sichere Kraftübertragung zwischen Kette und Kettenrad erforderlich. Andernfalls muß mit einem Springen der Kette über die Verzahnung oder einem unruhigen Lauf des Triebes gerechnet werden. Es gilt als Richtwert:

Umschlingungswinkel
$$\boxed{\begin{aligned} \beta &> 150° \quad \text{günstig} \\ \beta &> 120° \quad \text{normal} \\ \beta &> 90° \quad \text{möglich} \end{aligned}}$$

Umlenkräder sollen mit mindestens drei Zähnen in das Kettentrumm eingreifen.

Durchhang

Bei frei hängendem Leertrumm ist ein relativer Durchhang von 1–2% der Trummlänge erforderlich, um Blindlasten durch die Vieleckwirkung der Kettenräder zu vermeiden. Verschlissene Ketten ergeben einen größeren Durchhang. Schutzkästen sind entsprechend weit vom Kettentrumm entfernt anzubringen.

Montage

Vor Auflegen der Kette Plan- und Taumelschlag der Räder kontrollieren. Genaues Fluchten der Kettenräder ist notwendig.

Schwingungen

Transversale Schwingungen der Trumme und Drehschwingungen des Triebes können auftreten. Sie werden erregt durch die Vieleckwirkung der Kettenräder, durch die Rundlauffehler der Verzahnung, durch Einzelteilungsfehler der Kette, durch schwergängige Glieder, bei falscher Dimensionierung der Kettenräder und durch die Kraft- bzw. Arbeitsmaschine. Es ist vorteilhaft, die Trummlänge gleich einem ganzzahligen Vielfachen der Kettenteilung zu wählen.

Schmierung

In einfachen Fällen und bei auftretender Verschmutzung wird die gesäuberte Kette in regelmäßigen Abständen in erwärmtes Kettenfett getaucht. Für kontinuierliche Schmiermittelzufuhr kommen infrage: Schmieren mit Ölpinsel von Hand, mit Tropfölern, durch Tauchschmierung mit oder ohne Spritzscheibe, Druckumlaufschmierung mit oder ohne Ölkühlung. Schmiermittel für kontinuierliche Schmiermittelzufuhr sollen bei Betriebstemperaturen etwa 3–5 °E haben. Haftzusätze und Molybdänsulfid können empfohlen werden. Die Art der Schmiermittelzufuhr ist nach der jeweiligen Kettengeschwindigkeit zu wählen. Es gilt:

Kettengeschwindigkeit	günstig	zulässig
bis 4 m/sek	Tropföler	Ölen von Hand
bis 7 m/sek	Tauchschmierung	Tropföler
bis 12 m/sek	Druckumlaufschmierung	Tauchschmierung
über 12 m/sek	Druckumlaufschmierung mit Ölkühlung	Druckumlaufschmierung

B. Formelsammlung für die Berechnung eines Zweiradkettentriebes[1]

	Bezeichnung	Symbol	Dim.	Gleichung (Hinweise)
Grundgrößen	Kettenteilung	t	mm	
	Innere Kettenbreite	b_1	mm	
	Rollendurchmesser	d_1	mm	
	Strangzahl (Mehrfachkette)	m		
	Arbeitsbreite (Zahnkette)	b	mm	
	Gelenkfläche	f	cm²	
	Rundlauffehler	$2e$	mm	s. Abb. 122
	Trägheitsmoment	Θ	kp mm s²	(auf Radwellen bezogen)
	Erdbeschleunigung	g	m/s²	$g = 9{,}81$
	Metergewicht	q	kp/m	
Betriebsgrößen	Leistung	N	PS	$N = \dfrac{Pv}{75} = \dfrac{M_{d_1} n_1}{71\,620} = \dfrac{M_{d_2} n_2}{71\,620}$
	Drehmoment	M_d	kp cm	$M_{d_1} = 71\,620 \dfrac{N}{n_1}; \quad M_{d_2} = 71\,620 \dfrac{N}{n_2}$
	Drehzahl	n	U/min	
	Kettengeschwindigkeit	v	m/sek	$v = \dfrac{\pi d_{0_1} n_1}{60\,000} = \dfrac{d_{0_1} n_1}{19\,100} = \dfrac{d_{0_2} n_2}{19\,100}$
	Übersetzungsverhältnis	i		$i = \dfrac{z_2}{z_1} = \dfrac{d_{0_2}}{d_{0_1}} = \dfrac{M_{d_2}}{M_{d_1}} = \dfrac{n_1}{n_2}$
	Zähnezahl	z		
	Teilkreisdurchmesser	d_0	mm	$d_0 = \dfrac{t}{\sin \dfrac{180}{z}} = \dfrac{t}{\sin \alpha} = t\,n_0$
	Zähnezahlfaktor	n_0		$n_0 = \dfrac{1}{\sin \dfrac{180}{z}} = \dfrac{1}{\sin \alpha}$ \quad s. Tab. 21
	Teilungswinkel	2α	°	$2\alpha = \dfrac{360}{z}$
Ketten- und Lagerbelastung	Zugkraft	P	kp	$P = \dfrac{20\,M_{d_1}}{d_{c_1}} = \dfrac{20\,M_{d_2}}{d_{c_2}}$
	Fliehzug	P_f	kp	$P_f = \dfrac{q\,v^2}{g} = p_f\,f$ \quad s. Abb. 138
	Stützzug (Trumm horizontal)	P_{st}	kp	$P_{st} = \dfrac{q\,L_T^2}{8\,000\,f_D}$
	Stützzug (Trumm geneigt) am oberen Rad	$P_{st;o}$	kp	$P_{st;o} = P_{st-s;o}\,q\,\dfrac{L_T}{1\,000}$
	Stützzug (Trumm geneigt) am unteren Rad	$P_{st;u}$	kp	$P_{st;u} = P_{st-s;u}\,q\,\dfrac{L_T}{1\,000}$
	Spezifischer Stützzug	P_{st-s}	kp	s. Abb. 196
	Gesamte Zugkraft	P_G	kp	$P_G = P + P_f + P_{st}$
	Äußere dynamische Belastung	P_s	kp	$P_s = P_G (Y - 1)$
	Stoßbeiwert	Y		s. Tab. 18
	Innere dynamische Belastung	$\tilde{P}$	kp	s. Gl. (87/103/120)
	Lagerbelastung	P_L	kp	$P_L = (P + P_{st})\,Y -\!\mid\rightarrow P_{st}$ $\approx (P + 2\,P_{st})\,Y$

[1] Für die Berechnung der Verzahnung s. Abschn. II. B. 4 und III. D. In sinnvoller Anwendung ist der Index 1 für das kleinere Rad, der Index 2 für das größere Rad benutzt worden.

	Bezeichnung	Symbol	Dim.	Gleichung (Hinweise)		
Steifigkeit und Festigkeit	Mindestbruchlast	P_B	kp	s. Tab. 13–17 s. DIN-Blätter und Kataloge		
	Streckgrenze	$P_{0,2}$	kp	$\approx 0,6\,P_B$		
	Dauerschwellfestigkeit	P_D	kp	$\approx 0,2\,P_B$		
				Gleichung	Bereich	Richtwert
	Sicherheit gegen statischen Bruch	S_B		$S_B = \dfrac{P_R}{P_G Y}$	$5 \div 20$	7
	Sicherheit gegen Dauerbruch	S_D		$S_D = \dfrac{P_D}{P_G Y}$	$1,5 \div 4$	2
	Sicherheit gegen plastische Verformung	$S_{0,2}$		$S_{0,2} = \dfrac{P_{0,2}}{P_G Y}$	$2,5 \div 1o$	4
	Trummsteifigkeit	c	kp/mm	$c = \dfrac{c_{\mathrm{rel}} P_B}{L_T} = \dfrac{c_{\mathrm{spez}}}{L_T}$		
	spezifische Steifigkeit	c_{spez}	kp	$c_{\mathrm{spez}} = c_{\mathrm{rel}} P_B = c\,L_T$		
	relative Steifigkeit	c_{rel}		$c_{\mathrm{rel}} = \dfrac{c\,L_T}{P_B} = \dfrac{c_{\mathrm{spez}}}{P_B}$ s. Abb. 87		
Geometrie	Achsabstand (1. Annahme)	a_0'	mm			
	Gliederzahl (bei a_0')	X'		$X' = 2\,\dfrac{a_0'}{t} + \dfrac{z_1 + z_2}{2} + \left(\dfrac{z_2 - z_1}{2\pi}\right)^2 \dfrac{t}{a_0'}$		
	Gliederzahl (gewählt)	X		möglichst gerade Zahl, außer bei Rotary- oder Zahnketten		
	Achsabstand (wenn einstellbar oder Spannrad)	a_0	mm	$a_0 = \dfrac{t}{4}\left[\left(X - \dfrac{z_1 + z_2}{2}\right) + \sqrt{\left(X - \dfrac{z_1 + z_2}{2}\right)^2 - 2\left(\dfrac{z_2 - z_1}{\pi}\right)^2}\,\right]$		
	Trummneigungswinkel	ε_0	°	$\sin \varepsilon_0 = \dfrac{t\,(n_{02} - n_{01})}{2\,a_0}$		
	Achsabstand (genau)	a	mm	$a = \dfrac{t}{2\cos\varepsilon_0}\left[X - \dfrac{z_1 + z_2}{2} - \dfrac{\varepsilon_0\,(z_2 - z_1)}{180°}\right] \times (1 + C)(1 + T)(1 - F)$		
	Kettenlängentoleranz	T		Richtwert 0,0006		
	Beiwert (Dehnung)	C		$C = \dfrac{1}{2}\,\dfrac{P}{P_B\,c_{\mathrm{rel}}}$		
	Beiwert (Durchhang)	F		$F = \dfrac{1}{2}\left(\dfrac{4\,f_r}{\sin 4\,f_r} - 1\right)$		
	Durchhang	f_D	mm	$f_D = f_r\,L_T$		
	relativer Durchhang	f_r		$f_r = \dfrac{f_D}{L_T}$ $(\sim 1 \div 2\%)$		
	Durchhang nach Verschleiß	f_v	mm	s. Gl. (254) und 17. Aufgabe (S. 173)		
	Trummlänge	L_T	mm	$L_T = a\cos\varepsilon_0 \approx a_0 \cos\varepsilon_0$		
	Umschlingungswinkel	β	°	$\beta_1 = 180 - 2\,\varepsilon_0 - \dfrac{180}{\pi}\,4\,f_r$ $\beta_2 = 180 + 2\,\varepsilon_0 - \dfrac{180}{\pi}\,4\,f_r$		

	Bezeichnung	Symbol	Dim.	Gleichung (Hinweise)
Auswahl-Getriebeketten	Erforderliche Zahnkettenbreite	b_{erf}	mm	$b_{\mathrm{erf}} = \dfrac{N}{N_0' C_s C_{st}}$
	Bezugsleistung-Zahnkette	N_0'	PS/mm	s. Abb. 195
	Erforderliche Strangzahl für Rollenketten	m_{erf}		$m_{\mathrm{erf}} = \dfrac{N}{N_0 k C_s}$
	Bezugleistung-Rollenkette	N_0	PS	$N_0 = \dfrac{N}{k C_s}$ s. Abb. 194
	Leistungsfaktor	k		s. Tab. 19
Verschleiß-Rollenketten	Errechnete Gelenkflächenpressung	p_r	kp/cm²	$p_r = \dfrac{P_G}{f} \le p_{\mathrm{zul}}$
	Zulässige Gelenkflächenpressung Richtwert	p_{zul} $p_{0\,\mathrm{zul}}$	kp/cm² kp/cm²	$p_{\mathrm{zul}} = p_{0\,\mathrm{zul}} C_r C_s C_{st} C_K$ s. Tab. 20
	Reibwegfaktor	C_r		$C_r = \sqrt[3]{\dfrac{226\,i}{L_h}\left(\dfrac{a}{t\,(i+1)} \div 4{,}75\right)}$
	Beiwerte	C		$C_s\; C_{st}\; C_k$ s. Tab. 20
	Lebensdauer	L_h	h	$\sim 10000\,h$ für allgemeinen Maschinenbau $\sim 2000\,h$ für Kfz-Technik
Grenzwerte	Maximale Drehzahl für Rollenketten	$n_{\max}$	U/min	$n_{\max} = \dfrac{3750}{\zeta}\dfrac{d_1}{t}\sqrt{\dfrac{b_1 e_{st\text{-}zul}'}{t\,q}}$
	Maximale Drehzahl für Zahnketten	$n_{\max}'$	U/min	$n_{\max}' = \dfrac{27750}{\zeta'}\sqrt{\dfrac{b_1 e_{s\text{-}zul}'}{t\,q}}$
	Zulässige spezifische Stoßenergie	$e_{st\text{-}zul}'$	$\dfrac{\text{kp cm}}{\text{cm}^3}$	Rollenketten $\quad\sim 0{,}8$ Zahnketten, normal $\sim 0{,}075$ Zahnketten, Wiegegelenk $\sim 0{,}1$
	Stoßkoeffizienten	$\zeta\,\zeta'$		s. Abb. 159
	Es ist einzuhalten für Rollenketten			$P_{st} > P_{\mathrm{rest}}$
	Restkraft	P_{rest}		$P_{\mathrm{rest}} = P\left[\dfrac{\sin\gamma_W}{\sin(2\alpha + \gamma_W)}\right]^{\frac{\beta z}{360}}$
	Flankenwinkel, wirksam	γ_W		$\gamma_W = \gamma - \delta \approx \gamma$ s. Abb. 142
Kinematik	Ungleichförmigkeitsgrad durch Vieleckwirkung	δ	%	s. Abb. 107
	Ungleichförmigkeitsgrad durch Rundlauffehler $2e$	δ_e	%	$\delta_e < \dfrac{4_{e_1}}{d_{0\,1}}\dfrac{\eta + i}{i}$
Resonanzdrehzahlen	Resonanzdrehzahl-Welle 1–: Trummschwingung durch Vieleckwirkung erregt	$n_{T;\,z.\,1}$	U/min	$n_{T;\,z;\,1} = k_T\dfrac{93960}{z_1 L_T}\sqrt{\dfrac{P}{q}}$
	Drehschwingung durch Vieleckwirkung erregt	$n_{D;\,z;\,1}$	U/min	$n_{D;\,z;\,1} = \dfrac{15\,t}{\pi^2}\sqrt{\dfrac{c_{\mathrm{rel}} P_B}{L_T \Theta_1}(1 + i^2 j)}$
	Drehschwingung durch Rundlauffehler erregt	$n_{D;\,n;\,1}$	U/min	$n_{1,2;D;n;1} = \dfrac{15\,t\,z_{1,2}}{\pi^2}\sqrt{\dfrac{c_{\mathrm{rel}} P_B}{L_T \Theta_1}(1 + i^2 j)}$
	Drehschwingung durch Teilungsfehler erregt ($v = 1,2,3$)	$n_{D;\,U;\,1}$	U/min	$n_{v;D;U;1} = \dfrac{15\,t\,X}{\pi^2 v}\sqrt{\dfrac{c_{\mathrm{rel}} P_B}{L_T \Theta_1}(1 + i^2 j)}$
	Beiwert	k_T		$\sim 1{,}1 \div 1{,}2$
	Verhältnis	$\eta;\,j$		$\eta = \dfrac{e_2}{e_1};\quad j = \dfrac{\Theta_1}{\Theta_2}$

C. Die praktische Berechnung der Ketten für Kettentriebe

1. Lastketten $v < 0,3$ m/sek

Dimensionierung auf Sicherheit gegen statischen Bruch, gegen plastische Verformung oder gegen Dauerbruch.

$$\begin{aligned}
P_{B\,\text{erf}} &= S_B \; P_G Y \\
P_{0,2\,\text{erf}} &= S_{0,2} \, P_G Y \\
P_{D\,\text{erf}} &= S_D \; P_G Y
\end{aligned}$$

Anhalt für die zu wählenden Sicherheiten.

S	Bereich	Richtwert
S_B	5–20	7
$S_{0,2}$	2,5–10	4
S_D	1,5– 4	2

Anhalt für die Streckgrenze und Dauerschwellfestigkeit

$$P_{0,2} \sim 0,6\,P_B; \quad P_D \sim 0,2\,P_B.$$

2. Treibketten und Förderketten $v < 4$ m/sek

Dimensionierung auf Festigkeit (s. Lastketten)

Als Sicherheiten werden empfohlen,
für Stetigförderer mit gleichförmiger Belastung $\quad S_B \sim 6$;
für Stetigförderer mit ungleichförmiger Belastung $S_B \sim 6$–8.

Dimensionierung auf Verschleißfestigkeit

$$f_{\text{erf}} = \frac{P_G\,Y}{p_{\text{zul}}}$$

Anhalt für zulässige Gelenkflächenpressung p_{zul}.

Betriebsart	p_{zul} kp/cm²
Staubarm mit Schmierung	200
Staubarm bei mangelhafter Schmierung	100
Schmutzig mit Schmierung	100
Schmutzig bei mangelhafter Schmierung	50

Bei Warmbetrieb oder Trockenlauf kleinere Werte.

Anhalt für maximale Kettengeschwindigkeit (Ketten nach DIN 8164)

Kettenteilung t in mm	20	40	80	80	100
Kettengeschwindigkeit v in m/sek	4	3,5	3	2,5	2

3. Getriebeketten $v < 24$ m/sek

a) Zahnketten

Vorwahl der Kettenteilung und Zähnezahl nach folgender Tabelle

Kettenteilung in mm	9,53	12,7	15,88	19,05	25,4	38,1	50,8
Zähnezahl (günstig)	17–19	17–19	17–19	17–21	19–21	21–23	21–23
Zähnezahl (Kleinstwert)	13	13	13	13	15	17	17
Maximale Drehzahl (Buchsen-Zahnketten) U/min	3800	2750	2100	1600	1200	650	425
Maximale Drehzahl (Wiegegelenk) U/min	6000	4000	3000	2000	1500	750	600

Wenn das kleine Rad getrieben ist, soll die Zähnezahl des Ritzels etwa 23–25 Zähne für alle Teilungen betragen.

Dimensionierung der erforderlichen Kettenbreite (Zahnketten mit Wiegegelenk)

$$b_{\mathrm{erf}} = \frac{N}{N_0' C_{\mathrm{st}} C_s}$$

N_0' s. Abb. 295

$C_{\mathrm{st}} C_s$ s. Tab. 20

Wenn die erforderliche Kettenbreite kleiner ist als die kleinste Arbeitsbreite nach Tab. 17 ist eine Kette kleinerer Teilung zu wählen. Kleine Teilungen sind zu bevorzugen. Ist die erforderliche Breite größer als die größte Arbeitsbreite nach Tab. 17, sind zwei oder mehr getrennte Stränge parallel zu verwenden.

Für kleine Kettengeschwindigkeiten ($v < 1$ m/sek) werden die Zahnketten auf Sicherheit gegen statischen Bruch ausgelegt. Als Sicherheiten werden vorgeschlagen:

Kettengeschwindig-keit m/sek	0,9	0,8	0,7	0,6	0,5	0,4	0,3	0,3	0,1	0
Sicherheit S_s	11,5	11	10,5	10	9,5	9	8,5	8,5	7,5	7

Für die Zahnketten mit Buchsen wird eine Berechnung empfohlen, die sich an die Berechnung der Rollenketten anlehnt.

b) Rollenketten

Vorwahl der Zähnezahlen s. Abschn. IV. A

Vorwahl der Kettengröße

Berechnung der Bezugsleistung

$$N_0 = \frac{N}{k C_s}$$

k s. Tab. 19

C_s s. Tab. 20

In Abb. 294 ist mit der errechneten Bezugsleistung und der gewünschten Drehzahl eine passende Kette auszusuchen. Wenn keine passende Kette gefunden wird, ist eine Mehrfachkette einzusetzen. Für Mehrfachketten können die Bezugsleistungen vervielfacht werden.

Nachrechnung des Triebes:

Verschleißfestigkeit $p_r < p_{\mathrm{zul}} < p_{0\,\mathrm{zul}}\, C_r\, C_s\, C_{\mathrm{st}}\, C_k$

(s. Tab. 20)

Kettenfestigkeit s. Lastketten (Abschn. IV. C. 1).

Außerdem ist einzuhalten:

$$n < n_{\max} = \frac{3750}{\zeta} \frac{d_1}{t} \sqrt{\frac{b_1 e_{\text{st-zul}}}{t\,q}},$$

$$P_{\text{st}} < P_{\text{rest}} = P \left(\frac{\sin \gamma_w}{\sin (2\,\alpha + \gamma_w)} \right)^{\frac{\beta z}{360}}.$$

Geometrische Auslegung s. Formelsammlung und Abschn. III. E. Auslegung der Verzahnung s. Abschn. II. B. 3 und III. D. Kinematik s. Abschn. III. B. 3 und Formelsammlung. Schwingungen s. Abschn. III. B. 4–7 und Formelsammlung.

D. Tabellensammlung

Die folgenden Tabellen und Abbildungen geben eine Auswahl derjenigen Zahlenwerte, welche für die praktische Auslegung von Kettentrieben besonders wichtig sind.

Tabelle 13. *Die Gallketten* (nach DIN 8150 und 8151)

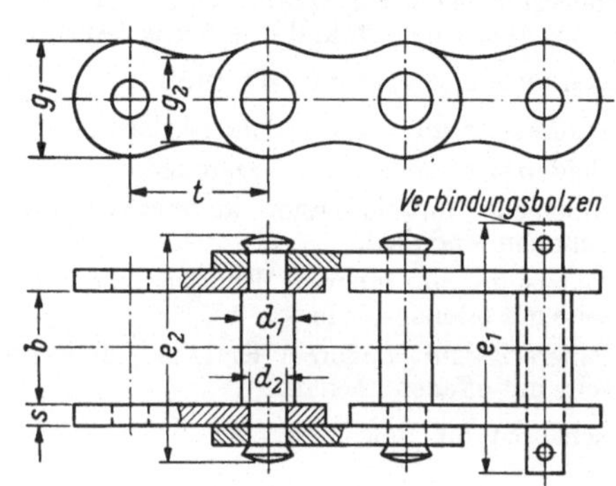

Gallketten

Auszug aus DIN 8150 und 8151.

(Jan. 1956; April 1946)

Bezeichnung einer Gallkette mit $t = 50$ mm und 24 Gliedern:

Gallkette 50×24 DIN 8151.

Zulässige Längenabweichung $+ 0,2\%$ bei Meßlänge $50 \times t$ und Meßlast $0,01 P_B$.

Mehrlaschige Ketten nur mit gerader Gliederzahl.

Laschen: St 60, Bolzen: St 50.

	t	b	d_1 h_{11}	d_2 $\frac{C_{11}}{h_{11}}$	e_1 ± 1	e_2 ± 1	g_1	g_2	s	*	Gelenkfläche f cm²	Mindestbruchlast P_B kp	Gewicht q kg/m
DIN 8151 (leicht)	20	8	4	3	19	17	8	5	1,5	2	0,09	250	0,26
	25	12	5	4	24	21	10	5	2	2	0,16	500	0,35
	35	15	8	6	32	27	15	9	2	2	0,24	1250	0,69
	40	18	10	8	41	35	18	10	3	2	0,48	2500	1,25
	50	20	11	9	57	50	22	13	6	2	1,08	4000	2,76
	60	22	12	10	60	52	26	17	6	2	1,20	6000	3,14
	70	25	14	12	65	57	30	19	6	2	1,44	8000	3,31
	80	30	17	14	69	62	35	22	6	2	1,68	10000	4,50
DIN 8150 (schwer)	3,5	2	2	1,3	–	7,5	3	2	0,65	2	0,017	75	0,07
	6	4	3	2,3	–	11	5	3	1	2	0,046	125	0,16
	8	6	3,5	2,5	16	13	7	5	1	2	0,05	150	0,25
	10	8	4	3	19	17	8	6	1,5	2	0,09	250	0,40
	15	12	5	4	26	24	12	9	2	2	0,16	500	0,70
	20	15	8	6	32	27	15	11	2	2	0,24	1250	1,10
	25	18	10	8	41	35	18	13	3	2	0,48	2500	1,75
	30	20	11	9	57	50	20	15	3	4	1,08	4000	3,40
	35	22	12	10	60	52	26	18	3	4	1,20	6000	4,5
	40	25	14	12	65	57	30	22	3	4	1,44	8000	4,7
	45	30	17	14	69	62	35	24	3	4	1,68	10000	6,4
	50	35	22	18	96	89	38	26	4,5	4	3,24	15000	10,6
	55	40	24	21	114	107	40	28	6	4	5,04	20000	15,5
	60	45	26	23	119	113	45	30	6	4	5,52	25000	18,0
	70	50	32	28	156	147	55	–	6	6	10,08	37500	33,5
	80	60	36	32	170	158	60	–	6	6	11,52	50000	38,2
	90	70	40	36	199	183	70	–	7	6	15,12	75000	53,0
	100	80	45	40	238	223	80	–	7	8	22,95	100000	76,6
	110	90	50	45	250	235	90	–	7	8	25,28	125000	90,0
	120	100	55	50	276	261	100	–	8	8	32,00	150000	112

* Laschenzahl; Maße in mm.

Tabelle 14. *Die Fleyerketten* (nach DIN 8152)

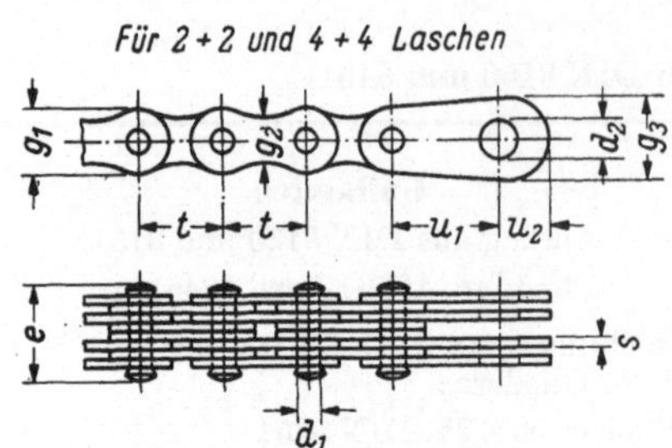

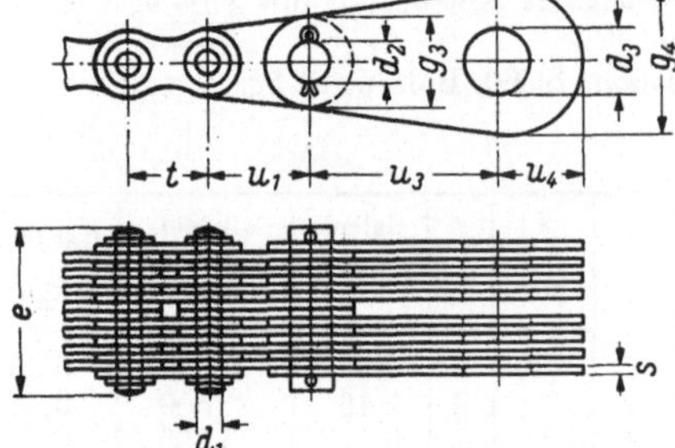

Fleyerketten

Auszug aus DIN 8152 (Jan. 1956).

Bezeichnung einer Fleyerkette A mit $t = 20$ mm, 41 normalen Gliedern und 6 + 6 Laschen:

Fleyerkette A 20×41×6 DIN 8152

A Beiderseits mit inneren Endgliedern.

B Beiderseits mit äußeren Endgliedern.

C Einerseits mit innerem, andererseits mit äußerem Endglied.

D Einerseits mit innerem Endglied, andererseits mit offenen Löchern.

E Einerseits mit äußerem Endglied, andererseits mit offenen Löchern.

Laschen St. 60, Bolzen St. 50

t	d_1 C 11 / h 11	d_2 A11	d_3 A11	$e \pm 1$ Laschenzahl 2+2	4+4	6+6	8+8	g_1	g_2	g_3	g_4	s	u_1	u_2	u_3	u_4	f^1 cm² je 2+2	P_B^1 kp je 2+2	q^1 kg/m je 2+2
8	2,5	6	–	7	12	–	–	7	5	16	–	1	15	10	–	–	0,05	150	0,18
10	3	6	10	10	16	23	–	8	6	16	20	1,5	15	10	25	12	0,09	250	0,32
15	4	8	12	12	21	29	–	12	9	18	25	2	20	11	30	15	0,16	500	0,59
20	6	10	16	13	22	30	–	15	11	20	35	2	25	12	45	21	0,24	1250	0,73
25	8	12	18	–	30	43	56	18	13	25	40	3	30	15	50	24	0,48	2500	1,23
30	9	14	22	–[2]	31	44	56	20	15	30	45	3	40	18	55	27	0,54	3000	1,38
40	12	18	26	–	31	44	57	30	22	40	50	3	50	24	60	30	0,72	4000	2,15
50	18	26	40	–	52	70	90	38	26	50	70	4,5	60	30	85	42	1,62	7500	4,30
60	23	36	60	–	66	90	116	45	30	60	100	6	70	36	120	60	2,76	12500	7,20

Maße in mm. [1] f = Gelenkfläche; P_B = Mindestbruchlast; q = Gewicht je Meter.

Die drei Angaben f, P_B und q sind auf die Laschenzahl 2 + 2 bezogen. Bei 4 + 4 Laschen gelten die zweifachen Werte usw.

[2] Diese Ketten werden nach der Norm nicht hergestellt.

Tabelle 15. Die Buchsenketten (nach DIN 8164)

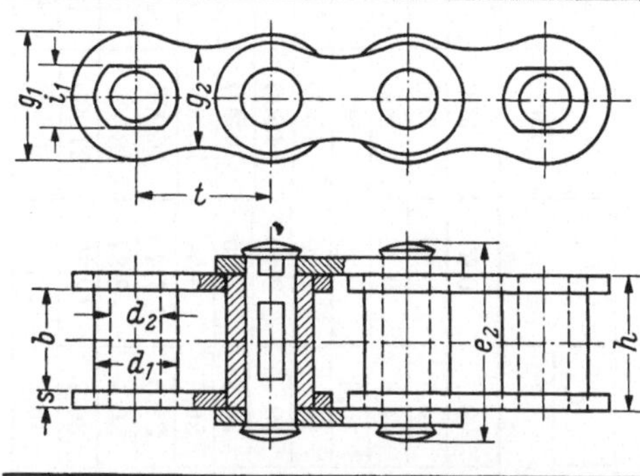

Buchsenketten

Auszug aus DIN 8164 (Juli 1948).

Bezeichnung einer Buchsenkette A mit $t = 60$ mm und 42 Gliedern.

Buchsenkette A 60×42 DIN 8164.

A mit geradem Verbindungsglied.

B mit gekröpftem Verbindungsglied.

Zulässige Längenabweichung $+ 0,2\%$ bei Meßlänge $50 \times t$ und Meßlast $0,01\,P_B$.

Laschen St. 60; Bolzen, Buchsen: C 15 E.

t	b	d_1	d_2	$e_1{}^3$ ± 1	e_2 ± 1	g_1	g_2	h Größt-maß	i_1 $\dfrac{\text{H }11}{\text{h }11}$	$i_2{}^2)$ $\dfrac{\text{H }11}{\text{h }11}$	s	f^1 cm²	$P_B{}^1$ kp	q^1 kg/m
15	14	9	6	32	26	14	12	18,5	7,9	5,3	2	1,11	1 250	1,21
20	16	12	8	38	34	19	15,5	23	10,6	6,9	3	1,84	2 500	2,15
25	18	15	10	43	36	24	19	25	13,3	8,8	3	2,50	3 150	2,55
30	20	17	11	49	43	28	21	29	15,1	9,7	4	3,19	4 000	4,00
35	22	18	12	54	45	30	23	31	16,0	10,6	4	3,72	5 000	4,30
40	25	20	14	61	54	35	25	36	17,9	12,4	5	5,04	6 300	5,50
45	30	22	16	70	64	40	27	43	19,8	14,2	6	6,88	8 000	7,55
50	35	26	18	79	70	44	31	48	23,6	16,0	6	8,64	10 000	9,04
55	45	30	20	99	90	48	32	63	27,4	17,9	8	12,60	12 500	13,6
60	50	32	22	104	96	54	37	68	29,3	19,8	8	14,96	16 000	14,9
65	55	36	26	113	101	60	42	73	33,1	23,8	8	18,98	20 000	18,9
70	65	42	30	131	120	66	47	87	38,9	27,4	10	26,10	25 000	24,7
80	70	44	32	150	134	75	52	96	40,8	29,3	12	30,72	31 500	31,0
90	80	50	36	160	144	85	58	106	46,6	33,1	12	38,16	40 000	41,8
100	90	56	42	170	155	95	64	116	52,5	38,9	12	48,72	50 000	48,4

Maße in mm.

[1] f = Gelenkfläche; P_B = Mindestbruchlast; q = Gewicht je Meter.
[2] i_2 = Maß der Abflachung am Bolzen. [3] e_1 = Größte Länge des Verbindungsbolzens.

Tabelle 16. *Die Rollenketten* (nach DIN 8180 und 8187)

Rollenketten

Auszug aus DIN 8180 (Febr. 1961) und 8187 (Aug. 1956).

Bezeichnung einer Zweifachrollenkette (2), mit $t = 25,4$ mm; $b_1 = 17,02$ mm und 100 Gliedern.
Rollenkette $2 \times 25,4 \times 17,02 \times 100$ DIN 8180.

Zulässige Längenabweichung $+ 0,15\%$ bei Meßlänge $50 \times t$ unter Meßlast; ($\sim 0,08 t^2$ bei Einfachketten, $0,15 t^2$ bei Zweifach- und $0,22 t^2$ bei Dreifachketten).

Für gekröpfte Glieder gilt die 0,8fache Bruchlast.

Werkstoff: Nach Wahl des Herstellers.

| | t | b_1 | b_2 | b_3 | d_1 | d_2 | e | g | f_1 | f_2 | f [1] | Einfachketten [2] | | |
| | | | | | | | | | | | | P_B [1] | Meßlast | q [1] |
		Kleinst-maß	Größt-maß	Kleinst-maß	h 10	D 10 / h 9			Größtmaß		cm²	kp	kp	kg/m
	6	2,8	4,1	4,2	4	1,85	–	5	4,7	3,7	0,07	300	3	0,12
	8	3	4,7	4,8	5	2,3	5,64	7,5	5,5	4,5	0,10	500	5	0,18
	12,7	3,3	5,6	5,8	7,75	3,65	–	10,5	6	4,8	0,22	800	13	0,40
		4,88	7,2	7,4	7,75	3,65	–	10,5	7,1	5,6	0,28	800	13	0,44
DIN 8180	25,4	17,02	25,45	25,75	15,88	8,27	31,88	24	24,5	18	2,10	4500	52	2,70
	(30)	17,02	25,45	25,75	15,88	8,27	–	24	24,5	18	2,10	4500	52	2,50
	31,75	19,56	29	29,3	19,05	10,17	36,45	27	27,7	20,3	2,95	5500	81	3,60
	38,1	25,4	37,92	38,32	25,4	14,63	48,36	36	37,2	26,6	5,54	12000	120	6,7
	44,45	30,99	46,58	47,08	27,94	15,87	59,56	41	42,3	32,5	7,40	14000	160	8,3
	50,8	30,99	47	47,5	29,21	17,8	58,55	44	46,4	36,5	8,37	18000	210	10,5
	63,5	38,1	55,75	56,45	39,37	22,87	72,29	60	52	39,2	12,75	27000	320	16,0
	76,2	45,75	70,56	71,36	48,26	29,22	91,21	70	64,4	49,2	20,61	40000	470	25,0

DIN 8187													
9,525	3,2	5,15	5,25	6	2,8	–	9	6	4,8	0,14	650	7	0,26
	(3,94)	6,63	6,73	6,35	3,31	–	9	7	5,8	0,22	900	7	0,36
	5,72	8,53	8,63	6,35	3,31	10,24	9	8	6,8	0,28	900	7	0,41
12,7	6,4	9,55	9,75	7,75	3,97	–	11,5	9,2	7,7	0,38	1500	13	0,50
	6,4	9,93	10,13	8,51	4,45	–	12,5	9,5	7,8	0,44	1800	13	0,65
	7,75	11,28	11,48	8,51	4,45	13,92	12,5	10,2	8,5	0,50	1800	13	0,70
15,875	6,48	10,08	10,28	10,16	5,08	–	15	9,9	8,2	0,51	2500	20	0,80
	9,65	13,26	13,46	10,16	5,08	16,59	15	11,4	9,7	0,67	2500	20	0,95
19,05	11,68	15,62	15,82	12,07	5,72	19,46	16,5	13,2	11,3	0,89	3000	29	1,25
25,4	17,02	25,45	25,75	15,88	8,27	31,88	24	24,5	18	2,10	6500	52	2,7
31,75	19,56	29	29,3	19,05	10,17	36,45	27	27,7	20,3	2,95	10000	81	3,6
38,1	25,4	37,92	38,32	25,4	14,63	48,36	36	37,2	26,6	5,54	17000	120	6,7
44,45	30,99	46,58	47,08	27,94	15,87	59,56	41	42,3	32,5	7,40	20000	160	8,3
50,8	30,99	47	47,5	29,21	17,8	58,55	44	46,4	36,5	8,37	26000	210	10,5
63,5	38,1	55,75	56,45	39,37	22,87	72,29	60	52,0	39,2	12,75	42000	320	16
76,2	45,75	70,56	71,36	48,26	29,22	91,21	70	64,4	49,2	20,61	60000	470	25

Maße in mm. [1] f = Gelenkfläche; P_B = Mindestbruchlast; q = Gewicht je Meter.
[2] Mehrfachketten haben entsprechend mehrfache Werte für f; P_B und q.

Tabelle 17. *Die Zahnketten* (nach Westinghouse und Wippermann)

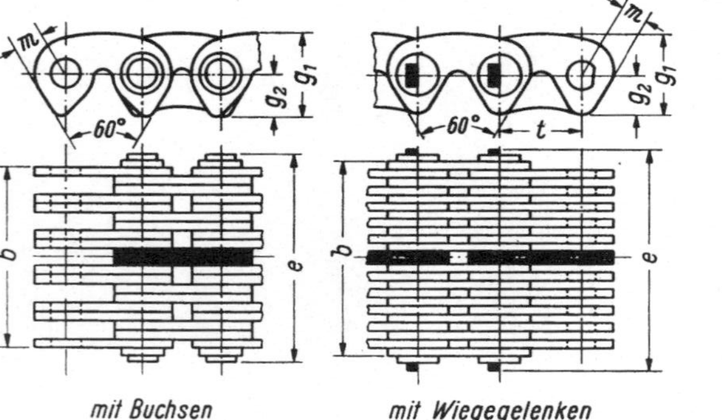

Zahnketten
mit Innenführung.

Auszug aus Katalogen der Firmen Wippermann u. Westinghouse.

Werkstoff: vergüteter Stahl.

f = Gelenkfläche; q = Metergewicht; P_B = Mindestbruchlast.

t	Buchsenzahnkette Innenführung $g_1 \sim 1,1 \cdot t$; $g_2 \sim 0,56 \cdot t$; $m \sim 0,37\,t$					Zahnkette mit Wiegegelenk Normal-Innenführung $g_1 \sim 1,05 \cdot t$; $g_2 \sim 0,53\,t$ $m \sim 0,37\,t$				Zahnkette mit Wiegegelenk Hochleistung-Innenführung $g_1 \sim 0,96\,t$; $g_2 \sim 0,53\,t$; $m \sim 0,37\,t$			
t	b	e	f	P_B	q	b	e	P_B	q	b	e	P_B	q
mm	mm	mm	cm²	kp	kg/m	mm	mm	kp	kg/m	mm	mm	kp	kg/m
9,525	17,8	19,5	0,38	1450	0,75	26	29,5	2200	1,1	26,2	29,7	3100	0,94
	20,9	22,9	0,46	1700	0,87	29,5	33	2800	1,35	32,3	35,8	3900	1,16
	23,9	26	0,55	1950	1,00	41,5	45	3600	1,9	38,5	42	4700	1,39
12,7	17,8	22,9	0,34	1900	1,2	26	30,5	2800	1,5	26,2	30,7	4150	1,39
	27,1	32,6	0,54	2900	1,8	29,5	34	3500	1,75	32,3	36,8	5200	1,54
	39,8	44,9	0,81	4800	2,6	41,5	46	4800	2,4	38,5	43	6200	1,84
	65,4	70,6	1,35	7500	4,2	51	55,5	5500	2,8	50,8	55,3	8300	2,42
15,875	26,2	32,2	0,56	4300	2,25	26,5	32	4300	1,95	26,7	32,2	5500	1,68
	40,4	46,3	0,89	7200	3,35	31	36,5	5700	2,4	34,9	40,4	7300	2,31
	48,3	54	1,12	8600	4,10	39	44,5	7200	3,4	43,1	48,6	9200	2,75
	64,2	70,5	1,45	11500	5,20	50,5	56	8600	3,9	51,3	56,8	11000	3,35
	97,4	104	2,23	16000	7,25	67,5	73	11500	5,0	67,7	73,2	14600	4,30

19,05	38	44	1,01	8100	4,0	31	37,5	6500	2,9	34,9	41,4	8800	2,66
	67	74	1,69	13000	6,65	39	45,5	8100	4,0	43,1	49,6	11000	3,22
	74	80,5	2,02	14600	7,3	50,5	57	9800	4,6	51,3	57,8	13200	3,95
	80	86,4	2,19	16000	7,8	67,5	74	13000	6,0	67,8	74,2	17600	5,15
	97,7	104,1	2,70	18500	9,5	76	82,5	14600	7,2	75,9	82,4	19800	6,20
25,4	51	58	1,9	11500	5,6	52	59,5	11500	6,5	52	59,5	16800	5,6
	74,4	82	2,84	16800	8,3	64	71,5	14100	8,0	64,3	71,8	21000	6,8
	97,8	105,2	3,79	22200	11,0	76,5	84	16800	9,5	76,5	84	25200	8,2
	129,1	136,5	5,05	29000	14,2	89	96,5	19600	11,0	101	108,5	33600	10,7
	160,4	168,0	6,31	36000	17,6	101	108,5	22200	12,5	125,5	133	42000	12,7
38,1						64	75	21900	12,4	64,5	75,5	31500	10,3
						76,5	87,5	26200	13,5	76,8	87,8	37800	11,6
						101	112	34600	18,8	101,3	111,3	50400	16,2
						125,5	136,5	43000	23,3	125,9	136,9	63000	20,1
						150	161	51800	27,7	150,4	161,4	75600	23,6
50,8						77,5	90,5	33100	22	102	115	67200	22,4
						102	115	43600	26,1	118,3	131,3	78400	25,6
						126,5	139,5	54000	32,2	134,6	147,6	89600	28,3
						151	164	64500	38,2	151	164	100800	32,6
						175,5	188,5	75000	44,3	183,6	196,6	123200	38,2

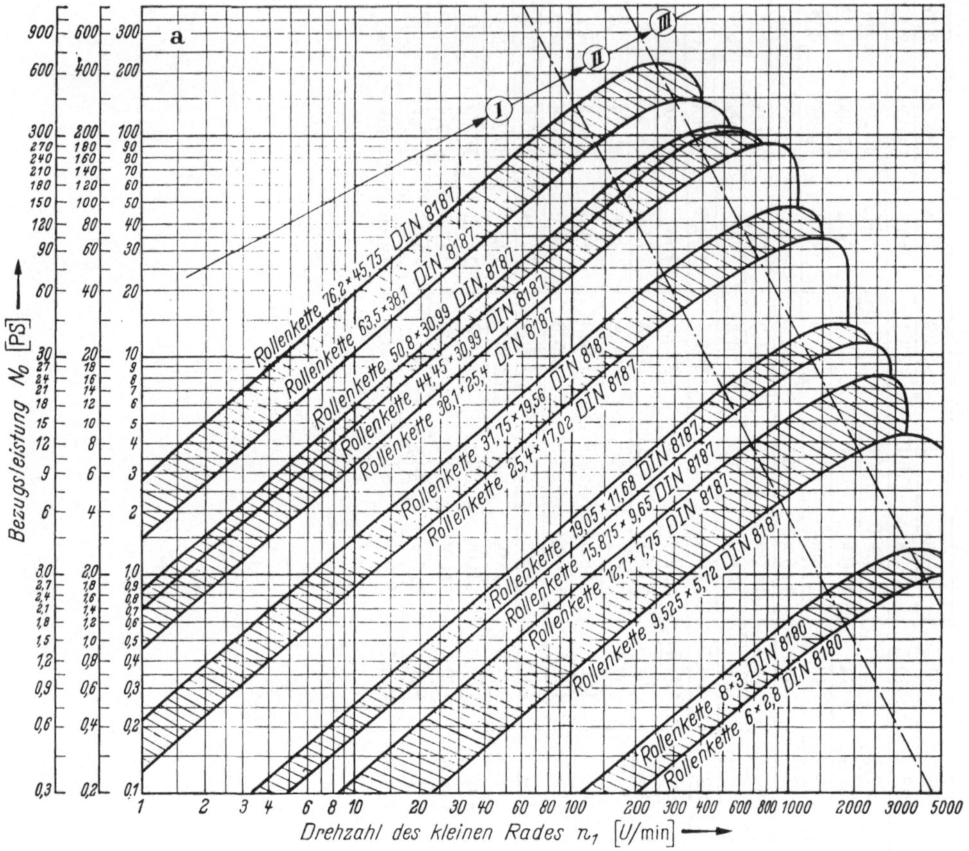

Abb. 194 a. Die Bezugsleistung der Rollenketten

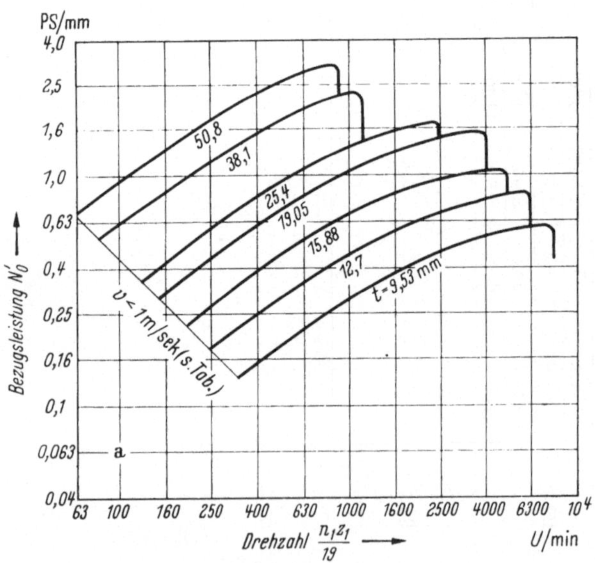

Abb. 195 a. Die Bezugsleistung der Zahnketten mit Wiegegelenk; Hochleistungskette

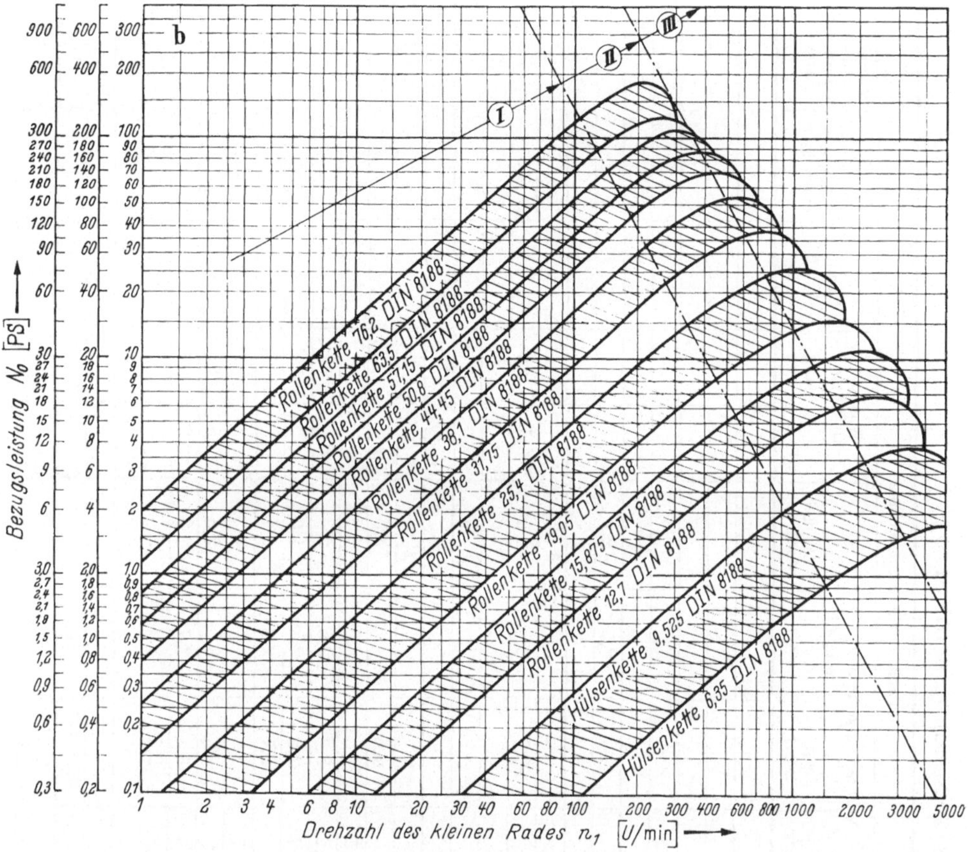

Abb. 194 b. Die Bezugsleistung der Rollenketten

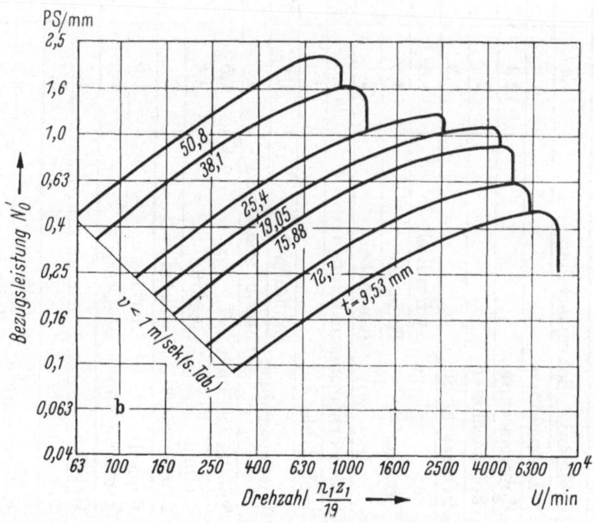

Abb. 195 b. Die Bezugsleistung der Zahnketten mit Wiegegelenk; Normalausführung

Tabelle 18. *Stoßbeiwerte* (nach DIN 8195)

Die angegebenen Werte sind Mittelwerte bei einem Achsabstand $a = 40 \times t$. Bei ungünstigen Verhältnissen sind Zuschläge zu machen. Angetriebene Arbeitsmaschinen	Antreibende Kraftmaschinen										
	Elektromotoren	langsam		schnell (Verbrennungsmotoren)			Wasserturbinen		Dampfturbinen	Kolbendampfmaschinen	Transmissionentreibend (Gruppenantriebe)
		1 Zyl.	2 Zyl.	bis 2 Zyl.	4 Zyl.	6 Zyl. und darüber	schnell	langsam			
Drehbänke, Bohrmaschinen	1,4										
Fräsmaschinen	1,5										
Hobelmaschinen	2,3										
Stoßmaschinen	2										
Ziehmaschinen	1,8										
Pressen — hydraulisch	1,8			2,8	2,5	2,2					
Pressen — Exzenter	2,5										
Pressen — Kniehebel	2										
Holzbearbeitungsmaschinen	1,8	4,5	4	3,7	3	2,5	2,5	3,5		3,5	1,8
Webstühle	2										2
Wirkmaschinen — umlaufend	1,5										
Wirkmaschinen — hin- u. hergehend	2										1,5
Spinnmaschinen	1,5										
Kolbenkompressoren — einstufig	2,5		5	4,5	4	3,5					
Kolbenkompressoren — zweistufig	2		4,5	4	3,5	3					
Kreiselkompressoren — einstufig	1,6	4	3,2	3	2,5	2					
Kreiselkompressoren — zweistufig	1,3	3	2,7	2,5	2	1,6					
Gebläse	1,5		3	2,7	2,5	2					
Ventilatoren	2,5		3,7							3,5	2,5
Kolbenpumpen — 1 Zylinder	2	5	4	3,5	3	2,6	2,5	3,5			
Kolbenpumpen — 2 Zylinder	1,8	4	3,5	3	2,7	2,3	2,2	2,7			
Kreiselpumpen	1,5	3	2,8	2,5	2,2	2				2,5	
Walzwerke — über Getriebe	2,5										
Walzwerke — direkt	3										2
Quetschwalzen	2										
Kugelmühlen	1,8										1,8

Rohrmühlen	2										2
Hammermühlen	2,5		5	4,5	4	3,5					2,5
Kalander über Getriebe	2,5										
Kalander direkt	3										
Zelluloseschleifer	1,8						2,2	3		3,5	1,8
Rüttelsiebe	2		4	3,5	3,2	2,8				4	2
Stampfer	2	5	4	3,5	3,2						
Mischtrommeln	1,7	4	3,2	3	2,5	2					
Bagger	3			5	4,5	4				5	
Bodenfräse				5	4,5	4					
Rührwerke	1,6										1,6
Stetigförderer für Schüttgut	1,5	3	2,8	2,5	2,2	2				2,8	1,5
Stetigförderer für Stückgut	2	4	3,5	3	2,7	2					
Hebezeuge	2,5	5	4	3,5	3	2,6					
Gabelstapler	3			4,5	3,5						
Grubenhaspel	2,5										
Generatoren Großanlage	1		2				1,2	1,5	1	1,8	1
Generatoren Kleinanlage	1,5		2,8				1,7	2,5	1,5	2	1,5
Transmissionen, getrieben	1,5				2,3	2	2	2,5	1,5	2,5	1,5

Tabelle 19. *Leistungsfaktoren k* (nach DIN 8195)

Übersetzungsverhältnis	Stoßbeiwert $\gamma = 1$ Zähnezahl z_1 des kleinen Rades					Stoßbeiwert $\gamma = 2$ Zähnezahl z_1 des kleinen Rades					Stoßbeiwert $\gamma = 3$ Zähnezahl z_1 des kleinen Rades					Stoßbeiwert $\gamma = 4$ Zähnezahl z_1 des kleinen Rades				
$z_2 : z_1$	13	17	19	21	$\geqq 25$	13	17	19	21	$\geqq 25$	13	17	19	21	$\geqq 25$	13	17	19	21	$\geqq 25$
1 : 1	(0,39)	0,73	0,83	0,92	1,11	(0,28)	0,54	0,60	0,67	0,81	(0,24)	0,42	0,52	0,58	0,70	(0,22)	(0,34)	0,43	0,53	0,64
2 : 1	0,50	0,83	0,93	1,05	1,26	(0,36)	0,60	0,68	0,76	0,92	(0,27)	0,52	0,59	0,66	0,80	(0,25)	0,43	0,54	0,61	0,73
3 : 1	0,59	0,88	1,00	1,12	1,36	0,43	0,65	0,73	0,82	0,99	(0,33)	0,56	0,63	0,71	0,86	(0,27)	0,51	0,58	0,65	0,79
5 : 1	0,64	0,96	1,09	1,22	1,49	0,47	0,70	0,79	0,89	1,09	0,40	0,60	0,69	0,77	0,94	(0,33)	0,57	0,63	0,71	0,86
$\geqq 7 : 1$	0,67	1,02	1,15	1,30	1,59	0,49	0,75	0,93	0,95	1,16	0,42	0,64	0,73	0,82	1,00	(0,35)	0,59	0,67	0,75	0,92

Tabelle 20. *Richtwerte* $p_{0,\,zul}$ *und Beiwerte* C_r, C_s, C_{st}, C_k (nach DIN 8195)

Kettengeschwindigkeit v m/sek	Richtwerte der zulässigen Gelenkflächenpressung p_0 in kp/cm³ für den Standardtrieb bei Zähnezahl des Kleinrades														
	11	12	13	14	15	16	17	18	19	20	21	22	23	24	25
0,1	319	319	319	320	320	321	324	326	326	327	331	331	331	331	335
0,2	295	298	306	307	308	308	310	310	310	313	316	318	321	323	325
0,4	264	276	281	288	290	292	295	297	299	300	302	303	305	308	311
0,6	246	256	266	273	276	279	283	284	287	289	290	292	296	300	303
0,8	229	243	250	258	262	267	271	273	276	278	281	283	285	289	291
1	217	231	238	246	252	259	261	264	269	272	273	276	280	282	285
1,5	190	204	216	225	232	238	245	248	251	254	257	260	263	265	267
2	170	184	197	206	215	222	226	232	237	241	244	247	250	253	256
2,5	154	169	183	193	202	209	213	219	223	227	231	235	239	242	246
3	139	155	168	179	189	198	204	209	213	217	221	225	228	232	235
4	116	133	147	159	170	178	185	191	195	200	204	208	211	215	218
5	95	113	130	142	152	162	170	177	182	187	191	194	198	201	205
6	–	97	113	128	139	150	158	165	169	173	178	182	186	190	193
7	–	–	98	112	126	138	146	153	159	163	168	172	176	180	184
8	–	–	–	100	114	125	136	143	150	155	159	164	168	172	175
10	–	–	–	–	93	107	117	126	133	139	143	147	152	156	159
12	–	–	–	–	–	90	101	112	120	126	131	136	140	143	147
15	–	–	–	–	–	–	80	93	101	108	114	119	124	128	132
18	–	–	–	–	–	–	–	75	83	91	97	103	109	114	118
21	–	–	–	–	–	–	–	–	68	77	83	90	96	101	105
24	–	–	–	–	–	–	–	–	51	60	68	75	82	88	93

Tabelle 20. (*Forts.*)

Leistungs-bereich	Ketten-geschwindig-keit m/sek	günstig	zulässig	einwandfreie Schmierung (günstig bzw. zulässig)	Beiwert C_s für mangelhafte Schmierung ohne Verschmutzung	mit	ohne Schmierung
I	bis 4	Leichte Tropfschmierung 4–14 Tropfen je Minute	Fettschmierung Handschmierung		0,6	0,3	0,15
II	bis 7	Tauchschmierung im Ölbad	Tropfschmierung etwa 20 Tropfen je Minute		0,3	0,15	nicht zulässig
III	bis 12	Druckumlaufschmierung	Ölbad möglichst mit Spritzscheibe	1,0			
III	über 12	Sprühschmierung (Druckumlaufschmierung mit Düsen für kleinste Tropfenbildung)	Druckumlaufschmierung		nicht zulässig		

Ölkühlung, falls erforderlich, vorsehen

Die Schmieröle sollen bei Betriebstemperatur eine Viskosität von 20–40 C_{st} (3–5 °E) haben.

Kettenart	Beiwert C
Ketten nach DIN 8187, 8188, 73232	1,0
Ketten nach DIN 8180	0,8
Ketten nach DIN 8181	0,5

Reibwegfaktor:

$$C_r = \sqrt[3]{\frac{226\,i}{L_h}\left(\frac{a}{t(1+i)} + 4{,}75\right)}; \quad (i > 1)$$

Tabelle 21. *Zähnezahlfaktoren h_0 und Werte für* cot α (nach DIN 8196)

z	n_0	cot α	z	n_0	cot α	z	n_0	cot α	z	n_0	cot α	z	n_0	cot α
6	2,0000	1,7321	27	8,6138	8,5555	48	15,2898	15,2571	69	21,9710	21,9482	90	28,6537	28,6363
7	2,3048	2,0765	28	8,9314	8,8752	49	15,6079	15,5758	70	22,2893	22,2667	91	28,9720	28,9547
8	2,6311	2,4142	29	9,2491	9,1948	50	15,9260	15,8945	71	22,6074	22,5853	92	29,2902	29,2731
9	2,9238	2,7475	30	9,5678	9,5144	51	16,2441	16,2133	72	22,9256	22,9038	93	29,6085	29,5916
10	3,2361	3,0777	31	9,8845	9,8338	52	16,5622	16,5320	73	23,2437	23,2223	94	29,9267	29,9100
11	3,5495	3,4057	32	10,2023	10,1532	53	16,8803	16,8507	74	23,5620	23,5408	95	30,2449	30,2284
12	3,8637	3,7321	33	10,5201	10,4725	54	17,1984	17,1693	75	23,8802	23,8593	96	30,5632	30,5468
13	4,1786	4,0572	34	10,8380	10,7917	55	17,5166	17,4880	76	24,1984	24,1778	97	30,8815	30,8653
14	4,4940	4,3813	35	11,1558	11,1109	56	17,8347	17,8066	77	24,5167	24,4963	98	31,1998	31,1837
15	4,8097	4,7046	36	11,4737	11,4301	57	18,1529	18,1253	78	24,8349	24,8147	99	31,5180	31,5021
16	5,1258	5,0273	37	11,7916	11,7492	58	18,4710	18,4439	79	25,1531	25,1332	110	31,8363	31,8205
17	5,4422	5,3495	38	12,1096	12,0682	59	18,7891	18,7625	80	25,4713	25,4517	101	32,1545	32,1389
18	5,7588	5,6713	39	12,4275	12,3872	60	19,1073	19,0811	81	25,7896	25,7702	102	32,4728	32,4574
19	6,0755	5,9927	40	12,7455	12,7062	61	19,4255	19,3997	82	26,1078	26,0886	103	32,7910	32,7758
20	6,3925	6,3138	41	13,0635	13,0251	62	19,7437	19,7183	83	26,4261	26,4071	104	33,1093	33,0942
21	6,7095	6,6346	42	13,3815	13,3441	63	20,0619	20,0369	84	26,7443	26,7256	105	33,4275	33,4126
22	7,0267	6,9552	43	13,6995	13,6630	64	20,3800	20,3555	85	27,0625	27,0440	106	33,7458	33,7310
23	7,3439	7,2755	44	14,0175	13,9818	65	20,6982	20,6740	86	27,3808	27,3625	107	34,0641	34,0494
24	7,6613	7,5958	45	14,3356	14,3007	66	21,0164	20,9926	87	27,6990	27,6809	108	34,3823	34,3678
25	7,9787	7,9158	46	14,6536	14,6195	67	21,3346	21,3111	88	28,0172	27,9994	109	34,7006	34,6862
26	8,2962	8,2357	47	14,9717	14,9383	68	21,6528	21,6297	89	28,3355	28,3178	110	35,0188	35,0046

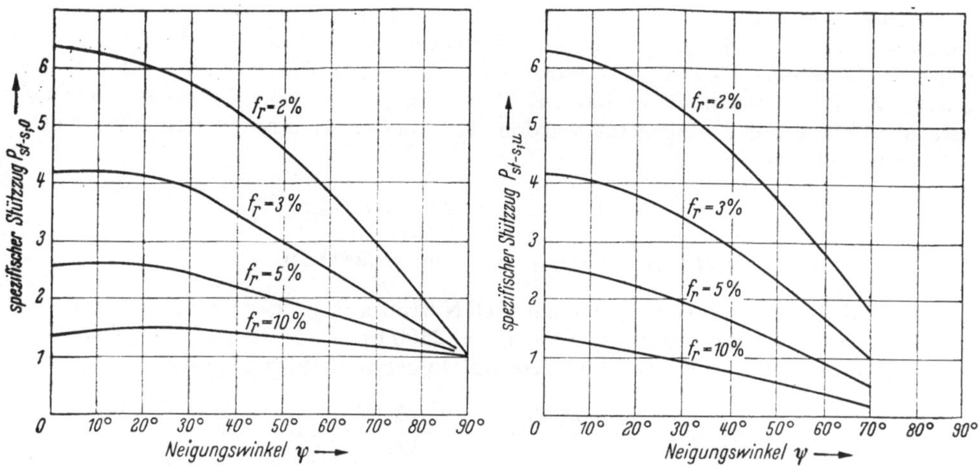

Abb. 196. Der spezifische Stützzug bei geneigter Lage des Leertrumms für das obere und untere Kettenrad

E. Zahlenbeispiele

19. Aufgabe: Als Verbindung zwischen einem Maschinenteil und einem Gegengewicht soll eine Stahlgelenkkette eingesetzt werden. Das Gegengewicht wird nur sehr selten verfahren. Es hat ein Gewicht von 2000 kp. Die größte Trummlänge der Kette wird 2 m betragen. Welche Kettenart und Kettengröße kommen in Frage?

Lösung: Da das Gegengewicht nur selten verfahren wird, sind die Ansprüche an die Verschleißfestigkeit der Kette gering. Es kann daher eine GALLsche Kette nach DIN 8150 eingesetzt werden. Da der Schaden groß ist, der bei einem Kettenbruch entstehen würde, wird eine Sicherheit gegen statischen Bruch von $S_B = 12$ angesetzt. Damit kann die Kette dimensioniert werden.

$$P_{B\,erf} = S_B\,P = 12 \cdot 2000 = 24000\ \text{kp.}$$

In Tab. 13 wird als passende Kette die GALLkette 60, DIN 8150 mit $P_B = 25000$ kp und $q = 18,0$ kg/m gefunden.

Mit Berücksichtigung des Eigengewichtes des Kettentrumms ergibt sich für die gewählte Kette eine tatsächliche Sicherheit von:

$$S_{B\,tats} = \frac{P_{B\,\text{gewählt}}}{P_G} = \frac{P_{B\,\text{gewählt}}}{P + q\,L_T} = \frac{25000}{2000 + 18 \cdot 2} = 12,28 > S_B.$$

Die Sicherheit gegen plastische Verformung kann mit der Annahme von $P_{0,2} = 0,6\,P_B$ abgeschätzt werden zu:

$$S_{0,2} = \frac{0,6\,P_B}{P_G} = \frac{0,6 \cdot 25000}{2036} = 7,4.$$

20. Aufgabe: Für eine Spannvorrichtung soll als Verbindung zwischen den Spannzangen und einer hydraulischen Betätigung eine Stahlgelenkkette eingesetzt werden. Das Kettentrumm wird über eine Umlenkrolle geführt. Die Kettengeschwindigkeit ist etwa 0,01 m/sek. Die größte mögliche Belastung beträgt 200 kp. Es sollen etwa $5 \cdot 10^6$ Lastspiele bei rauhem Betrieb ertragen werden. Welche Kettenart und Kettenteilung sind zu wählen?

Lösung: Der Schaden bei Ausfall der Kette ist relativ gering. Um den rauhen Betrieb zu berücksichtigen, wird eine Sicherheit gegen Dauerbruch von $S_D = 2$ mit der Annahme $P_D \sim 0,2\,P_B$ zugrunde gelegt. Da die Mitnahme der Kette durch ein Kettenrad nicht verlangt ist, kann bei der geringen Kettengeschwindigkeit eine Fleyerkette eingesetzt werden. Mit diesen Annahmen kann die Kette dimensioniert werden:

$$P_{D\,\mathrm{erf}} = S_D\,P_G = 2 \cdot 200 = 400\,\mathrm{kp};$$

$$P_{B\,\mathrm{erf}} \sim 5\,P_{D\,\mathrm{erf}} = 5 \cdot 400 = 2000\,\mathrm{kp}.$$

Es wird die Fleyerkette 20×4 nach DIN 8152 mit je vier Laschen pro Glied gewählt. Sie hat eine Bruchlast von $P_B = 2500\,\mathrm{kp}$. Die tatsächliche Sicherheit gegen Dauerbruch der Kette kann also mit folgendem Wert abgeschätzt werden.

$$S_{D\,\mathrm{tats}} = \frac{0,2\,P_{B\,\mathrm{gew}}}{P_G} = \frac{0,2 \cdot 2500}{200} = 2,5\,.$$

21. Aufgabe: Für den Antrieb eines Trockenbandes durch einen Getriebemotor soll ein Kettentrieb ausgelegt werden. Es ist mit Verschmutzung und mangelhafter Schmierung der Kette zu rechnen. Durch die besonderen Umstände des Antriebs sind bereits gegeben:

$$v = 1\,\mathrm{m/sek}; \quad P = 250\,\mathrm{kp}.$$

Welche Kettenart und Kettenteilung ist vorzuschlagen?

Lösung: Bei der kleinen Kettengeschwindigkeit und dem rauhen Betrieb wird eine Buchsenkette eingesetzt. Bei der zu erwartenden Verschmutzung und mangelhaften Schmierung wird eine zulässige Gelenkflächenpressung $p_{\mathrm{zul}} = 75\,\mathrm{kp/cm^2}$ gewählt. Die Sicherheit gegen Bruch der Kette wird mit $S_B = 7$ angenommen. Mit diesen Annahmen wird die erforderliche Bruchlast und Gelenkfläche der Kette nach DIN 8164 errechnet ($Y = 1,5$).

$$P_{B\,\mathrm{erf}} = S_B\,P_G\,Y = 7 \cdot 250 \cdot 1,5 = 2625\,\mathrm{kp};$$

$$f_{\mathrm{erf}} = \frac{P_G\,Y}{p_{\mathrm{zul}}} = \frac{250 \cdot 1,5}{75} = 5\,\mathrm{cm^2}\,.$$

Gewählt wird die Buchsenkette A 40 DIN 8164 (s. Tab. 15) mit einer Gelenkfläche von $f = 5,04\,\mathrm{cm^2}$ und $P_B = 6300\,\mathrm{kp}$. Die Verschleißfestigkeit der Kette ist also in diesem Fall entscheidend. Die Kettengeschwindigkeit darf maximal 3 m/sek betragen (s. Abschn. IV. C. 2). Die vorliegende Kettengeschwindigkeit bleibt also in zulässigen Grenzen.

22. Aufgabe: Für den Antrieb einer Holzbearbeitungsmaschine durch einen Elektromotor soll eine Zahnkette eingesetzt werden. Der Trieb wird gekapselt, so daß mit Verschmutzung nicht zu rechnen ist. Für eine ausreichende Schmierung wird gesorgt. Der Achsabstand kann eingestellt werden. Die technischen Daten sind:

$$N = 10\,\mathrm{PS}; \quad n_1 = 3000\,\mathrm{U/min}; \quad n_2 = 1500\,\mathrm{U/min}; \quad a_0' = 700\,\mathrm{mm}.$$

Welche Kettengröße und welche Gliederzahl kommen in Frage? Welche Schmierungsart wird gewählt?

Lösung: Berechnung der Kettengröße: 1. Annahme

$$t = 12{,}7 \text{ mm}; z_1 = 19 \text{ Zähne}; z_2 = 38 \text{ Zähne (s. Abschn. IV. C. 3)}.$$

$$Y = 1{,}8; C_{st} = 0{,}76; C_s = 1{,}0; N_0' = 0{,}72 \text{ PS/mm s. Tab. 20 u. Abb. 195}$$

$$b_{erf} = \frac{N}{N_0' C_{st} C_s} = \frac{10}{0{,}72 \cdot 0{,}76 \cdot 1{,}0} = 18{,}27 \text{ mm}.$$

Eine so schmale Kette gibt es nicht. Daher 2. Annahme

$$t = 9{,}525 \text{ mm}; \quad z_1 = 19 \text{ Zähne}; \quad z_2 = 38 \text{ Zähne}; \quad N_0' = 0{,}5 \text{ PS/mm}$$

$$b_{erf} = \frac{N}{N_0 C_{st} C_s} = \frac{10}{0{,}5 \cdot 0{,}76 \cdot 1{,}0} = 26{,}31 \text{ mm}.$$

Gewählt wird die Hochleistungszahnkette mit Wiegegelenk mit einer Teilung $t = 9{,}525$ und einer Arbeitsbreite $b = 32{,}3$ mm.

$$X' = 2\frac{a_0'}{t} + \frac{z_1 + z_2}{2} + \left(\frac{z_2 - z_1}{2\pi}\right)^2 \frac{t}{a_0'} = \frac{2 \cdot 700}{9{,}525} + \frac{19 + 38}{2} + \left(\frac{38 - 19}{2\pi}\right)^2 \frac{9{,}525}{700} = 175{,}6 \text{ Gl.}$$

$$v = \frac{d_{01} n_1}{19100} = \frac{t n_{01} n_1}{19100} = \frac{9{,}525 \cdot 6{,}076 \cdot 3000}{19100} = 9{,}09 \text{ m/s}.$$

Gewählt werden 176 Glieder und eine Tauchschmierung mit Spritzscheibe (s. Abschn. IV. A.).

23. Aufgabe: Für die Leistungsübertragung zwischen einem Elektromotor und einem Stetigförderer soll ein Rollenkettentrieb eingesetzt werden. Die gewünschten Betriebsdaten sind folgende:

$$N = 100 \text{ PS}; \quad a_0' = \sim 1400 \text{ mm}; \quad n_1 = 500 \text{ U/min}; \quad n_2 = \sim 110 \text{ U/min}.$$

Es besteht die Absicht, eine ausreichende Schmierung vorzusehen. Die Achsmitten des Triebes sind um 50° gegen die Horizontale geneigt. Das untere Rad ist das treibende Rad. Das Lasttrumm liegt oben. Es wird eine Lebensdauer von 10000 h gefordert. Die Trägheitsmomente, auf die Radwellen bezogen, werden mit $\Theta_1 = 20$ kpmmsek² und $\Theta_2 = 200$ kpmmsek² angegeben. Der Achsabstand ist nicht nachstellbar.

Es sind alle für die Auslegung des Triebes interessierenden Größen zu berechnen!

Lösung: *Wahl der Zähnezahlen* (s. Abschn. IV. A)

Die gewünschte Übersetzung kann mit folgenden handelsüblichen Zähnezahlen angenähert werden:

$$i' = \frac{n_1}{n_2} = \frac{500}{110} = 4{,}545 \quad \text{(gewünscht)},$$

$$i = \frac{z_1}{z_2} = \frac{95}{21} = 4{,}524 \quad \text{(erreicht)}.$$

Gewählt wird: $z_1 = 21$ Zähne; $z_2 = 95$ Zähne;

$$n_{2,\text{tats}} = n_1 \frac{1}{i} = \frac{500}{4{,}524} = 110{,}52 \text{ U/min} \quad \text{(zulässig)}.$$

Wahl der Kette (s. Abschn. IV. C.)

$$k = 1{,}03\,;\ \text{für}\ Y = 1{,}5\ \text{und}\ i = 4{,}5 \qquad\qquad \text{s. Tab. 19 und Tab. 20}$$

$$C_s = 1{,}0\ \text{für ausreichende Schmierung} \qquad\qquad \text{s. Tab. 20}$$

$$N_0 = \frac{N}{k\,C_s} = \frac{100}{1{,}03 \cdot 1{,}0} = 97{,}1\ \text{PS}\,.$$

Nach Abb. 294 kommen folgende Kettengrößen (DIN 8187) infrage:

Einfachrollenkette $\ 1 \times 44{,}45 \times 30{,}99$;
Zweifachrollenkette $\ 2 \times 38{,}1 \times 25{,}4$;
Dreifachrollenkette $\ 3 \times 31{,}75 \times 19{,}56$.

Die Einfachrollenkette würde im Leistungsbereich III arbeiten. Eine Druckumlaufschmierung wäre erforderlich. Die Zweifachrollenkette arbeitet im Leistungsbereich II. In diesem Bereich sind die Kettengeschwindigkeiten kleiner, die Flieh-
züge bleiben geringer und es ist eine Tauchschmierung mit Spritzscheibe ausreichend. Es wird daher die Zweifachrollenkette $2 \times 38{,}1 \times 25{,}4$ DIN 8187 gewählt.
Sie hat folgende Daten (s. Tab. 16).

$t = 38{,}1\ \text{mm}$; $d_1 = 25{,}4\ \text{mm}$; $b_1 = 25{,}4\ \text{mm}$; $f = 11{,}08\ \text{cm}^2$; $P_B = 34\,000\ \text{kp}$;
$q = 13{,}4\ \text{kg/m}$.

Größte Kettenbreite $= e + f_1 + f_2 = 48{,}36 + 37{,}2 + 26{,}6 = 112{,}16\ \text{mm}$.

Nachrechnung des Triebes

1. Allgemeine Betriebsgrößen: (s. Abschn. III. B oder Formelsammlung)

$$M_{d_1} = 71\,620\,\frac{N}{n_1} = 71\,620\,\frac{100}{500} = 14\,324\ \text{cmkp}\,,$$

$$d_{01} = t\,n_{01} = 38{,}1 \cdot 6{,}7095 = 255{,}63\ \text{mm}\,,$$

$$P = \frac{20\,M_{d_1}}{d_{01}} = \frac{20 \cdot 14\,324}{255{,}63} = 1121\ \text{kp}\,,$$

$$v = \frac{d_{01}\,n_1}{19\,100} = \frac{255{,}63 \cdot 500}{19\,100} = 6{,}69\ \text{m/s}\,.$$

2. Geometrie (s. Abschn. III. E oder Formelsammlung)

$$X' = 2\,\frac{a_0'}{t} + \frac{z_2 + z_1}{2} + \left(\frac{z_2 - z_1}{2\,\pi}\right)^2 \frac{t}{a_0'} = 2\,\frac{1400}{38{,}1} + \frac{21 + 95}{2} + \left(\frac{95 - 21}{2\,\pi}\right)^2 \frac{38{,}1}{1400} = 135{,}44\ \text{Gl.}$$

$X = 136$ Glieder (gewählt-geradzahlig)

$$a_0 = \frac{t}{4}\left[\left(X - \frac{z_1 + z_2}{2}\right) + \sqrt{\left(X - \frac{z_1 + z_2}{2}\right)^2 - 2\left(\frac{z_2 - z_1}{\pi}\right)^2}\right.$$

$$= \frac{38{,}1}{4}\left(136 - \frac{21 + 95}{2}\right) + \sqrt{\left(136 - \frac{21 + 95}{2}\right)^2 - 2\left(\frac{95 - 21}{\pi}\right)^2}\left.\right] = 1414{,}73\ \text{mm}$$

$$\sin\varepsilon_0 = \sin\frac{t\,(n_{02} - n_{01})}{2\,a_0} = \frac{38{,}1\,(30{,}2449 - 6{,}7095)}{2 \cdot 1414{,}73} = 0{,}316915$$

$$\varepsilon_0 = 18{,}4765° \qquad\qquad \cos\varepsilon_0 = 0{,}948454$$

$$a_0;\,w_0 = \frac{t}{2\cos\varepsilon_0}\left[X - \frac{z_1 + z_2}{2} - \frac{\varepsilon_0\,(z_2 - z_1)}{180}\right]$$

$$= \frac{38{,}1}{2 \cdot 0{,}948454}\left[136 - \frac{21 + 95}{2} - \frac{18{,}4765\,(95 - 21)}{180}\right] = 1414{,}1\ \text{mm}$$

$$T = 0{,}0006 \text{ (mittlerer Wert der genormten Toleranz)}$$

$$F = 0{,}00054 \text{ bei } f_r = 2\% \qquad\qquad \text{s. Abb. 191}$$

$$C = \frac{P}{2\,P_B\,c_{rel}} = \frac{1121}{2 \cdot 34000 \cdot 52} = 0{,}00032 \qquad (c_{rel} \text{ s. Abb. 87})$$

$$a = a_0\,(1 + T)\,(1 + C)\,(1 - F) = 1414{,}1 \cdot 1{,}0006 \cdot 1{,}00032 \cdot 0{,}99946 = 1414{,}6\,\text{mm}$$

$$L_T = a \cos \varepsilon_0 = 1414{,}6 \cdot 0{,}948454 = 1341{,}7 \text{ mm}$$

$$\frac{X_T}{2} = \frac{L_T}{t} = \frac{1341{,}7}{38{,}1} = 35{,}21 \; ; \qquad \xi = 0{,}21 \qquad \text{(s. Abschn. III, B, 7)}$$

Schräglage des Leertrumms $\psi = 50° - \varepsilon_0 = 50° - 18{,}5° = 31{,}5°$

Bei Laufbeginn betragen: $(f_r = 2\%)$

$$f_D = f_r\,L_T = 0{,}02 \cdot 1342 = 26{,}8 \text{ mm}$$

$$\beta_1 = 180 - 2\,\varepsilon_0 - \frac{180}{\pi}\,4\,fr = 180 - 2 \cdot 18{,}5 - \frac{180}{\pi}\,4 \cdot 0{,}02 = 148° .$$

Nach 2% Verschleißlängung der Kette (wird vom Kettenrad $z_2 = 95$ Zähne nur bedingt aufgenommen s. Abb. 173) betragen:

$$F_v = F + \Delta t_i t = 0{,}00054 + 0{,}02 = 0{,}02054; \quad f_{rv} = 12{,}6\% \qquad \text{s. Abb. 191}$$

$$f_v = f_{rv}\,L_T = 0{,}126 \cdot 1342 = 169 \text{ mm}.$$

Der Schutzkasten muß entsprechend weit vom Trumm entfernt liegen.

$$\beta_{1v} = 180° - 2\,\varepsilon_0 - \frac{180}{\pi}\,4\,f_{rv} = 180 - 2 \cdot 18{,}5 - \frac{180}{\pi}\,4 \cdot 0{,}126 = 114° .$$

3. Festigkeitsrechnung

$$P_{\text{st-s};0} = 5{,}75 \qquad\qquad \text{s. Abb. 196 für } f_r = 2\% \text{ und } = 31{,}5°$$

$$P_{\text{st};0} = P_{\text{st-s};0} \cdot q\,\frac{L_T}{1000} = 5{,}75 \cdot 13{,}4 \cdot 1{,}34 = 103 \text{ kp}$$

$$P_f = \frac{q\,v^2}{g} = \frac{13{,}4 \cdot 6{,}69^2}{9{,}81} = 61 \text{ kp}$$

$$P_G = P + P_f + P_{\text{st}} = 1121 + 61 + 103 = 1285 \text{ kp}$$

$$S_B = \frac{P_B}{P_G Y} = \frac{34000}{1285 \cdot 1{,}5} = 17{,}6 \quad \text{(zulässig)}$$

$$S_D \cong \frac{0{,}2\,P_B}{P_G Y} = 0{,}2 \cdot 17{,}6 = 3{,}5 \quad \text{(zulässig)}$$

$$p_r = \frac{P_G}{f} = \frac{1285}{11{,}08} = 116 \text{ kp/cm}^2 \quad \text{(zulässig, s. u.)}$$

$$C_r = \sqrt[3]{\frac{226 \cdot i}{L_h}\left(\frac{a}{t(i+1)} + 4{,}75\right)} = \sqrt[3]{\frac{226 \cdot 4{,}524}{10000}\left(\frac{1414{,}6}{38{,}1(4{,}52 + 1)}\right)} = 1{,}052$$

$$C_{\text{st}} = 0{,}82 \text{ (bei } Y = 1{,}5); \; C_s = 1{,}0; \; C_k = 1{,}0 \qquad\qquad \text{s. Tab. 20}$$

$$p_{\text{zul}} = p_{0\,\text{zul}}\,C_r\,C_{\text{st}}\,C_s\,C_k = 171 \cdot 1{,}052 \cdot 0{,}82 \cdot 1{,}0 \cdot 1{,}0 = 147{,}5 \text{ kp/cm}^2 > p_r$$

4. Grenzwerte

$$\zeta = 0,59 \text{ (s. Abb. 159)}; \quad e_{\text{st-zul}} = 0,8 \text{ kp/cm}^2; \quad b_1 = 50,8 \text{ (Zweifach)}$$

$$n_{\max} = \frac{3750}{\zeta}\frac{d_1}{t}\sqrt{\frac{b_1\,e_{\text{st-z.1}}}{t\,q}} = \frac{3750\cdot 25,4}{0,59\cdot 38,1}\sqrt{\frac{50,8\cdot 0,8}{38,1\cdot 13,4}} = 1195 \text{ U/min} > n_1 .$$

Bei der relativ hoch belasteten Kette und der mittleren Kettengeschwindigkeit soll der größere Flankenwinkel $\gamma = 19°$ eingesetzt werden (s. Abschn. III. D). Dieser Vorschlag steht im Gegensatz zu DIN 8196.

$$P_{\text{st-s},u} = 0,7 \text{ bei } f_{rr} = 12,6\% \text{ und } \psi = 31,5° \qquad\qquad \text{s. Abb. 196}$$

$$P_{\text{st}u} = P_{\text{st-su}}\, q\, L_T = 0,7\cdot 13,4\cdot 1,34 = 12,6 \text{ kp (Kleinstwert)}$$

$$2\,\alpha_1 = \frac{360}{z_1} = \frac{360}{21} = 17,1°$$

$$P_{\text{rest}} = P\left(\frac{\sin\gamma}{\sin(2\,\alpha + \gamma)}\right)^{\frac{\beta_1 z_1}{360}} = 1121\left(\frac{\sin 19°}{\sin(17,1° + 19°)}\right)^{\frac{114\cdot 21}{360}} = 21,3 \text{ kp} > P_{\text{st};u} .$$

Der Flankenwinkel von $19°$ kann also in diesem Fall nicht eingesetzt werden, weil die Gefahr besteht, daß die verschlissene Kette über die Verzahnung springt. Es besteht die Möglichkeit, nach einem Verschleiß von 1,5% zwei Glieder auszubauen oder ein Spannrad anzuordnen. Es kann aber auch der kleinere Flankenwinkel gewählt werden. Mit $\gamma = 15°$ beträgt die Restkraft $P_{\text{rest}} = 8,97 \text{ kp} < P_{\text{st}}$.

5. Verzahnung (s. Abb. 43, Tab. 6 und Abschn. II. B. 3).

$$
\begin{aligned}
d_{01} &= t\, n_{01} & &= 38,1\cdot 6,7095 & &= 255,63 \text{ mm}\\
d_{02} &= t\, n_{02} & &= 38,1\cdot 30,245 & &= 1152,33 \text{ mm}\\
d_{f1} &= d_{01} - d_1 & &= 255,63 - 25,4 & &= 230,23 \text{ mm}\\
d_{f1} &= d_{02} - d_1 & &= 1152,33 - 25,4 & &= 1126,93 \text{ mm}\\
d_{k1} &= t\cot\alpha_1 + 2k & &= 38,1\cdot 6,6345 + 2\cdot 10,2 & &= 273,17 \text{ mm}\\
d_{k2} &= t\cot\alpha_1 + 2k & &= 38,1\cdot 30,2284 + 2\cdot 10,2 & &= 1172,10 \text{ mm}\\
d_{s1} &= t\cot\alpha_1 - g - 2r_4 & &= 38,1\cdot 6,6345 - 36 - 2\cdot 0,4 & &= 215,97 \text{ mm}\\
d_{s2} &= t\cot\alpha_2 - g - 2r_4 & &= 38,1\cdot 30,2284 - 36 - 2\cdot 0,4 & &= 1114,90 \text{ mm}
\end{aligned}
$$

$$B = 23 \text{ mm}; c = 3,5 \text{ mm}; r_3 = 38 \text{ mm}; r_4 = 0,4 \text{ mm}$$

Wälzfräser III $38,1\times 25,4$ DIN 2315

Kettenradverzahnung: Werkstoff

Kleinrad $21z\ 2\times 38,1\times 25,4\times 15°$ A DIN 8196   C 45

Großrad $95z\ 2\times 38,1\times 25,4\times 15°$ A DIN 8196   GS-60

Kleinrad: Oberflächen – flammengehärtet.

6. Resonanzdrehzahlen

$$j = \frac{\Theta_1}{\Theta_2} = \frac{20}{200} = 0,1 ,$$

$$n_{T;Z;1} = k_T\frac{93\,960}{z_1 L_T}\sqrt{\frac{P}{q}} = 1,1\frac{93\,960}{21\cdot 1340}\sqrt{\frac{1121}{13,4}} = 33,6 \text{ U/min}.$$

$$n_{D;Z;1} = \frac{15\,t}{\pi^2}\sqrt{\frac{c_{\text{rel}}P_B}{L_T\,\Theta_1}(1 + i^2 j)} = \frac{15\cdot 38,1}{\pi^2}\sqrt{\frac{60\cdot 34\,000}{1340\cdot 20}(1 + 4.52^2\cdot 0,1)} = 880 \text{ U/min}.$$

Die Resonanzdrehzahl der Trummschwingung wird gefahrlos durchfahren. Die niedrigste Resonanzdrehzahl der Drehschwingung des Triebes $n_{D;z;1}$ liegt oberhalb der Betriebsdrehzahl. Der Trieb ist richtig ausgelegt.

V. Fotografien ausgeführter Kettentriebe

Abb. 197. Hinterradantrieb eines Motorrades (nach Massey-Ferguson). Einfachrollenkette 1 ×15,875 ×6,48
DIN 8187

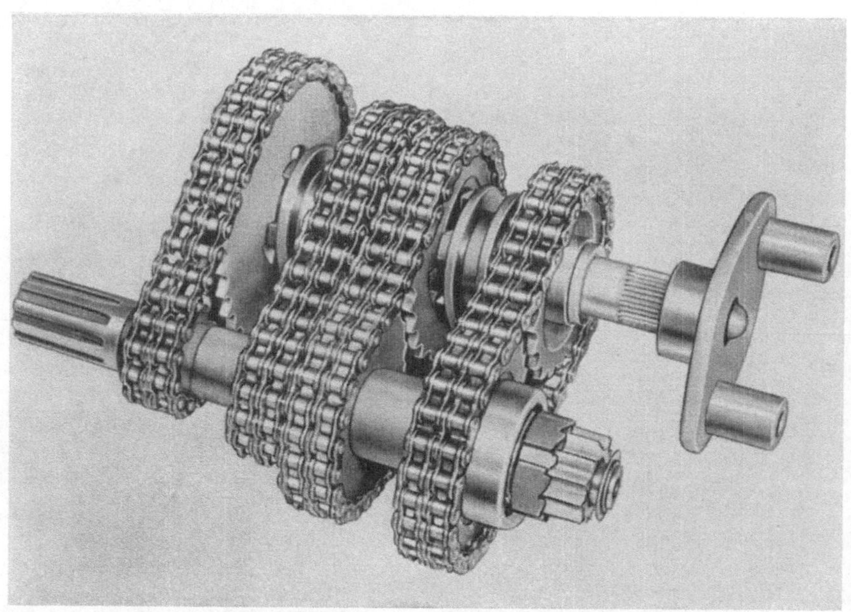

Abb. 198. Kettenwechselgetriebe in einem Motorrad (nach Winklhofer). Zweifachkette 2 ×9,525 ×4,6

Abb. 199. Primär- und Sekundär-
antrieb eines 150 ccm Motorrollers
(nach Winklhofer).
Primär: Hülsenkette 1 ×9,525 ×9,525
DIN 73232; Sekundär: Rollenkette
1 ×12,7 ×7,94 DIN 8188

Abb. 201. Nockenwellensteuertrieb im Schiffsdieselmotor
(nach Siemag). Zweifachrollenkette $t = 88,9$ mm nach
British-Standard. $z_1 = 42$ Zähne; $z_2 = 28$ Zähne; $X = 186$
Glieder mit vier Leit- und Spannrädern mit 25 Zähnen

Abb. 200. Getriebekette im Kfz-Motor
(nach Arnold & Stolzenberg).
Dreifachrollenkette $3 ×9,252 ×5,72$ DIN 8187

Abb. 203. Kettenantrieb in einem Autobetonmischer (nach Winkl-
hofer). Dreifachrollenkette $3 \times 19{,}05 \times 12{,}7$ DIN 8188. $z_1 = 17$ Zähne:
$n_1 = 500$ U/min; $z_2 = 85$ Zähne; $v = 2{,}26$ m/s; Antriebsleistung
$N = 50$ PS

Abb. 202. Fahrwerkantrieb in einem Lieferwagen
(nach Arnold & Stolzenberg). Zweifachbüchsenkette $15{,}875 \times 11{,}24$

a

b

Abb. 204 a u. b. Antrieb der Vorschubspindel durch die Hauptspindel bei Drehmaschinen (nach Arnold & Stolzenberg). Zweifachrollenkette $2 \times 15{,}875 \times 9{,}65$ DIN 8187

Abb. 205

Abb. 205. Antriebskette in einem Mehrspindelautomaten (nach Westinghouse). Zahnkette mit Wiegegelenk 15,875×45 mm breit; $z_1 = z_2 = 21$ Zähne; Spannritzel $z = 19$ Zähne; Trieblage vertikal

Abb. 206. Kettentrieb in einer Universalauftrag-, Streich- und Kaschiermaschine (nach Wippermann). Zweifachrollenketten $2 \times 15,875 \times 9,65$ DIN 8187; Auftragwerk $N = 5$ PS bei 324 U/min; $v = 2,6$ m/s; Zwischentrieb $N = 5$ PS bei 624 U/min; $v = 6,8$ m/s; Zugtisch/Kaschierstation $N = 5$ PS bei 426 U/min; $v = 3,4$ m/s

Abb. 207. Kettentrieb in einer Streichmaschine (nach Wippermann). Rollenkette $2 \times 15,875 \times 9,65$; $N = 4$ PS bei 190 U/min; Rollenkette $1 \times 15,875 \times 9,65$; $N = 2$ PS bei 333 U/min

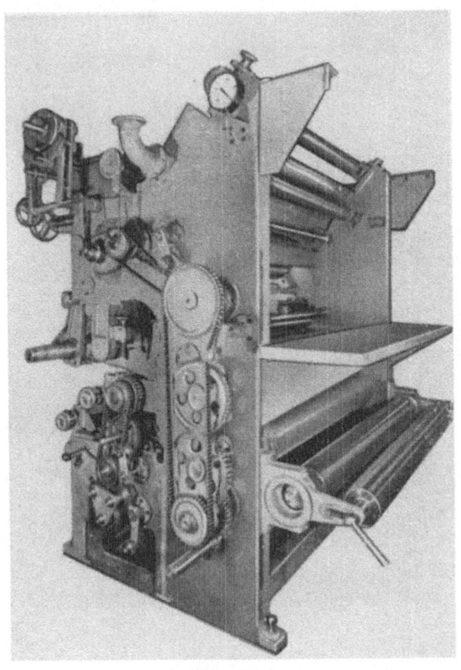

Abb. 206

Abb. 207

a

Abb. 208 a u. b. Antrieb eines Fräskopfes in einer Langfräsmaschine (nach Westinghouse).
Zahnkette mit Wiegegelenk 12,7 ×40 mm breit; $N = 4$ PS bei normalen Drehzahlen zwischen 90 und 600 U/min; Lage der Wellen horizontal und vertikal

b

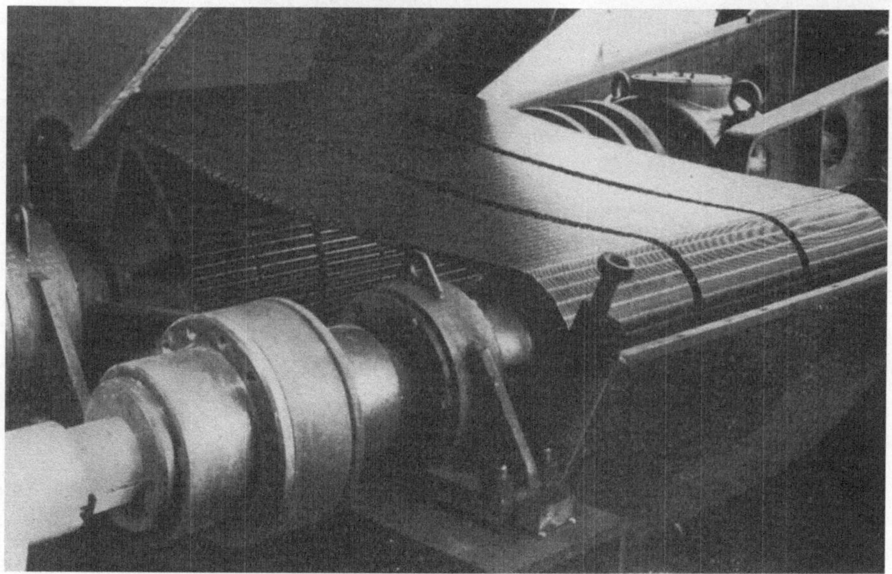

Abb. 209. Antrieb eines Saugbaggers mit Zahnkette (nach Westinghouse). 3 Zahnkettenstränge 25,4 ×335 mm breit; $N = 1250$ PS; $n_1 = 1450$ U/min; $z_1 = 31$ Zähne; $z_2 = 118$ Zähne; $a = 1395$ mm; $v = 19$ m/s; Umlaufschmierung mit Sprühdüsen

Abb. 210. Antrieb des Raupenfahrwerks eines Baggers (nach Siemag). Rotaryketten 78,105 mm Teilung; $P_B = 32000$ kp; Im zweiten Gang: $v = 0,235$ m/s $p = 390$ kp/cm²; $S_B = 9,4$ $z_1 = 10$ Zähne; $z_2 = 22$ Zähne $X = 48$ Glieder

Abb. 211. Antriebsketten in einer Betonschwellentransportanlage (nach Arnold & Stolzenberg). Zweifachrollenkette $2 \times 38,1 \times 25,4$ DIN 8187

Abb. 212. Antriebsketten in einem Mähbinder (nach Arnold & Stolzenberg). Einfachrollenketten $1 \times 25,4 \times 17,02$ DIN 8187

Abb. 213. Kettentriebe in einem Mähdrescher (nach Massey-Ferguson). Dreschtrommel und Elevator: Zweifachrollenkette 2×19,05×12,7 DIN 8188. Zwischentrieb: Einfachrollenkette 2×19,05×11,68 DIN 8187. Frontschnecke und Haspelantrieb: Einfachrollenkette 1×15,875×9,65 DIN 8187

a

b

Abb. 214 a u. b. Antrieb einer Papierhülsenwickelmaschine (nach Arnold & Stolzenberg). Zweifachrollenkette 2×15,875×9,65 DIN 8187. Kettentrieb im Ausleger: Zweifachrollenkette 2×19,05×11,68 DIN 8187. Treibendes Kettenrad in der Mitte des Auslegers, Umlenkräder vergrößern den Umschlingungswinkel am treibenden Rad

Abb. 215. Obere Antriebsstation der Förderschnecken eines Diffusionstroges in einer Zuckerfabrik (nach Siemag). Dreifachrollenkette $3 \times 63,5 \times 38,1$ DIN 8187; $z_1 = 19$ Zähne; $z_2 = 68$ Zähne; $X = 94$ Glieder; Spannrad mit 15 Zähnen; $v = 0,07$ m/s; $P = 16400$ kp; $p = 423$ kp/cm²

Abb. 216. Kettenantrieb einer Seilhaspel (nach Wippermann). $N = 11$ kW; $n_1 = 1450$ U/min; $z_1 = 15$ Zähne; $z_2 = 120$ Zähne; Dreifachrollenkette $15,875 \times 9,65$ DIN 8187

Abb. 217. Stahlgelenkketten in einem Förderband (nach Arnold & Stolzenberg). Förderkette: Vielzweckrollenkette; 29,21 mm Teilung mit Winkellaschen. Antriebskette: Dreifachrollenkette $19,05 \times 11,68$ DIN 8187

a   b

Abb. 218a u. b. Antriebskette in einer Förderanlage (nach Westinghouse). Zahnkette mit Wiegegelenk 38,1×100 mm breit. $N = 24$ kW bei $n_1 = 72$ U/min; $z_1 = 17$ Zähne; $z_2 = 59$ Zähne

Abb. 219. Transportketten in einer Zündholzschachtelmaschine (nach Winklhofer). Einfachrollenkette 12,7 mm Teilung mit verlängerten Nieten und Winkellaschen

Abb. 220. Kettentrieb für eine Karton-
verteilung (nach Wippermann). Einfachrollenkette mit Mitnehmern

Abb. 221. Mitnehmerkette für Brammenschlepperanlage (nach Siemag). Einfachbuchsenketten
$t = 270$ mm; $P_B = 90\,000$ kp; $N = 2 \times 100$ kW; $v = 1,53$ m/s; $p = 158$ kp/cm²; Brammentempe-
ratur 900–1000 °C; $a = 41\,600$ mm; Automatische Schmierung

a   b

Abb. 222 a u. b. Kardanische Förderkette (nach Siemag)

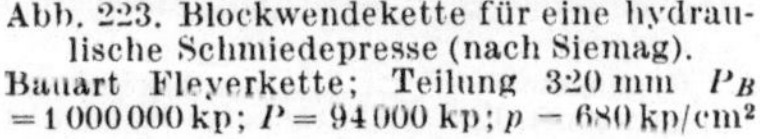

Abb. 223. Blockwendekette für eine hydraulische Schmiedepresse (nach Siemag). Bauart Fleyerkette; Teilung 320 mm P_B = 1000000 kp; P = 94000 kp; p = 680 kp/cm²

Abb. 224. Vorschubantrieb eines Hochlöffelbaggers (nach Siemag). Einfachrollenketten; t = 88,9 mm; P_B = 120000 kp. 2 Ketten für den Vorschub; 1 Kette für den Rückzug; Antriebsritzel z_1 = 15 Zähne (nicht sichtbar); Umlenkrad z = 11 Zähne; v = 0,335 m/s; P = 25000 kp; p = 900 kp/cm²

Abb. 225. Laschenkette zum Heben
und Senken der Einlaufschütze vor
den Turbinen des Assuan-Staudammes
(nach Siemag).
Einfachlaschenkette $t = 300$ mm;
$P_B = 830000$ kp; $P_{0,02} = 520000$ kp;
$P = 150000$ kp; $p = 1000$ kp/cm²

Abb. 228. Kombination von einem Schaltgetriebe mit einem Mit-
nehmergetriebe zur Erzeugung schrittweiser geradliniger Umkehr-
bewegungen für eine Schweißvorrichtung (Arnold & Stolzenberg,

Abb. 226. Lastkette in einem Hubstapler
(nach Arnold & Stolzenberg).
Einfachrollenketten $25,4 \times 12,7 \times 14,0$ (Werksnorm)

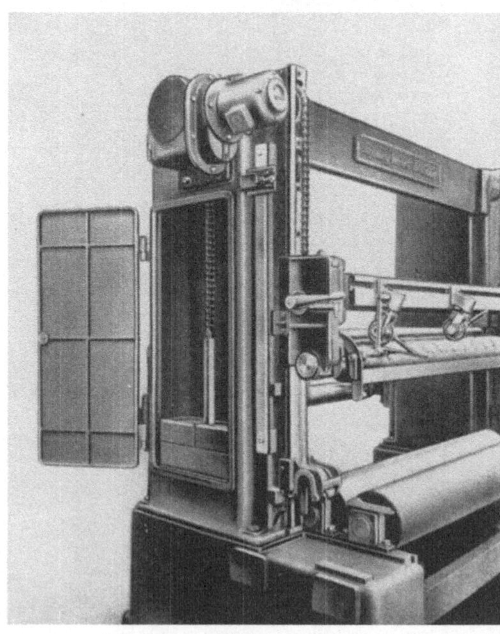

Abb. 227. Gegengewichtskette in einer Textilmaschine
(nach Wippermann). Einfach-Gallkette 30 DIN 8150;
$P_B = 4000$ kp; $P = 700$ kp

Abb. 229. Kettenplanetengetriebe in einer Verseilmaschine (nach Arnold & Stolzenberg). Einfachrollenketten 12,7 ×7,75 ×8,51 DIN 8187

Abb. 230. Wellenkupplung zur Verbindung eines Schneckenmotors mit dem Wellenstumpf von Transportrollen (nach Arnold & Stolzenberg). Zweifachrollenkette 25,4 ×17,02 DIN 8187; Kettenräder $z = 16$ Zähne

Abb. 231. Spezialbesenbandkette mit rückensteifer Abstützung in einer Straßenkehrmaschine (nach Arnold & Stolzenberg). $p = 27$ kp/cm²

Literaturverzeichnis

(Es sind nur diejenigen Veröffentlichungen genannt, die im Text des Buches erwähnt sind.)

Bücher

[1] BINDER, R. C.: Mechanics of the Roller Chain Drive, Englewood Cliffs N. J. Prentice-Hall Inc. 1956.
[2] OKOSCHI, M.: Roller Chains, 1960 (in japanischer Sprache).
[3] WOROBJEW, N. W.: Kettentriebe, Berlin: VEB Verlag Technik 1953.

Sonstige Veröffentlichungen

[4] BARTLETT, G. M.: A New Basis for the Rating of Roller Chain Drives. Trans. ASME (1953) S. 97–104.
[5] FICHTNER, F.W.: Untersuchungen über den Verschleiß von Stahllaschenketten, Diss. TH-Stuttgart (1954).
[6] FRONIUS, St: Berechnung von Kettentrieben, Konstruktion 11 (1959) S. 383–390.
[7] GERLA, M. K.: Improving Fatigue Life, Mashine Design (1953) S. 171–173.
[8] LUBRICH, W.: Beitrag zur Kinematik der Kettentriebe, Diss. TH-Aachen 1956.
[9] MATHAR, J.: Über die Spannungsverteilung in Stangenköpfen, Forsch.-Arb. Ing-Wesen (1928) Heft 306.
[10] NIEMANN, G.: Maschinenelemente, Berlin/Göttingen/Heidelberg: Springer 1960.
[11] RACHNER, H.-G.: Ein Beitrag zur Frage der Kettenradverzahnung, Forsch.-Berichte des Landes NRW Nr. 931, Opladen: Westdeutscher Verlag 1961.
[12] RACHNER, H.-G.: Die Drehschwingung des Zweiradkettentriebes bei innerer Erregung. Forsch.-Ber. Land NRW Nr. 943, Opladen: Westdeutscher Verlag 1961.
[13] REISSNER, H. und FR. STRAUCH: Ringplatte und Augenstab, Ingenieur-Archiv IV. Band (1953) S. 481–505.

Firmenkataloge

Arnold & Stolzenberg, GmbH, Einbeck/Hann.; Becker-Prünte GmbH, Datteln/Westf.; Wilhelm Fissenevert, Stahlgelenkkettenfabrik, Gütersloh; Erich Heuser, Schwelm/Westf.; Knorr-Bremse GmbH, Stahlwerk Volmarstein, Volmarstein/Ruhr; Köhler & Bovenkamp, KG, Wuppertal-Barmen; Koenig & Co. KG, Eslohe/Sauerland; Otto Kötter GmbH, Wuppertal-Barmen; Massey-Ferguson GmbH, Abt. Rollenketten, Eschwege/Werra; Ruberg & Renner GmbH, Kettenwerke Hagen, Hagen/Westf.; Siemag, Feinmechanische Werke GmbH, Eiserfeld/Siegen; Steinmann & Co GmbH, Präzisions-Kettenfabrik, Hagen/Westf.; Stotz AG, Kornwestheim b. Stuttgart; Union Sils, van de Loo & Co, Fröndenberg (Ruhr); Westinghouse Bremsengesellschaft mbH, Abt. Kettentriebe, Gronau/Hann.; Joh. Winklhofer & Söhne, München 25; Wippermann jr. GmbH, Hagen-Dellstern; WMH Werkzeug- und Maschinenfabrik GmbH., Pfaffenhofen/Ilm; Jos. u. Johs. Wulf, Gelenkkettenfabrik, Kückelheim über Eslohe/Sauerland.

Sachverzeichnis

Es gibt bisher noch keine zusammenfassende Darstellung der Kettentechnik, die gleichermaßen die speziellen in Deutschland zur Verfügung stehenden Kettenbauteile und die allgemeinen Grundlagen der Mechanik eines Kettentriebs berücksichtigt. Das vorliegende Buch versucht, diese Lücke zu schließen.

Es werden die verschiedenen Arten der Stahlgelenkketten, die Bauformen der Kettenräder und die Norm- und Sonderverzahnungen beschrieben. Zu den Fragen der Kettenfestigkeit und Steifigkeit, der Kinematik und Dynamik des Kettentriebs werden eine Reihe von neueren Ergebnissen mitgeteilt. Die verschiedenen Methoden der Berechnung der Geometrie eines Kettentriebs werden gegenübergestellt. Die in einer umlaufenden Kette auftretenden zügigen, schwellenden und stoßartigen Kräfte werden ausführlich behandelt. Zu dem Problem des Kettenverschleißes wird Stellung genommen.

Durch das reichhaltige Zahlenmaterial und eine größere Anzahl von Zahlenbeispielen ist die vorgeschlagene Methode zur Dimensionierung von Kettentrieben besonders auf die Bedürfnisse der Praxis zugeschnitten.

SPRINGER-VERLAG

BERLIN / GÖTTINGEN / HEIDELBERG